中国国家标准汇编

575

GB 29678～29729

（2013年制定）

中国标准出版社　编

中国标准出版社

北　京

图书在版编目(CIP)数据

中国国家标准汇编:2013年制定.575:
GB 29678～29729/中国标准出版社编.—北京:
中国标准出版社,2014.9
ISBN 978-7-5066-7656-4

Ⅰ.①中…　Ⅱ.①中…　Ⅲ.①国家标准-
汇编-中国-2013　Ⅳ.①T-652.1

中国版本图书馆CIP数据核字(2014)第187389号

中国标准出版社出版发行
北京市朝阳区和平里西街甲2号(100029)
北京市西城区三里河北街16号(100045)

网址 www.spc.net.cn
总编室:(010)64275323　发行中心:(010)51780235
读者服务部:(010)68523946
中国标准出版社秦皇岛印刷厂印刷
各地新华书店经销
*
开本 880×1230　1/16　印张 37.25　字数 1 153 千字
2014年9月第一版　2014年9月第一次印刷
*
定价 220.00 元

出 版 说 明

1.《中国国家标准汇编》是一部大型综合性国家标准全集。自1983年起，按国家标准顺序号以精装本、平装本两种装帧形式陆续分册汇编出版。它在一定程度上反映了我国建国以来标准化事业发展的基本情况和主要成就，是各级标准化管理机构，工矿企事业单位，农林牧副渔系统，科研、设计、教学等部门必不可少的工具书。

2.《中国国家标准汇编》收入我国每年正式发布的全部国家标准，分为"制定"卷和"修订"卷两种编辑版本。

"制定"卷收入上一年度我国发布的、新制定的国家标准，顺延前年度标准编号分成若干分册，封面和书脊上注明"20××年制定"字样及分册号，分册号一直连续。各分册中的标准是按照标准编号顺序连续排列的，如有标准顺序号缺号的，除特殊情况注明外，暂为空号。

"修订"卷收入上一年度我国发布的、被修订的国家标准，视篇幅分设若干分册，但与"制定"卷分册号无关联，仅在封面和书脊上注明"20××年修订-1，-2，-3，……"字样。"修订"卷各分册中的标准，仍按标准编号顺序排列(但不连续)；如有遗漏的，均在当年最后一分册中补齐。需提请读者注意的是，个别非顺延前年度标准编号的新制定的国家标准没有收入在"制定"卷中，而是收入在"修订"卷中。

读者配套购买《中国国家标准汇编》"制定"卷和"修订"卷则可收齐由我社出版的上一年度我国制定和修订的全部国家标准。

3.由于读者需求的变化，自1996年起，《中国国家标准汇编》仅出版精装本。

4.2013年我国制修订国家标准共1 979项。本分册为"2013年制定"卷第575分册，收入国家标准GB 29678～29729的最新版本。

中国标准出版社

2014年8月

目　　录

ICS 71.100.70
Y 42

中华人民共和国国家标准

GB/T 29678—2013

烫发剂

Permanent wave

2013-09-06 发布　　2014-08-01 实施

中华人民共和国国家质量监督检验检疫总局
中国国家标准化管理委员会　发布

前　言

本标准按照GB/T 1.1—2009给出的规则起草。

本标准由中国轻工业联合会提出。

本标准由全国香料香精化妆品标准化技术委员会(SAC/TC 257)归口。

本标准负责起草单位:上海市日用化学工业研究所(国家香料香精化妆品质量监督检验中心)、欧莱雅(中国)有限公司、广州市迪彩化妆品有限公司、上海章华保健化妆品有限公司、北京宝洁技术有限公司、上海香料研究所。

本标准主要起草人:沈敏、金卫华、李昭元、谌宏学、康薇、吴孋娜、张青、陆易。

烫　发　剂

1　范围

本标准规定了烫发剂的术语和定义、分类、要求、试验方法、检验规则及标志、包装、运输、贮存、保质期。

本标准适用于仅以巯基乙酸及其盐类为还原剂，以过氧化氢或溴酸钠为氧化剂，添加各种辅料配制而成的美发用化学烫发剂产品。

2　规范性引用文件

下列文件对于本文件的应用是必不可少的。凡是注日期的引用文件，仅注日期的版本适用于本文件。凡是不注日期的引用文件，其最新版本(包括所有的修改单)适用于本文件。

GB 5296.3　消费品使用说明　化妆品通用标签

GB/T 6682　分析实验室用水规格和试验方法

GB/T 13531.1　化妆品通用试验方法　pH 值的测定

GB/T 22731—2008　日用香精

QB/T 1684　化妆品检验规则

QB/T 1685　化妆品产品包装外观要求

QB/T 2470　化妆品通用试验方法　滴定分析(容量分析)用标准溶液的制备

JJF 1070　定量包装商品净含量计量检验规则

定量包装商品计量监督管理办法　国家质量监督检验检疫总局令第 75 号

化妆品卫生规范

3　术语和定义

下列术语和定义适用于本文件。

3.1

受损发质(敏感发质)　sensitised hair

曾使用过烫、染(包括漂浅)类产品或长期经受日光照射的头发，表现为发干表面毛燥、粗糙。

4　分类

4.1　烫发剂按其剂型分为：水剂型(水溶液型)、乳(膏)剂型和啫喱型。

4.2　烫发剂按其是否由专业人员操作可分为：一般用和专业用。

5　要求

5.1　原料

使用的原料应符合《化妆品卫生规范》的规定。使用的香精应符合 GB/T 22731—2008 中第 5 类产品的要求。

5.2 包装材料

使用的包装材料应符合《化妆品卫生规范》的规定。

5.3 理化指标

5.3.1 烫发剂由烫卷剂(烫直剂)和定型剂两部分组成。

5.3.2 烫卷剂(烫直剂)理化指标应符合表1规定。

表1 烫卷剂(烫直剂)理化指标

指标名称	指标要求			
	受损发质(敏感发质)		其他发质	
	一般用	专业用	一般用	专业用
外观	水剂型(水溶液型):均一无杂质液体(允许微有沉淀) 乳(膏)剂型:乳状或膏状体(允许乳状或膏状体表面轻微析水) 啫喱型:透明或半透明凝胶状			
气味	符合规定气味			
pH(25 ℃)	7.0～9.5			
巯基乙酸含量/%	2～8		4～8	4～11

5.3.3 定型剂理化指标应符合表2规定。

表2 定型剂理化指标

指标名称		指标要求
过氧化氢型	外观	水剂型(水溶液型):均一无杂质液体(允许微有沉淀) 乳(膏)剂型:乳状或膏状体(允许乳状或膏状体表面轻微析水) 啫喱型:透明或半透明凝胶状
	过氧化氢含量/%	1.0～4.0(使用浓度)
	pH	1.5～4.0
溴酸钠型	外观	水剂型(水溶液型):均一无杂质液体(允许微有沉淀) 乳(膏)剂型:乳状或膏状体(允许乳状或膏状体表面轻微析水) 啫喱型:透明或半透明凝胶状
	溴酸钠含量/%	≥6
	pH	4.0～8.0

5.4 卫生指标

烫卷剂(烫直剂)和定型剂卫生指标应符合表3规定。

表 3　卫生指标

指标名称		指标要求
卫生指标	铅/(mg/kg)	符合《化妆品卫生规范》的规定
	汞/(mg/kg)	
	砷/(mg/kg)	

5.5　净含量

应符合国家质量监督检验检疫总局令第 75 号规定。

5.6　包装外观

应符合 QB/T 1685 规定。

6　试验方法

除另有规定外，试剂均为分析纯。水为 GB/T 6682 规定的三级水。

6.1　外观

取试样在室温和非阳光直射下目测观察。

6.2　气味

凭嗅觉检查。

6.3　pH

烫卷剂(烫直剂)和定型剂均按 GB/T 13531.1 中规定的方法测定。其中水剂型(水溶液型)采用直测法，乳(膏)剂型、啫喱型采用稀释法。

6.4　巯基乙酸含量

6.4.1　方法一　化学滴定法

6.4.1.1　方法提要

含有巯基乙酸及其盐类的化妆品经预处理后，用碘标准溶液滴定定量。其反应方程式如下：

$2HSCH_2COOH + I_2 \rightarrow HOOCH_2C\text{-}S\text{-}CH_2COOH + 2HI$

6.4.1.2　试剂

试剂包括：

a)　盐酸(优级纯)(10 %)：取盐酸($\rho_{20}=1.19$ g/mL)10 mL，加入 90 mL 水中，混匀；

b)　三氯甲烷(优级纯)；

c)　淀粉溶液(10 g/L)：称可溶性淀粉 1 g 溶于 100 mL 煮沸水中，加水杨酸 0.1 g 或氯化锌 0.4 g 防腐；

d) 碘标准溶液[$c(1/2I_2)$=0.1 mol/L]:按 QB/T 2470 配制及标定。

6.4.1.3 仪器

仪器包括:

a) 酸式滴定管;

b) 电磁搅拌器:搅棒外层不要包裹塑料套;

c) 电子天平:精度 0.000 1 g。

6.4.1.4 样品预处理

准确称取样品 2 g(精确至 0.000 1 g)于锥形瓶中,加 10 %盐酸 20 mL 及水 50 mL 缓慢加热至沸腾,冷却后加三氯甲烷 5 mL,用电磁搅拌器搅拌 5 min 作为待测液备用。

6.4.1.5 测定

用淀粉溶液作指示剂,用 0.1 mol/L 的碘标准溶液滴定待测液,至溶液呈稳定的蓝色即为终点。

6.4.1.6 结果计算

按式(1)计算巯基乙酸及其盐类的含量 X_1(以巯基乙酸计),以%表示:

$$X_1 = \frac{92.1 \times c(\frac{1}{2}I_2) \times V}{m \times 1\,000} 100\% \quad \cdots\cdots\cdots\cdots (1)$$

式中:

$c(\frac{1}{2}I_2)$ ——碘标准溶液的浓度,单位为摩尔每升(mol/L);

V ——滴定后碘溶液的消耗量,单位为毫升(mL);

m ——样品取样量,单位为克(g);

92.1 ——巯基乙酸的摩尔质量。

所得结果表示至整数位。

6.4.2 方法二 离子色谱法

按《化妆品卫生规范》规定的方法检验。

6.5 过氧化氢

6.5.1 试剂

a) 5%碘化钾溶液:称取 5 g 碘化钾,溶于 100 mL 水中;

b) 3%钼酸铵溶液:称取 3 g 钼酸铵,溶于 100 mL 水中;

c) 硫酸溶液(2 mol/L):量取 56 mL 市售浓硫酸,缓慢加入适量水中,冷却后,稀释至 500 mL;

d) 0.1 mol/L 硫代硫酸钠标准溶液:按 QB/T 2470 配制及标定;

e) 淀粉指示剂:同 6.4.1.2 c)。

6.5.2 仪器

a) 电子天平:精度 0.000 1 g;

b) 酸式滴定管。

6.5.3 测定

准确称取定型剂 10 g(精确至 0.000 1 g)于烧杯用水溶解,转于 100 mL 容量瓶中稀释至刻度,取上述溶液 10 mL 放入锥形瓶中,加水 80 mL,2 mol/L 硫酸 20 mL 酸化,再加入 5%碘化钾溶液 20 mL,加 3%钼酸铵溶液 3 滴,用 0.1 mol/L 硫代硫酸钠标准溶液滴定,近终点时加入淀粉指示剂 2 mL,滴至无色为终点。

按式(2)计算过氧化氢的含量 X_2,以%表示:

$$X_2 = V \times c \times 0.017\ 01 \times \frac{10}{m} \times 100\% \quad \cdots\cdots (2)$$

式中:

V ——硫代硫酸钠标准溶液的用量,单位为毫升(mL);

c ——硫代硫酸钠标准溶液的实际浓度,单位为摩尔每升(mol/L);

m ——样品取样量,单位为克(g);

0.017 01——与 1.00 mL 硫代硫酸钠标准溶液[$c(Na_2S_2O_3)$=1.000 mol/L]相当的过氧化氢的质量,单位为克(g)。

所得结果表示至一位小数。

6.6 溴酸钠

6.6.1 试剂

试剂包括:

a) 硫代硫酸钠标准溶液 0.1 mol/L,按 QB/T 2470 配制及标定;

b) 碘化钾;

c) 稀硫酸(1+10,体积分数);

d) 淀粉指示剂:同 6.4.1.2 c)。

6.6.2 仪器

a) 电子天平:精度 0.000 1 g;

b) 酸式滴定管。

6.6.3 测定

准确称取定型剂 10 g(精确至 0.000 1 g)于烧杯用水溶解,转于 100 mL 容量瓶中稀释至刻度,再用移液管吸取 10 mL 于 300 mL 碘量瓶中,加入去离子水 40 mL、碘化钾 3 g 及稀硫酸 15 mL,盖好瓶盖后于冷暗处放置 5 min 加淀粉指示剂 3 mL,用 0.1 mol/L 硫代硫酸钠滴定至无色,并做空白试验。

按式(3)计算溴酸钠含量 X_3,以%表示:

$$X_3 = c(V_A - V_B) \times 0.025\ 15 \times \frac{10}{m} \times 100\% \quad \cdots\cdots (3)$$

式中:

c ——硫代硫酸钠标准溶液的实际浓度,单位为摩尔每升(mol/L);

V_A ——试样所消耗硫代硫酸钠标准溶液的体积,单位为毫升(mL);

V_B ——空白所消耗硫代硫酸钠标准溶液的体积,单位为毫升(mL);

m ——样品取样量,单位为克(g);

0.025 15——与 1.00 mL 硫代硫酸钠标准溶液[$c(Na_2S_2O_3)$=1.000 mol/L]相当的溴酸钠的质量,单位为克(g)。

所得结果表示至整数位。

6.7 卫生指标

按《化妆品卫生规范》规定的方法检验。

6.8 净含量

按 JJF 1070 中规定的方法测定。

6.9 包装外观

按 QB/T 1685 执行。

7 检验规则

按 QB/T 1684 执行。

8 标志、包装、运输、贮存、保质期

8.1 销售包装的标志

8.1.1 按 GB 5296.3 执行。同时应标注特殊用途化妆品批准文号。

8.1.2 根据不同产品,应标注产品使用说明和注意(事项)。

烫卷剂(烫直剂)和过氧化氢型定型剂应标注如下要点:

a) 烫卷剂(烫直剂)应标注的内容包括:
   1) 避免接触眼睛;
   2) 如果产品不慎入眼,应立即用大量水冲洗,并找医生处治;
   3) 需戴合适手套;
   4) 含巯基乙酸盐;
   5) 按用法说明使用;
   6) 防止儿童抓拿;
   7) 仅供专业使用(一般用产品不标注此项);
   8) 曾对烫发产品有过敏者,请勿使用本品。若头皮有破损时,请勿使用本品。
b) 过氧化氢型定型剂应标注的内容包括:
   1) 需戴合适手套;
   2) 含过氧化氢;
   3) 避免接触眼睛;
   4) 如果产品不慎入眼,应立即冲洗;
   5) 按用法说明使用;
   6) 防止儿童抓拿;
   7) 仅供专业使用(一般用产品不标注此项);
   8) 曾对烫发产品有过敏者,请勿使用本品。若头皮有破损时,请勿使用本品。

注:以上标注要点,可根据包装情况在一处或多处标注,可不重复标注。

8.2 包装

按 QB/T 1685 规定执行。

8.3 运输

应轻装、轻卸，按箱子图示标志堆放，避免剧烈震动、撞击和日晒雨淋。

8.4 贮存

应贮存在温度不高于 38 ℃的通风干燥仓库内，不得靠近水源、火炉或暖气，贮存时应距地面至少 20 cm，距内墙至少 50 cm，中间应留有通道，按箱子图示标志堆放，并严格掌握先进先出的原则。

8.5 保质期

符合本标准的运输贮存条件，包装完整、未经启封的情况下，保质期按销售包装标注执行。

ICS 71.100.70
Y 42

中华人民共和国国家标准

GB/T 29679—2013

洗发液、洗发膏

Hair shampoo, cream shampoo

2013-09-06 发布　　　　2014-08-01 实施

中华人民共和国国家质量监督检验检疫总局
中国国家标准化管理委员会　发布

前　言

本标准按照 GB/T 1.1—2009 给出的规则起草。

本标准由中国轻工业联合会提出。

本标准由全国香料香精化妆品标准化技术委员会(SAC/TC 257)归口。

本标准负责起草单位:上海市日用化学工业研究所(国家香料香精化妆品质量监督检验中心)、广州宝洁有限公司、广东拉芳日化有限公司、广东名臣有限公司、花王(中国)研究开发中心有限公司、广州好迪集团有限公司、北京宏丽源有限责任公司、无限极(中国)有限公司、拜尔斯道夫日化(湖北)有限公司、上海香料研究所。

本标准主要起草人:沈敏、谷苗、曹海磊、张太军、许峥、姚松君、金大钧、姜家东、皮俊岭、康薇。

洗发液、洗发膏

1 范围

本标准规定了洗发液、洗发膏的术语和定义、分类、要求、试验方法、检验规则和标志、包装、运输、贮存、保质期。

本标准适用于以表面活性剂为主要活性成分复配而成的、具有清洁人的头皮和头发、并保持其美观作用的洗发液和洗发膏产品。

2 规范性引用文件

下列文件对于本文件的应用是必不可少的。凡是注日期的引用文件，仅注日期的版本适用于本文件。凡是不注日期的引用文件，其最新版本(包括所有的修改单)适用于本文件。

GB/T 5173 表面活性剂和洗涤剂 阴离子活性物的测定 直接两相滴定法

GB 5296.3 消费品使用说明 化妆品通用标签

GB/T 13173 表面活性剂 洗涤剂试验方法

GB/T 13531.1 化妆品通用试验方法 pH 值的测定

GB/T 15818—2006 表面活性剂生物降解度试验方法

GB/T 22731 日用香精

QB/T 1684 化妆品检验规则

QB/T 1685 化妆品产品包装外观要求

QB/T 2470 化妆品通用试验方法 滴定分析(容量分析)用标准溶液的制备

JJF 1070 定量包装商品净含量计量检验规则

定量包装商品计量监督管理办法 国家质量监督检验检疫总局令第 75 号

化妆品卫生规范

3 术语和定义

下列术语和定义适用于本文件。

3.1

有效物含量 effective matter content

产品的总固体含量中除去乙醇不溶物无机盐和乙醇溶解物中氯化物(以氯化钠计)的含量。

3.2

活性物含量 active matter content

产品中阴离子表面活性剂的含量。

4 分类

按产品的形态可分为洗发液和洗发膏两类。

5 要求

5.1 原料

使用的原料应符合《化妆品卫生规范》的规定。使用的香精应符合 GB/T 22731 的要求。产品配方中所用的阴离子表面活性剂的初级生物降解度应不低于 90%。

注：初级生物降解度的试验方法参见 GB/T 15818—2006。

5.2 感官、理化、卫生指标

感官、理化、卫生指标应符合表 1 的要求。

表 1 感官、理化、卫生指标

指标名称		指标要求	
		洗发液	洗发膏
感官指标	外观	无异物	
	色泽	符合规定色泽	
	香气	符合规定香气	
理化指标	耐热	(40±1)℃保持 24 h， 恢复室温后无分层现象	(40±1)℃保持 24 h， 恢复室温后无分离析水现象
	耐寒	(−8±2)℃保持 24 h， 恢复室温后无分层现象	(−8±2)℃保持 24 h， 恢复室温后无分离析水现象
	pH(25 ℃)	成人产品：4.0～9.0 （含 α-羟基酸、β-羟基酸产品可按企标执行） 儿童产品：4.0～8.0	4.0～10.0 （含 α-羟基酸、β-羟基酸产品可按企标执行）
	泡沫(40 ℃)/mm	透明型≥100 非透明型≥50 儿童产品≥40	≥100
	有效物含量/%	成人产品≥10.0 儿童产品≥8.0	—
	活性物含量/% （以 100%月桂醇硫酸酯钠计）	—	≥8.0
卫生指标	菌落总数/ (CFU/g 或 CFU/mL)	符合《化妆品卫生规范》的规定	
	霉菌和酵母菌总数/ (CFU/g 或 CFU/mL)		
	粪大肠菌群/g 或 mL		
	金黄色葡萄球菌/g 或 mL		
	铜绿假单胞菌/g 或 mL		
	铅/(mg/kg)		
	汞/(mg/kg)		
	砷/(mg/kg)		

5.3 净含量

应符合国家质量监督检验检疫总局令第75号规定。

5.4 包装外观

应符合 QB/T 1685 规定。

6 试验方法

6.1 感官指标

6.1.1 外观、色泽

取试样在室温和非阳光直射下目测观察。

6.1.2 香气

取试样用嗅觉进行鉴别。

6.2 理化指标

6.2.1 耐热(洗发液)

6.2.1.1 仪器

仪器包括：

a) 恒温培养箱：温控精度±1 ℃；

b) 试管：ϕ20 mm×120 mm。

6.2.1.2 操作程序

将试样分别倒入2支ϕ20 mm×120 mm的试管内，使液面高度约80 mm，塞上干净的塞子。把一支待验的试管置于预先调节至40 ℃的恒温培养箱内，经24 h后取出，恢复至室温后与另一支试管的试样进行目测比较。

6.2.2 耐热(洗发膏)

6.2.2.1 仪器

恒温培养箱：温控精度±1 ℃。

6.2.2.2 操作程序

预先将恒温培养箱调节到40 ℃，把包装完整的试样一瓶置于恒温培养箱内。24 h后取出，恢复至室温后目测观察。

6.2.3 耐寒(洗发液)

6.2.3.1 仪器

仪器包括：

a) 冰箱(柜)：温控精度±2 ℃；

b）试管：ϕ20 mm×120 mm。

6.2.3.2 操作程序

将试样分别倒入2支ϕ20 mm×120 mm的试管内，使液面高度约80 mm，塞上干净的塞子。把一支待验的试管置于预先调节至－8 ℃的冰箱内，经24 h后取出，恢复至室温后与另一支试管的试样进行目测比较。

6.2.4 耐寒（洗发膏）

6.2.4.1 仪器

冰箱（柜）：温控精度±2 ℃。

6.2.4.2 操作程序

预先将冰箱调节至规定温度－8 ℃，把包装完整的试样一瓶置于冰箱内。24 h后取出，恢复至室温后目测观察。

6.2.5 pH

按GB/T 13531.1中规定的方法测定（稀释法）。

6.2.6 泡沫（洗发液）

6.2.6.1 仪器

仪器包括：

a）罗氏泡沫仪（包括200 mL定量漏斗）；

b）温度计：精度±1 ℃；

c）天平：精度0.1 g；

d）超级恒温仪：精度±1 ℃；

e）量筒：100 mL；

f）烧杯：1 000 mL。

6.2.6.2 试剂

1 500 mg/kg硬水：称取无水硫酸镁（$MgSO_4$）3.7 g和无水氯化钙（$CaCl_2$）5.0 g，充分溶解于5 000 mL蒸馏水中。

6.2.6.3 操作程序

将超级恒温仪预热至（40±1）℃，使罗氏泡沫仪恒温在（40±1）℃。称取样品2.5 g，加蒸馏水900 mL溶解，再加入1 500 mg/kg硬水100 mL，加热至（40±1）℃。搅拌使样品均匀溶解，用200 mL定量漏斗吸取部分试液，沿泡沫仪壁管冲洗一下。然后取试液放入泡沫仪底部对准标准刻度至50 mL，再用200 mL定量漏斗吸取试液，固定漏斗中心位置，放完试液，立即记下泡沫高度，取两次误差在允许范围内的结果平均值作为最后结果，结果保留至整数位。

6.2.6.4 精密度

在重复性条件下获得的两次独立试验结果之间的绝对差值不大于5 mm。

6.2.7 泡沫(洗发膏)

按 GB/T 13173 中洗涤剂发泡力的测定(Ross-Miles 法)测定。读取起始泡沫高度。

试液质量浓度:2%。

6.2.8 有效物含量(洗发液)

6.2.8.1 总固体

6.2.8.1.1 仪器

仪器包括:

a) 分析天平:精度 0.000 1 g;

b) 恒温干燥箱:精度±1 ℃;

c) 烧杯:250 mL;

d) 干燥器。

6.2.8.1.2 操作程序

在烘干恒重的烧杯中称取试样 2 g(精确至 0.000 1 g),于(105±1)℃恒温干燥箱内烘干 3 h,取出放入干燥器中冷却至室温,称其质量(精确至 0.000 1 g)。

6.2.8.1.3 结果表示

按式(1)计算总固体含量 X_1,以%表示:

$$X_1 = \frac{m_3 - m_1}{m_2 - m_1} \times 100\% \quad \cdots\cdots(1)$$

式中:

m_3——烘干后残余物和烧杯的质量,单位为克(g);

m_1——空烧杯的质量,单位为克(g);

m_2——烘干前试样和烧杯的质量,单位为克(g)。

结果保留一位小数。

6.2.8.2 无机盐(乙醇不溶物)

6.2.8.2.1 仪器

仪器包括:

a) 分析天平:精度 0.000 1 g;

b) 恒温干燥箱:精度±1 ℃;

c) 水浴加热器;

d) 古氏坩埚:30 mL;

e) 锥形抽滤瓶:500 mL;

f) 抽滤器或小型真空泵;

g) 量筒:100 mL;

h) 干燥器。

6.2.8.2.2 试剂

试剂包括:

a) 95%乙醇(化学纯);

b) 酚酞指示剂(10 g/L):称取 1.0 g 酚酞,溶于 95%乙醇,用 95%乙醇稀释至 100 mL。

c) 0.1 mol/L 氢氧化钠溶液:按 QB/T 2470 制备。

d) 95%中性乙醇:取适量 95%乙醇,加入几滴酚酞指示剂,用 0.1 mol/L 氢氧化钠溶液滴定至微红色。

6.2.8.2.3 操作程序

利用 6.2.8.1.2 中烘干的试样,加入 95%中性乙醇 100 mL,在水浴中加热至微沸,取出。轻轻搅拌,使样品尽量溶解。静置沉淀后,将上层澄清液倒入已恒重并铺有滤层的古氏坩埚内,用抽滤器过滤至抽滤瓶中,尽可能将固体不溶物留在烧杯中,并用适量 95%中性乙醇洗涤烧杯两次。洗涤液和沉淀一起移入已恒重的古氏坩埚内过滤,滤液于同一抽滤瓶中。将古氏坩埚放入(105±1)℃的恒温干燥箱内,恒温 3 h,取出放入干燥器内冷却至室温后称重(精确至 0.000 1 g)。

6.2.8.2.4 结果表示

按式(2)计算无机盐含量 X_2,以%表示:

$$X_2 = \frac{m_1}{m_0} \times 100\% \qquad \cdots\cdots(2)$$

式中:

m_1——古氏坩埚中沉淀物的质量,单位为克(g);

m_0——试样的质量,单位为克(g)。

结果保留一位小数。

6.2.8.3 氯化物

6.2.8.3.1 仪器

棕色酸式滴定管。

6.2.8.3.2 试剂

试剂包括:

a) 5%铬酸钾(分析纯):称取铬酸钾 5 g,用蒸馏水溶解并稀释至 100 mL。

b) 0.1 mol/L 硝酸银标准溶液:称取分析纯硝酸银 16.989 g,用水溶解并移入 1 000 mL 棕色容量瓶中,稀释至刻度,摇匀。按 QB/T 2470 中的方法标定。

6.2.8.3.3 操作程序

在 6.2.8.2.3 中所过滤的滤液中,滴入几滴酚酞指示剂,用酸碱溶液调节使溶液呈微红色,然后加入 5%铬酸钾 2 mL~3 mL,用 0.1 mol/L 硝酸银标准溶液滴定至红色缓慢褪去,最后呈橙色时为终点。

6.2.8.3.4 结果表示

按式(3)计算氯化物含量(以氯化钠计)X_3,以%表示:

$$X_3 = \frac{c \times V \times 0.058\,5}{m} \times 100\% \qquad \cdots\cdots(3)$$

式中:

c ——硝酸银标准溶液的浓度,单位为摩尔每升(mol/L);

V ——滴定试样时消耗的硝酸银标准溶液的体积,单位为毫升(mL);

0.058 5——与1.00 mL 硝酸银标准溶液[$c(AgNO_3)$=1.000 0 mol/L]相当的以克表示的氯化钠的质量,单位为克每毫摩尔(g/mmol);

m ——试样的质量,单位为克(g)。

结果保留一位小数。

6.2.8.4 有效物含量

按式(4)计算有效物含量 X,以%表示:

$$X = X_1 - X_2 - X_3 \qquad (4)$$

式中:

X_1——总固体的含量,%;

X_2——无机盐含量,%;

X_3——氯化物含量(以氯化钠计),%。

结果保留一位小数。

6.2.9 活性物含量(洗发膏)

按 GB/T 5173 中规定的方法测定。

6.3 卫生指标

按《化妆品卫生规范》规定的方法检验。

6.4 净含量

按 JJF 1070 中规定的方法测定。

6.5 包装外观

按 QB/T 1685 执行。

7 检验规则

按 QB/T 1684 执行。

8 标志、包装、运输、贮存、保质期

8.1 销售包装的标志

按 GB 5296.3 规定执行。

8.2 包装

按 QB/T 1685 规定执行。

8.3 运输

应轻装、轻卸,按箱子图示标志堆放,避免剧烈震动、撞击和日晒雨淋。

8.4 贮存

应贮存在温度不高于38 ℃常温的通风干燥仓库内，不得靠近水源、火炉或暖气，贮存时应距地面至少20 cm，距内墙至少50 cm，中间应留有通道，按箱子图示标志堆放，并严格掌握先进先出的原则。

8.5 保质期

符合本标准的运输贮存条件，包装完整、未经启封的情况下，保质期按销售包装标注执行。

ICS 71.100.70
Y 42

中华人民共和国国家标准

GB/T 29680—2013

洗面奶、洗面膏

Facial washing milk, facial washing cream

2013-09-06 发布　　　　2014-08-01 实施

中华人民共和国国家质量监督检验检疫总局
中国国家标准化管理委员会　发布

前　言

本标准按照 GB/T 1.1—2009 给出的规则起草。

本标准由中国轻工业联合会提出。

本标准由全国香料香精化妆品标准化技术委员会(SAC/TC 257)归口。

本标准负责起草单位：上海市日用化学工业研究所(国家香料香精化妆品质量监督检验中心)、珈侬生化科技(中国)有限公司、广东名臣有限公司、广东拉芳日化有限公司、无限极(中国)有限公司、广州立白企业集团有限公司、浙江欧诗漫特种化妆品有限公司、北京宏丽源有限责任公司、上海香料研究所。

本标准主要起草人：李琼、林莉、陈艳华、康薇、程双印、曹海磊、姚松君、何俊、张丽华、金大钧。

洗面奶、洗面膏

1 范围

本标准规定了洗面奶、洗面膏的术语和定义、分类、要求、试验方法、检验规则和标志、包装、运输、贮存、保质期。

本标准适用于以清洁面部皮肤为主要目的的洗面奶、洗面膏。

2 规范性引用文件

下列文件对于本文件的应用是必不可少的。凡是注日期的引用文件，仅注日期的版本适用于本文件。凡是不注日期的引用文件，其最新版本(包括所有的修改单)适用于本文件。

GB 5296.3 消费品使用说明 化妆品通用标签

GB/T 13531.1 化妆品通用试验方法 pH值的测定

GB/T 22731 日用香精

QB/T 1684 化妆品检验规则

QB/T 1685 化妆品产品包装外观要求

JJF 1070 定量包装商品净含量计量检验规则

定量包装商品计量监督管理办法 国家质量监督检验检疫总局令第75号

化妆品卫生规范

3 术语和定义

下列术语和定义适用于本文件。

3.1

乳化型洗面奶 emulsion-type facial washing milk

由水、油两相原料经少量表面活性剂乳化制得的洗面奶。

3.2

乳化型洗面膏 emulsion-type facial washing cream

由水、油两相原料经少量表面活性剂乳化制得的洗面膏。

3.3

非乳化型洗面奶 non-emulsion-type facial washing milk

主要以表面活性剂包括脂肪酸盐类，经复配其他原料混合制得的洗面奶。

3.4

非乳化型洗面膏 non-emulsion-type facial washing cream

主要以表面活性剂包括脂肪酸盐类，经复配其他原料混合制得的洗面膏。

4 分类

根据洗面奶、洗面膏产品的工艺不同，可分为乳化型(Ⅰ型)、非乳化型(Ⅱ型)。

5 要求

5.1 原料

使用的原料应符合《化妆品卫生规范》的规定。使用的香精应符合 GB/T 22731 的要求。

5.2 感官、理化、卫生指标

感官、理化、卫生指标应符合表 1 的要求。

表 1 感官、理化、卫生指标

<table>
<tr><th colspan="2" rowspan="2">指标名称</th><th colspan="2">指标要求</th></tr>
<tr><th>乳化型(Ⅰ型)</th><th>非乳化型(Ⅱ型)</th></tr>
<tr><td rowspan="3">感官指标</td><td>色泽</td><td colspan="2">符合规定色泽</td></tr>
<tr><td>香气</td><td colspan="2">符合规定香型</td></tr>
<tr><td>质感</td><td colspan="2">均匀一致(含颗粒或罐装成特定外观的产品除外)</td></tr>
<tr><td rowspan="4">理化指标</td><td>耐热</td><td colspan="2">(40±1)℃保持 24 h,恢复至室温后无分层现象</td></tr>
<tr><td>耐寒</td><td colspan="2">(−8±2)℃保持 24 h,恢复至室温后无分层、泛粗、变色现象</td></tr>
<tr><td>pH(25)℃</td><td>4.0～8.5
(含 α-羟基酸、β-羟基酸产品可按企标执行)</td><td>4.0～11.0
(含 α-羟基酸、β-羟基酸产品可按企标执行)</td></tr>
<tr><td>离心分离</td><td>2 000 r/min,30 min 无油水分离(颗粒沉淀除外)</td><td>—</td></tr>
<tr><td rowspan="8">卫生指标</td><td>菌落总数/(CFU/g 或 CFU/mL)</td><td colspan="2" rowspan="8">符合《化妆品卫生规范》的规定</td></tr>
<tr><td>霉菌和酵母菌总数/(CFU/g 或 CFU/mL)</td></tr>
<tr><td>粪大肠菌群/g 或 mL</td></tr>
<tr><td>金黄色葡萄球菌 /g 或 mL</td></tr>
<tr><td>铜绿假单胞菌 /g 或 mL</td></tr>
<tr><td>铅/(mg/kg)</td></tr>
<tr><td>汞/(mg/kg)</td></tr>
<tr><td>砷/(mg/kg)</td></tr>
</table>

5.3 净含量

应符合国家质量监督检验检疫总局令第 75 号规定。

5.4 包装外观

应符合 QB/T 1685 规定。

6 试验方法

6.1 感官指标

6.1.1 色泽

取试样在室温和非阳光直射下目测观察。

6.1.2 香气

取试样用嗅觉进行鉴别。

6.1.3 质感

取试样适量，在室温下涂于手背或双臂内侧观察。

6.2 理化指标

6.2.1 耐热

6.2.1.1 仪器

恒温培养箱：温控精度±1 ℃。

6.2.1.2 操作程序

预先将恒温培养箱调节到 40 ℃，将包装完整的试样置于恒温培养箱内，24 h 后取出，恢复至室温后目测观察。

6.2.2 耐寒

6.2.2.1 仪器

冰箱：温控精度±2 ℃。

6.2.2.2 操作程序

预先将冰箱调节到－8 ℃，将包装完整的试样置于冰箱内，24 h 后取出，恢复至室温后目测观察。

6.2.3 pH

按 GB/T 13531.1 中规定的方法测定(稀释法)。

6.2.4 离心分离

6.2.4.1 仪器

仪器包括：

a) 角式低速台式离心机，最大相对离心力 19.6 N～30.7 N；

b) 离心管：刻度 10 mL 2 支；

c) 恒温培养箱：温控精度±1 ℃。

6.2.4.2 操作

于离心管中注入试样约 2/3 高度并装实，用塞子塞好。然后放入预先调节到 38 ℃的恒温培养箱内，保持 1 h 后，立即移入离心机中，并将离心机调整到 2 000 r/min 的离心速度，旋转 30 min 取出观察。

6.3 卫生指标

按《化妆品卫生规范》规定的方法检验。

6.4 净含量

按 JJF 1070 中规定的方法测定。

6.5 包装外观

按 QB/T 1685 执行。

7 检验规则

按 QB/T 1684 执行。

8 标志、包装、运输、贮存、保质期

8.1 销售包装的标志

按 GB 5296.3 规定执行。其中产品标准号应同时标示产品分类型号。

8.2 包装

按 QB/T 1685 规定执行。

8.3 运输

应轻装、轻卸，按箱子图示标志堆放，避免剧烈震动、撞击和日晒雨淋。

8.4 贮存

应贮存在温度不高于 38 ℃的通风干燥仓库内，不得靠近水源、火炉或暖气，贮存时应距地面至少 20 cm，距内墙至少 50 cm，中间应留有通道，按箱子图示标志堆放，并严格掌握先进先出的原则。

8.5 保质期

符合本标准的运输贮存条件，包装完整、未经启封的情况下，保质期按销售包装标注执行。

中华人民共和国国家标准

GB 29681—2013

食品安全国家标准
牛奶中左旋咪唑残留量的测定
高效液相色谱法

2013-09-16 发布　　2014-01-01 实施

中华人民共和国农业部
中华人民共和国国家卫生和计划生育委员会 发布

食品安全国家标准
牛奶中左旋咪唑残留量的测定
高效液相色谱法

1 范围

本标准规定了牛奶中左旋咪唑残留量检测的制样和高效液相色谱测定方法。

本标准适用于牛奶中左旋咪唑残留量检测。

2 规范性引用文件

下列文件对于本文件的应用是必不可少的。凡是注日期的引用文件，仅注日期的版本适用于本文件。凡是不注日期的引用文件，其最新版本(包括所有的修改单)适用于本文件。

GB/T 6682 分析实验室用水规格和试验方法

3 原理

试料中残留的左旋咪唑，用碳酸盐缓冲液和乙酸乙酯溶液提取，C_{18}柱净化，甲醇洗脱，高效液相色谱测定，外标法定量。

4 试剂与材料

以下所用的试剂，除特别注明外均为分析纯试剂；水为符合 GB/T 6682 规定的一级水。

4.1 盐酸左旋咪唑标准品：含量≥99.0%。

4.2 甲醇。

4.3 无水碳酸氢钠：优级纯。

4.4 碳酸钠。

4.5 磷酸二氢钠。

4.6 浓氨水。

4.7 二乙胺：优级纯。

4.8 乙腈。

4.9 磷酸。

4.10 盐酸。

4.11 C_{18}固相萃取柱：500 mg/3 mL。

4.12 10%磷酸溶液：取磷酸 70 mL，用水溶解并稀释至 1 000 mL。

4.13 3 mol/L 盐酸溶液：取盐酸 250 mL，用水溶解并稀释至 1 000 mL。

4.14 碳酸氢钠饱和水溶液：取水 1 000 mL，加无水碳酸氢钠至不溶解为止，现用现配。

4.15 碳酸钠饱和水溶液：取水 500 mL，加碳酸钠至不溶解为止，现用现配。

4.16 碳酸盐缓冲液(约 pH=9)：取碳酸氢钠饱和水溶液 900 mL，加碳酸钠饱和水溶液 100 mL，混匀。

4.17 0.02 mol/L 磷酸二氢钠二乙胺缓冲溶液：取磷酸二氢钠 2.44 g，加水 850 mL 溶解，加二乙胺 3 mL混合，用 10%磷酸调 pH 至 7.5，用水稀释至 1 000 mL。

4.18 1 mg/mL 左旋咪唑标准贮备液：精密称取盐酸左旋咪唑标准品 10 mg，于 10 mL 量瓶中，用甲醇溶解并稀释至刻度，配制成浓度为 1 mg/mL 的左旋咪唑标准贮备液。2 ℃～4 ℃保存，有效期 3 个月。

4.19 10 μg/mL 左旋咪唑标准工作液：精密量取 1 mg/mL 左旋咪唑标准贮备液 1.0 mL，于 100 mL 量瓶中，用甲醇稀释至刻度，配制成浓度为 10 μg/L 的左旋咪唑标准工作液。2 ℃～4 ℃保存，有效期 3 个月。

5 仪器和设备

5.1 高效液相色谱仪：配紫外检测器。

5.2 分析天平：感量 0.000 01 g。

5.3 电子天平：感量 0.01 g。

5.4 均质机。

5.5 冷冻高速离心机。

5.6 电热恒温水浴锅。

5.7 旋涡混合器。

5.8 茄形瓶：50 mL。

5.9 离心管。

5.10 滤膜：0.45 μm。

6 试料的制备与保存

6.1 试料的制备

取适量新鲜或冷藏的空白或供试牛奶，混合均质。

——取均质后的供试样品，作为供试试料。

——取均质后的空白样品，作为空白试料。

——取均质后的空白样品，添加适宜浓度的标准工作液，作为空白添加试料。

6.2 试料的保存

－20 ℃以下保存。

7 测定步骤

7.1 提取

称取试料 5 g±0.05 g，于离心管中，加碳酸盐缓冲液 5 mL，加乙酸乙酯 10 mL，混匀，6 000 r/min 离心 10 min，取上清液于茄形瓶中，再加乙酸乙酯 10 mL 萃取一次，合并两次上清液，于 50 ℃水浴旋转蒸发至干，加碳酸盐缓冲液 5 mL 溶解残余物，备用。

7.2 净化

C_{18} 柱依次用水 3 mL、甲醇 3 mL 和碳酸盐缓冲液 3 mL 活化，取备用液过柱，用水 3 mL 淋洗，用甲醇 5 mL 洗脱，收集洗脱液，于 50 ℃水浴氮气吹干，用流动相 1.0 mL 溶解残余物，滤膜过滤，供高效液相色谱测定。

7.3 标准曲线的制备

准确量取 10 μg/mL 左旋咪唑标准工作液适量，用流动相稀释，配制成浓度为 10、20、50、100、200、400 和 800 μg/L 的系列标准工作液，供高效液相色谱测定。以测得峰面积为纵坐标，对应的标准溶液浓度为横坐标，绘制标准曲线。求回归方程和相关系数。

7.4 测定

7.4.1 液相色谱条件

7.4.1.1 色谱柱：C_{18}(150 mm×4.6 mm，粒径 5 μm)，或相当者。
7.4.1.2 流动相：0.02 mol/L 磷酸二氢钠二乙胺缓冲溶液＋甲醇(70＋30，体积比)。
7.4.1.3 流速：1 mL/min。
7.4.1.4 检测波长：220 nm。
7.4.1.5 进样量：50 μL。
7.4.1.6 柱温：30 ℃。

7.4.2 测定法

取试样溶液和相应的标准溶液，作单点或多点校准，按外标法，以峰面积计算。标准溶液及试样溶液中左旋咪唑响应值应在仪器检测的线性范围之内。在上述色谱条件下，标准溶液和空白添加试样溶液的高效液相色谱图见附录 A。

7.5 空白试验

除不加试料外，采用完全相同的步骤进行平行操作。

8 结果计算与表述

试料中左旋咪唑类的残留量(μg/kg)按式(1)计算：

$$X=\frac{A\times c_{S}\times V}{A_{S}\times m} \quad \cdots\cdots(1)$$

式中：
X ——供试试料中左旋咪唑残留量，微克每千克(μg/kg)；
A ——试样溶液中左旋咪唑的峰面积；
c_S ——标准工作液中左旋咪唑的浓度，微克每升(μg/L)；
V ——溶解残余物所用流动相体积，单位为毫升(mL)；
A_S——标准工作液中左旋咪唑的峰面积；
m ——供试试料质量，单位为克(g)。

注：计算结果需扣除空白值，测定结果用平行测定的算术平均值表示，保留三位有效数字。

9 检测方法灵敏度、准确度和精密度

9.1 灵敏度

本方法的检测限为 2.5 μg/kg，定量限为 5 μg/kg。

9.2 准确度

本方法在 5 μg/kg～20 μg/kg 添加浓度水平上的回收率为 70%～110%。

9.3 精密度

本方法的批内相对标准偏差≤20%，批间相对标准偏差≤20%。

附 录 A
色 谱 图

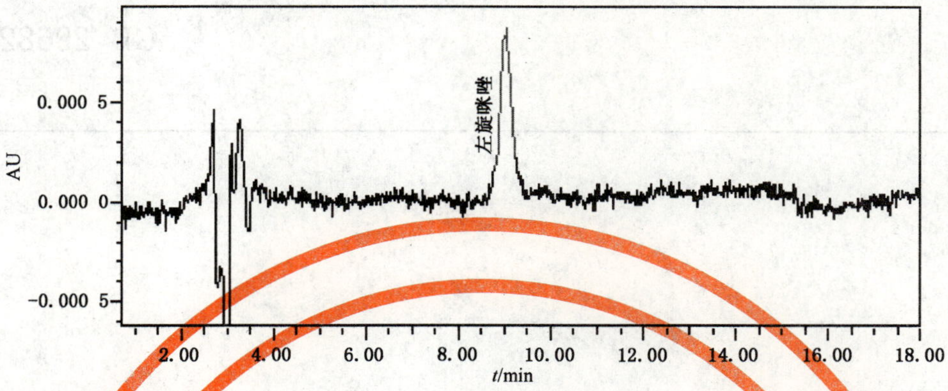

图 A.1 左旋咪唑标准溶液色谱图(20 μg/L)

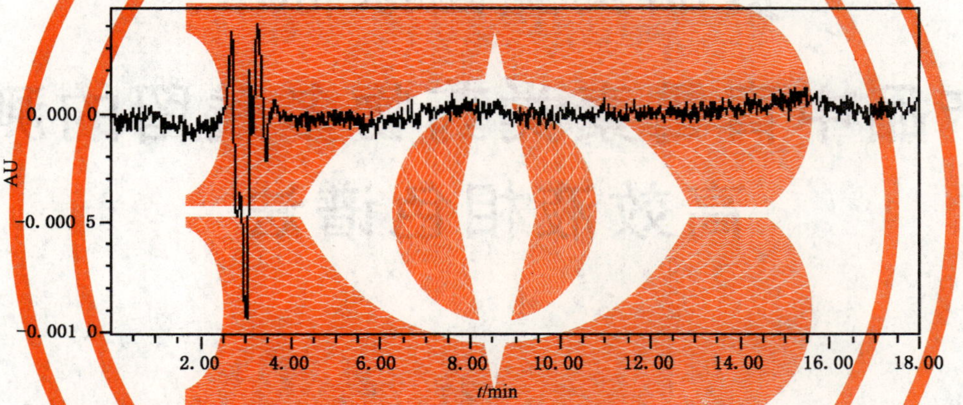

图 A.2 牛奶空白试样色谱图

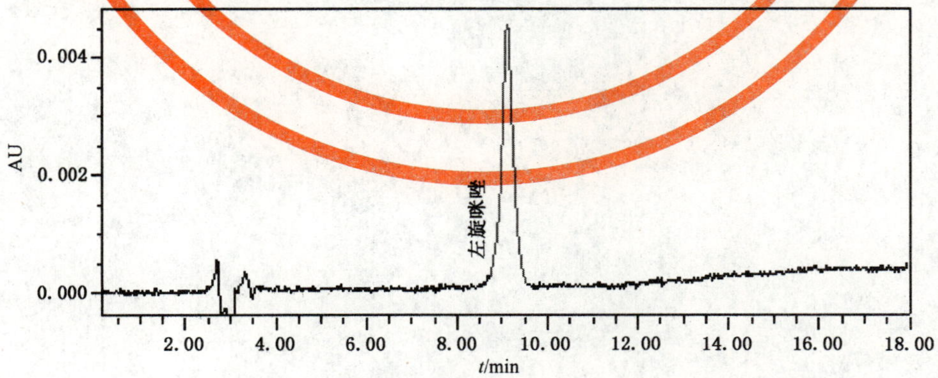

图 A.3 牛奶空白添加左旋咪唑试样色谱图(20 μg/kg)

中华人民共和国国家标准

GB 29682—2013

食品安全国家标准
水产品中青霉素类药物多残留的测定
高效液相色谱法

2013-09-16 发布　　　　　　　　　　　　　　　　2014-01-01 实施

中华人民共和国农业部
中华人民共和国国家卫生和计划生育委员会　发布

食品安全国家标准
水产品中青霉素类药物多残留的测定
高效液相色谱法

1 范围

本标准规定了水产品中4种青霉素类药物残留量检测的制样和高效液相色谱测定方法。

本标准适用于鱼可食性组织中青霉素G、苯唑西林、双氯青霉素和乙氧萘青霉素单个或多个药物残留量的检测。

2 规范性引用文件

下列文件对于本文件的应用是必不可少的。凡是注日期的引用文件,仅注日期的版本适用于本文件。凡是不注日期的引用文件,其最新版本(包括所有的修改单)适用于本文件。

GB/T 6682　分析实验室用水规格和试验方法

3 原理

试料中残留的青霉素类药物,用乙腈提取,HLB柱净化,1,2,4-三氮唑和氯化汞溶液衍生,高效液相色谱-紫外测定,外标法定量。

4 试剂与材料

以下所用的试剂,除特别注明外均为分析纯试剂,水应符合GB/T 6682规定的一级水。

4.1　青霉素G、苯唑西林、双氯青霉素和乙氧萘青霉素标准品:含量≥98%。

4.2　甲醇。

4.3　乙腈。

4.4　五水硫代硫酸钠。

4.5　二水磷酸二氢钠。

4.6　无水磷酸氢二钠。

4.7　硫酸铵。

4.8　氢氧化钠。

4.9　正己烷。

4.10　1,2,4-三氮唑。

4.11　氯化汞(Ⅱ)。

4.12　HLB固相萃取柱:60 mg/3 mL,或相当者。

4.13　流动相A:取五水硫代硫酸钠3.9 g,用水溶解,再加入二水磷酸二氢钠10.2 g、无水磷酸氢二钠4.9 g、硫酸铵6.8 g,用水溶解,并稀释至1 000 mL,滤膜过滤。

4.14　氯化汞(Ⅱ)溶液:取氯化汞(Ⅱ)0.27 g,用水溶解并稀释至10 mL,现配现用。

4.15　5 mol/L 氢氧化钠溶液:取氢氧化钠20 g,用水溶解并稀释至100 mL。

4.16 衍生化试剂：取1,2,4-三氮唑13.78 g,用水60 mL溶解，加氯化汞溶液10 mL,用5 mol/L氢氧化钠溶液调节pH至9.0,用水稀释到100 mL。2 ℃～8 ℃避光保存，有效期3个月。

4.17 1 mg/mL青霉素类药物标准贮备液：精密称取青霉素G、苯唑西林、双氯青霉素和乙氧萘青霉素的标准品各10 mg,分别于10 mL量瓶中，用水溶解并稀释至刻度，配制成浓度为1 mg/mL的青霉素G、苯唑西林、双氯青霉素和乙氧萘青霉素标准贮备液，分装，立刻于－20 ℃以下避光保存，有效期1个月。使用时不得反复冻融。

4.18 10 μg/mL青霉素G标准工作液：精密量取1 mg/mL青霉素G标准贮备液1.0 mL,于100 mL量瓶中，用水溶解并稀释至刻度，配制成浓度为10 μg/mL的青霉素G标准工作液，分装，立刻于－20 ℃以下避光保存，有效期1个月。使用时不得反复冻融。

4.19 10 μg/mL苯唑西林、双氯青霉素和乙氧萘青霉素混合标准工作液：精密量取1 mg/mL苯唑西林、双氯青霉素和乙氧萘青霉素标准贮备液各1.0 mL,于100 mL量瓶中，用水溶解并稀释至刻度，配制成浓度为10 μg/mL的苯唑西林、双氯青霉素和乙氧萘青霉素混合标准工作液，分装，立刻于－20 ℃以下避光保存，有效期1个月。使用时不得反复冻融。

5 仪器和设备

5.1 高效液相色谱仪：配紫外检测器。

5.2 分析天平：感量0.000 01 g。

5.3 天平：感量0.01g。

5.4 冷冻高速离心机。

5.5 恒温水浴锅。

5.6 旋涡混合器。

5.7 固相萃取装置。

5.8 组织匀浆机。

5.9 氮气吹干装置。

5.10 离心管：50 mL。

5.11 滤膜：0.45 μm。

6 试料的制备与保存

6.1 试料的制备

鱼去鳞、去皮，沿背部取肌肉组织，或取鱼肌肉＋皮组织，绞碎，并使均质。

——取均质后的供试样品，作为供试试料。

——取均质后的空白样品，作为空白试料。

——取均质后的空白样品，添加适宜浓度的标准工作液，作为空白添加试料。

6.2 试料的保存

－20 ℃以下保存。

7 测定步骤

7.1 标准曲线的制备

分别精密量取10 μg/mL青霉素G标准工作液及10 μg/mL苯唑西林、双氯青霉素和乙氧萘青霉素混合标准工作液适量，用流动相稀释，配制成青霉素G浓度为20、50、100、200、400、800和1 600 μg/L,苯唑西林、双氯青霉素和乙氧萘青霉素浓度为100、200、400、800、1 600、3 200和6 400 μg/L的系列青霉素类药物混合标准溶液，各取500 μL，按衍生化步骤操作，供高效液相色谱测定。以测得峰面积为纵坐标，对应的标准溶液浓度为横坐标，绘制标准曲线。求回归方程和相关系数。

7.2 提取

称取试料5 g±0.05 g，于50 mL离心管中，加乙腈15 mL，混匀，加正己烷5 mL，旋涡混匀，6 000 r/min离心15 min，弃正己烷层液，取下层液，于另一离心管中。残渣中再加乙腈10 mL、正己烷5 mL，旋涡混匀，6 000 r/min离心15 min，弃正己烷层液，合并两次下层液，于40 ℃水浴旋转蒸干，用水5 mL溶解残余物，备用。

7.3 净化

HLB柱依次用甲醇3 mL和水3 mL活化，取备用液过柱，用水1 mL淋洗，乙腈3 mL洗脱，收集洗脱液，于45 ℃～50 ℃水浴氮气吹干。用流动相1.0 mL溶解残余物，旋涡混匀，备用。

7.4 衍生化

准确量取备用液500 μL，于1.5 mL聚丙烯离心管中，加衍生化试剂500 μL，旋涡混匀，于65 ℃水浴反应10 min，快速冰浴冷却，于4 ℃ 10 000 r/min离心10 min，取上清液，供高效液相色谱测定。

7.5 测定

7.5.1 色谱条件

7.5.1.1 色谱柱：C_{18}(250 mm× 4.6 mm，粒径5 μm)，或相当者。

7.5.1.2 流动相：流动相A＋乙腈(65＋35，体积比)。

7.5.1.3 流速：1 mL/min。

7.5.1.4 紫外检测波长：325 nm。

7.5.1.5 柱温：30 ℃。

7.5.1.6 进样量：50 μL。

7.5.2 测定法

取试样溶液和相应的标准溶液，作单点或多点校准，按外标法，以峰面积计算。标准溶液及试样溶液中青霉素类药物响应值应在仪器检测的线性范围之内。在上述色谱条件下，标准溶液和空白添加试样溶液的高效液相色谱图见附录A。

7.6 空白试验

除不加试料外，采用完全相同的步骤进行平行操作。

8 结果计算和表述

试料中青霉素类药物的残留量(μg/kg)按式(1)计算：

$$X = \frac{A \times c_S \times V}{A_S \times m} \quad \cdots\cdots\cdots(1)$$

式中：

X ——供试试料中相应的青霉素类药物残留量，单位为微克每千克(μg/kg)；

A ——试样溶液中相应的青霉素类药物衍生物峰面积；

c_S ——标准工作液中相应的青霉素类药物浓度，单位为微克每升(μg/L)；

V ——衍生化后所得溶液总体积，单位为毫升(mL)；

A_S ——标准工作液中相应的青霉素类药物衍生物峰面积；

m ——供试试料质量，单位为克(g)。

注：计算结果需扣除空白值，测定结果用平行测定的算术平均值表示，保留三位有效数字。

9 检验方法灵敏度、准确度和精密度

9.1 灵敏度

本方法青霉素G的检测限为3 μg /kg，定量限为10 μg/kg，苯唑西林、双氯青霉素、乙氧萘青霉素的检测限为10 μg/kg，定量限为50 μg /kg。

9.2 准确度

本方法在10 μg /kg～600 μg /kg添加浓度水平上的回收率为70%～110%。

9.3 精密度

本方法批内相对标准偏差≤20%，批间相对标准偏差≤20%。

附 录 A

色 谱 图

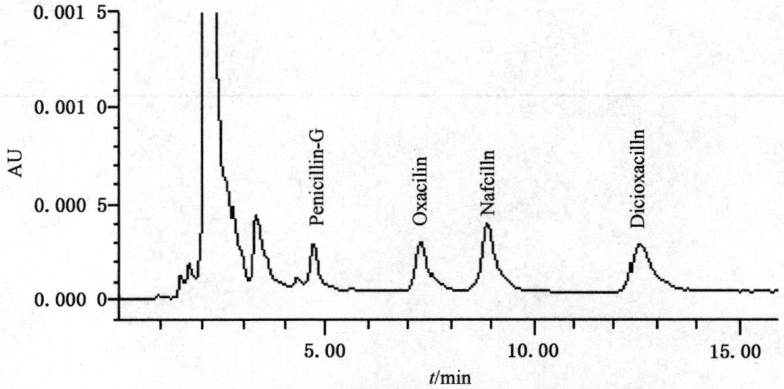

图 A.1 青霉素类药物标准溶液色谱图

（青霉素 G 20 μg/L，苯唑西林、乙氧萘青霉素和双氯青霉素各 100 μg/L）

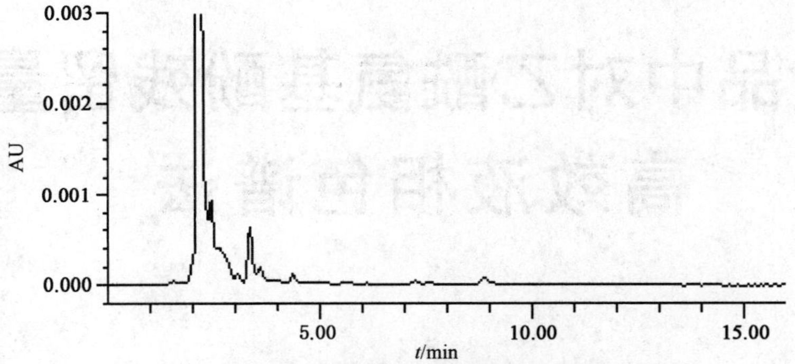

图 A.2 鲤肌肉组织空白试样色谱图

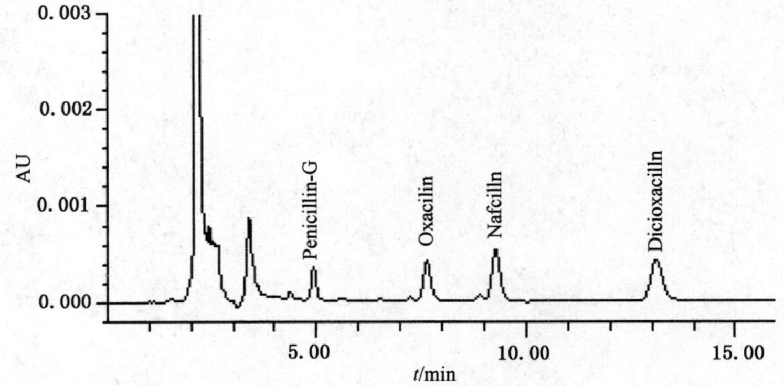

图 A.3 鲤肌肉组织空白添加青霉素类药物试样色谱图

（青霉素 G 10 μg/kg，苯唑西林、乙氧萘青霉素和双氯青霉素 50 μg/kg）

中华人民共和国国家标准

GB 29683—2013

食品安全国家标准

动物性食品中对乙酰氨基酚残留量的测定 高效液相色谱法

2013-09-16 发布 2014-01-01 实施

中华人民共和国农业部
中华人民共和国国家卫生和计划生育委员会 发布

食品安全国家标准
动物性食品中对乙酰氨基酚残留量的测定
高效液相色谱法

1 范围

本标准规定了动物性食品中对乙酰氨基酚残留量检测的制样和高效液相色谱测定方法。

本标准适用于猪、牛和羊的肌肉、肝脏和肾脏组织中对乙酰氨基酚残留量的检测。

2 规范性引用文件

下列文件对于本文件的应用是必不可少的。凡是注日期的引用文件，仅注日期的版本适用于本文件。凡是不注日期的引用文件，其最新版本(包括所有的修改单)适用于本文件。

GB/T 6682 分析实验室用水规格和试验方法

3 原理

试料中残留的乙酰氨基酚，用乙酸乙酯提取，HLB柱净化，甲醇洗脱，氮气吹干，流动相溶解，高效液相色谱测定，外标法定量。

4 试剂和材料

以下所用试剂，除特别注明者外均为分析纯；水为符合GB/T 6682规定的一级水。

4.1 对乙酰氨基酚标准品：含量≥99%。

4.2 甲醇：色谱纯。

4.3 乙酸乙酯。

4.4 正己烷。

4.5 HLB固相萃取柱：60 mg/3 mL，或相当者。

4.6 5%甲醇水溶液：取甲醇5 mL，用水溶解并稀释至100 mL。

4.7 0.05 mol/L乙酸铵溶液：取乙酸铵3.15 g，用水溶解并稀释至1 000 mL，滤膜过滤。

4.8 1 mg/mL对乙酰氨基酚标准贮备液：精密称取对乙酰氨基酚10 mg，于10 mL量瓶中，用甲醇溶解并稀释至刻度，配制成浓度为1 mg/mL的对乙酰氨基酚标准贮备液。－20 ℃以下保存，有效期3个月。

4.9 10 μg/mL对乙酰氨基酚标准工作液：精密量取1 mg/mL对乙酰氨基酚标准贮备液1.0 mL，于100 mL量瓶中，用流动相溶解并稀释至刻度，配制成浓度为10 μg/mL的对乙酰氨基酚标准工作液。现配现用。

5 仪器和设备

5.1 高效液相色谱仪：配紫外检测器。

5.2 分析天平：感量 0.000 01 g。

5.3 天平：感量 0.01 g。

5.4 冷冻高速离心机。

5.5 匀浆机。

5.6 旋涡混合器。

5.7 循环水真空泵。

5.8 具塞离心管：50 mL。

5.9 滤膜：0.45 μm。

6 试料的制备与保存

6.1 试料的制备

取新鲜或冷冻的空白或供试组织，去除筋膜，绞碎，并使均质。

——取均质后的供试样品，作为供试试料。

——取均质后的空白样品，作为空白试料。

——取均质后的空白样品，添加适宜浓度的标准工作液，作为空白添加试料。

6.2 试料的保存

−20 ℃以下保存。

7 测定步骤

7.1 提取

称取试料 5 g±0.05 g，于具塞离心管中，加乙酸乙酯 20 mL 旋涡 2 min，6 000 r/min 离心 15 min，取上清液，于另一离心管中，残渣中加乙酸乙酯 10 mL，重复提取一次，合并两次上清液，6 000 r/min 离心 10 min，取上清液，于 45 ℃水浴蒸发至干，用甲醇 3 mL 溶解残余物，加正己烷 5 mL，混匀，静置分层，弃正己烷层液，取下层液，于 45 ℃水浴氮气吹干，用水 6 mL 溶解残余物，10 000 r/min 离心10 min，取上清液，备用。

7.2 净化

HLB 柱依次用甲醇 3 mL 和水 3 mL 活化，取备用液过柱，控制流速小于 2 mL/min。用水 3 mL 和 5%甲醇 3 mL 淋洗，甲醇 4 mL 洗脱，收集洗脱液，于 40 ℃～45 ℃水浴氮气吹干，用流动相 1.0 mL 溶解残余物，10 000 r/min 离心 5 min，取上清液，供高效液相色谱测定。

7.3 标准曲线的制备

精密量取 10 μg/mL 对乙酰氨基酚标准工作液适量，用流动相稀释，配制成浓度为 10、25、50、100、200、400、800 和 1 600 μg/L 的系列标准溶液，供高效液相色谱测定。以测得峰面积为纵坐标，对应的标准溶液浓度为横坐标，绘制标准曲线。求回归方程和相关系数。

7.4 测定

7.4.1 液相色谱条件

7.4.1.1 色谱柱：C_{18}(250 mm×4.6 mm，粒径 5 μm)，或相当者。

7.4.1.2 流动相：甲醇＋0.05 mol/L 乙酸铵溶液(20＋80,体积比)。

7.4.1.3 流速：1.0 mL/min。

7.4.1.4 紫外检测波长：250 nm。

7.4.1.5 进样量：50 μL。

7.4.1.6 柱温：30 ℃。

7.4.2 测定法

取试样溶液和相应的标准溶液,作单点或多点校准,按外标法以峰面积计算。标准溶液及试样溶液中对乙酰氨基酚响应值应在仪器检测的线性范围之内。在上述色谱条件下,标准溶液和空白添加试样溶液的高效液相色谱图分别见附录 A。

7.5 空白试验

除不加试料外,采用完全相同的步骤进行平行操作。

8 结果计算和表述

试料中对乙酰氨基酚药物的残留量按式(1)计算：

$$X = \frac{A \times c_S \times V}{A_S \times m} \quad \cdots\cdots\cdots\cdots(1)$$

式中：

X ——供试试料中对乙酰氨基酚药物残留量,单位为微克每千克(μg/kg)；

A ——试样溶液中对乙酰氨基酚的峰面积；

c_S ——标准工作液中对乙酰氨基酚的浓度,单位为微克每升(μg/L)；

V ——溶解残余物所用流动相体积,单位为毫升(mL)；

A_S——标准工作液中对乙酰氨基酚的峰面积；

m ——供试试料质量,单位为克(g)。

注：计算结果需扣除空白值,测定结果用平行测定的算术平均值表示,保留三位有效数字。

9 检测方法的灵敏度、准确度和精密度

9.1 灵敏度

本方法的检测限为 3 μg /kg,定量限为 10 μg /kg。

9.2 准确度

本方法在 10 μg/kg～100 μg/kg 添加浓度水平上的回收率为 70％～110％。

9.3 精密度

本方法批内相对标准偏差≤15％,批间相对标准偏差≤15％。

附　录　A
色谱图

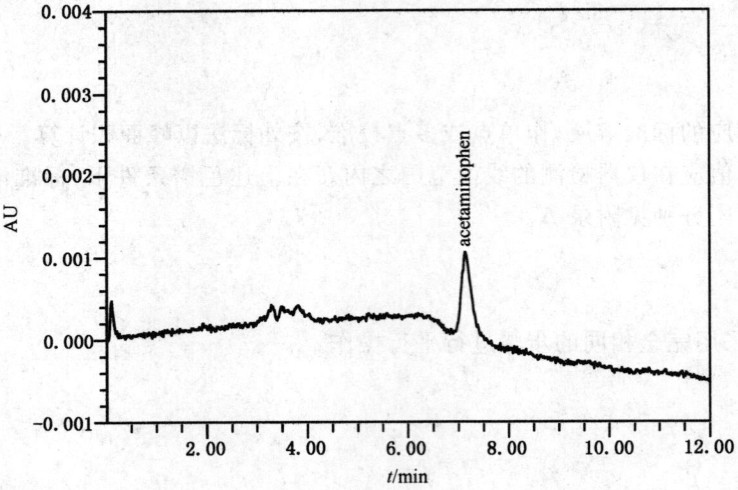

图 A.1　对乙酰氨基酚标准溶液色谱图(10 μg/L)

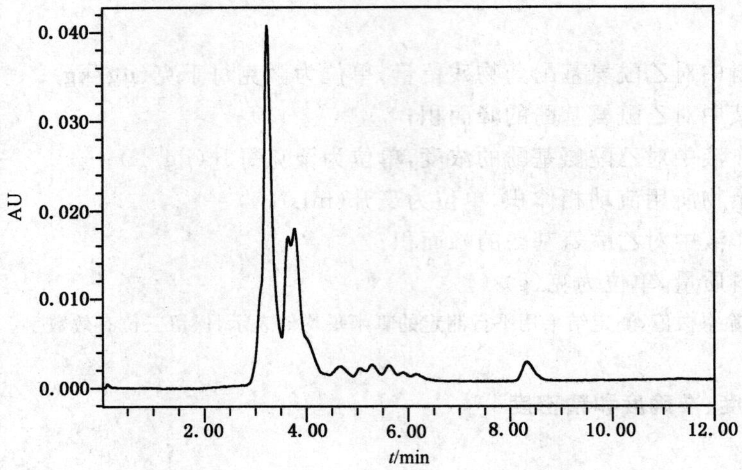

图 A.2　猪肌肉组织空白试样色谱图

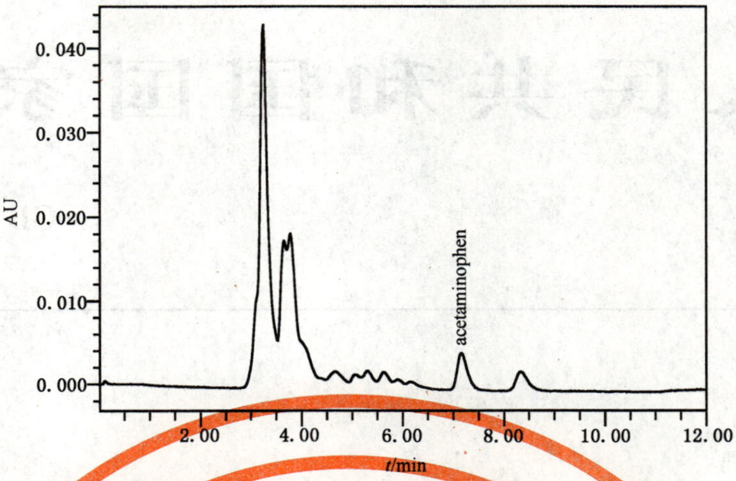

图 A.3 猪肌肉组织空白添加对乙酰氨基酚试样色谱图(10 μg/kg)

中华人民共和国国家标准

GB 29684—2013

食品安全国家标准
水产品中红霉素残留量的测定
液相色谱-串联质谱法

2013-09-16 发布　　　　2014-01-01 实施

中华人民共和国农业部
中华人民共和国国家卫生和计划生育委员会　发布

食品安全国家标准

水产品中红霉素残留量的测定
液相色谱-串联质谱法

1 范围

本标准规定了水产品中红霉素残留量检测的制样和液相色谱-串联质谱测定方法。

本标准适用于水产品可食性组织中红霉素残留量的检测。

2 规范性引用文件

下列文件对于本文件的应用是必不可少的。凡是注日期的引用文件，仅注日期的版本适用于本文件。凡是不注日期的引用文件，其最新版本(包括所有的修改单)适用于本文件。

GB/T 6682 分析实验室用水规格和试验方法

SC/T 3016 水产品抽样方法

3 原理

试料中残留的红霉素，用乙腈提取，正己烷除脂，HLB柱净化，液相色谱-串联质谱测定，内标法定量。

4 试剂和材料

以下所用试剂，除特别注明外均为分析纯试剂；水为符合GB/T 6682规定的一级水。

4.1 红霉素标准品：含量≥97%。

4.2 红霉素同位素内标物标准品：红霉素同位素(erythromycin A，*N*，*N*-Dimethyl-$^{13}C_2$)含量≥90%。

4.3 乙腈：色谱纯。

4.4 正己烷：色谱纯。

4.5 甲醇：色谱纯。

4.6 乙酸。

4.7 氯化钠。

4.8 十二水磷酸氢二钠。

4.9 磷酸。

4.10 HLB固相萃取柱：200 mg/6 mL，或相当者。

4.11 0.1 mol/L磷酸盐缓冲溶液：取十二水磷酸氢二钠17.92 g，用水溶解并稀释至500 mL，用磷酸调pH值至8.0，现配现用。

4.12 40%甲醇溶液：取甲醇40 mL，用水溶解并稀释至100 mL。

4.13 30%甲醇溶液：取甲醇30 mL，用水溶解并稀释至100 mL。

4.14 0.01‰乙酸水溶液：取乙酸10 μL，用水溶解并稀释至1 000 mL。

4.15 100 μg/mL红霉素标准贮备液：精密称取红霉素标准品10 mg，于100 mL量瓶中，用甲醇溶解并稀释至刻度，配制成浓度为 100 μg/mL 的红霉素标准贮备液。−18 ℃以下避光保存，有效期 6 个月。

4.16 5 μg/mL 红霉素标准工作液：精密量取 100 μg/mL 红霉素标准贮备液 500 μL，于 10 mL 量瓶中，用甲醇稀释至刻度，配制成浓度为 5 μg/mL 的红霉素标准工作液。−18 ℃以下避光保存，有效期 3 个月。

4.17 100 μg/mL 红霉素同位素内标物标准贮备液：精密称取红霉素同位素内标物标准品 10 mg，于 100 mL 量瓶中，用甲醇溶解并稀释至刻度，配制成浓度为 100 μg/mL 红霉素同位素内标物标准贮备液。−18 ℃以下避光保存，有效期 6 个月。

4.18 200 ng/mL 红霉素同位素内标物标准工作液：精密量取 100 μg/mL 红霉素同位素内标物标准贮备液 200 μL，于 100 mL 量瓶中，用甲醇稀释至刻度，配制成浓度为 200 ng/mL 的红霉素同位素内标物标准工作液。−18 ℃以下避光保存，有效期 3 个月。

5 仪器和设备

5.1 液相色谱-串联质谱仪：配电喷雾离子源。

5.2 分析天平：感量 0.000 01 g。

5.3 天平：感量 0.01 g。

5.4 振荡器。

5.5 均质机。

5.6 离心机。

5.7 酸度计。

5.8 旋转蒸发仪。

5.9 茄形瓶：100 mL。

5.10 离心管：50 mL。

5.11 滤膜：0.22 μm。

6 试料的制备与保存

6.1 试料的制备

取水产品空白或供试可食性组织，绞碎，并使均质。

——取均质后的供试样品，作为供试试料。

——取均质后的空白样品，作为空白试料。

——取均质后的空白样品，添加适宜浓度的标准工作液，作为空白添加试料。

6.2 试料的保存

−20 ℃以下保存，保存期 3 个月。

7 测定步骤

7.1 提取

称取试料 5 g±0.05 g，于 50 mL 离心管中，加 200 ng/mL 红霉素同位素内标物标准工作液 50 μL，加乙腈 15 mL，立即搅拌使其分散，超声 5 min，振荡 5 min，4 000 r/min 离心 10 min，取上清液，于另一离心管中，残渣中加乙腈 5 mL，重复提取一次，合并两次上清液，加氯化钠 2 g 和正己烷 15 mL，振荡

5 min，4 000 r/min 离心 10 min，弃上层正己烷液，取下层液，于 100 mL 茄形瓶中，于 40 ℃旋转蒸发至干，用磷酸盐缓冲溶液 5 mL，溶解残余物，加正己烷 5 mL，混合 1 min，转至离心管中，6 000 r/min 离心 5 min，弃正己烷层，再加正己烷 5 mL，重复操作一次，取下层溶液，备用。

7.2 净化

HLB 柱依次用甲醇 5 mL、水 5 mL 和磷酸盐缓冲溶液 5 mL 活化，取备用液过柱，用磷酸盐缓冲液 5 mL 洗涤离心管，洗涤液过柱，流干，依次用水 5 mL 和 40%甲醇溶液 5 mL 淋洗，抽干，用甲醇 8 mL 洗脱，收集洗脱液，于茄形瓶中，于 40 ℃旋转蒸发至干，用 30%甲醇溶液 1.0 mL 溶解残余物，滤膜过滤，供液相色谱-串联质谱测定。

7.3 标准曲线的制备

精密量取 5 μg/mL 红霉素标准工作液和 200 ng/mL 红霉素同位素内标物标准工作液适量，用 30%甲醇溶液溶解并稀释，配制成红霉素同位素内标物浓度为 10 ng/mL 以及红霉素浓度为 1、5、10、25、50、100 和 500 ng/mL 的系列标准溶液，供液相色谱-串联质谱测定。以特征离子质量色谱峰面积为纵坐标，标准溶液浓度为横坐标，绘制标准曲线。求回归方程和相关系数。

7.4 测定

7.4.1 液相色谱条件

7.4.1.1 色谱柱：C_{18}（150 mm×2.1 mm，粒径 5 μm），或相当者。

7.4.1.2 流动相：A：甲醇，B：0.01‰乙酸水溶液。

7.4.1.3 梯度洗脱：0.0 min～1.0 min，30%A；1.01 min～7 min，95%A；7.01 min～17 min，30%A。

7.4.1.4 流速：0.3 mL/min。

7.4.1.5 柱温：25 ℃。

7.4.1.6 进样量：25 μL。

7.4.2 质谱条件

7.4.2.1 离子源：电喷雾离子源。

7.4.2.2 扫描方式：正离子扫描。

7.4.2.3 检测方式：多反应监测。

7.4.2.4 喷雾电压：4 700 V。

7.4.2.5 离子传输毛细管温度：300 ℃。

7.4.2.6 源内碰撞诱导解离电压：8 V。

7.4.2.7 雾化气流速：12.3 L/h。

7.4.2.8 辅助气流速：1.7 L/h。

7.4.2.9 定性、定量离子对和碰撞能量见表 1。

表 1 定性、定量离子对和碰撞能量

目标化合物	定性离子对 m/z	定量离子对 m/z	碰撞能量 eV
红霉素	734.4>157.9 734.4>576.0	734.4>157.9	27 20
红霉素同位素内标物	736.5>159.9	736.5>159.9	30

7.4.3 测定法

7.4.3.1 定性测定

通过试样色谱图的保留时间与相应标准品的保留时间、色谱峰的特征离子与相应浓度标准溶液色谱峰的特征离子相对照定性。试样与标准品保留时间的相对偏差不大于5%;试样特征离子的相对丰度与浓度相当标准溶液的相对丰度一致,相对丰度偏差不超过±20%,则可判断试样中存在相应的被测物。

7.4.3.2 定量测定

取试样溶液和标准溶液,按外标法,以峰面积定量,标准溶液及试样溶液中的红霉素响应值均应在仪器检测的线性范围内。在上述色谱-质谱条件下,红霉素标准溶液和空白添加试样溶液中特征离子质量色谱图见附录A。

7.5 空白试验

除不加试料外,采用完全相同的步骤进行平行操作。

8 结果计算和表述

试料中对红霉素的残留量按式(1)计算:

$$X=\frac{c\times V}{m} \qquad \cdots\cdots(1)$$

式中:

X ——供试试料中红霉素的残留量,单位为微克每千克(μg/kg);

c ——试样溶液中红霉素的浓度,单位为纳克每毫升(ng/mL);

V ——溶解残余物所用体积,单位为毫升(mL);

m ——供试试料质量,单位为克(g)。

注:计算结果需扣除空白值。测定结果用两次平行测定的算术平均值表示,保留三位有效数字。

9 检测方法灵敏度、准确度和精密度

9.1 灵敏度

本方法的检测限为0.5 μg/kg,定量限为1 μg/kg。

9.2 准确度

本方法在1 μg/kg~400 μg/kg添加浓度水平上的回收率为70%~120%。

9.3 精密度

本方法的批内相对标准偏差≤15%,批间相对标准偏差≤15%。

附 录 A
特征离子质量色谱图

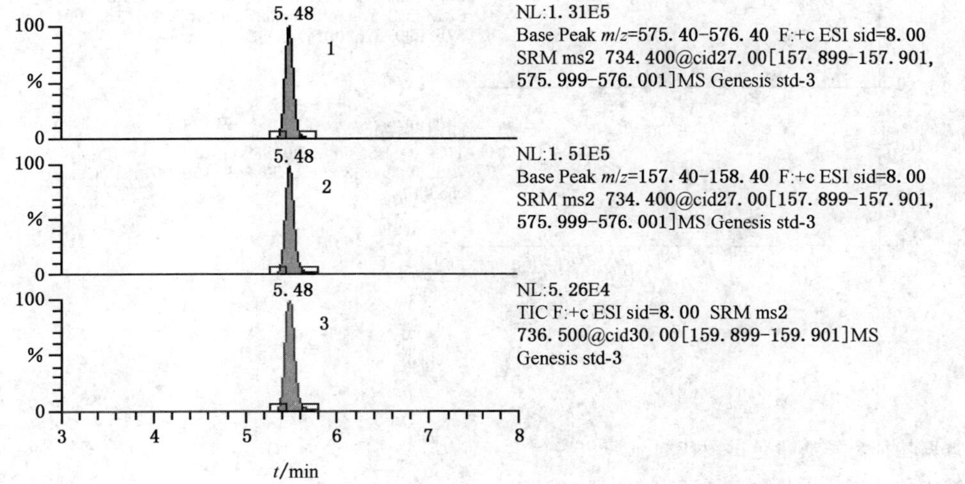

说明：

1——红霉素特征离子质量色谱图(734.4>575.9)；

2——红霉素特征离子质量色谱图(734.4>159.9)；

3——红霉素同位素特征离子质量色谱图(736.50>159.9)。

图 A.1 红霉素及红霉素同位素内标物标准溶液特征离子质量色谱图(25 ng/mL)

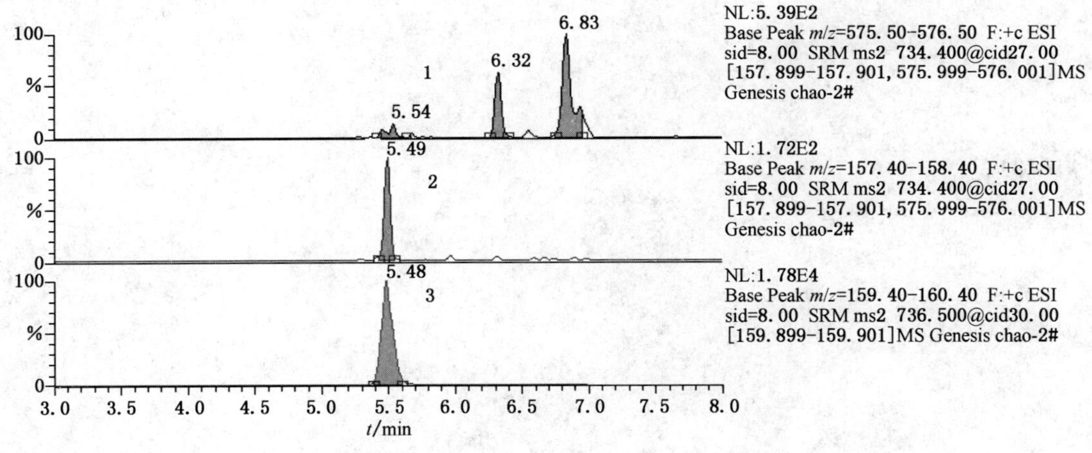

说明：

1——红霉素特征离子质量色谱图(734.4>575.9)；

2——红霉素特征离子质量色谱图(734.4>159.9)；

3——红霉素同位素特征离子质量色谱图(736.50>159.9)。

图 A.2 草鱼可食性组织空白试样特征离子质量色谱图

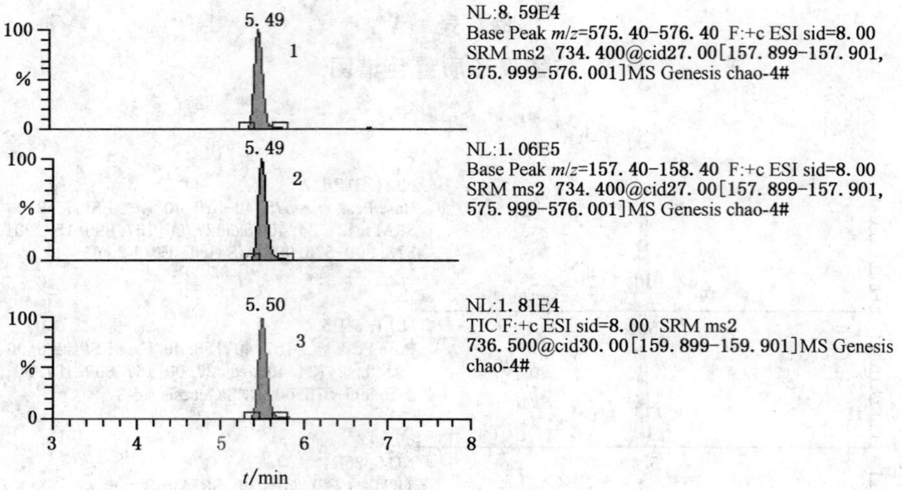

说明：

1——红霉素特征离子质量色谱图(734.4＞575.9)；

2——红霉素特征离子质量色谱图(734.4＞159.9)；

3——红霉素同位素特征离子质量色谱图(736.50＞159.9)。

图 A.3 草鱼可食性组织空白添加红霉素试样特征离子质量色谱图(5 μg/kg)

中华人民共和国国家标准

GB 29685—2013

食品安全国家标准
动物性食品中林可霉素、克林霉素和大观霉素多残留的测定 气相色谱-质谱法

2013-09-16 发布 2014-01-01 实施

中华人民共和国农业部
中华人民共和国国家卫生和计划生育委员会 发布

食品安全国家标准

动物性食品中林可霉素、克林霉素和大观霉素多残留的测定　气相色谱-质谱法

1　范围

本标准规定了动物性食品中林可霉素、克林霉素和大观霉素残留量检测的制样和气相色谱-质谱测定方法。

本标准适用于猪、牛和鸡的肌肉和肾脏以及牛奶和鸡蛋中林可霉素、克林霉素和大观霉素单个或多个药物残留量的检测。

2　规范性引用文件

下列文件对于本文件的应用是必不可少的。凡是注日期的引用文件，仅注日期的版本适用于本文件。凡是不注日期的引用文件，其最新版本(包括所有的修改单)适用于本文件。

GB/T 6682　分析实验室用水规格和试验方法

3　原理

试料中残留的林可霉素、克林霉素和大观霉素，用磷酸缓冲液提取，3%三氯乙酸沉淀蛋白，离子对原理反相 SPE 柱净化，*N*,*O*-双(三甲基硅烷基)三氟乙酰胺衍生，气相色谱-质谱法测定，外标法定量。

4　试剂和材料

以下所用的试剂，除特别注明外均为分析纯试剂，水为符合 GB/T 6682 规定的一级水。

4.1　盐酸林可霉素标准品：含量≥99%；盐酸克林霉素和盐酸大观霉素标准品：含量≥95%。

4.2　*N*,*O*-双(三甲基硅烷基)三氟乙酰胺。

4.3　乙酸：优级纯。

4.4　甲醇：色谱纯。

4.5　乙腈：色谱纯。

4.6　正己烷：色谱纯。

4.7　磷酸二氢钾：优级纯。

4.8　磷酸：优级纯。

4.9　氢氧化钾：优级纯。

4.10　三氯乙酸：优级纯。

4.11　十二烷基磺酸钠：色谱纯。

4.12　HLB 固相萃取柱：60 mg/3 mL，或相当者。

4.13　提取液：取磷酸二氢钾 1.36 g，用水溶解并稀释至 1 000 mL，用磷酸调节 pH 至 4.0。

4.14　3%三氯乙酸溶液：取三氯乙酸 3.0 g，用水溶解并稀释至 100 mL。

4.15　2 mol/L 氢氧化钾溶液：取氢氧化钾 11.6 g，用水溶解并稀释至 100 mL。

4.16　十二烷基磺酸钠溶液：取十二烷基磺酸钠 2.78 g，用水溶解并稀释至 50 mL。

4.17　十二烷基磺酸钠缓冲液：取十二烷基磺酸钠 2.78 g，用水溶解，加乙酸 1 mL，用水稀释至 500 mL。

4.18　1 mg/mL 林可霉素、克林霉素和大观霉素标准贮备液：精密称取林可霉素、克林霉素和大观霉素标准品各 10 mg，分别于 10 mL 量瓶中，用甲醇溶解并稀释至刻度，配制成浓度为 1 mg/mL 的林可霉素、克林霉素和大观霉素标准贮备液。2 ℃～8 ℃避光保存，有效期 6 个月。

4.19　100 μg/mL 标准工作液：精密量取 1 mg/mL 林可霉素、克林霉素和大观霉素标准贮备液各 1.0 mL，分别于 10 mL 量瓶中，用甲醇稀释至刻度，配制成浓度为 100 μg/mL 的林可霉素、克林霉素和大观霉素标准工作液。2 ℃～8 ℃避光保存，有效期 1 周。

5　仪器和设备

5.1　气相色谱-质谱联用仪：配 EI 源。

5.2　分析天平：感量 0.000 01 g。

5.3　天平：感量 0.01 g。

5.4　冷冻高速离心机。

5.5　电热恒温水浴锅。

5.6　旋涡混合器。

5.7　均质机。

5.8　聚四氟乙烯离心管：50 mL。

6　试料的制备与保存

6.1　试料的制备

6.1.1　猪、牛和鸡的肌肉、肝脏和肾脏组织

取适量新鲜或解冻的空白或供试组织，绞碎，并使均质。

——取均质后的供试样品，作为供试试料。

——取均质后的空白样品，作为空白试料。

——取均质后的空白样品，添加适宜浓度的标准工作液，作为空白添加试料。

6.1.2　牛奶和鸡蛋

取适量新鲜或冷藏的空白或供试牛奶和鸡蛋，混合，并使均质。

——取均质后的供试样品，作为供试试料。

——取均质后的空白样品，作为空白试料。

——取均质后的空白样品，添加适宜浓度的标准工作液，作为空白添加试料。

6.2　试料的保存

组织试料－20 ℃以下保存。鸡蛋和牛奶试料 2 ℃～8 ℃以下保存。

7 测定步骤

7.1 基质匹配标准曲线的制备

分别精密量取100 μg/mL林可霉素、克林霉素和大观霉素标准工作液适量，用甲醇稀释，配制成浓度为50、100、200、400、800、1 600和3 200 μg/L的系列混合标准溶液，各取1.0 mL，分别溶解经提取、净化及吹干的空白试料残余物，充分混匀，室温吹干，加*N*,*O*-双(三甲基硅烷基)三氟乙酰胺500 μL和乙腈100 μL，涡旋混合1 min，密封，于75 ℃恒温箱衍生反应1 h，于室温氮气吹干，加正己烷0.5 mL溶解残余物，涡旋混匀，供气相色谱-质谱测定。以测得峰面积为纵坐标，对应的标准溶液浓度为横坐标，绘制标准曲线。求回归方程和相关系数。

7.2 提取

7.2.1 肌肉和肾脏组织

称取试料5 g±0.05 g，于50 mL聚四氟乙烯离心管中，加提取液10 mL，振荡5 min，5 000 r/min离心10 min，取上清液于另一离心管中，残渣中加提取液10 mL，重复提取一次，合并两次上清液，加3%三氯乙酸溶液5 mL，混匀，8 000 r/min离心10 min，取上清液，用2 mol/L氢氧化钾溶液调pH至5.8±0.2，加十二烷基磺酸钠溶液2 mL，涡旋混匀，静置15 min，备用。

7.2.2 牛奶和鸡蛋组织

称取试料5 g±0.05 g，于50 mL聚四氟乙烯离心管中，加提取液10 mL，振荡5 min，5 000 r/min离心10 min，取上清液于另一离心管中，残渣中加提取液10 mL，重复提取一次，合并两次上清液，加正己烷5 mL，混匀，5 000 r/min离心15 min，取下层液，用2 mol/L氢氧化钾溶液调pH至5.8±0.2，加十二烷基磺酸钠溶液2 mL，涡旋混匀，静置15 min，备用。

7.3 净化

HLB柱依次用甲醇3 mL、水3 mL和十二烷基磺酸钠缓冲液3 mL活化，取备用液过柱，用水淋洗两次，每次3 mL，用甲醇4 mL洗脱，收集洗脱液，于40 ℃水浴氮气吹至近干，室温吹干，加*N*,*O*-双(三甲基硅烷基)三氟乙酰胺500 μL和乙腈100 μL，涡旋混合1 min，密封，于75 ℃恒温箱衍生反应1 h，室温氮气吹干，用正己烷0.5 mL溶解残余物，涡旋混匀，供气相色谱-质谱测定。

7.4 测定

7.4.1 色谱条件

7.4.1.1 色谱柱：毛细管色谱柱Rtx-5(5%苯基甲基聚硅氧烷，30 m×0.25 mm)，或相当者。

7.4.1.2 进样口温度：280 ℃。

7.4.1.3 进样方式：不分流。

7.4.1.4 进样体积：1 μL。

7.4.1.5 模式：恒流。

7.4.1.6 载气：氦气(99.999%)。

7.4.1.7 柱流速：1 mL/min。

7.4.1.8 柱温升温程序见表1。

表 1 柱温升温程序

起始温度 ℃	终止温度 ℃	升温速率 ℃/min	保持时间 min	总时间 min
150	150	—	2.0	2.0
150	300	20	10	19.5

7.4.2 质谱条件

7.4.2.1 离子源温度:200 ℃。

7.4.2.2 接口温度:280 ℃。

7.4.2.3 质谱采集(SIM):林可霉素和克林霉素扫描离子:126(定量离子),127,73。

大观霉素扫描离子:145(定量离子),171,187,201。

7.4.3 测定法

7.4.3.1 定性测定

通过样品色谱图的保留时间与标准品的保留时间、各色谱峰的特征离子与相应浓度标准品各色谱峰的特征离子相对照定性。样品与标准品的保留时间的相对偏差不大于5%;样品特征离子的相对丰度与浓度相当混合标准溶液的相对丰度一致,相对丰度偏差不超过表2的规定,则可判断样品中存在相应的被测物。

表 2 定性测定时相对离子丰度的最大允许偏差

相对离子丰度	>50%	>20%至50%	>10%至20%	≤10%
允许的相对偏差	±10%	±15%	±20%	±50%

将供试试样和标准溶液的定量离子面积之比作单点校正定量。

7.4.3.2 定量测定

取试样溶液和标准溶液,按外标法,以峰面积定量,标准溶液及试样溶液中林可霉素、克林霉素和大观霉素响应值均应在仪器检测的线性范围内。在上述色谱-质谱条件下,林可霉素、克林霉素和大观霉素标准溶液和空白添加试样溶液中特征离子质量色谱图见附录A。

7.5 空白试验

除不加试料外,采用完全相同的步骤进行平行操作。

8 结果计算与表述

单点校准:

$$c=\frac{c_S A}{A_S} \qquad \cdots\cdots(1)$$

基质匹配标准曲线校准:由 $A_S=ac_S+b$,求得 a 和 b,则

$$c = \frac{A - b}{a} \quad \cdots\cdots (2)$$

试料中林可霉素、克林霉素和大观霉素的残留量按式(3)计算：

$$X = \frac{cV}{m} \quad \cdots\cdots (3)$$

式中：

c ——供试试料溶液中相应的林可霉素、克林霉素或大观霉素浓度，单位为微克每升(μg /L)；

c_S ——标准溶液中相应的林可霉素、克林霉素或大观霉素浓度，单位为微克每升(μg /L)；

A ——供试试料溶液中相应的林可霉素、克林霉素或大观霉素的衍生物的峰面积；

A_S——标准溶液中相应的林可霉素、克林霉素或大观霉素的衍生物的峰面积；

X ——供试试料中相应的林可霉素、克林霉素或大观霉素的残留量，单位为微克每千克(μg/kg)；

V ——溶解残余物体积，单位为毫升(mL)；

m ——供试试料质量，单位为克(g)。

注：计算结果需扣除空白值，测定结果用平行测定的算术平均值表示，保留三位有效数字。

9 检测方法灵敏度、准确度和精密度

9.1 灵敏度

本方法的检测限，林可霉素和克林霉素为 15 μg/kg，大观霉素为 25 μg/kg。

本方法林可霉素和克林霉素在肌肉、牛奶和鸡蛋中的定量限为 20 μg/kg，在肾脏中定量限为 50 μg/kg；大观霉素的定量限为 50 μg/kg。

9.2 准确度

本方法克林霉素在 20 μg/kg～200 μg/kg、林可霉素在 20 μg/kg～3 000 μg/kg 和大观霉素在 50 μg/kg～4 000 μg/kg 添加浓度水平上回收率为 70%～110%。

9.3 精密度

本方法批内相对标准偏差≤15%，批间相对标准偏差≤20%。

附 录 A
离子色谱图

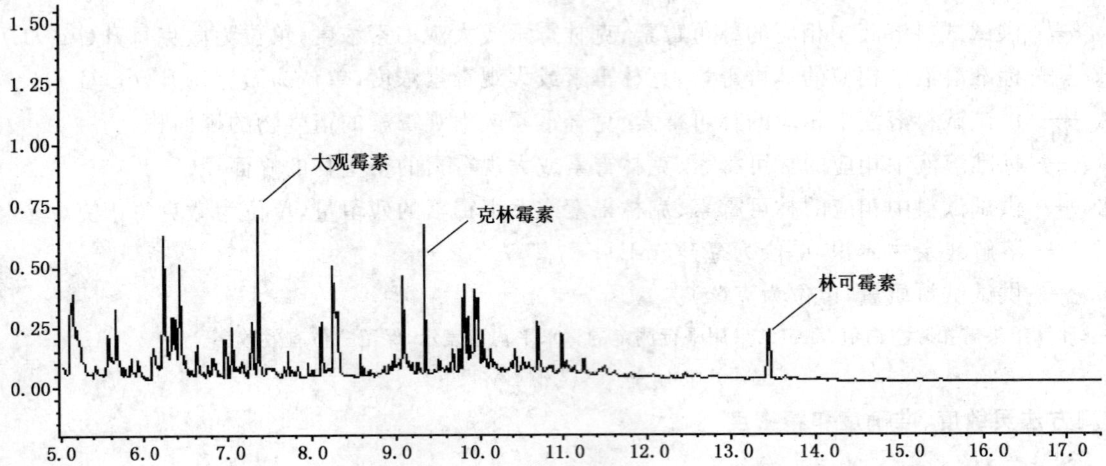

图 A.1 标准溶液衍生物离子色谱图

（林可霉素和克林霉素 100 μg/L、大观霉素 250 μg/L）

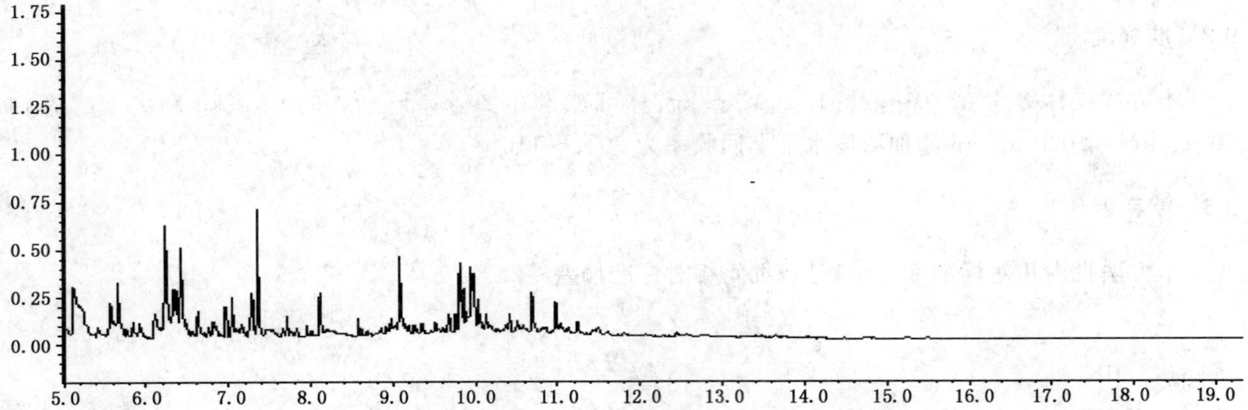

图 A.2 猪肌肉组织空白试样离子色谱图

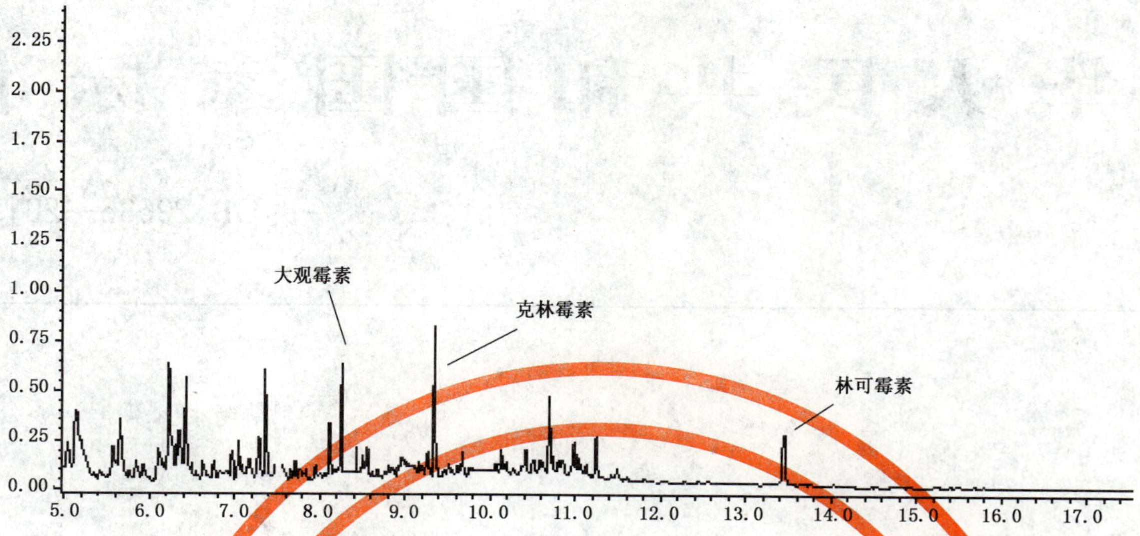

图 A.3　猪肌肉组织空白添加林可霉素、克林霉素和大观霉素试样离子色谱图

（林可霉素和克林霉素 20 μg/kg、大观霉素 50 μg/kg）

中华人民共和国国家标准

GB 29686—2013

食品安全国家标准
猪可食性组织中阿维拉霉素残留量的测定
液相色谱-串联质谱法

2013-09-16 发布　　2014-01-01 实施

中华人民共和国农业部
中华人民共和国国家卫生和计划生育委员会 发布

食品安全国家标准

猪可食性组织中阿维拉霉素残留量的测定 液相色谱-串联质谱法

1 范围

本标准规定了猪可食性组织中阿维拉霉素残留量检测的制样和液相色谱-串联质谱测定方法。

本标准适用于猪的肌肉、脂肪/皮、肝脏和肾脏中阿维拉霉素残留量的检测。

2 规范性引用文件

下列文件对于本文件的应用是必不可少的。凡是注日期的引用文件，仅注日期的版本适用于本文件。凡是不注日期的引用文件，其最新版本(包括所有的修改单)适用于本文件。

GB/T 6682 分析实验室用水规格和试验方法

3 原理

试料中残留的阿维拉霉素，用丙酮提取，氢氧化钠溶液水解，再用乙酸乙酯提取，氧化铝固相萃取柱净化，以二氯甲氧苯酸为内标物，液相色谱-串联质谱 APCI 测定，内标法定量。

4 试剂和材料

以下所用的试剂，除特别注明外均为分析纯试剂，水为符合 GB/T 6682 规定的一级水。

4.1 阿维拉霉素、阿维拉霉素残留标示物 DIA 标准品：含量≥98%。

4.2 内标物：二氯甲氧苯酸标准品：含量≥98%。

4.3 甲醇：色谱纯。

4.4 正己烷。

4.5 乙腈：色谱纯。

4.6 乙酸乙酯。

4.7 丙酮。

4.8 甲酸。

4.9 氢氧化钠。

4.10 磷酸。

4.11 中性氧化铝固相萃取柱：1 000 mg/6 mL，或相当者。

4.12 1 mol/L 氢氧化钠溶液：取氢氧化钠 4 g，用水溶解并稀释至 100 mL。

4.13 洗脱液：取甲酸 5 mL，用乙腈溶解并稀释至 100 mL。

4.14 1 mg/mL 阿维拉霉素和阿维拉霉素残留标示物 DIA 标准贮备液：精密称取阿维拉霉素和阿维拉霉素残留标示物 DIA 各 10 mg，分别于 10 mL 量瓶中，用甲醇溶解并稀释至刻度，配制成浓度为 1 mg/mL 的阿维拉霉素和阿维拉霉素残留标示物 DIA 标准贮备液。2 ℃～4 ℃保存，有效期 1 个月。

4.15 10 μg/mL 阿维拉霉素和阿维拉霉素残留标示物 DIA 标准工作液：精密量取 1 mg/mL 阿维拉霉素和阿维拉霉素残留标示物 DIA 标准贮备液各 1.0 mL，分别于 100 mL 量瓶中，用甲醇溶解并稀释至刻度，配制成浓度为 10 μg/mL 的阿维拉霉素和阿维拉霉素残留标示物 DIA 标准工作液。2 ℃～4 ℃保存，有效期 1 个月。

4.16 1 mg/mL 内标物二氯甲氧苯酸标准贮备液：精密称取二氯甲氧苯酸 10 mg，于 10 mL 量瓶中，用甲醇溶解并稀释至刻度，配制成浓度为 1 mg/mL 的二氯甲氧苯酸标准贮备液。2 ℃～4 ℃保存，有效期 1 个月。

4.17 2 μg/mL 内标物二氯甲氧苯酸标准工作液：精密量取 1 mg/mL 二氯甲氧苯酸标准贮备液 200 μL，于 100 mL 量瓶中，用甲醇溶解并稀释至刻度，配制成浓度为 2 μg/mL 的二氯甲氧苯酸标准工作液。2 ℃～4 ℃保存，有效期 1 个月。

5 仪器和设备

5.1 高效液相色谱-串联质谱仪：配大气压化学电离源(APCI)。

5.2 分析天平：感量 0.000 01 g。

5.3 天平：感量 0.01 g。

5.4 冷冻高速离心机。

5.5 振荡器。

5.6 旋涡混合器。

5.7 均质机。

5.8 氮吹仪。

5.9 旋转蒸发仪。

5.10 固相萃取装置。

5.11 圆底烧瓶：50 mL。

5.12 离心管：15 mL，50 mL。

6 试料的制备与保存

6.1 试料的制备

取新鲜或冷冻空白或供试组织，绞碎，并使均质。

——取均质后的供试样品，作为供试试料。

——取均质后的空白样品，作为空白试料。

——取均质后的空白样品，添加适宜浓度的标准工作液，作为空白添加试料。

6.2 试料的保存

−20 ℃以下保存。

7 测定步骤

7.1 提取

称取肌肉或脂肪试料 2 g±0.05 g 、肝脏或肾脏试料 1 g±0.05 g ，于 15 mL 离心管中，加丙酮 4 mL，涡旋 5 min，于 6 000 r/min 离心 10 min，取上清液，于 50 mL 圆底烧瓶中。残渣中加丙酮 4 mL，重复提取两次,合并3次上清液,于60 ℃旋转蒸发至干,用1 mol/L 氢氧化钠溶液4 mL溶解残余物,转至50 mL离心管中,于70 ℃水浴2 h,取出,用85%磷酸调pH至1.0,加乙酸乙酯4 mL,混匀,于6 000 r/min离心10 min,取上清液于另一离心管中,重复两次,合并3次上清液,加2 μg/mL二氯甲氧苯酸内标0.5 mL(空白试料除外),混匀备用。

7.2 净化

氧化铝萃取柱用乙酸乙酯10 mL活化,取备用液过柱,分别用正己烷5 mL、乙酸乙酯5 mL和甲醇5 mL淋洗,用洗脱液洗脱两次,每次7 mL,收集洗脱液,于50 ℃旋转蒸发至干,用甲醇1.0 mL溶解残余物,涡旋混匀,供液相色谱-串联质谱法测定。

7.3 标准曲线的制备

精密量取10 μg/mL阿维拉霉素残留标示物DIA标准工作液适量,用甲醇稀释,配制成浓度为5、50、100、200、400和800 μg/L的系列标准溶液,供液相色谱-串联质谱测定。以特征离子质量色谱峰面积为纵坐标,标准溶液浓度为横坐标,绘制标准曲线。求回归方程和相关系数。

7.4 测定

7.4.1 液相色谱条件

7.4.1.1 色谱柱:C_{18}(150 mm×4.6 mm,粒径5 μm),或相当者。
7.4.1.2 流动相:甲醇+水(50+50,体积比)。
7.4.1.3 流速:0.6 mL/min。
7.4.1.4 进样量:10 μg/L。
7.4.1.5 柱温:40 ℃。

7.4.2 质谱条件

7.4.2.1 离子源:APCI。
7.4.2.2 扫描方式:负离子扫描。
7.4.2.3 检测方式:选择反应监测。
7.4.2.4 蒸发温度:400 ℃。
7.4.2.5 离子传输管温度:275 ℃。
7.4.2.6 鞘气压力:25 arb。
7.4.2.7 辅助气压力:5 arb。
7.4.2.8 选择反应监测的优化参数见表1。

表1 阿维拉霉素选择反应监测的优化参数

药物名称	相对保留时间 min	母离子 质量数	定性离子及碰撞能量 eV	定量离子及碰撞能量 eV
阿维拉霉素残留标示物DIA	7.10	249	249>189(23) 249>205(16)	249>205(16)
二氯甲氧苯酸	8.80	219	219>159(18) 219>145(15)	219>175(8)

7.4.3 测定法

7.4.3.1 定性测定

通过试样色谱图的保留时间与相应标准品的保留时间、各色谱峰的特征离子与相应浓度标准溶液各色谱峰的特征离子相对照定性。试样与标准品保留时间的相对偏差不大于5%；试样特征离子的相对丰度与浓度相当混合标准溶液的相对丰度一致，相对丰度偏差不超过表2的规定，则可判断试样中存在相应的被测物。

表2 定性测定时相对离子丰度的最大允许偏差 %

相对离子丰度	＞50	20～50	10～20	≤10
允许的相对偏差	±20	±25	±30	±50

将供试试样和标准溶液的定量离子面积之比作单点校正定量。

7.4.3.2 定量测定

取试样溶液和标准溶液，按外标法，以峰面积定量，标准溶液及试样溶液中的阿维拉霉素响应值均应在仪器检测的线性范围内。在上述色谱-质谱条件下，阿维拉霉素标准溶液和空白添加试样溶液中特征离子质量色谱图见附录A。

7.5 空白试验

除不加试料外，采用完全相同的步骤进行平行操作。

8 结果计算与表述

试料中阿维拉霉素残留标示物(DIA)的残留量按式(1)计算：

$$X=\frac{A\times c_S\times c_i\times A_{Si}\times V}{A_S\times c_{Si}\times A_i\times m} \quad \cdots\cdots(1)$$

式中：

X ——供试试料中DIA的残留量，单位为微克每千克(μg/kg)；

A ——试样溶液中DIA的色谱峰面积；

c_S ——标准溶液中DIA的浓度，单位为纳克每毫升(ng/mL)；

c_i ——试样溶液中内标物的浓度，单位为纳克每毫升(ng/mL)；

A_{Si}——标准溶液中内标物的色谱峰面积；

V ——样液最终定容体积，单位为毫升(mL)；

A_S——标准溶液中DIA的色谱峰面积；

c_{Si} ——标准溶液中内标物的浓度，单位为纳克每毫升(ng/mL)；

A_i ——试样溶液中内标物的色谱峰面积；

m ——供试试料质量，单位为克(g)。

注：计算结果需扣除空白值，测定结果用平行测定的算术平均值表示，保留三位有效数字。

9 检测方法灵敏度、准确度和精密度

9.1 灵敏度

本方法在肌肉和脂肪组织中的检测限为10 μg/kg,定量限为20 μg/kg;在肝脏和肾脏组织中的检测限为20 μg/kg,定量限为50 μg/kg。

9.2 准确度

本方法在20 μg/kg～600 μg/kg添加浓度水平上的回收率为70%～120%。

9.3 精密度

本方法的批内相对标准偏差≤20%,批间相对标准偏差≤20%。

附 录 A
特征离子质量色谱图

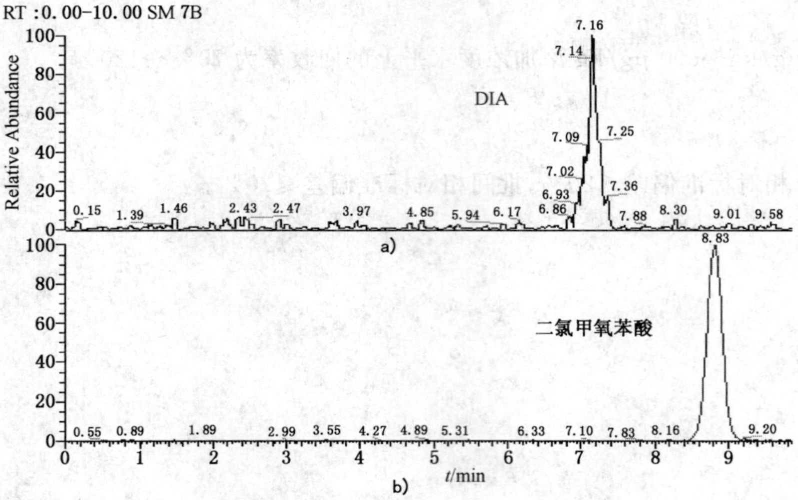

图 A.1 标准溶液特征离子质量色谱图(DIA 5 μg/L、二氯甲氧苯酸 1 μg/mL)

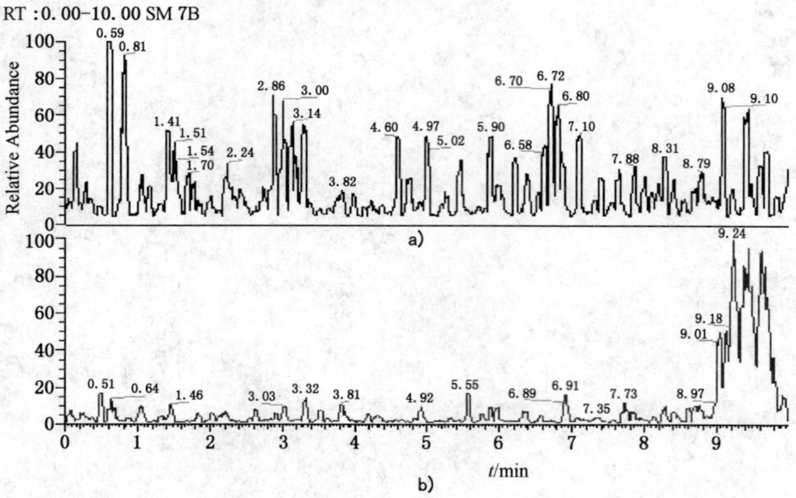

图 A.2 猪肾脏组织空白试样特征离子质量色谱图

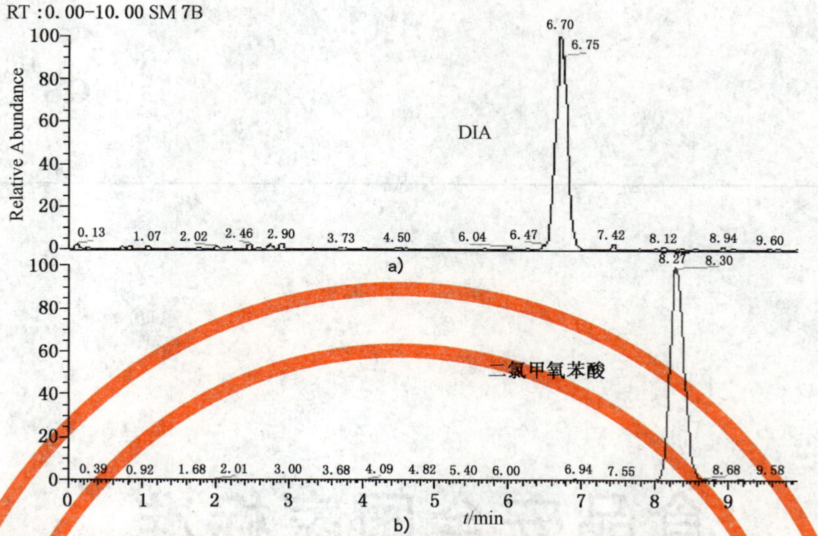

图 A.3　猪肾脏组织空白添加阿维拉霉素试样特征离子质量色谱图(50 μg/kg)

中华人民共和国国家标准

GB 29687—2013

食品安全国家标准
水产品中阿苯达唑及其代谢物多残留的测定　高效液相色谱法

2013-09-16 发布　　2014-01-01 实施

中华人民共和国农业部
中华人民共和国国家卫生和计划生育委员会　发布

食品安全国家标准

水产品中阿苯达唑及其代谢物多残留的测定　高效液相色谱法

1　范围

本标准规定了水产品中阿苯达唑及代谢物(2-氨基阿苯达唑砜、阿苯达唑亚砜、阿苯达唑砜)残留量检测的制样和高效液相色谱测定方法。

本标准适用于水产品中阿苯达唑及代谢物(2-氨基阿苯达唑砜、阿苯达唑亚砜、阿苯达唑砜)残留量的测定。

2　规范性引用文件

下列文件对于本文件的应用是必不可少的。凡是注日期的引用文件,仅注日期的版本适用于本文件。凡是不注日期的引用文件,其最新版本(包括所有的修改单)适用于本文件。

GB/T 6682　分析实验室用水规格和试验方法

SC/T 3016　水产品抽样方法

3　原理

试料中残留的阿苯达唑及代谢物,用乙酸乙酯提取,正已烷除脂,乙酸乙酯反萃取,高效液相色谱-荧光检测器测定,外标法定量。

4　试剂和材料

以下所用试剂,除特别注明外均为分析纯试剂,水为符合GB/T 6682规定的一级水。

4.1　盐酸2-氨基阿苯达唑砜、阿苯达唑亚砜、阿苯达唑砜和阿苯达唑对照品:含量≥99%。

4.2　正已烷:色谱纯。

4.3　乙腈:色谱纯。

4.4　甲醇:色谱纯。

4.5　乙酸乙酯:色谱纯。

4.6　二氯甲烷:色谱纯。

4.7　磷酸。

4.8　十二水磷酸氢二钠。

4.9　庚烷磺酸钠:色谱纯。

4.10　乙酸铵。

4.11　20%甲醇溶液:取甲醇80 mL,用水溶解并稀释至100 mL。

4.12　0.05 mol/L乙酸铵溶液:取乙酸铵3.85 g,用水溶解并稀释至1 000 mL。

4.13　0.04 mol/L庚烷磺酸钠-磷酸溶液:取磷酸2.7 mL,加水混匀,加庚烷磺酸钠8.08 g,用水溶解并稀释至 1 000 mL。

4.14 3%磷酸溶液:取磷酸 1.75 mL,用水溶解并稀释至 100 mL。

4.15 0.02 mol/L 磷酸氢二钠溶液:取磷酸氢二钠 0.716 g,用水溶解并稀释至 100 mL,用 3%磷酸溶液调节 pH 至 8.5,现配现用。

4.16 100 μg/mL 阿苯达唑、阿苯达唑亚砜、阿苯达唑砜和 2-氨基阿苯达唑砜标准贮备液:精密称取阿苯达唑、阿苯达唑砜和阿苯达唑亚砜各 10 mg 以及盐酸 2-氨基阿苯达唑砜 11.5 mg,分别于 100 mL 量瓶中,用甲醇溶解并稀释至刻度,配制成浓度为 100 μg/mL 的标准贮备液。−18 ℃以下避光保存,有效期 3 个月。

4.17 混合标准工作液:分别精密量取 100 μg/mL 2-氨基阿苯达唑砜、阿苯达唑亚砜、阿苯达唑砜和阿苯达唑标准储备液适量,于同一量瓶中,用 80%甲醇溶液溶解并稀释至刻度,配制成浓度分别为 2-氨基阿苯达唑砜 1.0 μg/mL、阿苯达唑亚砜 2.0 μg/mL、阿苯达唑砜 0.2 μg/mL 以及阿苯达唑 5.0 μg/mL 的混合标准工作液。2 ℃～8 ℃避光保存,有效期 1 个月。

5 仪器与设备

5.1 高效液相色谱仪:配荧光检测器。

5.2 分析天平:感量 0.000 01 g。

5.3 天平:感量 0.01 g。

5.4 均质机。

5.5 离心机。

5.6 旋转蒸发器。

5.7 氮吹仪。

5.8 梨形瓶:100 mL。

5.9 滤膜:有机相,0.45 μm。

6 试料的制备与保存

6.1 试料的制备

取适量新鲜或冷冻的鱼,去鳞、去皮,沿脊背取肌肉;虾,去头、去壳,取肌肉部分。绞碎,并使均质。

——取均质后的供试样品,作为供试试料。

——取均质后的空白样品,作为空白试料。

——取均质后的空白样品,添加适宜浓度的标准工作液,作为空白添加试料。

6.2 试料的保存

−20 ℃以下保存。

7 测定步骤

7.1 虾、蟹类

7.1.1 提取

称取试料 2 g±0.02 g, 于 50 mL 离心管中,加乙酸乙酯 15 mL,均质 30 s,振荡 5 min,4 000 r/min 离心 10 min,取上清液于 100 mL 梨形瓶中,残渣备用。另取一 50 mL 离心管,加乙酸乙酯 15 mL,清洗均质机 30 s，洗涤液于残渣中，振荡 5 min，4 000 r/min 离心 10 min，上清液合并至 100 mL 梨形瓶中，于 35 ℃旋转蒸发至干，用 20%甲醇溶液 1.0 mL 溶解残渣。

7.1.2 除脂

将上述溶液移入 10 mL 离心管中，再向梨形瓶中加入正己烷 1 mL，洗涤，正己烷转入离心管中，振荡 1 min，4 000 r/min 离心 5 min，弃正己烷层液，再加入正己烷 1 mL，重复操作两次，取下层液备用。

7.1.3 净化

备用液中加 0.04 mol/L 磷酸 1 mL，混匀，加二氯甲烷 1.5 mL，混合 1 min，4 000 r/min 离心5 min，取二氯甲烷液于 10 mL 离心管中，再加二氯甲烷 1.5 mL，重复提取两次，合并三次二氯甲烷液于 10 mL 离心管中，于 35 ℃氮气吹干；用 0.02 mol/L 磷酸氢二钠溶液 1.0 mL 溶解残余物，加乙酸乙酯 2 mL，混合 1 min，4 000 r/min 离心 5 min，将乙酸乙酯液移入另一 10 mL 离心管中，再向磷酸氢二钠溶液中加乙酸乙酯 2 mL，重复提取两次，合并三次乙酸乙酯液，于 40 ℃氮气吹干，用 20%甲醇-水 1.0 mL 溶解残留物，滤膜过滤，供液相色谱测定。

7.1.4 基质匹配标准溶液的制备

称取 5 份空白试料 2 g±0.02 g，于 50 mL 离心管中，分别加入混合标准工作液 0、10、25、100 和 200 μL，混匀，按提取、除脂、净化步骤操作，基质标准溶液浓度分别为：2-氨基阿苯达唑砜 0、0.01、0.025、0.1 和 0.2 μg/mL，阿苯达唑亚砜 0、0.02、0.05、0.2 和 0.4 μg/mL，阿苯达唑砜 0、0.002、0.005、0.02 和 0.04 μg/mL，阿苯达唑 0、0.05、0.125、0.5 和 1 μg/mL，供高效液相色谱测定。以测得峰面积为纵坐标，对应的标准溶液浓度为横坐标，绘制标准曲线。求回归方程和相关系数。

7.2 鱼类

7.2.1 提取

称取试料 2 g±0.02 g，于 50 mL 离心管中，加乙酸乙酯 15 mL，均质 30 s，振荡提取 5 min，4 000 r/min 离心 10 min，取上清液于 100 mL 梨形瓶中，残渣备用。另取一 50 mL 离心管加乙酸乙酯 15 mL，清洗均质机 30 s，将此液倒入上述残渣中振荡提取 5 min，4 000 r/min 离心 10 min，上清液合并至 100 mL 梨形瓶中，于 35 ℃减压旋转蒸发至干，加入 20%甲醇溶液 1.0 mL 溶解残渣。

7.2.2 除脂

将上述溶液移入 10 mL 离心管中，再向梨形瓶中加入正己烷 1 mL，洗涤，正己烷转入离心管，振荡 1 min，4 000 r/min 离心 5 min，去除正己烷层，再加入正己烷 1 mL，依法重复操作两次。下层溶液过 0.45 μm 有机相滤膜，供液相色谱测定。

7.2.3 混合基质标准溶液的制备

称取 5 份空白试料 2 g±0.02 g，于 50 mL 离心管中，分别加混合标准工作液 10、25、100 和 200 μL，混匀，按提取、除脂步骤操作，基质标准溶液浓度分别为：2-氨基阿苯达唑砜 0、0.01、0.025、0.1 和 0.2 μg/mL，阿苯达唑亚砜 0、0.02、0.05、0.2 和 0.4 μg/mL，阿苯达唑砜 0、0.002、0.005、0.02 和 0.04 μg/mL，阿苯达唑 0、0.05、0.125、0.5 和 1 μg/mL，供高效液相色谱测定。以测得峰面积为纵坐标，对应的标准溶液浓度为横坐标，绘制标准曲线。求回归方程和相关系数。

7.3 测定

7.3.1 色谱条件

7.3.1.1 色谱柱：C_{18}（150 mm×4.6 mm，粒径 5 μm），或相当者。

7.3.1.2 检测波长：激发波长：290 nm，发射波长：320 nm。

7.3.1.3 柱温：30 ℃。

7.3.1.4 流速：1.0 mL/min。

7.3.1.5 进样量：30 μL。

7.3.1.6 流动相：梯度程序见表 1。

表 1 流动相梯度洗脱程序

时间 min	乙腈 %	甲醇 %	0.05 mol/L 乙酸铵 %
0.00	10	8	82
30.0	40	17	43
32.0	50	20	30
40.0	50	20	30
40.1	10	8	82
45.0	10	8	82

7.3.2 测定法

取试样溶液和相应的标准溶液，作单点或多点校准，按外标法，以峰面积计算。标准溶液及试样溶液中阿苯达唑、阿苯达唑砜、阿苯达唑亚砜和 2-氨基阿苯达唑砜响应值应在仪器检测的线性范围之内。在上述色谱条件下，标准溶液和空白组织添加试样溶液的高效液相色谱图分别见附录 A。

7.4 空白试验

除不加试料外，采用完全相同的步骤进行平行操作。

8 结果计算和表述

试料中阿苯达唑及代谢物残留量按式(1)计算：

$$X=\frac{c_S\times A\times V\times 1\,000}{A_S\times m} \qquad \cdots\cdots(1)$$

式中：

X ——供试试料中相应的阿苯达唑及代谢物残留量，单位为微克每千克（μg/kg）；

c_S ——基质标准溶液中相应的阿苯达唑及代谢物标准溶液浓度，单位为微克每毫升（μg/mL）；

A ——试样溶液中相应的阿苯达唑及代谢物峰面积；

V ——样品定容体积，单位为毫升（mL）；

A_S ——基质标准溶液中相应的阿苯达唑及代谢物标准溶液的峰面积；

m ——供试试料质量，单位为克（g）。

注：计算结果需扣除空白值，测定结果用平行测定的算术平均值表示，保留三位有效数字。

9 方法灵敏度、准确度和精密度

9.1 灵敏度

本方法检测限：阿苯达唑为10 μg/kg，2-氨基阿苯达唑砜为2.5 μg/kg，阿苯达唑亚砜为5 μg/kg，阿苯达唑砜为0.5 μg/kg。

本方法定量限：阿苯达唑为25 μg/kg，2-氨基阿苯达唑砜为5 μg/kg，阿苯达唑亚砜为10 μg/kg，阿苯达唑砜为1 μg/kg。

9.2 准确度

本方法阿苯达唑在25 μg/kg～500 μg/kg、2-氨基阿苯达唑砜在5 μg/kg～100 μg/kg、阿苯达唑亚砜在10 μg/kg～200 μg/kg以及阿苯达唑砜在1 μg/kg～20 μg/kg添加浓度水平上的回收率为70％～110％。

9.3 精密度

本方法批内相对标准偏差≤15％，批间相对标准偏差≤15％。

附 录 A
色 谱 图

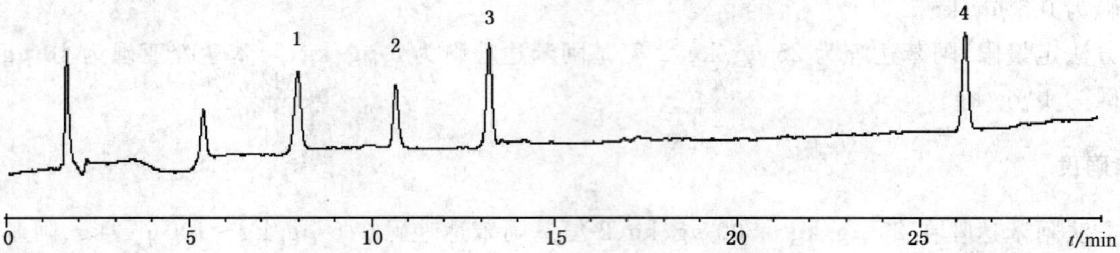

说明：

1——2-氨基阿苯达唑砜；

2——阿苯达唑亚砜；

3——阿苯达唑砜；

4——阿苯达唑。

图 A.1 阿苯达唑及其代谢物混合标准溶液色谱图

(阿苯达唑 0.05 μg/mL、2-氨基阿苯达唑砜 0.01 μg/mL、阿苯达唑亚砜 0.02 μg/mL 和阿苯达唑砜 0.002 4 μg/mL)

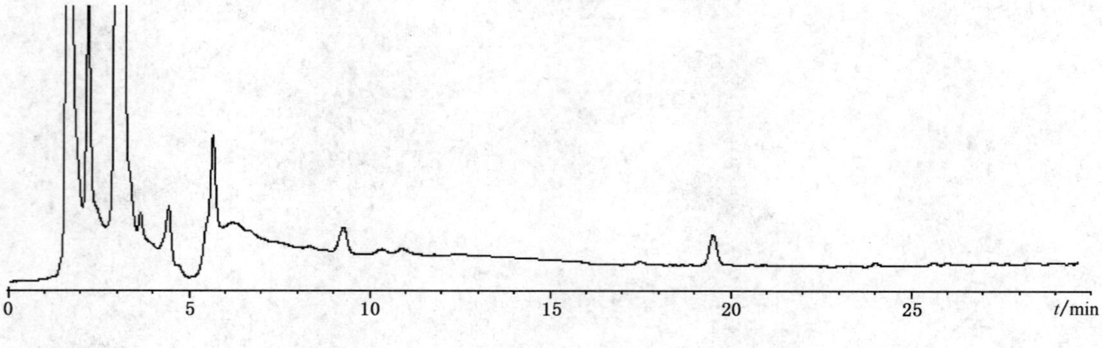

图 A.2 鲫肌肉组织空白试样色谱图

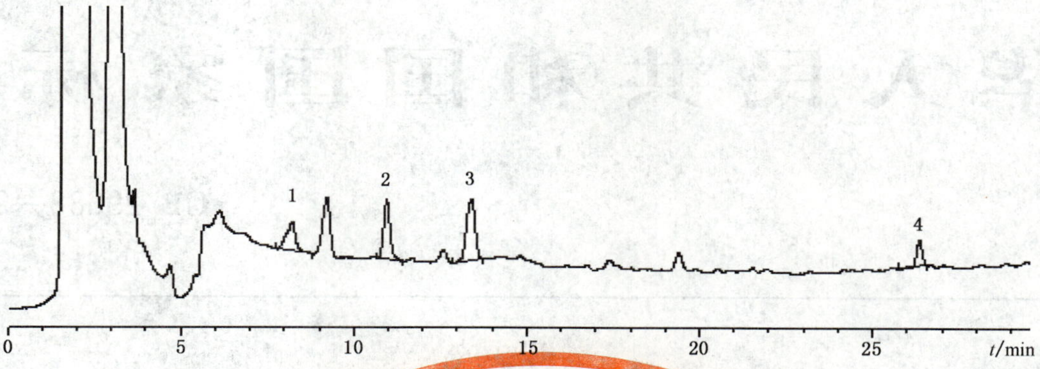

说明：

1——2-氨基阿苯达唑砜；

2——阿苯达唑亚砜；

3——阿苯达唑砜；

4——阿苯达唑。

图 A.3 鲫肌肉组织空白添加阿苯达唑及其代谢物试样色谱图

（阿苯达唑 62.5 μg/kg、2-氨基阿苯达唑 12.5 μg/kg、阿苯达唑亚砜 25 μg/kg、阿苯达唑砜 2.5 μg/kg）

中华人民共和国国家标准

GB 29688—2013

食品安全国家标准
牛奶中氯霉素残留量的测定
液相色谱-串联质谱法

2013-09-16 发布　　　　2014-01-01 实施

中华人民共和国农业部
中华人民共和国国家卫生和计划生育委员会　发布

食品安全国家标准

牛奶中氯霉素残留量的测定
液相色谱-串联质谱法

1 范围

本标准规定了牛奶中氯霉素残留量检测的制样和液相色谱-串联质谱测定方法。

本标准适用于牛奶中氯霉素残留量的检测。

2 规范性引用文件

下列文件对于本文件的应用是必不可少的。凡是注日期的引用文件，仅注日期的版本适用于本文件。凡是不注日期的引用文件，其最新版本(包括所有的修改单)适用于本文件。

GB/T 6682—1992 分析实验室用水规格和试验方法

3 原理

试料中残留的氯霉素，用乙酸乙酯提取，正己烷除脂，C_{18}柱净化，液相色谱-串联质谱测定，内标法定量。

4 试剂和材料

以下所用的试剂，除特别注明者外均为分析纯试剂；水为符合 GB/T 6682 规定的一级水。

4.1 氯霉素标准品：含量≥97%。

4.2 内标物：氘代氯霉素标准品：含量为 100 μg/mL(作为内标物标准贮备液)。

4.3 甲醇：色谱纯。

4.4 乙腈：色谱纯。

4.5 乙酸乙酯。

4.6 氯化钠。

4.7 正己烷。

4.8 C_{18}固相萃取柱：500 mg/3 mL，或相当者。

4.9 4%氯化钠溶液：取氯化钠 4 g，用水溶解并稀释至 100 mL。

4.10 100 μg/mL 氯霉素标准贮备液：精密称取氯霉素标准品 10 mg，于 100 mL 量瓶中，用甲醇溶解并稀释至刻度，配制成浓度为 100 μg/mL 的氯霉素标准贮备液。－20 ℃以下保存，有效期 1 年。

4.11 100 μg/L 氯霉素标准工作溶液：精密量取 100 μg/mL 氯霉素标准贮备溶液 100 μL，于 100 mL 量瓶中，用 50%乙腈溶解并稀释至刻度，配制成浓度为 100 μg/L 的标准工作液。2 ℃～8 ℃保存，有效期 1 个月。

4.12 20 μg/L 氘代氯霉素标准工作溶液：精密量取氘代氯霉素标准品 20 μL，于 1 000 mL 量瓶中，用 50%乙腈溶解并稀释至刻度，配制成浓度为 20 μg/L 的氘代氯霉素标准工作液。2 ℃～8 ℃保存，有效期3个月。

5 仪器和设备

5.1 液相色谱-串联质谱仪：配电喷雾离子源。
5.2 分析天平：感量0.000 01 g。
5.3 天平：感量0.01 g。
5.4 旋涡振荡器。
5.5 振荡器。
5.6 组织匀浆机。
5.7 冷冻离心机。
5.8 旋转蒸发仪。
5.9 离心管：50 mL。
5.10 鸡心瓶：50 mL。
5.11 固相萃取装置。
5.12 氮吹仪。
5.13 滤膜：0.22 μm。

6 试料的制备与保存

6.1 试料的制备

取适量新鲜或冷藏的空白或供试牛奶，混合，并使均质。

——取均质后的供试样品，作为供试试料。

——取均质后的空白样品，作为空白试料。

——取均质后的空白样品，添加适宜浓度的标准工作液，作为空白添加试料。

6.2 试料的保存

−20 ℃以下保存。

7 测定步骤

7.1 提取

取试料10 g±0.05 g，于50 mL离心管中，加氘代氯霉素内标工作液250 μL，再加乙酸乙酯20 mL，振荡15 min，6 000 r/min离心10 min，取乙酸乙酯层液于鸡心瓶中。再加乙酸乙酯20 mL重复提取一次，合并两次提取液于鸡心瓶中，于45 ℃水浴旋转蒸发至干。用4%氯化钠溶液5 mL溶解残留物，加正己烷5 mL振荡混合1 min，静置分层，弃正己烷液。再加正己烷5 mL，重复提取一次。取下层液备用。

7.2 净化

C_{18}柱依次用甲醇5 mL和水5 mL活化，取备用液过柱，控制流速1滴/(3 s～4 s)，用水5 mL淋洗，抽干，用甲醇5 mL洗脱，收集洗脱液，于50 ℃氮气吹干。用50%乙腈1.0 mL溶解残余物，涡旋混匀，滤膜过滤，供液相色谱-串联质谱测定。

7.3 标准曲线的制备

精密量取 100 μg/L 氯霉素标准工作溶液和 20 μg/L 氘代氯霉素内标工作溶液适量，用流动相稀释，配制成氯霉素浓度为 0.10、0.25、0.50、1.0、2.0、5.0 μg/L，氘代氯霉素浓度为 5 μg/L 的系列标准溶液，供液相色谱-串联质谱仪测定。以特征离子质量色谱峰面积为纵坐标，标准溶液浓度为横坐标，绘制标准曲线。求回归方程和相关系数。

7.4 测定

7.4.1 液相色谱条件

7.4.1.1 色谱柱：C_{18}(150 mm×2.1 mm，粒径 5 μm)，或相当者。
7.4.1.2 柱温：30 ℃。
7.4.1.3 流速：0.2 mL/min。
7.4.1.4 进样量：20 μL。
7.4.1.5 运行时间：8 min。
7.4.1.6 流动相：乙腈＋水(50＋50，体积比)。

7.4.2 质谱条件

7.4.2.1 电离模式：ESI。
7.4.2.2 扫描方式：负离子扫描。
7.4.2.3 检测方式：多反应检测。
7.4.2.4 电离电压：2.8 kV。
7.4.2.5 源温：120 ℃。
7.4.2.6 雾化温度：350 ℃。
7.4.2.7 锥孔气流速：50 L/h。
7.4.2.8 雾化气流速：450 L/h。
7.4.2.9 数据采集窗口：8 min。
7.4.2.10 驻留时间：0.3 s。
7.4.2.11 定性、定量离子及对应的锥孔电压和碰撞电压：见表 1。

表 1 氯霉素定性、定量离子对和锥孔电压及碰撞电压

药物	定性离子对 *m/z*	定量离子对 *m/z*	锥孔电压 V	碰撞电压 V
氯霉素(CAP)	321/151.6	321/151.6	30	15
	321/256.8			13
氘代氯霉素 (D_5-CAP)	325.8/156.6	325.8/156.6	30	15

7.4.3 测定法

取试样溶液和相应的标准溶液，作单点或多点校准，按内标法以峰面积比计算。对照溶液及试样溶液中氯霉素和氘代氯霉素的响应值均应在仪器检测的线性范围之内。试样溶液中的离子相对丰度与标准溶液的离子相对丰度比符合表 2 的要求。标准溶液和空白组织添加试样溶液的总离子流和选择离子流图见附录 A。

表 2 试样溶液中离子相对丰度的允许偏差范围

相对丰度 %	允许偏差 %
>50	±20
>20～50	±25
>10～20	±30
≤10	±50

7.5 空白试验

除不加试料外，采用完全相同的测定步骤进行平行操作。

8 结果计算和表述

计算 $A_{321/151.6}/A_{325.8/156.6}$ 峰面积比值，标准曲线校准。

由标准曲线方程：

$$A_s/A'_{is}=a\times c_s/c'_{is}+b \quad\cdots\cdots(1)$$

求得 a 和 b，则

$$c=\frac{c'_{is}}{a}\left(\frac{A}{A_{is}}-b\right) \quad\cdots\cdots(2)$$

试料中氯霉素残留量按式(3)计算：

$$X=\frac{c\times V}{m} \quad\cdots\cdots(3)$$

式中：

A_s ——对照溶液中氯霉素的峰面积；

A'_{is}——对照溶液中内标氘代氯霉素的峰面积；

c_s ——对照溶液中内标氘代氯霉素的浓度，单位为纳克每毫升(ng/mL)；

c'_{is} ——对照溶液中氯霉素的浓度，单位为纳克每毫升(ng/mL)；

c ——供试溶液中氯霉素的浓度，单位为纳克每毫升(ng/mL)；

A ——试样中氯霉素的峰面积；

A_{is}——试样中内标氘代氯霉素的峰面积；

X ——供试试料中氯霉素的残留量，单位为微克每千克(μg/kg)；

V ——溶解残余物的体积，单位为毫升(mL)；

m ——供试试料质量，单位为克(g)。

注：计算结果需扣除空白值，测定结果用平行测定的算术平均值表示，保留三位有效数字。

9 检测方法灵敏度、准确度和精密度

9.1 灵敏度

本方法检测限为 0.01 μg/kg，定量限为 0.1 μg/kg。

9.2 准确度

本方法在0.02 μg/kg～0.10 μg/kg添加浓度水平上的回收率为50%～120%。

9.3 精密度

本方法的批内相对标准偏差≤17%,批间相对标准偏差≤20%。

附 录 A
色谱图

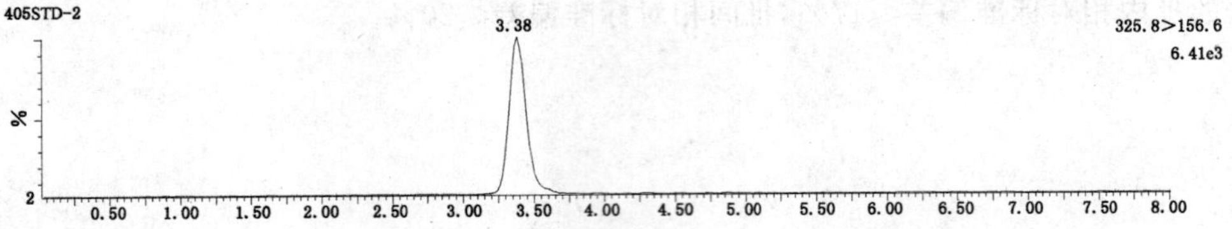

a)

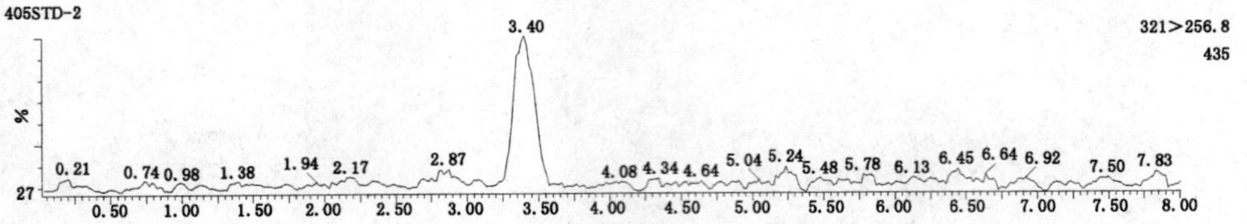

b)

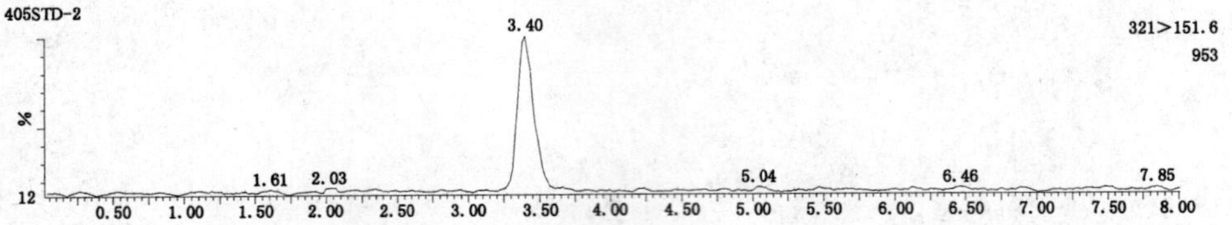

c)

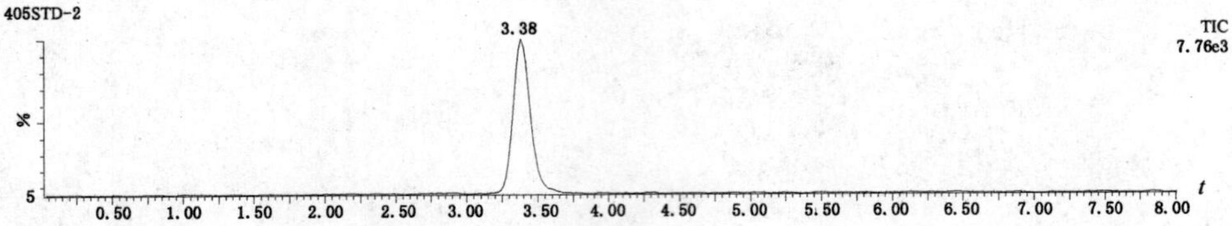

d)

图 A.1 氯霉素标准溶液总离子和特征离子质量色谱图(0.25 μg/L)

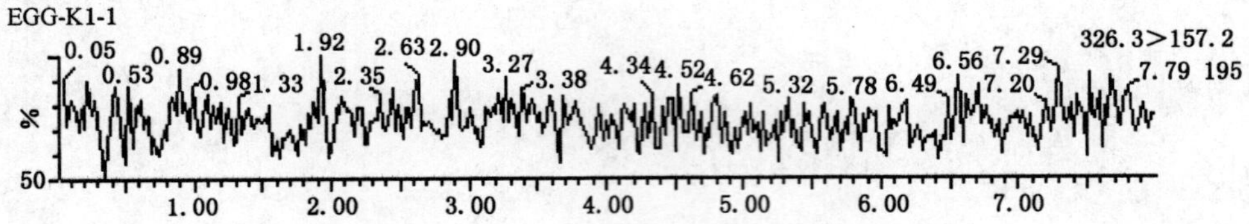

a)

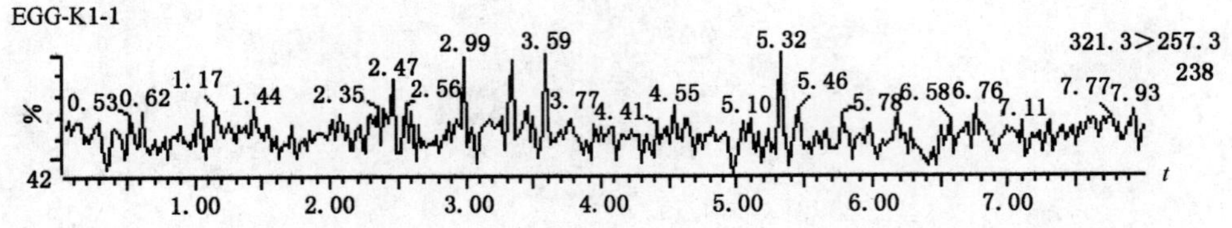

b)

图 A.2 牛奶空白试样特征离子质量色谱图

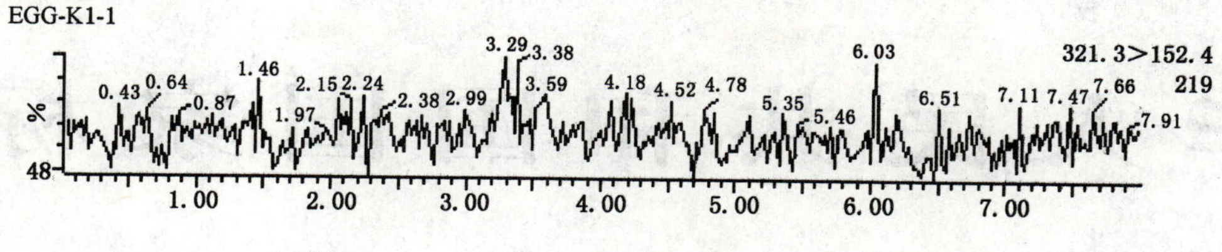

c)

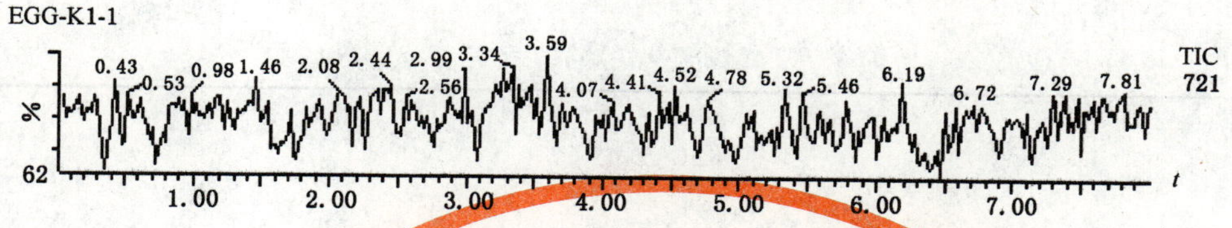

d)

图 A.2（续）

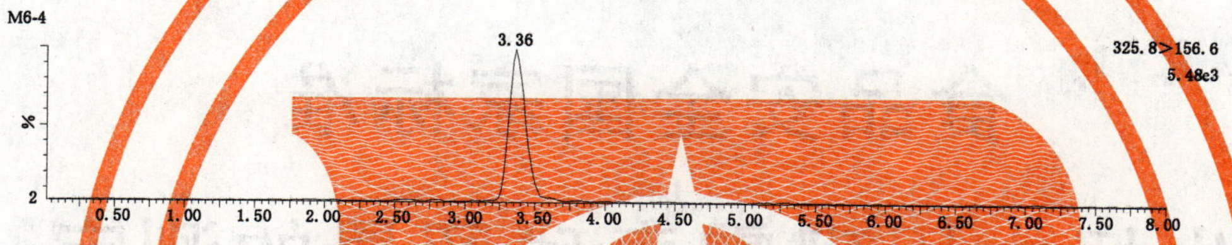

a)

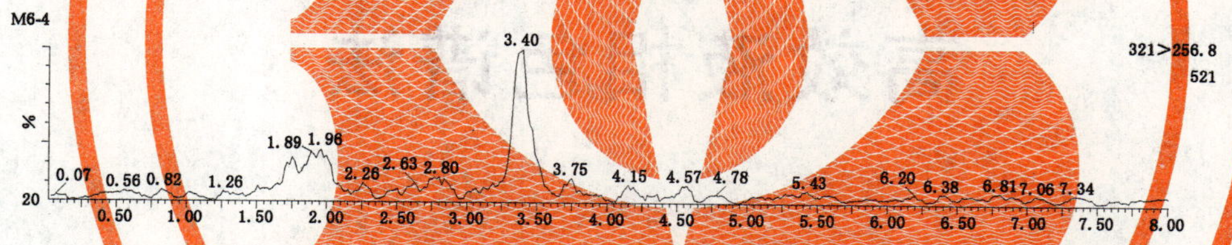

b)

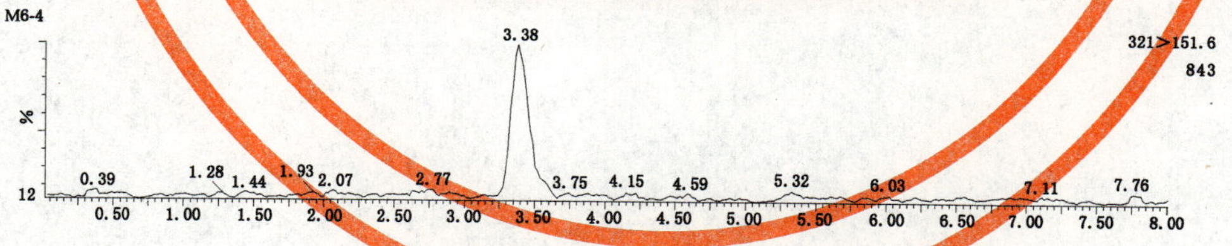

c)

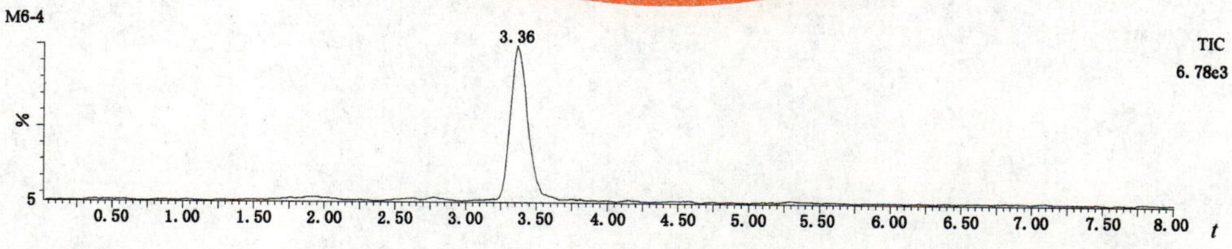

d)

图 A.3　牛奶空白添加氯霉素试样总离子和特征离子质量色谱图(0.02 μg/kg)

中华人民共和国国家标准

GB 29689—2013

食品安全国家标准
牛奶中甲砜霉素残留量的测定
高效液相色谱法

2013-09-16 发布　　　　2014-01-01 实施

中华人民共和国农业部
中华人民共和国国家卫生和计划生育委员会　发布

食品安全国家标准

牛奶中甲砜霉素残留量的测定 高效液相色谱法

1 范围

本标准规定了牛奶中甲砜霉素残留量检测的制样和高效液相色谱测定方法。

本标准适用于牛奶中甲砜霉素残留量的检测。

2 规范性引用文件

下列文件对于本文件的应用是必不可少的。凡是注日期的引用文件，仅注日期的版本适用于本文件。凡是不注日期的引用文件，其最新版本(包括所有的修改单)适用于本文件。

GB/T 6682 分析实验室用水规格和试验方法

3 原理

试料中残留的甲砜霉素，用乙酸乙酯提取，正己烷除脂，C_{18}柱净化，高效液相色谱-紫外测定，外标法定量。

4 试剂和材料

以下所用的试剂，除特别注明外均为分析纯，水为符合 GB/T 6682 规定的一级水。

4.1 甲砜霉素对照品：含量≥99.0%。

4.2 乙酸乙酯。

4.3 正己烷。

4.4 乙腈：色谱纯。

4.5 C_{18}固相萃取柱：200 mg/3 mL，或相当者。

4.6 1 mg/mL 甲砜霉素标准贮备液：精密称取甲砜霉素对照品 10 mg，于 10 mL 量瓶中，用乙腈溶解并稀释至刻度，配制成浓度为 1 mg/mL 的标准贮备液。2 ℃～8 ℃保存，有效期 1 个月。

4.7 10 μg/mL 甲砜霉素标准工作液：精密量取 1 mg/mL 甲砜霉素标准贮备液 1.0 mL，于 100 mL 量瓶中，用流动相稀释，配制成浓度为 10 μg/mL 的甲砜霉素标准工作液。现配现用。

5 仪器和设备

5.1 高效液相色谱仪：配紫外检测器。

5.2 分析天平：感量 0.000 01 g。

5.3 天平：感量 0.01 g。

5.4 离心机。

5.5 固相萃取装置。

5.6 氮气吹干仪。

5.7 振荡混合器。

5.8 鸡心瓶:150 mL。

5.9 旋转蒸发仪。

5.10 具塞塑料离心管:50 mL。

5.11 滤膜:0.45 μm。

6 试料的制备与保存

6.1 试料的制备

取适量新鲜或冷藏的空白或供试牛奶,混合均匀。

——取均质后的供试样品,作为供试试料。

——取均质后的空白样品,作为空白试料。

——取均质后的空白样品,添加适宜浓度的标准溶液,作为空白添加试料。

6.2 试料的保存

−20 ℃以下保存。

7 测定步骤

7.1 提取

称取试料 5 g±0.05 g,于 50 mL 离心管中,加乙酸乙酯 20 mL,振荡 10 min,4 000 r/min 离心 5 min,取上清液于鸡心瓶中,残渣中加乙酸乙酯 20 mL,重复提取一次,合并两次提取液,于 45 ℃旋转蒸发至近干,加水 5 mL 于鸡心瓶中,超声 5 min 使充分溶解,转至 50 mL 离心管中。再加水 5 mL 于鸡心瓶中重复溶解后转至同一离心管中。加 20 mL 正己烷,振荡 5 min,4 000 r/min 离心 2 min,取下层液备用。

7.2 净化

C_{18}柱依次用乙腈 5 mL 和水 5 mL 活化。取备用液过柱,控制流速 1 mL/min,挤干。用乙腈 5 mL 洗脱,收集洗脱液,于 45 ℃氮气吹干,用流动相 1.0 mL 溶解残余物,滤膜过滤,供高效液相色谱测定。

7.3 标准曲线的制备

精密量取 10 μg/mL 甲砜霉素标准工作液适量,用流动相稀释,配制成浓度为 20、50、125、250 和 500 μg/L 的系列标准溶液,供高效液相色谱测定。以测得峰面积为纵坐标,对应的标准溶液浓度为横坐标,绘制标准曲线。求回归方程和相关系数。

7.4 高效液相色谱测定

7.4.1 色谱条件

7.4.1.1 色谱柱:C_{18}(250 mm×4.6 mm,粒径 5 μm),或相当者。

7.4.1.2 流动相:乙腈+水(20+80,体积比),使用前经滤膜过滤,超声。

7.4.1.3 流速:1.0 mL/min。

7.4.1.4 检测波长：225 nm。

7.4.1.5 柱温：30 ℃。

7.4.1.6 进样量：20 μL。

7.4.2 测定法

取试样溶液和相应的标准溶液，作单点或多点校准，按外标法，以峰面积计算。标准溶液及试样溶液中甲砜霉素响应值应在仪器检测的线性范围之内。在上述色谱条件下，标准溶液和空白组织添加试样溶液的高效液相色谱图分别见附录A。

7.5 空白试验

除不加试料外，采用完全相同的步骤进行平行操作。

8 结果计算和表述

试料中甲砜霉素的残留量按式(1)计算：

$$X=\frac{c\times V}{m} \qquad \cdots\cdots(1)$$

式中：

X ——供试试料中甲砜霉素的残留量，单位为微克每千克(μg/kg)；

c ——试样溶液中甲砜霉素的浓度，单位为纳克每毫升(ng/mL)；

V ——溶解残余物流动相体积，单位为毫升(mL)；

m ——供试试料质量，单位为克(g)。

注：计算结果需扣除空白值，测定结果用平行测定的算术平均值表示，保留三位有效数字。

9 检测方法灵敏度、准确度和精密度

9.1 灵敏度

本方法的检测限为10 μg/kg，定量限为10 μg/kg。

9.2 准确度

本方法在10 μg/kg～100 μg/kg添加浓度水平上的回收率为70%～110%。

9.3 精密度

本方法的批内相对标准偏差≤15%，批间相对标准偏差≤15%。

附 录 A
色 谱 图

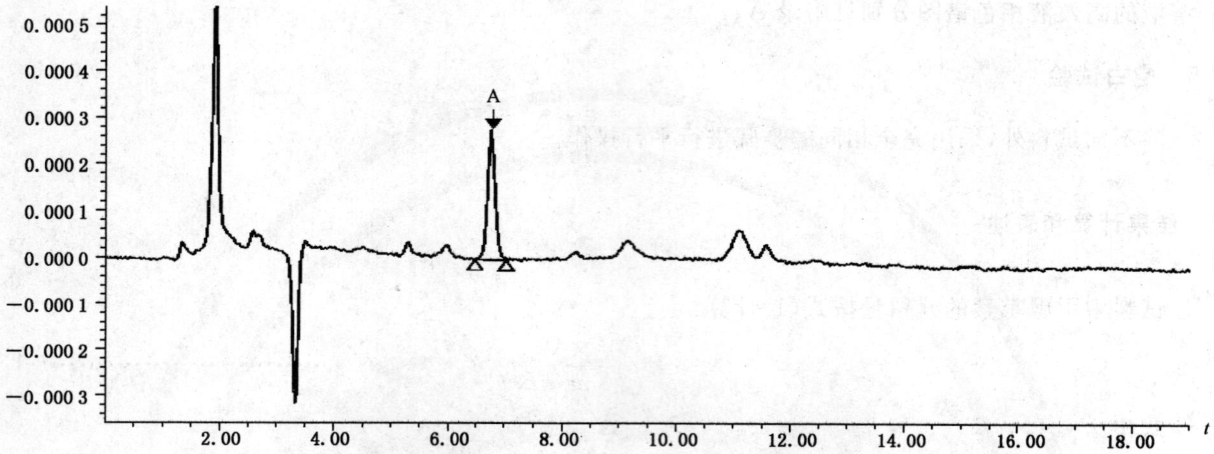

图 A.1 甲砜霉素标准溶液色谱图(50 μg/L)

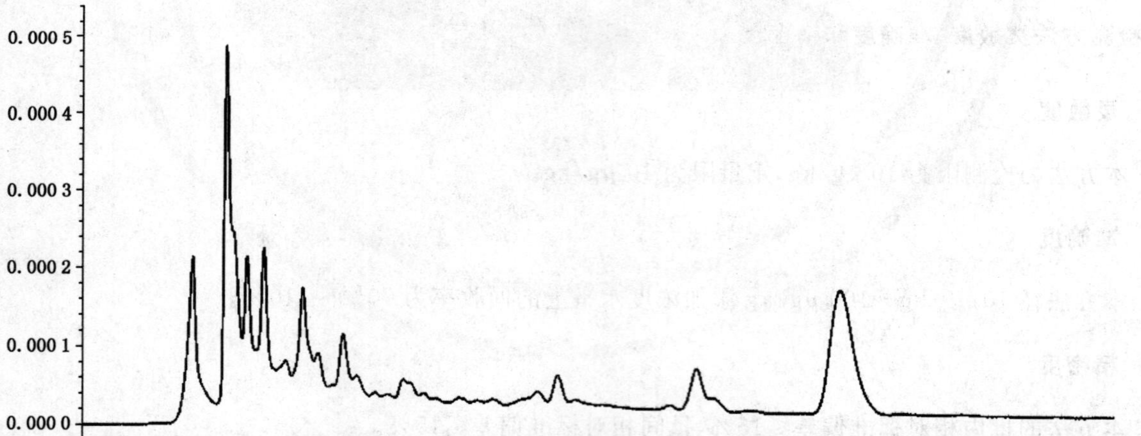

图 A.2 牛奶空白试样色谱图

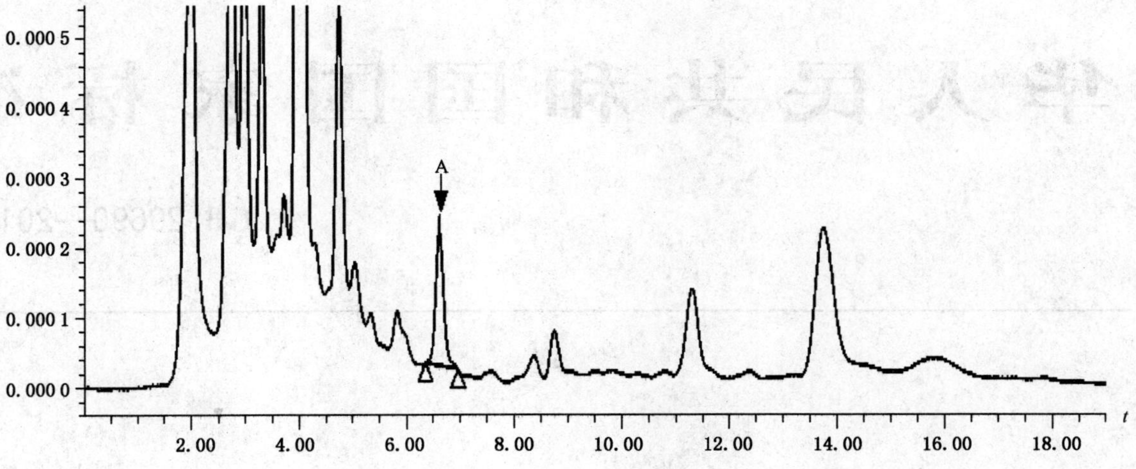

图 A.3　牛奶空白添加甲砜霉素试样色谱图(10 μg/kg)

中华人民共和国国家标准

GB 29690—2013

食品安全国家标准
动物性食品中尼卡巴嗪残留标志物残留量的测定　液相色谱-串联质谱法

2013-09-16 发布　　2014-01-01 实施

中华人民共和国农业部
中华人民共和国国家卫生和计划生育委员会　发布

食品安全国家标准
动物性食品中尼卡巴嗪残留标志物残留量的测定　液相色谱-串联质谱法

1　范围

本标准规定了动物性食品中尼卡巴嗪残留标志物4,4-二硝基苯缩脲残留量检测的制样和液相色谱-串联质谱测定方法。

本标准适用于鸡的肌肉组织和鸡蛋中尼卡巴嗪残留标志物4,4′-二硝基均二苯脲残留量的检测。

2　规范性引用文件

下列文件对于本文件的应用是必不可少的。凡是注日期的引用文件，仅注日期的版本适用于本文件。凡是不注日期的引用文件，其最新版本(包括所有的修改单)适用于本文件。

GB/T 6682　分析实验室用水规格和试验方法

3　原理

试料中残留的4,4-二硝基苯缩脲，用乙腈提取，正已烷除脂，75%甲醇水溶液萃取，液相色谱-串联质谱法测定，内标法定量。

4　试剂和材料

以下所用的试剂，除特别注明者外均为分析纯试剂；水为符合GB/T 6682规定的一级水。

4.1　4,4′-二硝基均二苯脲对照品：含量≥98.0%。

4.2　4,4′-二硝基均二苯脲-D_8对照品：含量≥98.0%。

4.3　乙腈：色谱纯。

4.4　甲醇：色谱纯。

4.5　无水硫酸钠。

4.6　正己烷。

4.7　乙酸铵。

4.8　二甲基甲酰胺。

4.9　0.1 mol/ L乙酸铵溶液：取乙酸铵1.93 g，用水溶解并稀释至250 mL。

4.10　75%甲醇水溶液：取甲醇75 mL，用水溶解并稀释至100 mL。

4.11　75%甲醇水溶液饱和的正己烷：取75%甲醇水溶液100 mL，加正己烷100 mL，摇匀，静置分层，取上层液。

4.12　1 mg/mL 4,4′-二硝基均二苯脲标准贮备液：精密称取4,4′-二硝基均二苯脲对照品10 mg，于10 mL量瓶内，用二甲基甲酰胺溶解并稀释至刻度，配制成浓度为1 mg/mL的4,4′-二硝基均二苯脲标准贮备液。2 ℃～8 ℃保存，有效期3个月。

4.13 10 μg/mL 4,4′-二硝基均二苯脲标准工作液：精密量取 1 mg/mL 4,4′-二硝基均二苯脲标准贮备液 1.0 mL，于 100 mL 量瓶中，用甲醇溶解并稀释至刻度，配制成浓度为 10 μg/mL 的 4,4′-二硝基均二苯脲标准工作液。－18 ℃保存，有效期 3 个月。

4.14 1 mg/mL 4,4′-二硝基均二苯脲-D_8 标准贮备液：精密称取 4,4′-二硝基均二苯脲-D_8 对照品 10 mg，于 10 mL 量瓶内，用二甲基甲酰胺溶解并稀释至刻度，配制成浓度为 1 mg/mL 的 4,4′-二硝基均二苯脲-D_8 标准贮备液。2 ℃～8 ℃保存，有效期 3 个月。

4.15 10 μg/mL 4,4′-二硝基均二苯脲-D_8 标准工作液：精密量取 1 mg/mL 4,4′-二硝基均二苯脲-D_8 标准贮备液 1.0 mL，于 100 mL 量瓶中，用甲醇溶解并稀释至刻度，配制成浓度为 10 μg/mL 的 4,4′-二硝基均二苯脲-D_8 标准工作液。－18 ℃保存，有效期 3 个月。

5 仪器和设备

5.1 液相色谱-串联质谱仪：配电喷雾离子源。

5.2 分析天平：感量 0.000 01 g。

5.3 天平：感量 0.01 g。

5.4 涡旋振荡器。

5.5 离心机。

5.6 氮吹仪。

5.7 离心管：50 mL。

5.8 滤膜：0.2 μm。

6 试料的制备与保存

6.1 试料的制备

6.1.1 鸡蛋

取适量新鲜或冷藏的空白或供试鸡蛋，去壳，并使均质。

——取均质后的供试样品，作为供试试料。

——取均质后的空白样品，作为空白试料。

——取均质后的空白样品，添加适宜浓度的标准工作液，作为空白添加试料。

6.1.2 鸡肌肉

取适量新鲜或冷冻的空白或供试组织，绞碎，并使均质。

——取均质后的供试样品，作为供试试料。

——取均质后的空白样品，作为空白试料。

——取均质后的空白样品，添加适宜浓度的标准工作液，作为空白添加试料。

6.2 试料的保存

－20 ℃以下保存。

7 测定步骤

7.1 提取与净化

称取试料 2 g±0.02 g，于 50 mL 离心管中，添加 10 μg/mL 4,4′-二硝基均二苯脲-D_8 标准工作液适量，加无水硫酸钠 2 g，乙腈 8 mL，涡旋 0.5 min，超声 5 min，5 000 r/min 离心 10 min，取上清液，于 40 ℃氮气吹干，加 75%甲醇水溶液饱和的正己烷 1 mL，涡旋 10 s，再加 75%甲醇水溶液 1.0 mL，充分涡旋混合，于 40 ℃水浴中静置 5 min，2 000 r/min 离心 5 min，取下层清液，滤膜过滤，供液相色谱-串联质谱测定。

7.2 标准曲线的制备

精密量取 10 μg/mL 4,4′-二硝基均二苯脲标准工作液和 10 μg/mL 4,4′-二硝基均二苯脲-D_8 标准工作液适量，用 75%甲醇水溶液稀释，配制成 4,4′-二硝基均二苯脲-D_8 浓度均为 100 ng/mL 以及 4,4′-二硝基均二苯脲浓度为 2、10、20、50、200 和 500 ng/mL 系列对照溶液，供液相色谱-串联质谱法测定。以特征离子质量色谱峰面积为纵坐标，标准溶液浓度为横坐标，绘制标准曲线。求回归方程和相关系数。

7.3 测定

7.3.1 液相色谱条件

7.3.1.1 色谱柱：C_{18}(150 mm×2.1 mm，粒径 5 μm)，或相当者。
7.3.1.2 流动相：甲醇+0.1 mol/L 乙酸铵溶液(75+25，体积比)。
7.3.1.3 流速：0.2 mL/min。
7.3.1.4 柱温：30 ℃。
7.3.1.5 进样量：20 μL。

7.3.2 质谱条件

7.3.2.1 离子源：电喷雾离子源。
7.3.2.2 扫描方式：负离子扫描。
7.3.2.3 检测方式：多反应监测。
7.3.2.4 电离电压：3.0 kV。
7.3.2.5 源温：110 ℃。
7.3.2.6 雾化温度：350 ℃。
7.3.2.7 锥孔气流速：50 L/h。
7.3.2.8 雾化气流速：450 L/h。
7.3.2.9 定性、定量离子对和锥孔电压及碰撞能量见表 1。

表 1 DNC 和内标的定性、定量离子对及锥孔电压、碰撞能量

药物	定性离子对 *m/z*	定量离子对 *m/z*	锥孔电压 V	碰撞能量 eV
DNC	300.9>136.9	300.9>136.9	20	18
	300.9>106.9			32
DNC-D_8	309.0>141.0	309.0>141.0	20	18

7.3.3 测定法

取试样溶液和对照溶液，作单点或多点校准，按内标法，以峰面积比计算。试料溶液及对照溶液中 4,4′-二硝基均二苯脲及 4,4′-二硝基均二苯脲-D_8 的峰面积比应在仪器检测的线性范围之内。试样溶液中的离子相对丰度与空白添加标准溶液中的离子相对丰度相比，符合表 2 的要求。对照溶液和空白添加试样溶液中各特征离子质量色谱图见附录 A。

表 2 试料溶液中离子相对丰度的允许偏差范围 %

相对丰度	允许偏差
>50	±20
20～50	±25
10～20	±30
≤10	±50

7.4 空白试验

除不加试料外，采用完全相同的步骤进行平行操作。

8 结果计算和表述

单点校准：

$$c=\frac{AA'_{iS}c_{S}c_{iS}}{A_{iS}A_{S}c'_{iS}} \quad \cdots\cdots(1)$$

或标准曲线校准：由 $\frac{A_S}{A'_{iS}}=a\frac{c_S}{c'_{iS}}+b$ 求得 a 和 b，则

$$c=\frac{c_{iS}}{a}(\frac{A}{A_{iS}}-b) \quad \cdots\cdots(2)$$

试料中 DNC 残留量按式(3)计算：

$$X=\frac{CV}{m} \quad \cdots\cdots(3)$$

式中：

c ——试样溶液中 4,4′-二硝基均二苯脲的浓度，单位为纳克每毫升(ng/mL)；
A ——试样溶液中 4,4′-二硝基均二苯脲的峰面积；
A'_{iS}——对照溶液中 4,4′-二硝基均二苯脲-D_8 的峰面积；
c_S ——对照溶液中 4,4′-二硝基均二苯脲的浓度，单位为纳克每毫升(ng/mL)；
c_{iS} ——试样溶液中 4,4′-二硝基均二苯脲-D_8 的浓度，单位为纳克每毫升(ng/mL)；
A_{iS}——试样溶液中 4,4′-二硝基均二苯脲-D_8 的峰面积；
A_S ——对照溶液中 4,4′-二硝基均二苯脲的峰面积；
c'_{iS} ——对照溶液中 4,4′-二硝基均二苯脲-D_8 的浓度，单位为纳克每毫升(ng/mL)；
X ——供试试料中 4,4′-二硝基均二苯脲的残留量，单位为微克每千克(μg/kg)；
V ——溶解残余物所用 75%甲醇水溶液的体积，单位为毫升(mL)；
m ——供试试料质量，单位为克(g)。

注：计算结果需扣除空白值，测定结果用平行测定的算术平均值表示，保留三位有效数字。

9 检测方法灵敏度、准确度和精密度

9.1 灵敏度

本方法的检测限为 0.5 μg/kg，定量限为 1 μg/kg。

9.2 准确度

本方法鸡蛋试料在 1 μg/kg～10 μg/kg 添加浓度、鸡肌肉试料在 1 μg/kg～300 μg/kg 添加浓度水平上的回收率为 80％～120％。

9.3 精密度

本方法的批内相对标准偏差≤20％，批间相对标准偏差≤20％。

附 录 A
色 谱 图

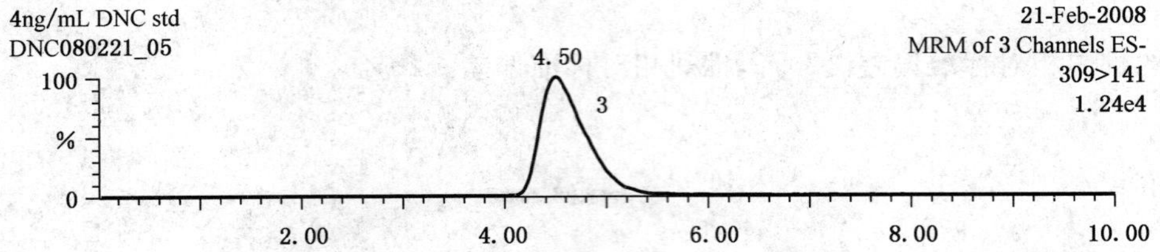

a）

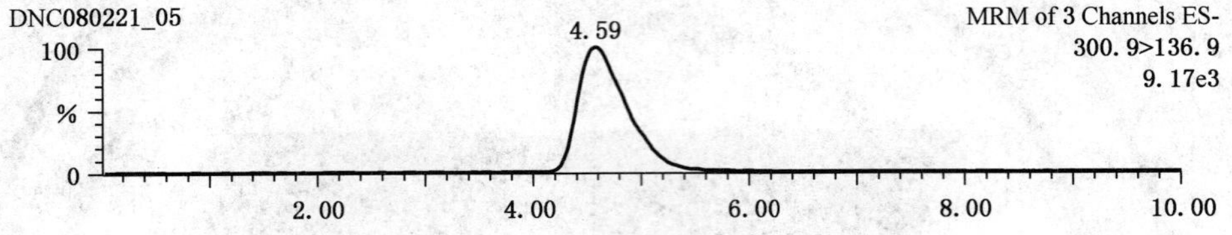

b）

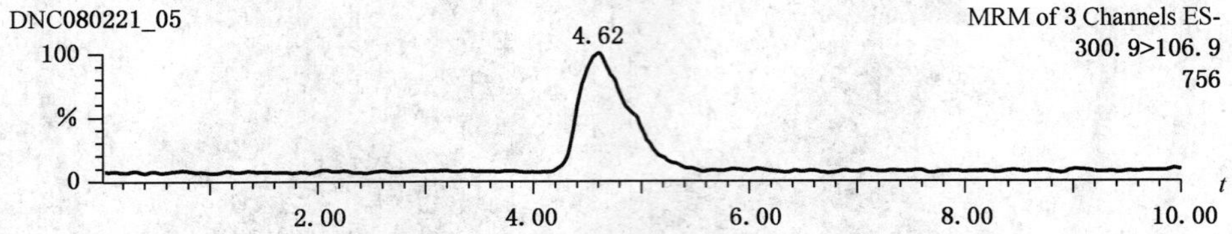

c）

说明：

1——DNC 特征离子质量色谱图(300.9＞106.9)；

2——DNC 特征离子质量色谱图(300.9＞136.9)；

3——DNC-D_8 特征离子质量色谱图(309.0＞141.0)；

4——空白组织总离子流色谱图(TIC)。

图 A.1 4,4′-二硝基均二苯脲及内标物标准溶液特征离子质量色谱图(4 ng/mL)

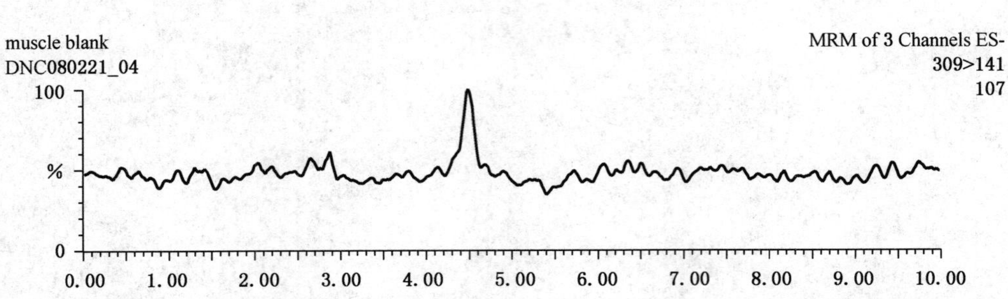

a）

图 A.2 鸡肌肉组织空白试样特征离子质量色谱图

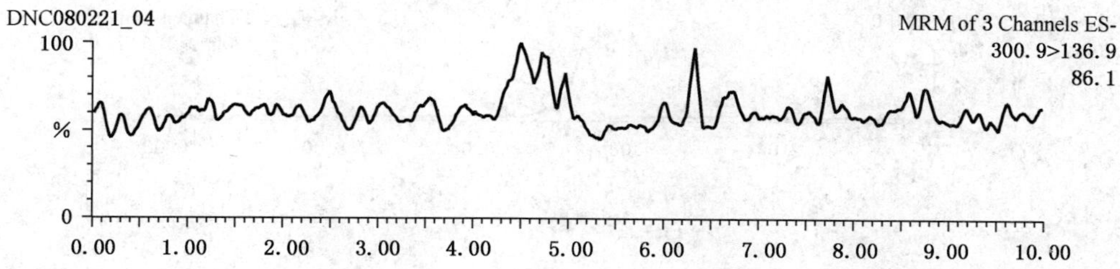

b)

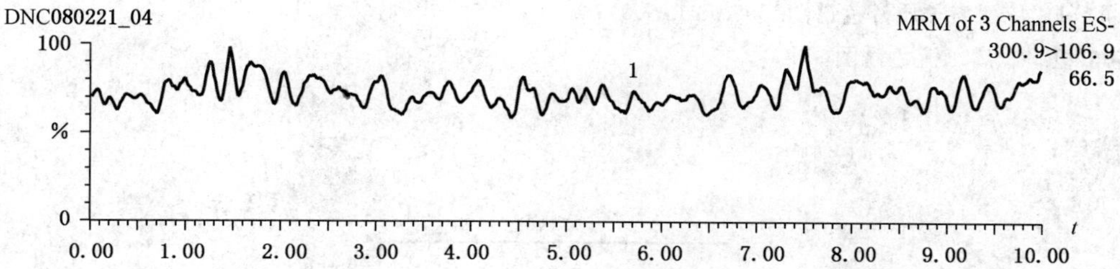

c)

说明：

1——DNC 特征离子质量色谱图(300.9>106.9)；

2——DNC 特征离子质量色谱图(300.9>136.9)；

3——DNC-D_8 特征离子质量色谱图(309.0>141.0)；

4——空白组织总离子流色谱图(TIC)。

图 A.2（续）

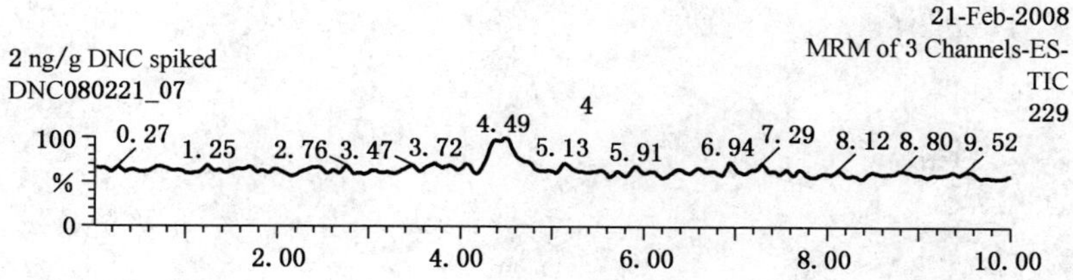

a)

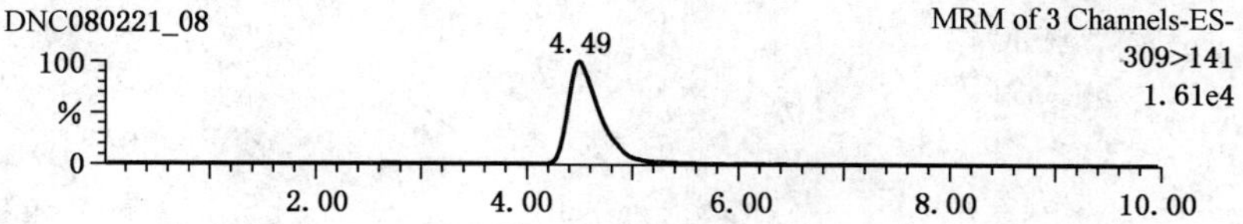

b)

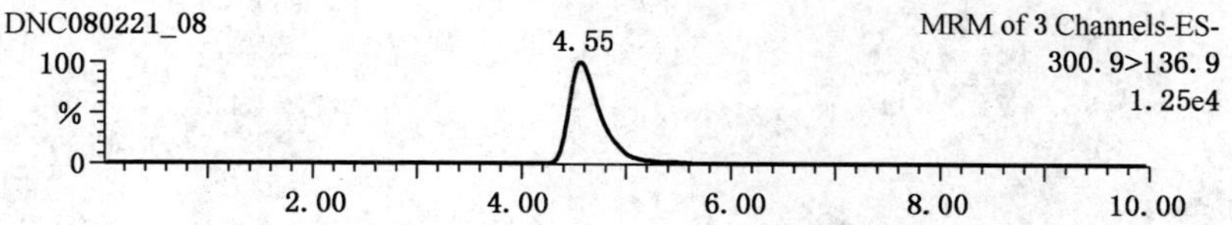

c)

图 A.3　鸡空白肌肉组织添加 4,4′-二硝基均二苯脲及内标物试样特征离子质量色谱图(2 ng/g)

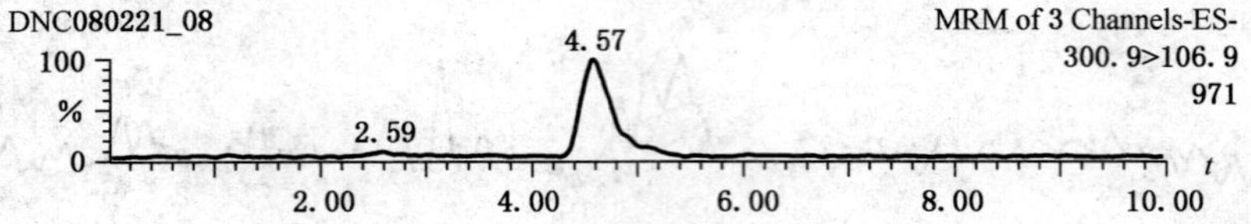

d)

说明：

1——DNC 特征离子质量色谱图(300.9>106.9)；

2——DNC 特征离子质量色谱图(300.9>136.9)；

3——DNC-D_8 特征离子质量色谱图(309.0>141.0)；

4——空白组织总离子流色谱图(TIC)。

图 A.3(续)

中华人民共和国国家标准

GB 29691—2013

食品安全国家标准

鸡可食性组织中尼卡巴嗪残留量的测定 高效液相色谱法

2013-09-16 发布

2014-01-01 实施

中华人民共和国农业部
中华人民共和国国家卫生和计划生育委员会 发布

食品安全国家标准

鸡可食性组织中尼卡巴嗪残留量的测定 高效液相色谱法

1 范围

本标准规定了鸡可食性组织中尼卡巴嗪标识残留物 4，4′-二硝基均二苯脲残留量检测的制样和高效液相色谱测定方法。

本标准适用于鸡肌肉、肝脏和肾脏组织中尼卡巴嗪标识残留物 4，4′-二硝基均二苯脲残留量的测定。

2 规范性引用文件

下列文件对于本文件的应用是必不可少的。凡是注日期的引用文件，仅注日期的版本适用于本文件。凡是不注日期的引用文件，其最新版本(包括所有的修改单)适用于本文件。

GB/T 6682 分析实验室用水规格和试验方法

3 原理

试料中残留的 4，4′-二硝基均二苯脲，用乙腈提取，正己烷除脂，C_{18}柱净化，乙腈水溶液洗脱，高效液相色谱测定，外标法定量。

4 试剂和材料

以下所用试剂，除特别注明者外，均为分析纯试剂，水为符合 GB/T 6682 规定的一级水。

4.1 4，4′-二硝基均二苯脲对照品：含量≥99%。

4.2 *N*，*N*-二甲基甲酰胺。

4.3 乙腈：色谱纯。

4.4 甲醇：色谱纯。

4.5 正己烷：色谱纯。

4.6 正丙醇。

4.7 C_{18}固相萃取柱：500 mg/3 mL，或相当者。

4.8 洗脱液：取乙腈 70 mL，用水溶解并稀释至 100 mL。

4.9 1 mg/mL 4，4′-二硝基均二苯脲标准贮备液：精密称取 4，4′-二硝基均二苯脲对照品 25 mg，于 25 mL 的容量瓶中，用二甲基甲酰胺溶解并稀释至刻度，配制成浓度为 1 mg/mL 的 4，4′-二硝基均二苯脲标准贮备液。−20 ℃以下保存，有效期 6 个月。

4.10 100 μg/mL 4，4′-二硝基均二苯脲标准工作液：精密量取 1 mg/mL 4，4′-二硝基均二苯脲标准贮备液 1.0 mL，于 10 mL 量瓶中，用甲醇溶解并稀释至刻度，配制成浓度为 100 μg /mL 的 4，4′-二硝基均二苯脲标准工作液。2 ℃～4 ℃以下保存，有效期 1 周。

5 仪器和设备

5.1 高效液相色谱仪：配紫外检测器。

5.2 分析天平：感量 0.000 01 g。

5.3 天平：感量 0.01 g。

5.4 均质机。

5.5 旋转蒸发仪。

5.6 旋涡混合器。

5.7 超声波清洗器。

5.8 离心机。

5.9 鸡心瓶：50 mL。

5.10 具塞离心管：10 mL、50 mL。

5.11 滤膜：有机相，0.45 μm。

6 试料制备与保存

6.1 试料的制备

取适量新鲜或冷冻的空白或供试组织，绞碎，并使均质。

——取均质后的供试样品，作为供试试料。

——取均质后的空白样品，作为空白试料。

——取均质后的空白样品，添加适宜浓度的标准工作液，作为空白添加试料。

6.2 试料的保存

－20 ℃以下保存。

7 测定步骤

7.1 提取

称取试料 2.0 g±0.02 g，于 50 mL 离心管中，加乙腈 10 mL，超声 5 min，4 000 r/min 离心 12 min，取上清液，于 50 mL 鸡心瓶中。残渣中加乙腈 10 mL，重复提取一次，合并两次上清液，加正丙醇3 mL，60 ℃旋转蒸近干。加乙腈 0.5 mL、正己烷 1 mL，涡旋 3 min，溶解，移至 10 mL 的具塞离心管中。用乙腈 0.5 mL 和正己烷 1 mL 重复涡旋溶解一次。合并两次溶液至 10 mL 的具塞离心管中，加入正己烷 2 mL，涡旋混合 3 min，4 000 r/min 离心 5 min，弃上层正己烷液。再加正己烷 2 mL，重复提取一次，4 000 r/min 离心 5 min，取下层液，备用。

7.2 净化

C_{18}柱用乙腈 10 mL 活化，取备用液过柱，自然流干，收集滤液。用洗脱液 4 mL 洗脱，收集洗脱液，合并滤液和洗脱液，于 60 ℃旋转蒸发近干，用流动相 2.0 mL 溶解残余物，滤膜过滤，供高效液相色谱测定。

7.3 标准曲线的制备

精密量取 100 μg/mL 4，4′-二硝基均二苯脲标准工作液适量，用流动相稀释，配制成浓度为 31.25、62.5、125、250、500、1 000、2 000、4 000 和 8 000 μg/L 的系列标准溶液，供高效液相色谱测定。以测得峰面积为纵坐标，对应的标准溶液浓度为横坐标，绘制标准曲线。求回归方程和相关系数。

7.4 测定

7.4.1 色谱条件

7.4.1.1 色谱柱：C_{18}（250 mm×4.6 mm，粒径 5 μm），或相当者。
7.4.1.2 流动相：乙腈＋水（58＋42，体积比）。
7.4.1.3 流速：1.0 mL/min。
7.4.1.4 检测器：紫外检测器。
7.4.1.5 波长：340 nm。
7.4.1.6 柱温：30 ℃。
7.4.1.7 进样量：20 μL。

7.4.2 测定法

取试样溶液和相应的标准溶液，作单点或多点校准，按外标法，以峰面积计算。标准溶液及试样溶液中 4，4′-二硝基均二苯脲响应值应在仪器检测的线性范围之内。在上述色谱条件下，标准溶液和空白试料添加试样溶液的高效液相色谱图分别见附录 A。

7.5 空白实验

除不加试料外，采用完全相同的步骤进行平行操作。

8 结果的计算与表达

试料中 4，4′-二硝基均二苯脲的残留量按式（1）计算：

$$X = \frac{A \times c_S \times V}{A_S \times m} \quad \cdots\cdots(1)$$

式中：

X ——供试试料中 4，4′-二硝基均二苯脲的残留量，单位为微克每千克（μg/kg）；
A ——试样溶液中 4，4′-二硝基均二苯脲的峰面积；
c_S ——标准溶液中 4，4′-二硝基均二苯脲的浓度，单位为微克每升（μg/L）；
V ——溶解残余物的流动相体积，单位为毫升（mL）；
A_S ——标准溶液中 4，4′-二硝基均二苯脲的峰面积；
m ——供试试料质量，单位为克（g）。

注：计算结果需扣除空白值，测定结果用平行测定的算术平均值表示，保留至小数点后三位。

9 检测方法的灵敏度、准确度和精密度

9.1 灵敏度

本方法的检测限为 20 μg/kg，定量限为 100 μg/kg。

9.2 准确度

本方法在 100 μg/kg～400 μg/kg 添加浓度水平上的回收率为 70%～110%。

9.3 精密度

本方法的批内相对标准偏差≤15%，批间相对标准偏差≤20%。

附 录 A
色 谱 图

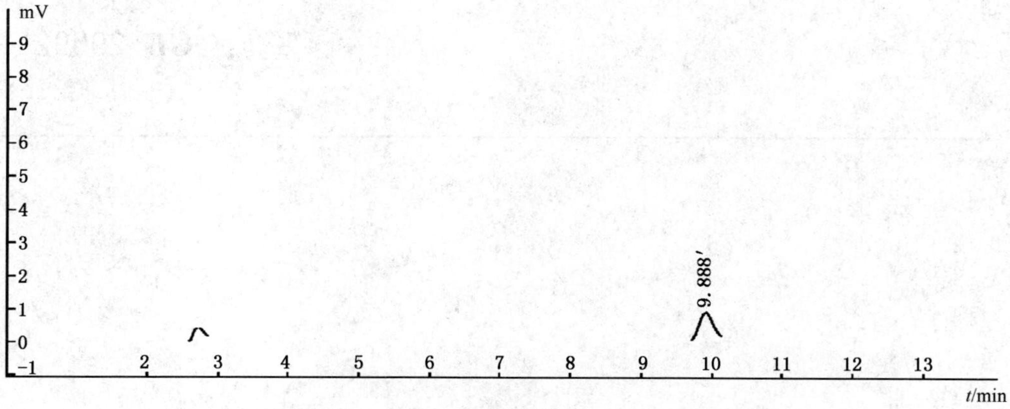

图 A.1 4，4′-二硝基均二苯脲标准液色谱图(200 μg/L)

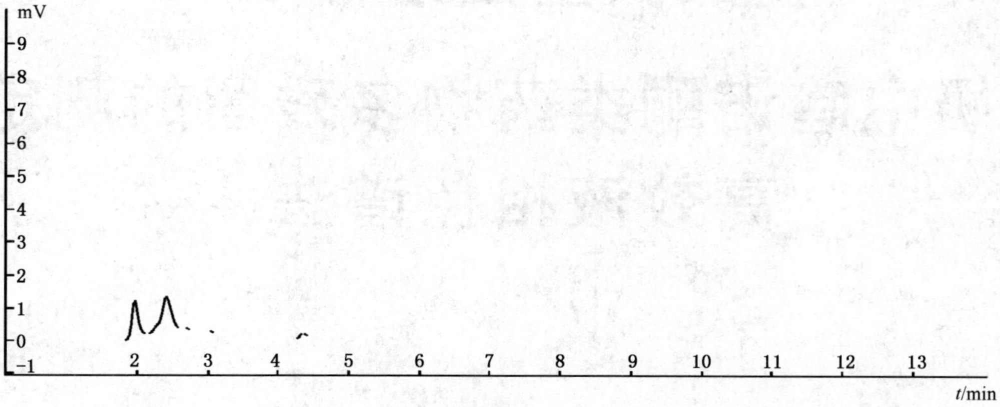

图 A.2 鸡肾脏组织空白试样色谱图

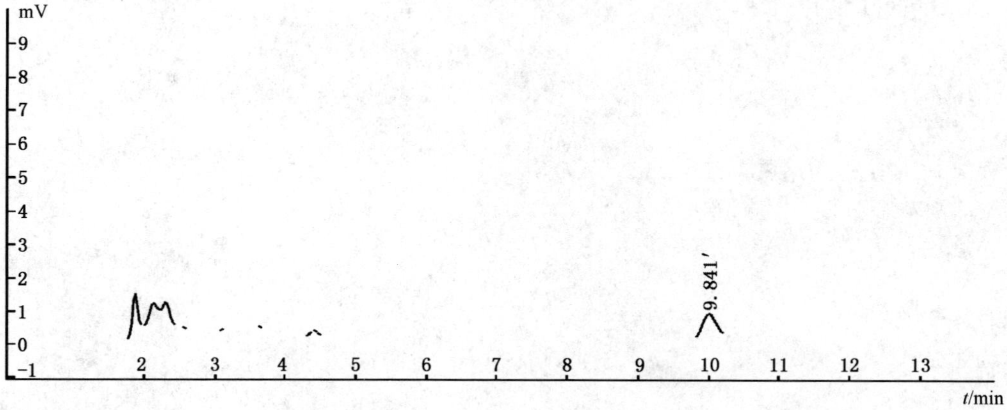

图 A.3 鸡肾脏组织空白添加 4，4′-二硝基均二苯脲试样色谱图(200 μg/L)

中华人民共和国国家标准

GB 29692—2013

食品安全国家标准

牛奶中喹诺酮类药物多残留的测定 高效液相色谱法

2013-09-16 发布　　　　2014-01-01 实施

中华人民共和国农业部
中华人民共和国国家卫生和计划生育委员会　发布

食品安全国家标准

牛奶中喹诺酮类药物多残留的测定 高效液相色谱法

方法一

1 范围

本方法规定了牛奶中喹诺酮类药物残留量检测的制样和高效液相色谱测定方法。

本方法适用于牛奶中环丙沙星、达氟沙星、恩诺沙星、沙拉沙星和二氟沙星单个或多个药物残留量检测。

2 规范性引用文件

下列文件对于本文件的应用是必不可少的。凡是注日期的引用文件,仅注日期的版本适用于本文件。凡是不注日期的引用文件,其最新版本(包括所有的修改单)适用于本文件。

GB/T 6682 分析实验室用水规格和试验方法

3 原理

试料中残留的喹诺酮类药物,用乙腈提取,旋转蒸发至近干,流动相溶解。高效液相色谱-荧光测定,外标法定量。

4 试剂与材料

以下所用的试剂,除特别注明者外均为分析纯试剂;水为符合 GB/T 6682 规定的一级水。

4.1 达氟沙星、恩诺沙星、盐酸环丙沙星、盐酸沙拉沙星和盐酸二氟沙星对照品:含量≥99.0%。

4.2 磷酸。

4.3 氢氧化钠。

4.4 乙腈:色谱纯。

4.5 三乙胺。

4.6 氢氧化钠饱和溶液:取氢氧化钠适量,加水振摇使成饱和溶液,冷却后,置聚乙烯塑料瓶中,静置,澄清。

4.7 5 mol/L 氢氧化钠溶液:取氢氧化钠饱和溶液 28 mL,用水溶解并稀释至 100 mL。

4.8 0.03 mol/L 氢氧化钠溶液:取 5 mol/L 氢氧化钠溶液 0.6 mL,用水溶解并稀释至 100 mL。

4.9 0.05 mol/L 磷酸三乙胺溶液:取磷酸 3.4 mL,用水溶解并稀释至 1 000 mL。用三乙胺调 pH 至 2.4。

4.10 喹诺酮类药物混合标准贮备液:精密称取达氟沙星对照品 10 mg,恩诺沙星、环丙沙星、沙拉沙星和二氟沙星对照品各 50 mg,于 50 mL 量瓶中,用 0.03 mol/L 氢氧化钠溶液溶解并稀释至刻度,配制成达氟沙星浓度为 0.2 mg/mL,环丙沙星、恩诺沙星、沙拉沙星和二氟沙星浓度为 1 mg/mL 的喹诺酮类药物混合标准贮备液。2 ℃～8 ℃保存，有效期 3 个月。

4.11 喹诺酮类药物混合标准工作液：精密量取喹诺酮类药物混合标准贮备液 1.0 mL，于 100 mL 量瓶中，用流动相稀释，配制成达氟沙星浓度为 2 μg/mL，环丙沙星、恩诺沙星、沙拉沙星和二氟沙星浓度为 10 μg/mL 的喹诺酮类药物混合标准工作液。2 ℃～8 ℃保存，有效期 1 周。

5 仪器设备

5.1 高效液相色谱仪：配荧光检测器。

5.2 分析天平：感量 0.000 01 g。

5.3 天平：感量 0.01 g。

5.4 振荡器。

5.5 离心机。

5.6 聚四氟乙烯离心管：50 mL。

5.7 鸡心瓶：25 mL。

5.8 滤膜：0.45 μm。

6 试料的制备与保存

6.1 试料的制备

取适量新鲜或冷藏的空白或供试牛奶，混合均匀。

——取均质后的供试样品，作为供试试料。

——取均质后的空白样品，作为空白试料。

——取均质后的空白样品，添加适宜浓度的标准工作液，作为空白添加试料。

6.2 试料的保存

－20℃以下保存。

7 测定步骤

7.1 提取

称取试料 2 g±0.05 g，于 50 mL 离心管中，加磷酸 100 μL，乙腈 4 mL，涡旋混匀，中速振荡 5 min，10 000 r/min 离心 10 min，取上清液于另一离心管中，加正已烷 5 mL，涡旋 1min，静置，取下层清液于 25 mL 鸡心瓶中。残渣中加乙腈 4 mL，重复提取一次，上清液经同一份正已烷分配，合并两次提取液，于 50℃旋转蒸发至仅剩余不易蒸干的黄色油滴。用流动相 1.0 mL 溶解残余物，滤膜过滤，供高效液相色谱法测定。

7.2 标准曲线制备

精密量取喹诺酮类药物混合标准工作液适量，用流动相稀释，配制成浓度环丙沙星、恩诺沙星、沙拉沙星和二氟沙星为 5、10、50、100、300 和 500 μg/L，达氟沙星浓度为 1、2、10、20、60 和 100 μg/L 的系列标准溶液，供高效液相色谱测定。以测得峰面积为纵坐标，对应的标准溶液浓度为横坐标，绘制标准曲线。求回归方程和相关系数。

7.3 测定

7.3.1 色谱条件

7.3.1.1 色谱柱：C_{18}（250 mm×4.6 mm，粒径 5 μm），或相当者。

7.3.1.2 流动相：0.05 mol/L 磷酸溶液-三乙胺＋乙腈（90＋10，体积比），滤膜过滤。

7.3.1.3 流速：1.8 mL/min。

7.3.1.4 检测波长：激发波长 280 nm；发射波长 450 nm。

7.3.1.5 柱温：30 ℃。

7.3.1.6 进样量：20 μL。

7.3.2 测定法

取试样溶液和相应的标准溶液，作单点或多点校准，按外标法，以峰面积计算。标准溶液及试样溶液中环丙沙星、达氟沙星、恩诺沙星、沙拉沙星和二氟沙星响应值应在仪器检测的线性范围之内。在上述色谱条件下，标准溶液和空白组织添加试样溶液的高效液相色谱图见附录 A。

7.4 空白试验

除不加试料外，采用完全相同的测定步骤进行平行操作。

8 结果计算和表述

试料中喹诺酮类药物残留量（μg/kg）按式（1）计算：

$$X = \frac{c \times V}{m} \qquad (1)$$

式中：

X ——供试试料中相应的喹诺酮类药物残留量，单位为微克每千克（μg/kg）；

c ——试样溶液中相应的喹诺酮类药物浓度，单位为纳克每毫升（ng/mL）；

V ——溶解残渣所用流动相体积，单位为毫升（mL）；

m ——供试试料质量，单位为克（g）。

注：计算结果需扣除空白值，测定结果用平行测定的算术平均值表示，保留三位有效数字。

9 检测方法灵敏度、准确度和精密度

9.1 灵敏度

本方法环丙沙星、恩诺沙星、沙拉沙星和二氟沙星的检测限为 5 μg/kg，定量限为 10 μg/kg；达氟沙星的检测限为 1 μg/kg，定量限为 2 μg/kg。

9.2 准确度

本方法在 10 μg/kg～100 μg/kg 添加浓度水平上的回收率为 60%～100%。

9.3 精密度

本方法的批内相对标准偏差≤15%，批间相对标准偏差≤20%。

方法二

10 范围

本方法规定了牛奶中11种喹诺酮类药物残留量检测的制样和高效液相色谱测定方法。

本方法适用于牛奶中恩诺沙星、环丙沙星、达氟沙星、沙拉沙星、二氟沙星、诺氟沙星、氧氟沙星、培氟沙星、洛美沙星、氟甲喹和噁喹酸单个或多个药物残留检测。

11 规范性引用文件

下列文件对于本文件的应用是必不可少的。凡是注日期的引用文件，仅注日期的版本适用于本文件。凡是不注日期的引用文件，其最新版本(包括所有的修改单)适用于本文件。

GB/T 6682 分析实验室用水规格和实验方法

12 原理

试料中残留的喹诺酮类药物，用10%三氯乙酸-乙腈提取，反相聚合物SPE柱净化，流动相溶解，高效液相-荧光法测定，外标法定量。

13 试剂和材料

以下所有试剂，除特别注明者外均为分析纯试剂；水为符合GB/T 6682规定的一级水。

13.1 恩诺沙星、盐酸环丙沙星、甲磺酸达氟沙星、沙拉沙星、二氟沙星、诺氟沙星、氧氟沙星、甲磺酸培氟沙星、盐酸洛美沙星、氟甲喹和噁喹酸对照品：含量≥98.0%。

13.2 乙腈：色谱纯。

13.3 甲醇：色谱纯。

13.4 无水乙醇。

13.5 乙酸。

13.6 柠檬酸。

13.7 乙酸铵。

13.8 三乙胺。

13.9 氢氧化钠。

13.10 三氯乙酸。

13.11 SPE反相聚合物柱：Strata-X填料，60 mg/3 mL，或相当者。

13.12 10%乙酸溶液：取乙酸10 mL，用水溶解并稀释至100 mL。

13.13 0.5 mol/L氢氧化钠溶液：取氢氧化钠2 g，用水溶解并稀释至100 mL。

13.14 10%三氯乙酸溶液：取三氯乙酸100 g，用水溶解并稀释至1 000 mL。

13.15 乙腈-10%三氯乙酸溶液：取乙腈10 mL，用10%三氯乙酸溶液溶解并稀释至100 mL。

13.16 10%甲醇水溶液：取甲醇10 mL，用水溶解并稀释至100 mL。

13.17 柠檬酸/乙酸铵缓冲液：取柠檬酸10.56 g、乙酸铵7.87 g，用水溶解并稀释至1 000 mL，用三乙胺调pH至4.0，滤膜过滤。

13.18 乙腈-柠檬酸/乙酸铵缓冲液：取乙腈8 mL，用柠檬酸/乙酸铵缓冲液溶解并稀释至100 mL。

13.19 1 mg/mL 诺氟沙星、氧氟沙星、恩诺沙星、沙拉沙星和二氟沙星标准贮备液：精密称取诺氟沙星、氧氟沙星、恩诺沙星、沙拉沙星和二氟沙星对照品各适量，分别于 10 mL 量瓶中，用乙酸溶液 200 μL 溶解，用甲醇稀释至刻度，配制成浓度为 1 mg/mL 的喹诺酮类药物标准贮备液。−20℃以下保存，有效期 6 个月。

13.20 1 mg/mL 环丙沙星、洛美沙星、培氟沙星和达氟沙星标准贮备液：精密称取盐酸环丙沙星、盐酸洛美沙星、甲磺酸培氟沙星和甲磺酸达氟沙星对照品各适量，分别于 10 mL 量瓶中，用水 200 μL 溶解，用甲醇稀释至刻度，配制成浓度为 1 mg/mL 的喹诺酮类药物标准贮备液。−20℃以下保存，有效期 6 个月。

13.21 1 mg/mL 噁喹酸和氟甲喹标准贮备液：精密称取噁喹酸和氟甲喹对照品适量，分别于 10 mL 量瓶中，用氢氧化钠溶液 400 μL 溶解，用甲醇稀释至刻度，配制成浓度为 1 mg/mL 的喹诺酮类药物标准贮备液。−20℃以下保存，有效期 6 个月。

13.22 喹诺酮类药物混合标准工作液：精密量取喹诺酮类药物标准贮备液各适量，于量瓶中，用水溶解并稀释至刻度，配制成诺氟沙星、环丙沙星、氧氟沙星、培氟沙星、洛美沙星、恩诺沙星、沙拉沙星、二氟沙星和噁喹酸浓度为 8 μg/mL，氟甲喹浓度为 4 μg/mL，达氟沙星浓度为 2.4 μg/mL 的混合标准工作液。2℃～8 ℃保存，有效期 1 个月。

14 仪器和设备

14.1 高效液相色谱仪：配荧光检测器。

14.2 分析天平：感量 0.000 01 g。

14.3 天平：感量 0.01 g。

14.4 均质机。

14.5 旋涡混合仪。

14.6 超声波水浴。

14.7 高速冷冻离心机。

14.8 氮气吹干浓缩仪。

14.9 固相萃取装置。

14.10 滤膜：0.45 μm。

14.11 聚丙烯离心管。

15 试样的制备与保存

15.1 试样的制备

取适量新鲜或冷藏的空白或供试牛奶，混合均匀。

——取均质后的供试样品，作为供试试料。

——取均质后的空白样品，作为空白试料。

——取均质后的空白样品，添加适宜浓度的标准溶液，作为空白添加试料。

15.2 试料的保存

−20℃以下保存。

16 测定步骤

16.1 标准曲线的制备

精密量取混合标准工作液适量,用水稀释,旋涡混匀,使达氟沙星浓度为 15、30、60、120、240 和 480 μg/L,氟甲喹浓度为 25、50、100、200、400 和 800 μg/L,其他喹诺酮类药物浓度为 50、100、200、400、800 和 1 600 μg/L 的系列标准溶液,供高效液相色谱测定。以峰面积为纵坐标,对应的标准溶液浓度为横坐标,绘制标准曲线。求回归方程和相关系数。

16.2 提取

称取试料 1 g±0.02 g,于 15 mL 聚丙烯离心管中,加乙腈-10%三氯乙酸溶液 5 mL,旋涡混匀,超声 5 min,于 4 ℃ 8 000 r/min 离心 6 min,取上清液,备用。

16.3 净化

SPE 柱依次用甲醇 3 mL 和水 3 mL 活化,取备用液过柱,控制流速 1 mL/min,用 10%甲醇水溶液 3 mL 淋洗,抽干,用甲醇 3 mL 洗脱,抽干。收集洗脱液,于 60 ℃～70 ℃氮气吹干,用乙腈-柠檬酸/乙酸铵缓冲液 500 μL 溶解残余物,涡旋混匀,于 4℃以下 12 000 r/min 离心 6 min,取上清液,供高效液相色谱测定。

16.4 测定

16.4.1 色谱条件

16.4.1.1 色谱柱:C_{18}(250 mm×4.6 mm,粒径 5 μm),或相当者。

16.4.1.2 流动相:乙腈-柠檬酸/乙酸铵缓冲液,梯度洗脱见表 1。

表 1 流动相梯度洗脱变化设置

时间 min	流量 mL/min	乙腈 %	柠檬酸/乙酸铵缓冲液 %	曲线
0.01	2.0	8	92	—
30.0	2.0	55	45	9
32.0	2.0	8	92	—
35.0	2.0	8	92	—

16.4.1.3 柱温:50 ℃。

16.4.1.4 进样量:20 μL。

16.4.1.5 荧光检测器:程序波长变化设置见表 2。

16.4.1.6 延迟 5 min 后进下一试样。

表 2 荧光波长程序变化设置

时间 min	激发波长 Ex nm	发射波长 Em nm
0	278	465
23.4	312	366
32.0	278	465

16.4.2 测定法

取试样溶液和相应的标准溶液，作单点或多点校准，按外标法，以峰面积计算。标准溶液及试样溶液中喹诺酮类药物响应值应在仪器检测的线性范围之内。在上述色谱条件下，标准溶液和空白组织添加试样溶液的高效液相色谱图分别见附录B。

16.5 空白试验

除不加试料外，采用完全相同的测定步骤进行平行操作。

17 结果计算和表述

17.1 标准曲线校准

将标准曲线的浓度和对应峰面积进行回归分析，然后按式(2)计算：

$$X=\frac{A-b}{a} \qquad \cdots\cdots(2)$$

式中：

X——供试试料中相应的喹诺酮类药物残留量，单位为微克每千克(μg/kg)；

A——供试试料中相应的喹诺酮药物处理后试样溶液中被测喹诺酮类药物的色谱峰面积；

b——标准曲线回归方程中截距；

a——标准曲线回归方程中斜率。

注：计算结果需扣除空白值，测定结果用平行测定的算术平均值表示，保留三位有效数字。

17.2 单点校准

试料中喹诺酮药物残留量(μg/kg)按式(3)计算：

$$X_i=c_S\times\frac{A_i}{A_S}\times\frac{V}{m} \qquad \cdots\cdots(3)$$

式中：

X_i——供试试料中相应的喹诺酮类药物的残留量，单位为微克每千克(μg/kg)；

c_S——标准溶液中相应的喹诺酮类药物的浓度，单位为纳克每毫升(ng/mL)；

A_i——试样溶液中相应的喹诺酮类药物的色谱峰面积；

A_S——标准溶液中相应的喹诺酮类药物的色谱峰面积；

V——溶解残余物所用乙腈-柠檬酸/乙酸铵缓冲液体积，单位为毫升(mL)；

m——供试试料质量，单位为克(g)。

18 检测方法灵敏度、准确度与精密度

18.1 灵敏度

本方法诺氟沙星、氧氟沙星、环丙沙星、培氟沙星、洛美沙星、恩诺沙星、沙拉沙星、二氟沙星和噁喹酸检测限为 25 μg/kg，定量限为 50 μg/kg；达氟沙星的检测限为 7.5 μg/kg，定量限为 15 μg/kg；氟甲喹检测限为 12.5 μg/kg，定量限为 25 μg/kg。

18.2 准确度

本方法诺氟沙星、氧氟沙星、环丙沙星、培氟沙星、洛美沙星、恩诺沙星、沙拉沙星、二氟沙星、噁喹酸在 50 μg/kg～200 μg/kg，达氟沙星在 15 μg/kg～60 μg/kg，氟甲喹在 25 μg/kg～100 μg/kg 添加浓度水平上的回收率为 60％～110％。

18.3 精密度

本方法的批内相对标准偏差≤15％，批间相对准标准偏差≤20％。

附 录 A
色 谱 图

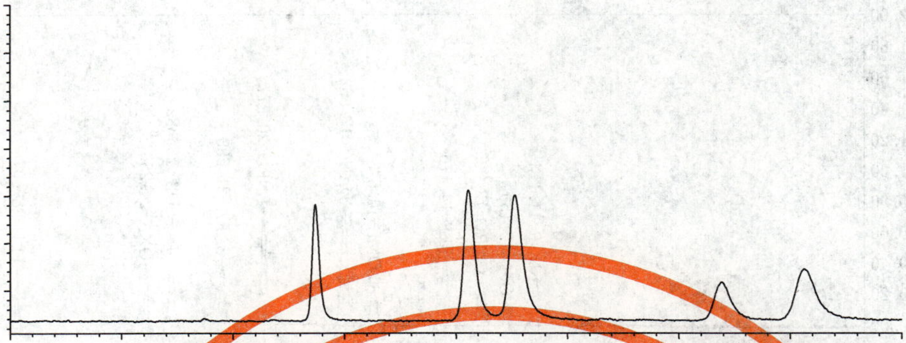

图 A.1 喹诺酮类药物对照溶液色谱图(20 μg/L)

图 A.2 牛奶空白试样色谱图

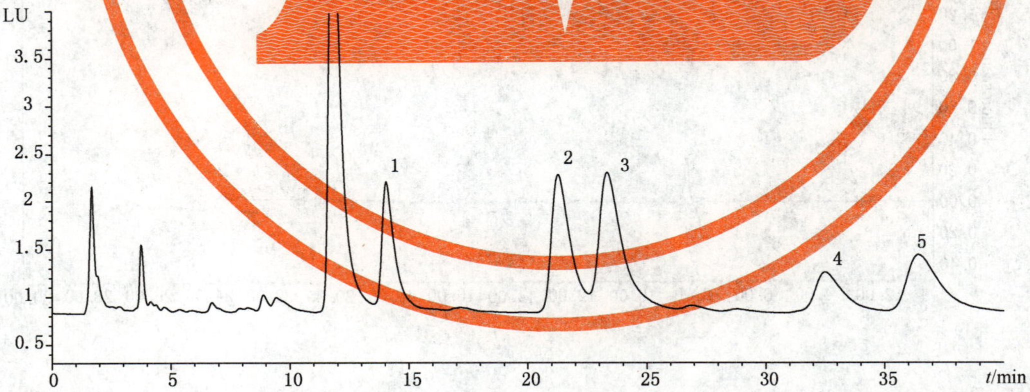

说明：

1——环丙沙星；

2——达氟沙星；

3——恩诺沙星；

4——沙拉沙星；

5——二氟沙星。

图 A.3 牛奶空白添加喹诺酮类药物试样色谱图(100 μg/kg)

附 录 B
色 谱 图

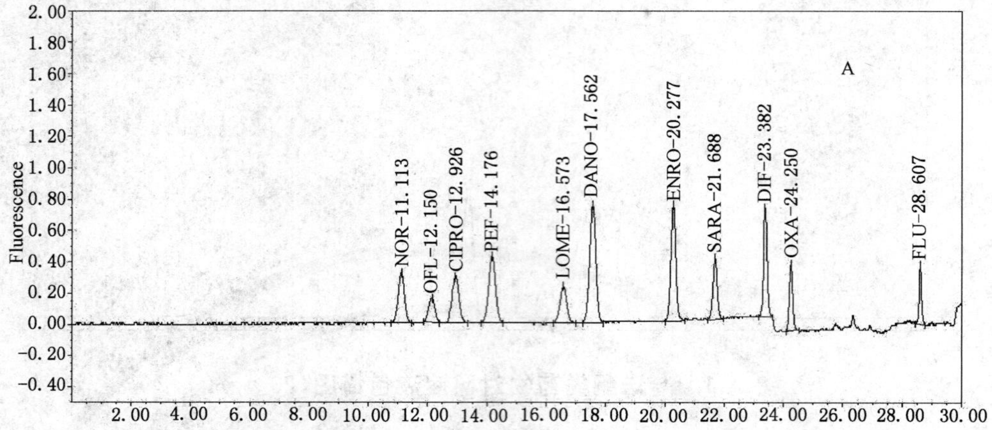

图 B.1 喹诺酮类药物基质匹配标准溶液色谱图

（诺氟沙星 NOR、氧氟沙星 OFL、环丙沙星 CIPRO、培氟沙星 PEF、洛美沙星 LOME、恩诺沙星 ENRO、沙拉沙星 SARA、二氟沙星 DIF 和噁喹酸 OXA 的浓度为 100 μg/L、达氟沙星 DANO 为 30 μg/L、氟甲喹 FLU 为 50 μg/L）

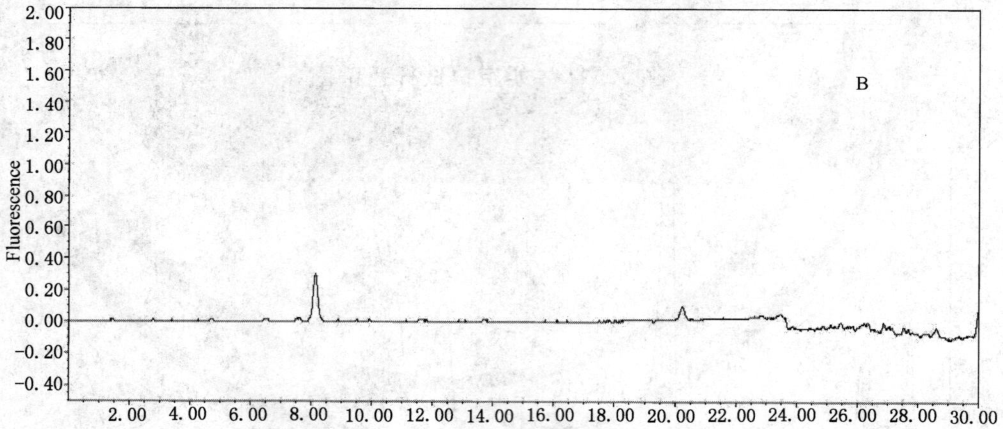

图 B.2 牛奶空白试样色谱图

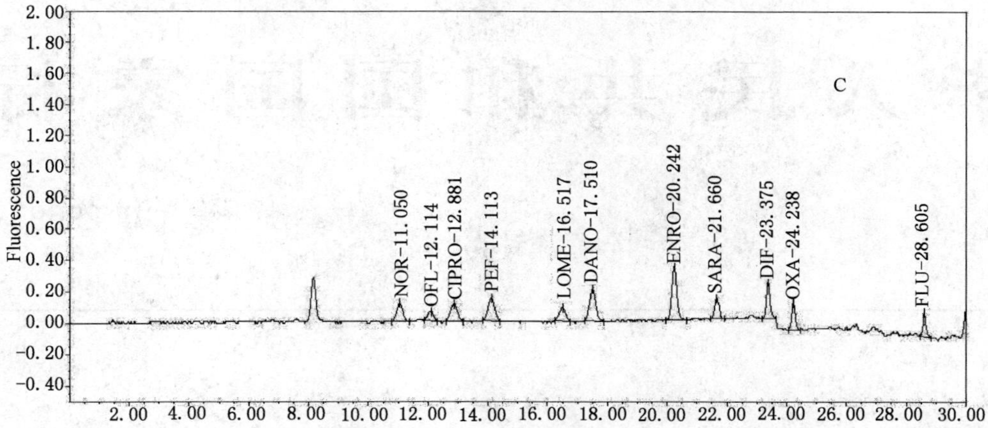

图 B.3　牛奶空白添加喹诺酮类药物试样色谱图

（NOR、OFL、CIPRO、PEF、LOME、ENRO、SARA、DIF 和 OXA 为 25 μg/kg，DANO 为 7.5 μg/kg，FLU 为12.5 μg/kg）

中华人民共和国国家标准

GB 29693—2013

食品安全国家标准

动物性食品中常山酮残留量的测定 高效液相色谱法

2013-09-16 发布

2014-01-01 实施

中华人民共和国农业部
中华人民共和国国家卫生和计划生育委员会 发布

食品安全国家标准

动物性食品中常山酮残留量的测定
高效液相色谱法

1 范围

本标准规定了动物性食品中常山酮残留量检测的制样和高效液相色谱测定方法。

本标准适用于鸡的肌肉和肝脏组织中常山酮残留量的检测。

2 规范性引用文件

下列文件对于本文件的应用是必不可少的。凡是注日期的引用文件，仅注日期的版本适用于本文件。凡是不注日期的引用文件，其最新版本(包括所有的修改单)适用于本文件。

GB/T 6682 分析实验室用水规格和试验方法

3 原理

试料中残留的常山酮，用胰蛋白酶酶解，乙酸乙酯提取，液液萃取，HLB 柱净化，高效液相色谱-紫外测定，外标法定量。

4 试剂和材料

以下所用试剂，除特殊注明外均为分析纯试剂，水为符合 GB/T 6682 规定的一级水。

4.1 氢溴酸常山酮对照品：含量≥99.6%。

4.2 甲醇：色谱纯。

4.3 乙酸乙酯：色谱纯。

4.4 乙腈：色谱纯。

4.5 无水碳酸钠。

4.6 胰蛋白酶：1 000 U/mg。

4.7 乙酸铵。

4.8 乙酸。

4.9 甲苯。

4.10 HLB 固相萃取柱：500 mg/6 mL，或相当者。

4.11 0.25 mol/L 乙酸铵缓冲液：取乙酸铵 19.27 g，加乙酸 30 mL，用水溶解并稀释至 1 000 mL，用乙酸调 pH 至 4.3。

4.12 0.125 mol/L 乙酸铵缓冲液：取 0.25 mol/L 乙酸铵缓冲液 500 mL，用水溶解并稀释至 1 000 mL。

4.13 10%碳酸钠溶液：取无水碳酸钠 10 g，用水溶解并稀释至 100 mL。

4.14 流动相：取乙腈 250 mL、0.25 mol/L 乙酸铵缓冲液 150 mL 和水 600 mL，混匀，用冰乙酸调 pH 至 4.3，滤膜过滤，现配现用。

4.15　200 μg/mL 常山酮标准贮备液：精密称取氢溴酸常山酮标准品 10 mg，于 50 mL 棕色量瓶中，用 0.25 mol/L 乙酸铵缓冲液溶解并稀释至刻度，配制成浓度为 200 μg/mL 的常山酮标准贮备液。密封，用铝箔包裹，2 ℃～8 ℃避光保存，有效期 6 个月。

4.16　10 μg/mL 常山酮标准贮备液：精密量取 200 μg/mL 常山酮标准贮备液 0.5 mL 于 10 mL 棕色量瓶中，用水溶解并稀释至刻度，配制成浓度为 10 μg/mL 常山酮标准贮备液。密封，用铝箔包裹，2 ℃～8 ℃避光保存，有效期为 6 个月。

5　仪器和设备

5.1　高效液相色谱仪：配紫外检测器。

5.2　分析天平：感量 0.000 01 g。

5.3　天平：感量 0.01 g。

5.4　离心机。

5.5　均质机。

5.6　涡旋振荡器。

5.7　旋转蒸发仪。

5.8　氮吹仪。

5.9　固相萃取装置。

5.10　恒温水浴箱。

5.11　滤膜：0.45 μm。

6　试料的制备与保存

6.1　试料的制备

取适量新鲜或解冻的空白或供试组织，绞碎，并使均质。

——取均质后的供试样品，作为供试试料。

——取均质后的空白样品，作为空白试料。

——取均质后的空白样品，添加适宜浓度的标准工作液，作为空白添加试料。

6.2　样品的保存

－20 ℃以下保存。

7　测定步骤

7.1　提取

称取试料 4 g±0.04 g，于 100 mL 离心管中，加胰蛋白酶 50 mg，加水 2 mL(肝脏组织)或水 10 mL(肌肉组织)，涡动 1 min，用 10%碳酸钠溶液调 pH 至 8.0，于 40 ℃水浴下酶解 3 h。取出，放至室温，加 10%碳酸钠溶液 2 mL，涡动 1min，再加乙酸乙酯 20 mL，涡动 10 s，在冰水浴中静置 3 min，立即 2 000 r/min离心 2 min，将上清液转入 100 mL 分液漏斗中。下层液用乙酸乙酯 20 mL 重复提取一次，合并两次上清液于同一分液漏斗中，加 0.125 mol/L 乙酸铵溶液 10 mL，振摇 1 min，静置 2 min，收集下层水相。再加 0.125 mol/L 乙酸铵溶液 10 mL，重复萃取一次，合并两次水相，转至鸡心瓶中，于 38 ℃旋转蒸发，除尽残余的乙酸乙酯，备用。

7.2 净化

HLB柱依次用甲醇 3 mL、水 3 mL 和 0.125 mol/L 乙酸铵 3 mL 活化，取备用液过柱，控制流速 1 mL/min，用甲苯 2 mL 洗涤，挤干，用甲醇 3 mL 洗脱，收集洗脱液，于 38 ℃氮气吹干，用流动相 1.0 mL溶解残余物，混匀，滤膜过滤，供高效液相色谱法测定。

7.3 基质匹配标准曲线的制备

精密量取 10 μg/mL 的常山酮标准贮备液适量，用甲醇溶解并稀释，配制成浓度为 50 、100 、300、500 和 1 000 μg/L 的系列标准溶液，各取 1.0 mL，分别加至经提取、净化步骤处理的空白试料洗脱液中，于 38 ℃水浴下氮气吹干，用流动相 1.0 mL 溶解残余物，供高效液相色谱法测定。以测得峰面积为纵坐标，对应的标准溶液浓度为横坐标，绘制标准曲线。求回归方程和相关系数。

7.4 测定

7.4.1 色谱条件

7.4.1.1 色谱柱：C_{18}(150 mm ×3.9 mm，粒径 4 μm)，或相当者。

7.4.1.2 流动相：乙腈-0.25 mol/L 乙酸铵缓冲液-水。

7.4.1.3 流速：1.0 mL/min。

7.4.1.4 柱温：30 ℃。

7.4.1.5 检测波长：243 nm。

7.4.1.6 进样体积：25 μL。

7.4.2 测定法

取试样溶液和相应的对照溶液，作单点或多点校准，按外标法，以峰面积计算。对照溶液及试样溶液中常山酮响应值应在仪器检测的线性范围之内。在上述色谱条件下，对照溶液和试样溶液的高效液相色谱图分别见附录 A。

7.5 空白试验

除不加试料外，采用完全相同的步骤进行平行操作。

8 结果计算和表述

试料中常山酮的残留量按式(1)计算：

$$X = \frac{c \times V}{m} \qquad \cdots\cdots(1)$$

式中：

X ——供试试料中常山酮的残留量，单位为微克每千克(μg/kg)；

c ——试样溶液中常山酮浓度，单位为微克每毫升(μg/mL)；

V ——溶解残留物所用流动相体积，单位为毫升(mL)；

m ——供试试料质量，单位为克(g)。

注：计算结果需扣除空白试料值，测定结果用平行测定的算术平均值表示，保留三位有效数字。

9 检测方法灵敏度、准确度和精密度

9.1 灵敏度

本方法检测限为 25 μg/kg；定量限为 50 μg/kg。

9.2 准确度

本方法在 50 μg/kg～500 μg/kg 添加浓度水平上回收率为 80%～110%。

9.3 精密度

本方法的批内相对标准偏差≤15%，批间相对标准偏差≤20%。

附 录 A
色 谱 图

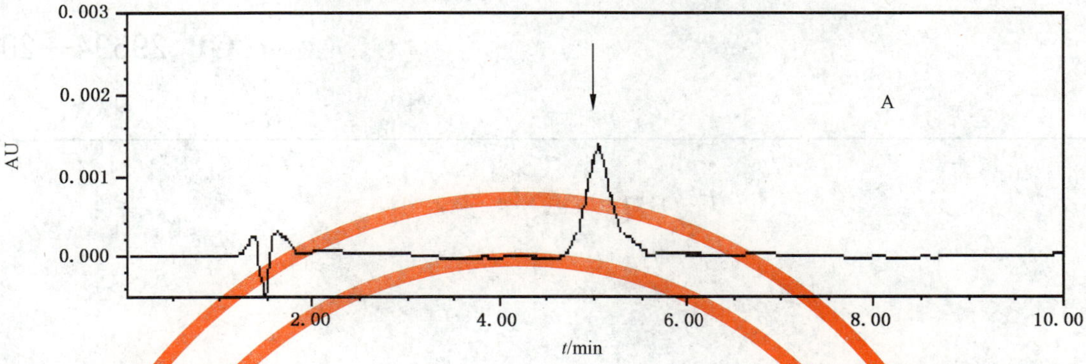

图 A.1 常山酮标准溶液色谱图(100 ng/mL)

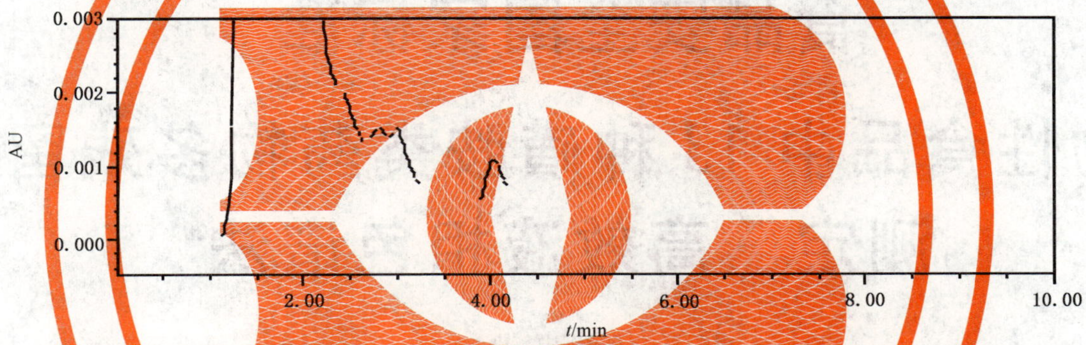

图 A.2 鸡肝脏组织空白试样色谱图

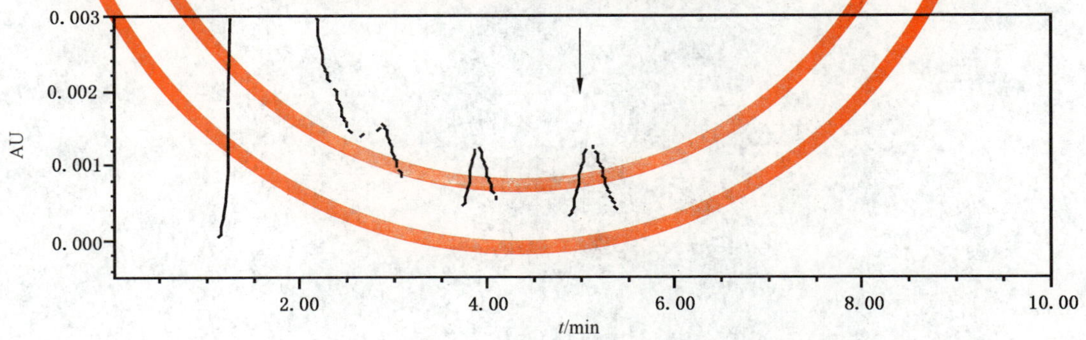

图 A.3 鸡肝脏组织空白添加常山酮试样色谱图(100 ng/g)

中华人民共和国国家标准

GB 29694—2013

食品安全国家标准
动物性食品中13种磺胺类药物多残留的测定　高效液相色谱法

2013-09-16 发布　　2014-01-01 实施

中华人民共和国农业部
中华人民共和国国家卫生和计划生育委员会　发布

食品安全国家标准

动物性食品中13种磺胺类药物多残留的测定 高效液相色谱法

1 范围

本标准规定了动物性食品中磺胺类药物残留量检测的制样和高效液相色谱测定方法。

本标准适用于猪和鸡的肌肉和肝脏组织中的磺胺醋酰、磺胺吡啶、磺胺噻唑、磺胺甲基嘧啶、磺胺二甲基嘧啶、磺胺甲氧哒嗪、苯酰磺胺、磺胺间甲氧嘧啶、磺胺氯哒嗪、磺胺甲噁唑、磺胺异噁唑、磺胺二甲氧哒嗪和磺胺吡唑单个或多个药物残留量的检测。

2 规范性引用文件

下列文件对于本文件的应用是必不可少的。凡是注日期的引用文件,仅注日期的版本适用于本文件。凡是不注日期的引用文件,其最新版本(包括所有的修改单)适用于本文件。

GB/T 6682 分析实验室用水规格和试验方法

3 原理

试料中残留的磺胺类药物,用乙酸乙酯提取,0.1 mol/L盐酸溶液转换溶剂,正己烷除脂,MCX柱净化,高效液相色谱-紫外检测法测定,外标法定量。

4 试剂和材料

以下所用试剂,除特殊注明外均为分析纯试剂,水为符合GB/T 6682规定的一级水。

4.1 磺胺醋酰、磺胺吡啶、磺胺甲氧哒嗪、苯酰磺胺、磺胺间甲氧嘧啶、磺胺氯哒嗪、磺胺甲噁唑、磺胺异噁唑、磺胺二甲氧哒嗪、磺胺吡唑对照品:含量≥99%;磺胺噻唑、磺胺甲基嘧啶、磺胺二甲基嘧啶:含量≥98%。

4.2 乙酸乙酯:色谱纯。

4.3 乙腈:色谱纯。

4.4 甲醇:色谱纯。

4.5 盐酸。

4.6 正己烷。

4.7 甲酸:色谱纯。

4.8 氨水。

4.9 MCX柱:60 mg/3 mL,或相当者。

4.10 0.1%甲酸溶液:取甲酸1 mL,用水溶解并稀释至1 000 mL。

4.11 0.1%甲酸乙腈溶液:取0.1%甲酸830 mL,用乙腈溶解并稀释至1 000 mL。

4.12 洗脱液:取氨水5 mL,用甲醇溶解并稀释至100 mL。

4.13　0.1 mol/L 盐酸溶液：取盐酸 0.83 mL，用水溶解并稀释至 100 mL。

4.14　50%甲醇乙腈溶液：取甲醇 50 mL，用乙腈溶解并稀释至 100 mL。

4.15　100 μg/mL 磺胺类药物混合标准贮备液：精密称取磺胺类药物标准品各 10 mg，于 100 mL 量瓶中，用乙腈溶解并稀释至刻度，配制成浓度为 100 μg/mL 的磺胺类药物混合标准贮备液。−20 ℃以下保存，有效期 6 个月。

4.16　10 μg/mL 磺胺类药物混合标准工作液：精密量取 100 μg/mL 磺胺类药物混合标准贮备液 5.0 mL，于 50 mL 量瓶中，用乙腈稀释至刻度，配制成浓度为 10 μg/mL 的磺胺类药物混合标准工作液。−20 ℃以下保存，有效期 6 个月。

5　仪器和设备

5.1　高效液相色谱仪：配紫外检测器或二极管阵列检测器。

5.2　分析天平：感量 0.000 01 g。

5.3　天平：感量 0.01 g。

5.4　涡动仪。

5.5　离心机。

5.6　均质机。

5.7　旋转蒸发仪。

5.8　氮吹仪。

5.9　固相萃取装置。

5.10　鸡心瓶：100 mL。

5.11　聚四氟乙烯离心管：50 mL。

5.12　滤膜：有机相，0.22 μm。

6　试料的制备与保存

6.1　试料的制备

取适量新鲜或解冻的空白或供试组织，绞碎，并使均质。

——取均质后的供试样品，作为供试试料。

——取均质后的空白样品，作为空白试料。

——取均质后的空白样品，添加适宜浓度的标准工作液，作为空白添加试料。

6.2　试料的保存

−20 ℃以下保存。

7　测定步骤

7.1　提取

称取试料 5 g±0.05 g，于 50 mL 聚四氟乙烯离心管中，加乙酸乙酯 20 mL，涡动 2 min，4 000 r/min 离心 5 min，取上清液于 l00 mL 鸡心瓶中，残渣中加乙酸乙酯 20 mL，重复提取一次，合并两次提取液。

7.2　净化

鸡心瓶中加 0.1 mol/L 盐酸溶液 4 mL，于 40 ℃下旋转蒸发浓缩至少于 3 mL，转至 10 mL 离心管中。用 0.1 mol/L 盐酸溶液 2 mL 洗鸡心瓶，转至同一离心管中。再用正己烷 3 mL 洗鸡心瓶，将正己烷转至同一离心管中，涡旋混合 30 s，3 000 r/min 离心 5 min，弃正已烷。再次用正己烷 3 mL 洗鸡心瓶，转全同一离心管中，涡旋混合 30 s，3 000 r/min 离心 5 min，弃正已烷，取下层液备用。

MCX 柱依次用甲醇 2 mL 和 0.1 mol/L 盐酸溶液 2 mL 活化，取备用液过柱，控制流速 1 mL/min。依次用 0.1 mol/L 盐酸溶液 1 mL 和 50%甲醇乙腈溶液 2 mL 淋洗，用洗脱液 4 mL 洗脱，收集洗脱液，于 40℃氮气吹干，加 0.1%甲酸乙腈溶液 1.0 mL 溶解残余物，滤膜过滤，供高效液相色谱测定。

7.3 标准曲线制备

精密量取 10 μg/mL 磺胺类药物混合标准工作液适量，用 0.1%甲酸乙腈溶液稀释，配制成浓度为 10、50、100、250、500、2 500 和 5 000 μg/L 的系列混合标准溶液，供高效液相色谱测定。以测得峰面积为纵坐标，对应的标准溶液浓度为横坐标，绘制标准曲线。求回归方程和相关系数。

7.4 测定

7.4.1 液相色谱参考条件

7.4.1.1 色谱柱：ODS-3C_{18}（250 mm×4.5 mm，粒径 5 μm），或相当者。

7.4.1.2 流动相：0.1%甲酸＋乙腈，梯度洗脱见表 1。

7.4.1.3 流速：1 mL/min。

7.4.1.4 柱温：30 ℃。

7.4.1.5 检测波长：270 nm。

7.4.1.6 进样体积：100 μL。

表 1 流动相梯度洗脱条件

时间 min	0.1%甲酸 %	乙腈 %
0.0	83	17
5.0	83	17
10.0	80	20
22.3	60	40
22.4	10	90
30.0	10	90
31.0	83	17
48.0	83	17

7.4.2 测定法

取试样溶液和相应的对照溶液，作单点或多点校准，按外标法，以峰面积计算。对照溶液及试样溶液中磺胺类药物响应值应在仪器检测的线性范围之内。在上述色谱条件下，对照溶液和试样溶液的高效液相色谱图见附录 A。

7.5 空白试验

除不加试料外，采用完全相同的步骤进行平行操作。

8 结果计算和表述

试料中磺胺类药物的残留量按式(1)计算：

$$X=\frac{c\times V}{m} \qquad \cdots\cdots(1)$$

式中：

X ——供试试料中相应的磺胺类药物的残留量，单位为微克每千克(μg/kg)；

c ——试样溶液中相应的磺胺类药物浓度，单位为微克每毫升(μg/mL)；

V ——溶解残余物所用0.1%甲酸乙腈溶液体积，单位为毫升(mL)；

m ——供试试料质量，单位为克(g)。

注：计算结果需扣除空白值，测定结果用平行测定后的算术平均值表示，保留三位有效数字。

9 检测方法灵敏度、准确度和精密度

9.1 灵敏度

本方法猪和鸡的肌肉组织的检测限为5 μg/kg，定量限为10 μg/kg；猪和鸡的肝脏组织的检测限为12 μg/kg，定量限为25 μg/kg。

9.2 准确度

本方法肌肉组织在10 μg/kg～200 μg/kg、肝脏组织在25 μg/kg～200 μg/kg浓度添加水平上的回收率为60%～120%。

9.3 精密度

本方法的批内相对标准偏差≤15%，批间相对标准偏差≤20%。

附 录 A
色 谱 图

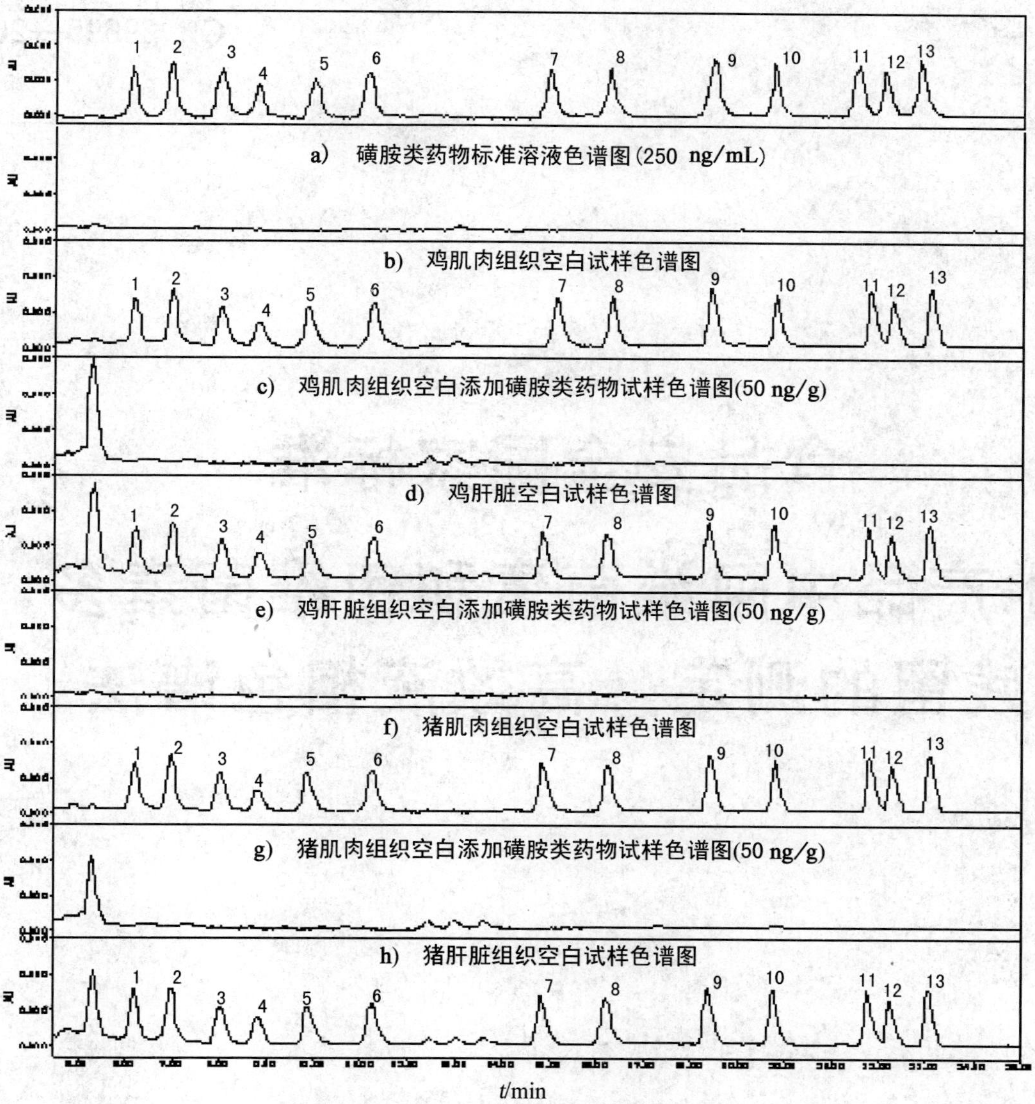

a) 磺胺类药物标准溶液色谱图(250 ng/mL)

b) 鸡肌肉组织空白试样色谱图

c) 鸡肌肉组织空白添加磺胺类药物试样色谱图(50 ng/g)

d) 鸡肝脏空白试样色谱图

e) 鸡肝脏组织空白添加磺胺类药物试样色谱图(50 ng/g)

f) 猪肌肉组织空白试样色谱图

g) 猪肌肉组织空白添加磺胺类药物试样色谱图(50 ng/g)

h) 猪肝脏组织空白试样色谱图

i) 猪肝脏组织空白添加磺胺类药物试样色谱图(50 ng/g)

说明：

1——磺胺醋酰；

2——磺胺吡啶；

3——磺胺噁唑；

4——磺胺甲基嘧啶；

5——磺胺二甲基嘧啶；

6——磺胺甲氧哒嗪；

7 ——苯酰磺胺；

8 ——磺胺间甲氧嘧啶；

9 ——磺胺氯哒嗪；

10——磺胺甲噁唑；

11——磺胺异噁唑；

12——磺胺二甲氧哒嗪；

13——磺胺吡唑。

图 A.1 色谱图

中华人民共和国国家标准

GB 29695—2013

食品安全国家标准
水产品中阿维菌素和伊维菌素多残留的测定 高效液相色谱法

2013-09-16 发布　　2014-01-01 实施

中华人民共和国农业部
中华人民共和国国家卫生和计划生育委员会　发布

食品安全国家标准

水产品中阿维菌素和伊维菌素多残留的测定 高效液相色谱法

1 范围

本标准规定了水产品中阿维菌素和伊维菌素残留量的制样和高效液相色谱测定方法。

本标准适用于鱼的可食性组织中阿维菌素和伊维菌素残留量的检测。

2 规范性引用文件

下列文件对于本文件的应用是必不可少的。凡是注日期的引用文件，仅注日期的版本适用于本文件。凡是不注日期的引用文件，其最新版本(包括所有的修改单)适用于本文件。

GB/T 6682 分析实验室用水规格和试验方法

3 原理

试料中残留的阿维菌素和伊维菌素，用乙腈提取，正己烷除脂，碱性氧化铝柱净化，*N*-甲基咪唑和三氟乙酸酐衍生化，高效液相色谱-荧光法测定，外标法定量。

4 试剂与材料

以下所用的试剂，除特别注明外均为分析纯试剂；水为符合 GB/T 6682 规定的一级水。

4.1 阿维菌素标准品：B_{1a} 含量≥94%。伊维菌素标准品：B_{1a} 含量≥92%。

4.2 乙腈：色谱纯。

4.3 甲醇：色谱纯。

4.4 正己烷。

4.5 三氟乙酸酐。

4.6 *N*-甲基咪唑。

4.7 冰乙酸：优级纯。

4.8 无水硫酸钠：650 ℃烘 4 h，干燥器中冷却备用。

4.9 碱性氧化铝固相萃取柱：1 g/3 mL，或相当者。

4.10 衍生化试剂 A：取 *N*-甲基咪唑 1 mL、乙腈 1 mL，混匀，现配现用。

4.11 衍生化试剂 B：取三氟乙酸酐 1 mL、乙腈 2 mL，混匀，现配现用。

4.12 0.4%乙酸溶液：取冰乙酸 0.4 mL，用水溶解并稀释至 100 mL。

4.13 100 μg/mL 阿维菌素和伊维菌素混合标准贮备液：精密称取阿维菌素和伊维菌素标准品各 10 mg，于 100 mL 量瓶中，用甲醇溶解并稀释至刻度，配制成浓度为 100 μg/mL 的阿维菌素和伊维菌素混合标准贮备液。−18 ℃以下保存，有效期 6 个月。

4.14 10 μg/mL 阿维菌素和伊维菌素混合标准工作液：精密量取 100 μg/mL 阿维菌素和伊维菌素混

合标准贮备液 10 mL，于 100 mL 容量瓶中，用甲醇稀释至刻度，配制成浓度为 10 μg/mL 阿维菌素和伊维菌素混合标准工作液。2 ℃～8 ℃保存，有效期 3 个月。

5 仪器

5.1 高效液相色谱仪：配荧光检测器。
5.2 分析天平：感量 0.000 01 g。
5.3 天平：感量 0.01 g。
5.4 旋涡混合器。
5.5 超声波清洗器。
5.6 离心机。
5.7 氮吹仪。
5.8 旋转蒸发仪。
5.9 固相萃取装置。
5.10 具塞玻璃离心管：5 mL。
5.11 无水硫酸钠柱：玻璃层析柱（φ 10 mm×150 mm，2 号砂芯）中装填 5 g 无水硫酸钠。
5.12 茄形瓶：50 mL。
5.13 具塞聚丙烯离心管：50 mL。
5.14 滤膜：0.45 μm。

6 试料的制备与保存

6.1 试料的制备

取适量新鲜或解冻的空白或供试组织，绞碎，并使均质。

——取均质后的供试样品，作为供试试料。

——取均质后的空白样品，作为空白试料。

——取均质后的空白样品，添加适宜浓度的标准工作液，作为空白添加试料。

6.2 试料的保存

－18 ℃以下保存。

7 测定步骤

7.1 标准曲线的制备

精密量取 1 μg/mL 阿维菌素和伊维菌素混合标准工作液适量，用甲醇稀释，配制成浓度为 0.1、0.2、0.5、1 和 2 μg/mL 的系列标准溶液，各取 0.1 mL 于 5 mL 离心管中，于 45 ℃～55 ℃水浴氮气吹干，按衍生化步骤处理。供高效液相色谱测定。以测得峰面积为纵坐标，对应的标准溶液浓度为横坐标，绘制标准曲线。求回归方程和相关系数。

7.2 提取

称取试料 5 g±0.05 g，于 50 mL 聚丙烯离心管中，加乙腈 15 mL，旋涡混合 1 min，超声 30 min，4 000 r/min 离心 5 min，取上清液于另一 50 mL 聚丙烯离心管中。残渣中加入乙腈 10 mL，重复提取一次，合并两次提取液。在提取液中加正己烷 10 mL，充分涡旋混合 1 min，4 000 r/min 离心 5 min，弃上层正己烷层。提取液中再加正己烷 10 mL，重复提取一次，弃正己烷层，备用。

7.3 净化

取备用液，依次过用乙腈 10 mL 活化的无水硫酸钠柱和碱性氧化铝固相萃取柱，收集滤液。待滤液流至将尽，用乙腈 10 mL 冲洗离心管，转至无水硫酸钠柱和碱性氧化铝固相萃取柱，吹干，合并滤液于茄形瓶中，于 40 ℃～50 ℃旋转蒸发至干。用乙腈 3 mL 分 2 次溶解残余物，并转至 5 mL 具塞玻璃离心管中，45 ℃～55 ℃水浴氮气吹干。

7.4 衍生化

于上述 5 mL 离心管中加衍生化试剂 A 100 μL，盖紧塞子，旋涡混合 30 s，再加衍生化试剂 B 150 μL，盖紧塞子，旋涡混合 30 s，密封避光，室温下衍生 15 min，加甲醇 750 μL，旋涡混合 30 s，过滤，供高效液相色谱测定。

7.5 测定

7.5.1 色谱条件

7.5.1.1 色谱柱：C_{18}（250 mm×4.6 mm，粒径 5 μm），或相当者。

7.5.1.2 流速：1.5 mL/min。

7.5.1.3 进样量：20 μL。

7.5.1.4 柱温：35 ℃。

7.5.1.5 检测器：激发波长 365 nm，发射波长 475 nm。

7.5.1.6 洗脱梯度见表 1。

表 1 洗脱梯度表

时间 min	甲醇 %	乙腈 %	0.4%乙酸 %
0	39	55	6
13	39	55	6
15	45	55	0
25	39	55	6

7.5.2 测定法

取试样溶液和相应的标准溶液，作单点或多点校准，按外标法，以峰面积计算。标准溶液及试样溶液中阿维菌素和伊维菌素响应值应在仪器检测的线性范围之内。在上述色谱条件下，标准溶液和空白添加试样溶液的高效液相色谱图见附录 A。

7.6 空白实验

除不加试料外，采用完全相同的步骤进行平行操作。

8 结果计算

试料中阿维菌素或伊维菌素的残留量按式(1)计算：

$$X = \frac{c \times V}{m} \quad \cdots\cdots (1)$$

式中：

X ——供试试料中相应的阿维菌素或伊维菌素残留量，单位为微克每千克(μg/kg)；

c ——试样溶液中相应的阿维菌素或伊维菌素的浓度，单位为纳克每毫升(ng/mL)；

V ——试样溶液总体积，单位为毫升(mL)；

m ——供试试料质量，单位为克(g)。

注：计算结果需扣除空白值，测定结果用平行测定后的算术平均值表示，保留三位有效数字。

9 方法的灵敏度、准确度和精密度

9.1 灵敏度

本方法检测限为 2 μg/kg，定量限为 4 μg/kg。

9.2 准确度

本方法在 4 μg/kg～20 μg/kg 添加浓度水平上的回收率为 70%～120%。

9.3 精密度

本方法的批内相对标准偏差≤15%，批间相对标准偏差≤15%。

附 录 A
色 谱 图

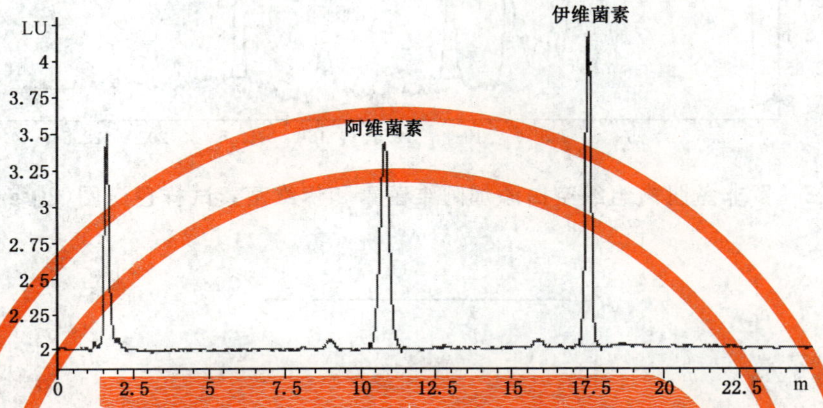

图 A.1 阿维菌素和伊维菌素标准溶液色谱图(100 ng/mL)

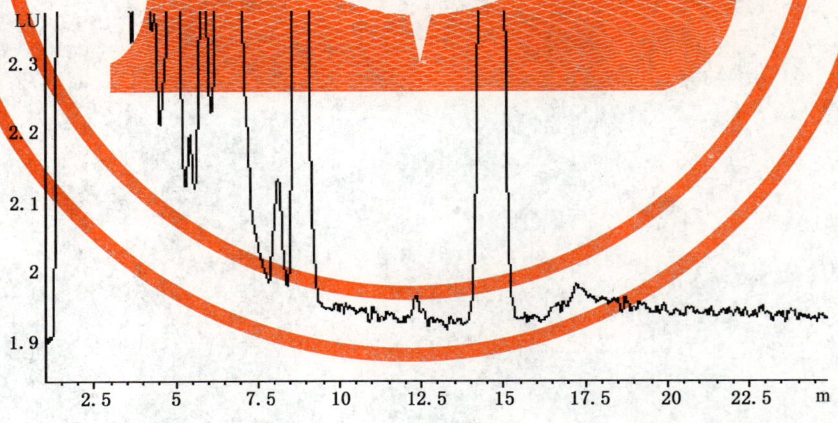

图 A.2 罗非鱼肌肉组织空白试样色谱图

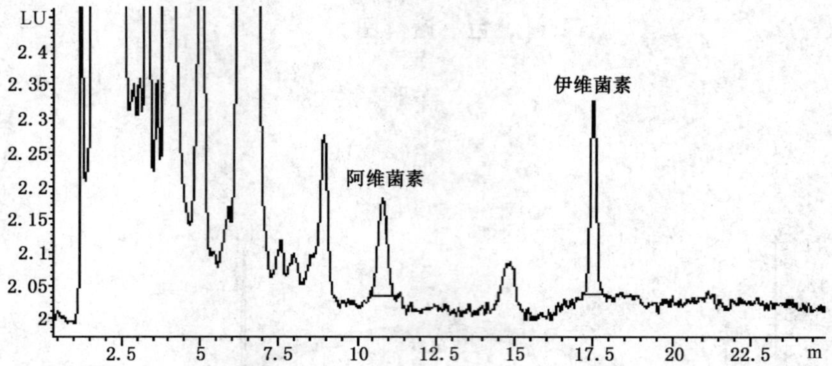

图 A.3　罗非鱼肌肉组织空白添加阿维菌素和伊维菌素试样色谱图(2 μg/kg)

中华人民共和国国家标准

GB 29696—2013

食品安全国家标准
牛奶中阿维菌素类药物多残留的测定
高效液相色谱法

2013-09-16 发布　　2014-01-01 实施

中华人民共和国农业部
中华人民共和国国家卫生和计划生育委员会　发布

食品安全国家标准

牛奶中阿维菌素类药物多残留的测定 高效液相色谱法

1 范围

本标准规定了牛奶中阿维菌素类药物残留量检测的制样和高效液相色谱测定方法。

本标准适用于牛奶中伊维菌素、阿维菌素、多拉菌素和埃普利诺菌素单个或多个药物残留量的检测。

2 规范性引用文件

下列文件对于本文件的应用是必不可少的。凡是注日期的引用文件，仅注日期的版本适用于本文件。凡是不注日期的引用文件，其最新版本(包括所有的修改单)适用于本文件。

GB/T 6682 分析实验室用水规格和试验方法

3 原理

试料中残留的阿维菌素类药物，用乙腈提取，C_{18}柱净化，三氟乙酸酐和 *N*-甲基咪唑衍生化，高效液相色谱-荧光法测定，外标法定量。

4 试剂和材料

以下所用试剂，除特别注明外均为分析纯试剂，水为符合 GB/T 6682 规定的一级水。

4.1 埃普利诺菌素、阿维菌素、伊维菌素标准品：含量≥98%；多拉菌素标准品：含量≥94.3%。

4.2 甲醇：色谱纯。

4.3 乙腈：色谱纯。

4.4 三氟乙酸酐。

4.5 三乙胺。

4.6 异辛烷。

4.7 *N*-甲基咪唑。

4.8 C_{18}固相萃取柱：500 mg/6 mL，或相当者。

4.9 洗涤液：取乙腈 30 mL、水 70 mL 和三乙胺 20 μL，混匀。

4.10 衍生化试剂 A 液：取 *N*-甲基咪唑 1 mL、乙腈 1 mL，混匀，现配现用。

4.11 衍生化试剂 B 液：取三氟乙酸酐 1 mL、乙腈 2 mL，混匀，现配现用。

4.12 200 μg/mL 阿维菌素类药物混合标准贮备液：精密称取埃普利诺菌素、阿维菌素、多拉菌素和伊维菌素标准品各 10 mg 于 50 mL 量瓶中，用乙腈溶解并稀释至刻度，配制成浓度为 200 μg/mL 的阿维菌素类药物混合标准贮备液。2 ℃～8 ℃以下保存，有效期 6 个月。

4.13 10 μg/mL 阿维菌素类药物混合标准工作液：精密量取 200 μg/mL 阿维菌素类药物混合标准贮备液 0.5 mL，于 10 mL 量瓶中，用乙腈溶解并稀释至刻度，配制成浓度为 10 μg/mL 的阿维菌素类药物标准工作液。2 ℃～8 ℃以下保存，有效期 6 个月。

5 仪器和设备

5.1 高效液相色谱仪：配荧光检测器。

5.2 分析天平：感量 0.000 01 g。

5.3 天平：感量 0.01 g。

5.4 涡旋混合仪。

5.5 离心机。

5.6 固相萃取装置。

5.7 氮吹仪。

5.8 微孔滤膜：0.45 μm。

6 试料的制备与保存

6.1 试料的制备

取适量新鲜或解冻的空白或供试牛奶，混合均匀。

——取均质后的供试样品，作为供试试料。

——取均质后的空白样品，作为空白试料。

——取均质后的空白样品，添加适宜浓度的标准工作，作为空白添加试料。

6.2 试料的保存

－20 ℃以下保存。

7 测定步骤

7.1 标准曲线的制备

精密量取 10 μg/mL 阿维菌素类药物混合标准贮备液适量，用乙腈稀释，配制成浓度为 2、5、10、50、100、500 和 1 000 ng/mL 的系列标准溶液，各取 1.0 mL 于 5 mL 试管中，于 60 ℃水浴氮气吹干，依次加衍生化试剂 A 液 100 μL 和衍生化试剂 B 液 150 μL，密闭，涡动 10 s，依次加冰醋酸和三乙胺各 50 μL，涡动 10 s，与样品溶液同步密闭反应 30 min，加 650 μL 甲醇混匀，供高效液相色谱测定。以测得峰面积为纵坐标，对应的标准溶液浓度为横坐标，绘制标准曲线。求回归方程和相关系数。

7.2 提取

称取试料 5 g±0.05 g 于 50 mL 离心管中，加乙腈 8 mL，涡动 1 min，4 500 r/ min 离心 10 min，取上清液。残渣中加乙腈 8 mL，重复提取一次，合并两次上清液，加水 20 mL、三乙胺 50 μL，混匀，备用。

7.3 净化

C_{18}柱依次用乙腈 5 mL 和洗涤液 5 mL 活化，取备用液过柱，自然流干，抽干 5 min，加异辛烷 3 mL

洗涤,抽干 5 min,乙腈 5 mL 洗脱,收集洗脱液于 10 mL 试管中,于 60 ℃水浴氮气吹干,备用。

7.4 衍生化

于备用试管中依次加衍生化试剂 A 液 100 μL、衍生化试剂 B 液 150 μL,密闭,涡动 10 s,依次加冰醋酸 50 μL 和三乙胺 50 μL,涡动 10 s,于室温密闭反应 30 min,加甲醇 650 μL 混匀。过滤,供高效液相色谱法测定。

7.5 测定

7.5.1 液相色谱参考条件

7.5.1.1 色谱柱:Symmetry C_{18}(250 mm×4.6 mm,粒径 5 μm),或相当者。
7.5.1.2 流动相:乙腈+水(90+10,体积比)。
7.5.1.3 流速:1 mL/min。
7.5.1.4 柱温:30 ℃。
7.5.1.5 激发波长:365 nm。
7.5.1.6 发射波长:475 nm。
7.5.1.7 进样量:20 μL。

7.5.2 测定法

取试样溶液和相应的标准溶液,作单点或多点校准,按外标法,以峰面积计算。标准溶液及试样溶液中阿维菌素类药物响应值应在仪器检测的线性范围之内。在上述色谱条件下,标准溶液和空白添加试样溶液的高效液相色谱图见附录 A。

7.6 空白试验

除不加试料外,采用完全相同的步骤进行平行操作。

8 结果计算和表述

试料中阿维菌素类药物的残留量(μg/kg)按式(1)计算:

$$X=\frac{c\times V}{m} \qquad \cdots\cdots(1)$$

式中:

X ——供试试料中相应的阿维菌素类药物的残留量,单位为微克每千克(μg/kg);
c ——试样溶液中相应的阿维菌素类药物的浓度,单位为微克每毫升(μg/mL);
V ——试样液总体积,单位为毫升(mL);
m ——供试试料质量,单位为克(g)。

注:计算结果需扣除空白值,测定结果用平行测定的算术平均值表示,保留三位有效数字。

9 检测方法灵敏度、准确度和精密度

9.1 灵敏度

本方法的检测限为 1 μg/kg,定量限为 2 μg/kg。

9.2 准确度

本方法在 2 μg/kg～100 μg/kg 添加浓度水平上的回收率为 70%～120%。

9.3 精密度

本方法的批内相对标准偏差≤15%,批间相对标准偏差≤20%。

附 录 A

色 谱 图

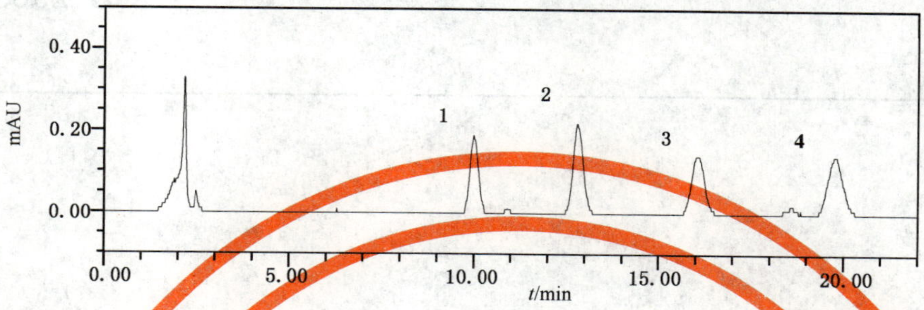

说明：

1——埃普利诺菌素；

2——阿维菌素；

3——多拉菌素；

4——伊维菌素。

a) 阿维菌素类药物标准溶液色谱图(10 ng/mL)

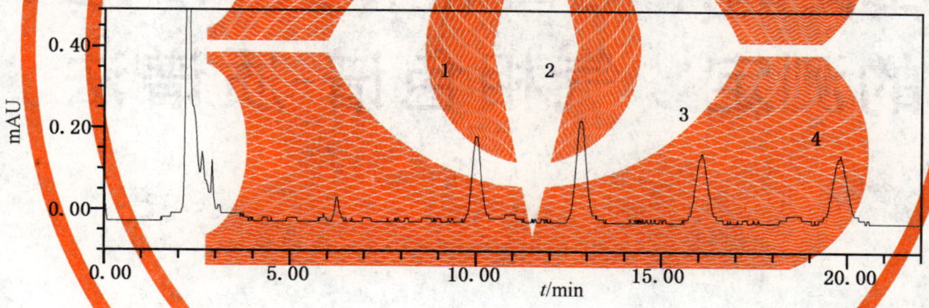

说明：

1——埃普利诺菌素；

2——阿维菌素；

3——多拉菌素；

4——伊维菌素。

b) 牛奶空白添加阿维菌素类药物试样色谱图(2 μg/kg)

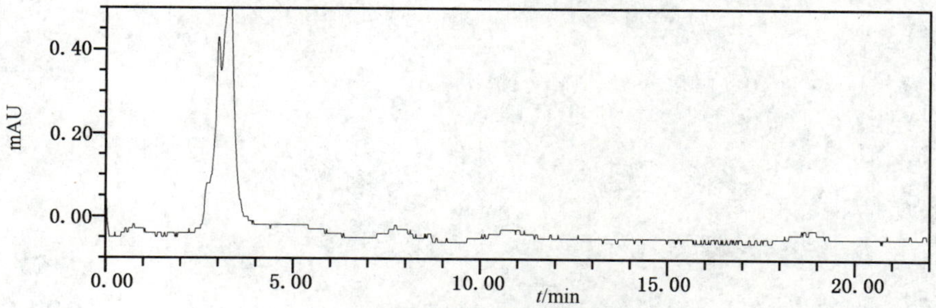

c) 牛奶空白试样色谱图

图 A.1 色谱图

中华人民共和国国家标准

GB 29697—2013

食品安全国家标准

动物性食品中地西泮和安眠酮多残留的测定　气相色谱-质谱法

2013-09-16 发布　　2014-01-01 实施

中华人民共和国农业部
中华人民共和国国家卫生和计划生育委员会　发布

食品安全国家标准

动物性食品中地西泮和安眠酮多残留的测定　气相色谱-质谱法

1　范围

本标准规定了动物性食品中地西泮和安眠酮残留量检测的制样和气相色谱-质谱测定方法。

本标准适用于猪的肌肉组织中地西泮和安眠酮残留量的检测。

2　规范性引用文件

下列文件对于本文件的应用是必不可少的。凡是注日期的引用文件，仅注日期的版本适用于本文件。凡是不注日期的引用文件，其最新版本(包括所有的修改单)适用于本文件。

GB/T 6682　分析实验室用水规格和试验方法

3　原理

试料中残留的地西泮和安眠酮，用乙腈提取，正己烷除脂，C_{18}柱净化，气相色谱-质谱测定，外标法定量。

4　试剂和材料

以下所用试剂，除特殊注明外均为分析纯试剂，水为符合 GB/T 6682 规定的一级水。

4.1　地西泮、安眠酮对照品：含量≥99.5%。

4.2　乙腈：色谱纯。

4.3　正己烷：色谱纯。

4.4　甲醇：色谱纯。

4.5　甲苯：色谱纯。

4.6　C_{18}固相萃取柱：500 mg/3 mL，或相当者。

4.7　50%甲醇水溶液：取甲醇 50 mL，用水溶解并稀释至 100 mL。

4.8　70%甲醇水溶液：取甲醇 70 mL，用水溶解并稀释至 100 mL。

4.9　200 μg/mL 地西泮和安眠酮标准贮备液：精密称取地西泮和安眠酮标准品各 10 mg，分别于 50 mL 量瓶中，用甲醇溶解并稀释至刻度，配制成浓度为 200 μg/mL 地西泮和安眠酮标准贮备液。－20 ℃以下保存，有效期 6 个月。

4.10　50 μg/mL 混合标准贮备液：精密量取 200 μg/mL 地西泮标准贮备液和 200 μg/mL 安眠酮标准贮备液各 25 mL，于 100 mL 量瓶中，用甲醇稀释至刻度，配制成浓度为 50 μg/mL 混合标准贮备液。－20 ℃ 以下保存，有效期 6 个月。

4.11　10 μg/mL 混合标准贮备液：精密量取 50 μg/mL 混合标准贮备液 10 mL，于 50 mL 量瓶中，用甲醇稀释至刻度，配制成浓度为 10 μg/mL 的混合标准贮备液。－20 ℃以下保存，有效期 6 个月。

5 仪器和设备

5.1 气相色谱-质谱联用仪：配电子轰击离子源(EI)。
5.2 分析天平：感量为 0.000 01 g。
5.3 天平：感量为 0.01 g。
5.4 涡旋振荡器。
5.5 离心机。
5.6 均质机。
5.7 旋转蒸发仪。
5.8 氮吹仪。
5.9 固相萃取装置。
5.10 超声波清洗器。
5.11 鸡心瓶：50 mL。

6 试料的制备与保存

6.1 试料的制备

取适量新鲜或解冻的空白或供试组织，绞碎，并使均质。

——取均质后的供试样品，作为供试试料。

——取均质后的空白样品，作为空白试料。

——取均质后的空白样品，添加适宜浓度的标准工作液，作为空白添加试料。

6.2 样品的保存

−20 ℃以下保存。

7 测定步骤

7.1 提取

称取试料 2 g±0.02 g，于离心管中，加乙腈 20 mL，水浴超声 5 min。4 000 r/min 离心 10 min，取上清液于鸡心瓶中。于 50 ℃旋蒸至近 5 mL，加正己烷 7.5 mL，混匀静置，弃上层液。取下层液，于 50 ℃ 氮气吹至 1 mL，加水 4 mL，混匀备用。

7.2 净化

C_{18}柱依次用甲醇 3 mL 和水 3 mL 活化，取备用液过柱，用 50%甲醇水溶液 3 mL 洗涤，用 70%甲醇水溶液 3 mL 洗脱，收集洗脱液，于 50 ℃氮气吹干，用乙腈 200 μL 溶解残余物，供气相色谱-质谱测定。

7.3 标准曲线的制备

精密量取 10 μg/mL 混合标准工作液适量，用甲醇稀释，配制成浓度为 1、10、50、100、500 和 1 000 ng/mL 的系列标准溶液，供气相色谱法-质谱测定。以测得峰面积为纵坐标，对应的标准溶液浓度为横坐标，绘制标准曲线。求回归方程和相关系数。

7.4 测定

7.4.1 气相色谱参考条件

7.4.1.1 气相色谱柱:DB-5MS柱(30 m×0.25 mm,粒径0.25 μm),或相当者。

7.4.1.2 载气:氦气。

7.4.1.3 载气流速:0.9 mL/min。

7.4.1.4 进样口温度:290 ℃。

7.4.1.5 柱温:初始温度150 ℃,保持1 min,10 ℃/min程序升温至290 ℃,保持4 min。

7.4.1.6 进样量:1 μL,恒流模式,不分流。

7.4.2 质谱参考条件

7.4.2.1 电子轰击离子源(EI)。

7.4.2.2 电子轰击能:70 eV。

7.4.2.3 离子源温度:230 ℃。

7.4.2.4 四极杆温度:150 ℃。

7.4.2.5 溶剂延迟:9 min。

7.4.2.6 检测模式:选择离子检测。

7.4.2.7 定性离子:地西泮为 m/z283,m/z256,m/z241,m/z221;安眠酮为 m/z250,m/z235,m/z217,m/z91。

7.4.2.8 定量离子:地西泮为 m/z256;安眠酮为 m/z235。

7.4.3 测定法

7.4.3.1 定性测定

根据试样溶液中药物的含量,选择峰面积相近的标准工作液和试样溶液等体积参插进样。通过气相色谱保留时间与质谱选择离子共同定性。试样溶液中待测药物与标准物质的保留时间相对偏差不大于1%,而且其选择离子的相对丰度的差异不大于20%。地西泮和安眠酮的标准溶液、空白试样和空白添加试样选择离子色谱图见附录A。

7.4.3.2 定量测定

分别取适量试样溶液和相应浓度的标准工作液,作单点校准或多点校准,以色谱峰面积定量。标准溶液及试样溶液中地西泮和安眠酮响应值均应在仪器检测的线性范围内,试样溶液进样过程中应参插标准工作液。

7.5 空白试验

除不加试料外,采用完全相同的步骤进行平行操作。

8 结果计算和表述

供试试料中地西泮和安眠酮的残留量按式(1)计算:

$$X=\frac{A_i \times c_S \times 5 \times V}{A_S \times m} \qquad \cdots\cdots(1)$$

式中：

X ——供试试料中相应的地西泮和安眠酮残留量，单位为微克每千克(μg/kg)；

A_i ——试样溶液中相应的地西泮和安眠酮色谱峰面积；

A_S ——标准溶液中相应的地西泮和安眠酮色谱峰面积；

c_S ——标准溶液中相应的地西泮和安眠酮浓度，单位为纳克每毫升(ng/mL)；

V ——试样溶液体积，单位为毫升(mL)；

m ——供试试料质量，单位为克(g)。

注：计算结果需扣除空白值，测定结果用平行测定的算术平均值表示，保留三位有效数字。

9 检测方法灵敏度、准确度和精密度

9.1 灵敏度

本方法的检测限为 0.5 μg/kg，定量限为 1 μg/kg。

9.2 准确度

本方法在 1 μg/kg～50 μg/kg 添加浓度水平上的回收率为 70%～120%。

9.3 精密度

本方法的批内相对标准偏差≤15%，批间相对标准偏差≤20%。

附 录 A
色 谱 图

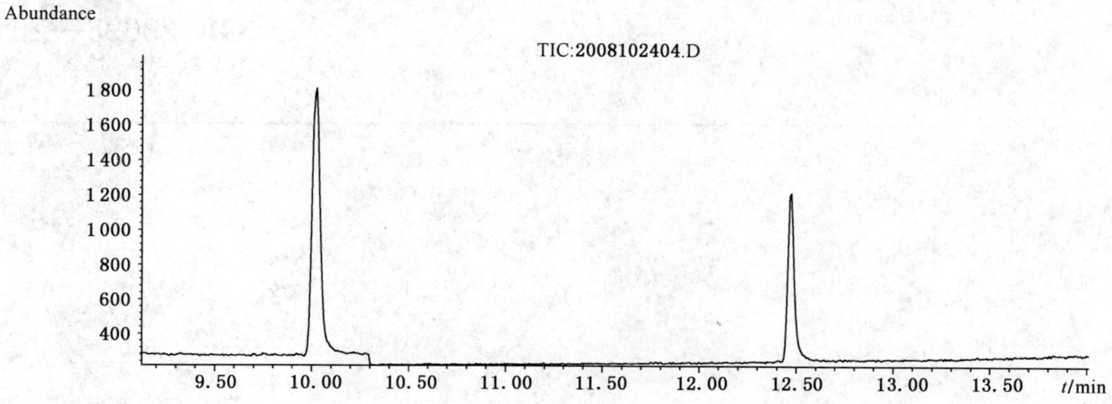

图 A.1 地西泮和安眠酮标准溶液选择离子色谱图(10 μg/L)

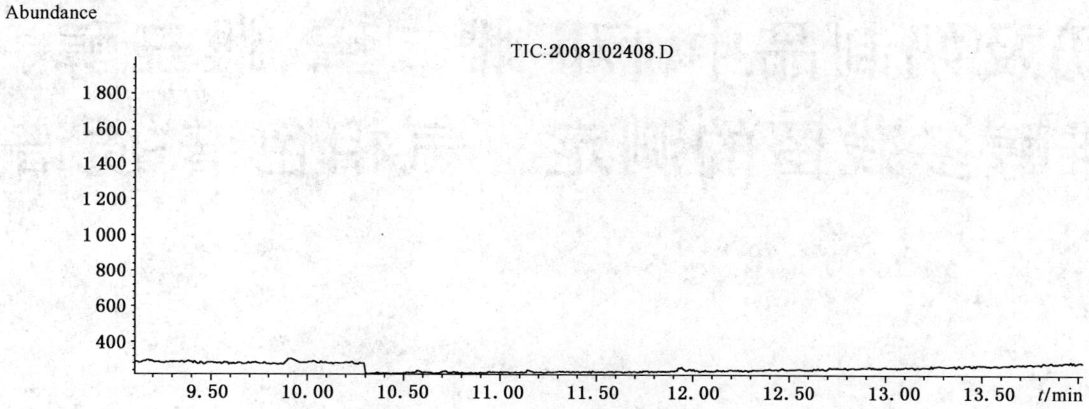

图 A.2 猪肌肉组织空白试样选择离子色谱图

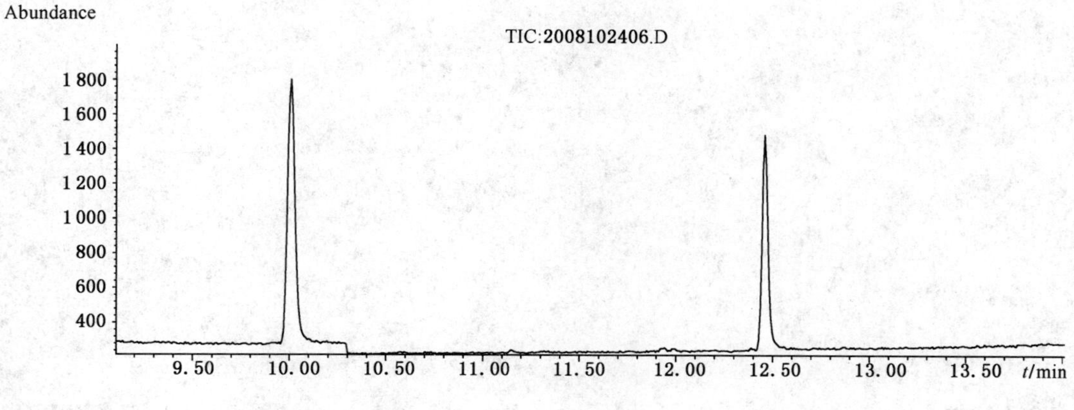

图 A.3 猪肌肉组织空白添加地西泮、安眠酮试样选择离子色谱图(1 μg/kg)

中华人民共和国国家标准

GB 29698—2013

食品安全国家标准

奶及奶制品中 17β-雌二醇、雌三醇、炔雌醇多残留的测定 气相色谱-质谱法

2013-09-16 发布　　　　2014-01-01 实施

中华人民共和国农业部
中华人民共和国国家卫生和计划生育委员会　发布

食品安全国家标准

奶及奶制品中17β-雌二醇、雌三醇、炔雌醇多残留的测定 气相色谱-质谱法

1 范围

本标准规定了奶及奶制品中雌激素类药物残留量检测的制样和气相色谱-质谱测定方法。

本标准适用于鲜奶和奶粉样品中17β-雌二醇、雌三醇、炔雌醇单个或多个药物残留量的检测。

2 规范性引用文件

下列文件对于本文件的应用是必不可少的。凡是注日期的引用文件，仅注日期的版本适用于本文件。凡是不注日期的引用文件，其最新版本(包括所有的修改单)适用于本文件。

GB/T 6682 分析实验室用水规格和试验方法

3 原理

试料中残留的雌激素，用乙酸乙酯和乙腈混合溶剂提取，固相萃取柱净化，硅烷化试剂衍生，离子模式气相色谱-质谱测定，外标法定量。

4 试剂和材料

以下所用试剂，除特殊注明外均为分析纯试剂，水为符合GB/T 6682规定的一级水。

4.1 17β-雌二醇、雌三醇、炔雌醇：含量≥98.0%。

4.2 二硫赤藓糖醇。

4.3 *N*-甲基三甲基硅基三氟乙酰氨 。

4.4 三甲基硅烷。

4.5 乙腈。

4.6 乙酸乙酯。

4.7 甲醇。

4.8 甲苯。

4.9 正己烷。

4.10 盐酸。

4.11 氢氧化钠。

4.12 C_{18}固相萃取柱：LC-C_{18}，500 mg/3 mL，或相当者。

4.13 硅胶固相萃取柱：LC-Si，500 mg/3 mL，或相当者。

4.14 95%正己烷乙酸乙酯溶液：取正己烷95 mL，用乙酸乙酯溶解并稀释至100 mL。

4.15 70%正己烷乙酸乙酯溶液：取正己烷70 mL，用乙酸乙酯溶解并稀释至100 mL。

4.16 1 mol/L氢氧化钠溶液：取氢氧化钠40 g，用水溶解并稀释至1 000 mL。

4.17 5 mol/L 盐酸溶液:取浓盐酸 48 mL,用水溶解并稀释至 100 mL。

4.18 衍生化试剂:取二硫赤藓糖醇 0.01 g,用 *N*-甲基三甲基硅基三氟乙酰氨(MSTFA)5 mL 溶解,于液面下加三甲基硅烷 10 μL,混匀,2 ℃～8 ℃放置过夜,避光防潮密封保存。衍生化试剂应无色,如果发生棕红色等颜色变化,表明试剂失效。

4.19 1 mg/mL 17β-雌二醇、雌三醇、炔雌醇标准贮备液:精确称取 17β-雌二醇、雌三醇、炔雌醇标准品各 10 mg,分别于 10 mL 量瓶中,用甲醇溶解并稀释至刻度,配成浓度为 1 mg/mL 的标准贮备液。−20 ℃ 以下保存,有效期 6 个月。

4.20 10 mg/L 17β-雌二醇、雌三醇、炔雌醇混合标准工作液:精密量取 1 mg/mL 17β-雌二醇、雌三醇和炔雌醇标准贮备液各 1.0 mL,于 100 mL 量瓶中,用甲醇稀释至刻度,配制成浓度为 10 mg/L 的混合标准工作液,2 ℃～8 ℃保存,有效期 1 个月。

5 仪器和设备

5.1 气相色谱-质谱联用仪:EI 源。

5.2 分析天平:感量 0.000 01 g。

5.3 天平:感量 0.01 g。

5.4 氮吹仪。

5.5 固相萃取装置。

5.6 均质器。

5.7 旋涡混合器。

5.8 离心机。

5.9 烘箱。

5.10 pH 计。

5.11 旋转浓缩仪。

5.12 滤膜:0.22 μm。

6 试样制备与保存

6.1 试料的制备

取适量新鲜或冷藏的空白或供试样品,混合,并使均质。

——取均质后的供试样品,作为供试试料。

——取均质后的空白样品,作为空白试料。

——取均质后的空白样品,添加适宜浓度的标准工作液,作为空白添加试料。

6.2 试料的保存

2 ℃～8 ℃保存。

7 测定步骤

7.1 标准工作曲线制备

精密量取 10 mg/L 混合标准工作液适量,用甲醇稀释,配制成浓度为 10、50、100、200、500 和 1 000 μg/L 系列标准工作液,于 40 ℃水浴氮气吹干,按衍生化步骤处理,供气相色谱法-质谱测定。以测得峰面积为纵坐标，对应的标准溶液浓度为横坐标，绘制标准曲线。求回归方程和相关系数。

7.2 提取

7.2.1 液态试料

称取试料 10 g±0.05 g，于 50 mL 离心管中，加乙腈 5 mL、乙酸乙酯 15 mL，旋涡振荡 3 min，8 000 r/min 离心 5 min，收集上清液于另一 50 mL 离心管中，残渣重复提取一次，合并两次上清液，于 40 ℃水浴旋转蒸发至近干，用 1 mol/L 氢氧化钠溶液 6 mL 分三次溶解，转至另一 50 mL 离心管中，加正己烷 20 mL 旋涡振荡 1 min，8 000 r/min 离心 3 min，收集下层提取液，用 5 mol/L 盐酸溶液调 pH 至 5.0～5.2，备用。

7.2.2 固态试料

称取试料 10 g±0.05 g，于 50 mL 离心管中，加乙酸乙酯 15 mL，旋涡振荡 3 min，8 000 r/min 离心 5 min，收集上清液于另一 50 mL 离心管中，残渣重复提取一次，合并两次上清液，40 ℃水浴旋转蒸发至近干，用 1 mol/L 氢氧化钠溶液 6 mL 分三次溶解，转至另一 50 mL 离心管中，加正己烷 20 mL 旋涡振荡 1 min，8 000 r/min 离心 3 min，收集下层提取液，用 5 mol/L 盐酸溶液调 pH 至 5.0～5.2，备用。

7.3 净化

C_{18}柱依次用甲醇 5 mL 和水 5 mL 活化，取备用液过柱，用水 5 mL 淋洗，抽干，用甲醇 5 mL 洗脱，收集洗脱液，于 40 ℃水浴氮气吹干。用 95%正己烷乙酸乙酯溶液 5 mL 溶解残余物，过经正己烷 5 mL 活化后的硅胶柱，加正己烷 5 mL 淋洗，抽干，再用 70%正己烷乙酸乙酯溶液 5 mL 洗脱，收集洗脱液，于 40 ℃水浴氮气吹干。

7.4 衍生化

残余物加甲苯和衍生化试剂各 100 μL 溶解，混匀，封口，在 80℃烘箱中衍生 60 min，冷却，供气相色谱-质谱测定。

7.5 测定

7.5.1 色谱条件

7.5.1.1 色谱柱 HP-5 MS 石英毛细管色谱柱(30 m×0.25 mm，膜厚 0.25 μm)，或相当者。

7.5.1.2 载气为高纯氦气，恒流 1.0 mL/min。

7.5.1.3 进样口温度 220 ℃。

7.5.1.4 进样体积：1 μL，不分流。

7.5.1.5 色谱柱起始温度 100 ℃(保持 1 min)，以 20 ℃/min 的升温速率升至 200 ℃(保持 3 min)，再以 20 ℃/min 的升温速率升至 260 ℃(保持 5 min)，再以 20 ℃/min 的升温速率升至 280 ℃(保持 5 min)。

7.5.2 质谱条件

7.5.2.1 离子源(EI)温度：200 ℃。

7.5.2.2 EM 电压：高于调谐电压 200 V。

7.5.2.3 电子能量：70 eV。

7.5.2.4 GC/MS 传输线温度：280 ℃。

7.5.2.5 四极杆温度：160 ℃。

7.5.2.6 选择离子监测(SIM)：(m/z)232，285，326，416(17β-雌二醇)；311，345，414，504(雌三醇)；285，

300,425,440(炔雌醇)。

7.5.3 测定法

7.5.3.1 定性测定

通过试样色谱图的保留时间与相应标准品的保留时间、各色谱峰的特征离子与相应浓度标准溶液各色谱峰的特征离子相对照定性。试样与标准品保留时间的相对偏差不大于5%;试样特征离子的相对丰度与浓度相当混合标准溶液的相对丰度一致,相对丰度偏差不超过表1的规定,则可判断试样中存在相应的被测物。

表1 定性确诊时相对离子丰度的最大允许误差 %

相对丰度	>50	20～50	10～20	≤10
允许偏差	±10	±15	±20	±50

7.5.3.2 定量测定

取适量试样溶液和相应的标准溶液,做单点或多点校准,按外标法,以峰面积定量,标准溶液及试样液中17β-雌二醇、雌三醇和炔雌醇的响应值均应在仪器检测的线性范围之内。在上述色谱条件下,标准溶液、空白试样和空白添加试样的色谱图及质谱图见附录A。

7.6 空白试验

除不加试样外,采用完全相同的测定步骤进行平行操作。

8 结果计算和表述

试料中17β-雌二醇、雌三醇、炔雌醇的残留量按式(1)计算。

$$X=\frac{A\times c_S\times V}{A_S\times m} \qquad \cdots\cdots\cdots\cdots(1)$$

式中:

X ——供试试料中相应的17β-雌二醇、雌三醇、炔雌醇残留量,单位为微克每千克(μg/kg);

A ——试样中相应的17β-雌二醇、雌三醇和炔雌醇的峰面积;

c_S ——标准溶液中相应的17β-雌二醇、雌三醇和炔雌醇浓度,单位为微克每升(μg/L);

V ——溶解残余物体积,单位为毫升(mL);

A_S ——标准溶液中相应的17β-雌二醇、雌三醇和炔雌醇的峰面积;

m ——供试试料质量,单位为克(g)。

注:计算结果需扣除空白值,测定结果用平行测定的算术平均值表示,保留三位有效数字。

9 检测方法灵敏度、准确度和精密度

9.1 灵敏度

本方法检测限为0.5 μg/kg,定量限为1.0 μg/kg。

9.2 准确度

本方法在1 μg/kg～10 μg/kg添加浓度水平上的回收率为60%～120%。

9.3 精密度

本方法的批内相对标准偏差≤15%，批间相对标准偏差≤20%。

附 录 A
色 谱 图

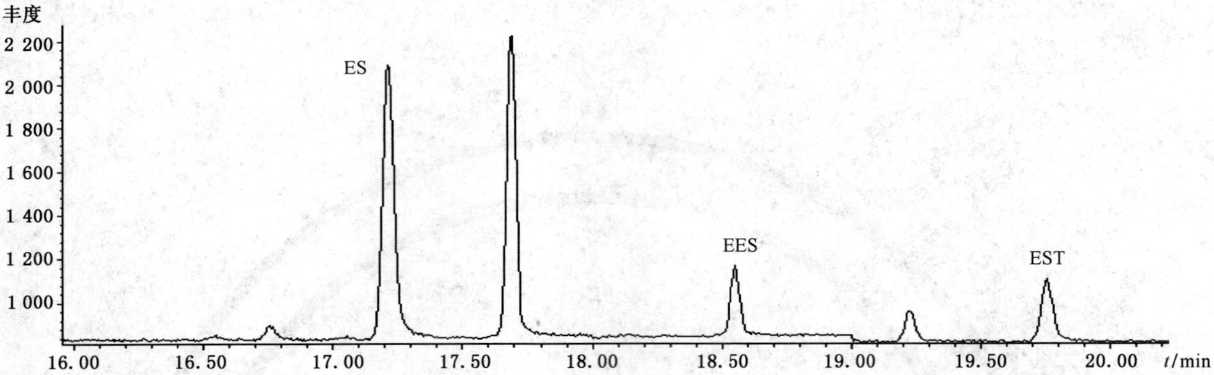

说明：

ES——17β-雌二醇衍生物；

EES——炔雌醇衍生物；

EST——雌三醇衍生物。

图 A.1 17β-雌二醇、炔雌醇、雌三醇标准溶液色谱图(100 μg/L)

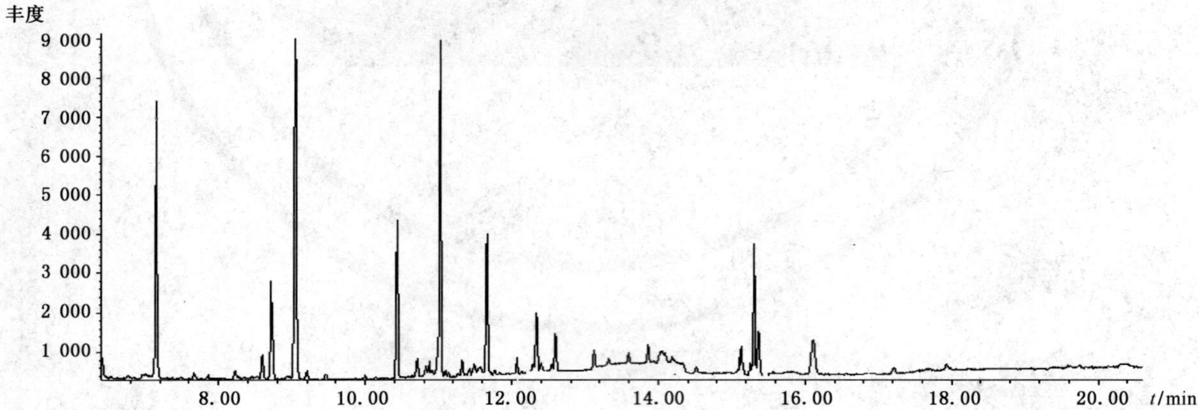

图 A.2 牛奶空白试样色谱图

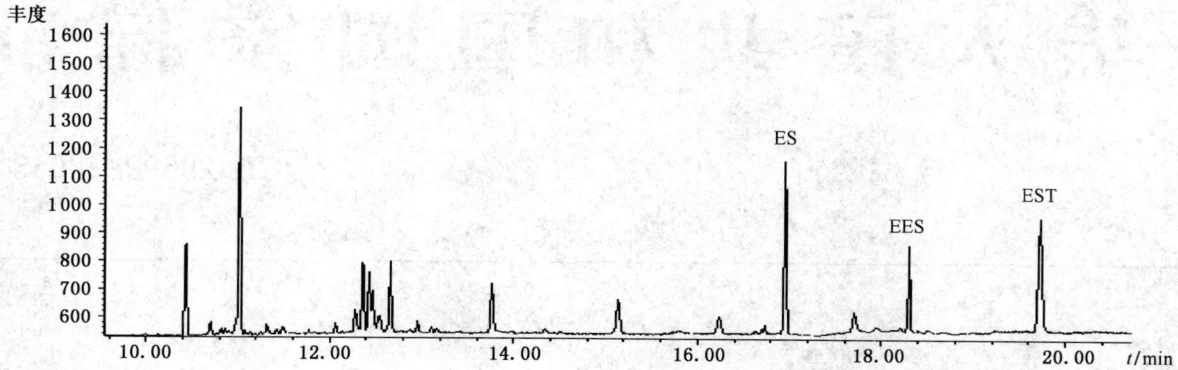

说明：

ES——17β-雌二醇衍生物；

EES——炔雌醇衍生物；

EST——雌三醇衍生物。

图 A.3 牛奶空白添加 17β-雌二醇、炔雌醇和雌三醇试样色谱图(1 μg/kg)

中华人民共和国国家标准

GB 29699—2013

食品安全国家标准
鸡肌肉组织中氯羟吡啶残留量的测定
气相色谱-质谱法

2013-09-16 发布　　2014-01-01 实施

中华人民共和国农业部
中华人民共和国国家卫生和计划生育委员会　发布

食品安全国家标准

鸡肌肉组织中氯羟吡啶残留量的测定 气相色谱-质谱法

1 范围

本标准规定了鸡肌肉组织中氯羟吡啶残留量检测的制样和气相色谱-质谱测定方法。

本标准适用于鸡肌肉组织中氯羟吡啶残留量的测定。

2 规范性引用文件

下列文件对于本文件的应用是必不可少的。凡是注日期的引用文件，仅注日期的版本适用于本文件。凡是不注日期的引用文件，其最新版本（包括所有的修改单）适用于本文件。

GB/T 6682　分析实验室用水规格和试验方法

3 原理

试料中残留的氯羟吡啶，用乙腈提取，碱性氧化铝柱净化，*N*,*O*-双三甲基硅基三氟乙酰胺与三甲基氯硅烷衍生，气相色谱-质谱测定，外标法定量。

4 试剂与材料

以下所用试剂，除特殊注明外均为分析纯试剂，水为符合 GB/T 6682 规定的一级水。

4.1　氯羟吡啶对照品：含量≥99%。

4.2　无水硫酸钠：使用前在马弗炉内 500 ℃煅烧 5 h，冷却后，过 100 目筛，备用。

4.3　碱性氧化铝：使用前在马弗炉内 300 ℃煅烧 3 h，冷却后按每 100 g 加水 5 mL，混匀，干燥器中过夜，备用。

4.4　*N*,*O*-双三甲基硅基三氟乙酰胺。

4.5　三甲基氯硅烷。

4.6　乙腈。

4.7　甲苯：色谱纯。

4.8　氦气：纯度≥99.999%。

4.9　衍生剂：取 *N*,*O*-双三甲基硅基三氟乙酰胺 99 mL，加三甲基氯硅烷 1 mL，混匀。

4.10　氧化铝层析柱：氧化铝柱用 30 mm × 15 mm 具塞玻璃层析柱，下配 G_3 砂芯板，先装入适量的乙腈，然后装填 1 cm 高的无水硫酸钠，中间装 4 cm 高的碱性氧化铝，顶端再装 1 cm 高的硫酸钠，轻轻敲实填匀，备用。

4.11　100 μg/mL 氯羟吡啶标准贮备液：精密称取氯羟吡啶对照品 10 mg，于 100 mL 量瓶中，用甲醇溶解并稀释至刻度，配制成浓度为 100 μg/mL 的氯羟吡啶标准贮备液。－20 ℃以下保存，有效期6 个月。

4.12　1 μg/mL 氯羟吡啶标准工作液：精密量取 100 μg/mL 氯羟吡啶标准贮备液 1.0 mL，于 100 mL

容量瓶中，用甲醇稀释至刻度，配制成浓度为 1 μg/mL 的氯羟吡啶标准工作液，2 ℃～8 ℃保存，有效期 1 周。

5 仪器与设备

5.1 气相色谱-质谱联用仪：配电子轰击离子源(EI)。

5.2 分析天平：感量 0.000 01 g。

5.3 天平：感量 0.01 g。

5.4 高速冷冻离心机。

5.5 旋转蒸发仪。

5.6 摇床。

5.7 聚丙烯离心管：50 mL。

6 试料的制备与保存

6.1 试料的制备

取适量新鲜或解冻的空白或供试组织，绞碎，并使均质。

——取均质后的供试样品，作为供试试料。

——取均质后的空白样品，作为空白试料。

——取均质后的空白样品，添加适宜浓度的标准工作液，作为空白添加试料。

6.2 样品的保存

－20 ℃以下保存。

7 测定步骤

7.1 基质匹配标准曲线的制备

精密量取 1 μg/mL 氯羟吡啶标准工作液适量，分别添加至经提取、净化步骤处理的 6 份空白试料洗脱液中，经衍生处理，制得浓度为 5、10、20、100、250 和 500 μg/L 的系列基质匹配标准溶液，供气相色谱法-质谱测定。以测得峰面积为纵坐标，对应的标准溶液浓度为横坐标，绘制标准曲线。求回归方程和相关系数。

7.2 提取

称取试料 5 g±0.05 g，于 50 mL 聚丙烯离心管中，加乙腈 10 mL，均质 1 min，振荡 20 min。4 ℃，6 000 r/min 离心 10 min，取上清液，残渣用乙腈 10 mL 重复提取一次。合并两次上清液，加异丙醇 5 mL，于 50 ℃旋转蒸发至近干。用乙腈 5 mL 溶解残余物，备用。

7.3 净化

碱性氧化铝层析柱用乙腈 15 mL 活化，取备用液过柱，自然流干，加乙腈 10 mL 洗脱，收集洗脱液，与 50 ℃用氮气吹干。

7.4 衍生

加甲苯 100 μL 溶解残余物，加衍生剂 100 μL，密封，80 ℃衍生反应 1 h。冷却，加甲苯 800 μL，供气相色谱-质谱测定。

7.5 测定

7.5.1 气相色谱条件

7.5.1.1 色谱柱：苯基甲基聚硅氧烷弹性石英毛细管柱(30 m×0.25 mm，膜厚 0.25 μm)，或相当者。

7.5.1.2 流量：0.8 mL/min。

7.5.1.3 程序升温：100 ℃保持 1 min，以 30 ℃/min 的速率升温至 200 ℃，再以 5 ℃/min 升温至 205 ℃，保温 1 min，然后以 30 ℃/min 升温至 280 ℃，保持 1 min。

7.5.1.4 接口温度：280 ℃。

7.5.1.5 进样口温度：220 ℃。

7.5.1.6 进样方式：不分流进样。

7.5.1.7 进样量：1 μL。

7.5.2 质谱条件

7.5.2.1 电离方式：电子轰击电离(EI)。

7.5.2.2 离子源温度：230 ℃。

7.5.2.3 扫描方式：选择离子监测，定性离子 *m/z* 212、214、248 和 263，定量离子 *m/z* 248。

7.5.3 测定法

7.5.3.1 定性测定

样品与标准品峰保留时间差不大于 2 s。

至少检测 4 个特征离子，即 212，214，248，263，其中：

选择离子 248 是基峰；

选择离子 214，263 的相对强度(与基峰的比例)不超过标准相应选择离子相对强度平均值的 30%；

选择离子 212 的相对强度(与基峰的比例)不超过标准相应选择离子相对强度平均值的 25%。

氯羟吡啶三甲基硅醚衍生物质谱图和提取离子流色谱图，鸡肉添加氯羟吡啶及鸡肉空白组织提取离子流色谱图见附录 A。

7.5.3.2 定量测定

取试料溶液和空白基质标准溶液等体积参插进样测定，以基峰(*m/z* 248)的峰面积(峰高)作单点或多点校准，外标法定量。试料溶液及空白基质标准溶液中氯羟吡啶的响应值应在仪器检测的线性范围内。

7.6 空白试验

除不加试料外，采用完全相同的步骤进行平行操作。

8 结果计算与表述

试料中氯羟吡啶的残留量(μg/kg)按式(1)计算：

$$X=\frac{A\times c_{S}\times V}{A_{S}\times m} \quad \cdots\cdots\cdots\cdots\cdots(1)$$

式中：

X ——试料中氯羟吡啶的浓度，单位为微克每千克（μg/kg）；

A ——试样中氯羟吡啶的峰面积；

A_S——标准溶液中氯羟吡啶的峰面积；

c_S ——标准溶液中氯羟吡啶的浓度，单位为微克每升（μg/L）；

V ——最终试样体积，单位为毫升（mL）；

m ——供试试料质量，单位为克（g）。

注：计算结果需扣除空白值，测定结果用平行测定的算术平均值表示，保留三位有效数字。

9 检测方法灵敏度、准确度和精密度

9.1 灵敏度

本方法的检测限为 1 μg/kg，定量限为 5 μg/kg。

9.2 准确度

本方法在 5 μg/kg～100 μg/kg 添加浓度水平上的回收率为 60%～120%。

9.3 精密度

本方法的批内相对标准偏差≤20%，批间相对标准偏差≤20%。

附　录　A

色谱图

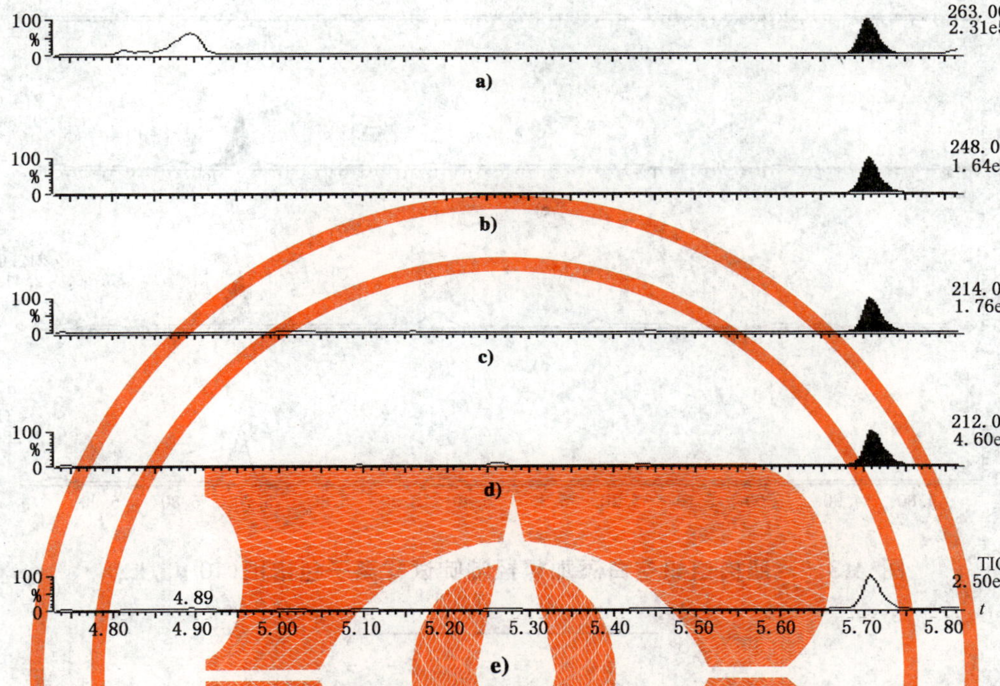

图 A.1　氯羟吡啶标准溶液离子色谱图(10 ng/mL)

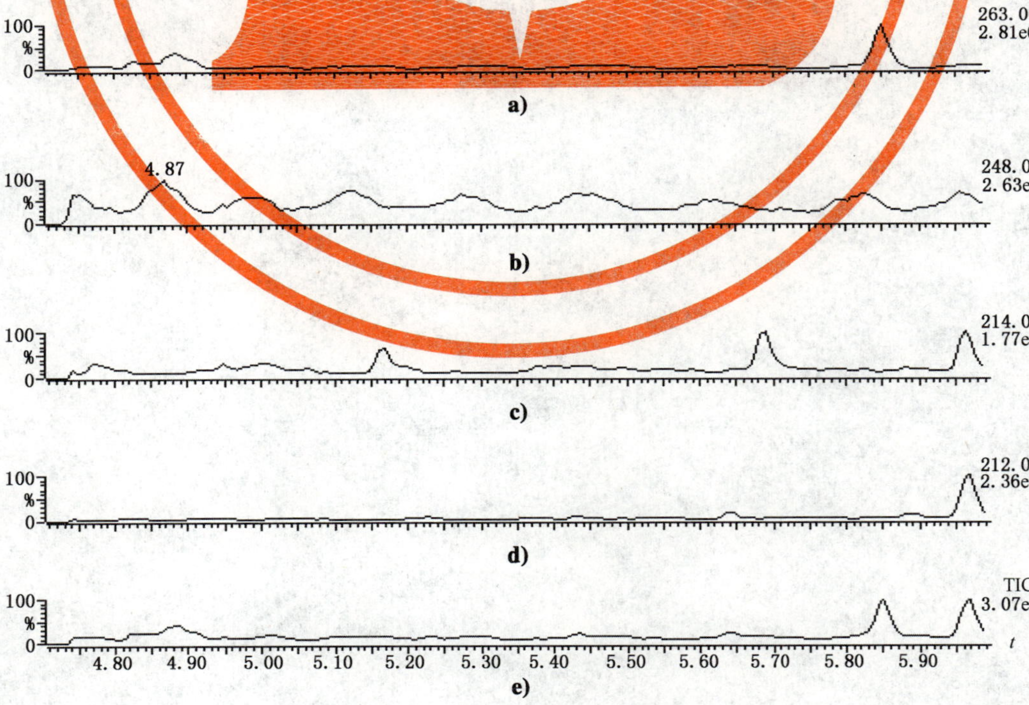

图 A.2　鸡肌肉组织空白试样离子色谱图

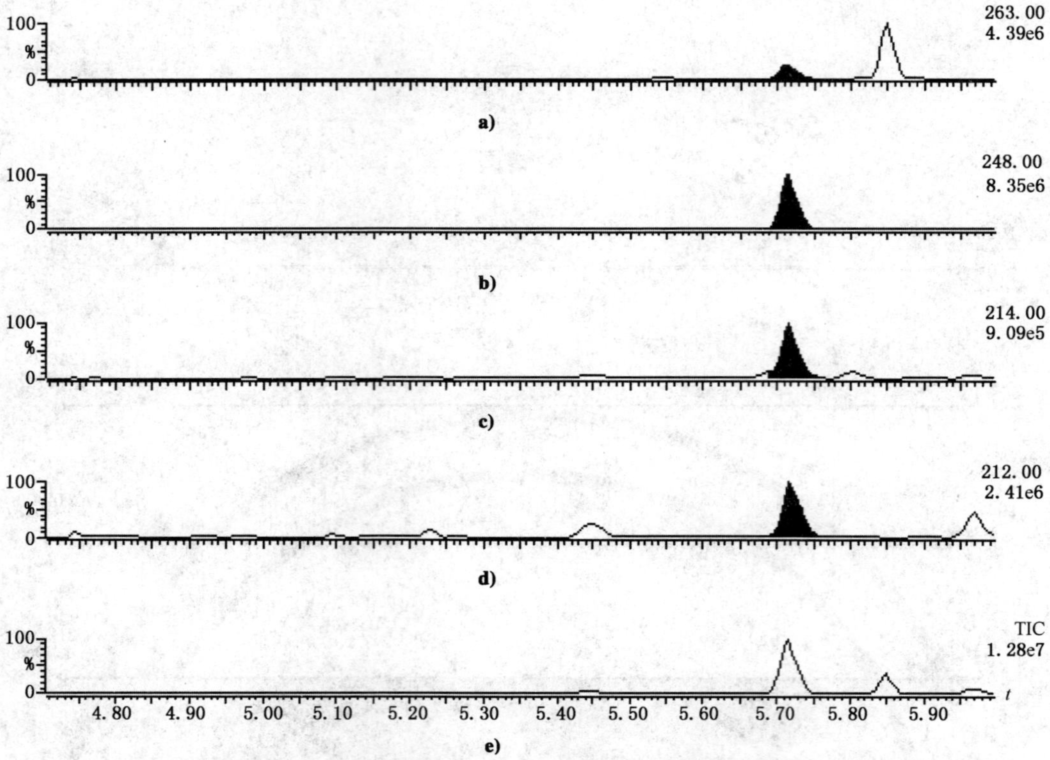

图 A.3 鸡肌肉组织空白添加氯羟吡啶试样离子色谱图(10 μg/kg)

中华人民共和国国家标准

GB 29700—2013

食品安全国家标准
牛奶中氯羟吡啶残留量的测定 气相色谱-质谱法

2013-09-16 发布　　2014-01-01 实施

中华人民共和国农业部
中华人民共和国国家卫生和计划生育委员会　发布

食品安全国家标准

牛奶中氯羟吡啶残留量的测定
气相色谱-质谱法

1 范围

本标准规定了牛奶中氯羟吡啶残留量检测的制样和气相色谱-质谱的测定方法。

本标准适用于牛奶中氯羟吡啶残留量的检测。

2 规范性引用文件

下列文件对于本文件的应用是必不可少的。凡是注日期的引用文件，仅注日期的版本适用于本文件。凡是不注日期的引用文件，其最新版本(包括所有的修改单)适用于本文件。

GB/T 6682 分析实验室用水规格和试验方法

3 原理

试料中残留的氯羟吡啶，用乙腈提取，碱性氧化铝柱净化，*N*,*O*-双三甲基硅基三氟乙酰胺与三甲基氯硅烷衍生，气相色谱-质谱测定，外标法定量。

4 试剂与材料

以下所用试剂，除特殊注明外均为分析纯试剂，水为符合GB/T 6682规定的一级水。

4.1 氯羟吡啶对照品：含量≥99%。

4.2 无水硫酸钠：使用前在马弗炉内500 ℃煅烧5 h，冷却后，过100目筛，备用。

4.3 碱性氧化铝：使用前在马弗炉内300 ℃煅烧3 h，冷却后按每100 g加水5 mL，混匀，干燥器中过夜，备用。

4.4 *N*,*O*-双三甲基硅基三氟乙酰胺。

4.5 三甲基氯硅烷。

4.6 乙腈。

4.7 甲苯：色谱纯。

4.8 氦气：纯度≥99.999%。

4.9 衍生剂：取*N*,*O*-双三甲基硅基三氟乙酰胺99 mL，加三甲基氯硅烷1 mL，混匀。

4.10 氧化铝层析柱：氧化铝柱用30 mm × 15 mm具塞玻璃层析柱，下配G_3砂芯板，先装入适量的乙腈，然后装填1 cm高的无水硫酸钠，中间装4 cm高的碱性氧化铝，顶端再装1 cm高的硫酸钠，轻轻敲实填匀，备用。

4.11 100 μg/mL氯羟吡啶标准贮备液：精明称取氯羟吡啶对照品适量，于100 mL量瓶中，用甲醇溶解并稀释至刻度，配制成浓度为100 μg/mL的氯羟吡啶标准贮备液。−20 ℃以下保存，有效期6个月。

4.12 1 μg/mL 氯羟吡啶标准工作液：精密量取 100 μg/mL 氯羟吡啶标准贮备液 1.0 mL，于 100 mL 量瓶中，用甲醇稀释至刻度，配制成浓度为 1 μg/mL 的氯羟吡啶标准工作液，2 ℃～8 ℃保存，有效期 1 周。

5 仪器与设备

5.1 气相色谱-质谱联用仪：配电子轰击离子源(EI)。

5.2 分析天平：感量 0.000 01 g。

5.3 天平：感量 0.01 g。

5.4 高速冷冻离心机。

5.5 旋转蒸发仪。

5.6 摇床。

5.7 聚丙烯离心管：50 mL。

6 试料的制备与保存

6.1 试料的制备

取适量新鲜或冷藏的空白或供试牛奶，混合均匀。

——取均质后的供试样品，作为供试试料。

——取均质后的空白样品，作为空白试料。

——取均质后的空白样品，添加适宜浓度的标准工作液，作为空白添加试料。

6.2 试料的保存

－20 ℃以下保存。

7 测定步骤

7.1 基质匹配标准曲线的制备

精密量取 1 μg/mL 氯羟吡啶标准工作液适量，分别添加至经提取、净化步骤处理的 6 份空白试料洗脱液中，经衍生处理，制得浓度分别为 5、10、20、100、250 和 500 μg/L 的系列基质匹配标准溶液，供气相色谱法-质谱测定。以测得峰面积为纵坐标，对应的标准溶液浓度为横坐标，绘制标准曲线。求回归方程和相关系数。

7.2 提取

称取试料 2 g±0.02 g，于 50 mL 聚丙烯离心管中，加乙腈 5 mL 振荡 30 min。于 4℃ 6 000 r/min 离心 10 min，取上清液，残渣中加乙腈 5 mL，重复提取一次。合并两次上清液，加异丙醇 2 mL，于 50℃旋转蒸发至近干，用乙腈 5 mL 溶解残余物，备用。

7.3 净化

碱性氧化铝柱用乙腈 15 mL 活化，取备用液过柱，自然流干，加乙腈 10 mL 洗脱，收集洗脱液，于 50 ℃氮气吹干。

7.4 衍生

用甲苯 100 μL 溶解残余物，加衍生剂 100 μL，密封，80℃衍生反应 1 h。冷却，加甲苯 800 μL，供气相色谱-质谱测定。

7.5 测定

7.5.1 气相色谱条件

7.5.1.1 色谱柱：苯基甲基聚硅氧烷弹性石英毛细管柱(30 m×0.25 mm×0.25 μm)，或相当者。
7.5.1.2 流量：0.7 mL/min。
7.5.1.3 程序升温：90 ℃保持 1 min，以 30 ℃/min 的速率升温至 200 ℃，再以 5 ℃/min 升温至205 ℃，保持 1 min，然后以 30 ℃/min 升温至 280 ℃，保持 1 min。
7.5.1.4 接口温度：280 ℃。
7.5.1.5 进样口温度：210 ℃。
7.5.1.6 进样方式：不分流进样。
7.5.1.7 进样量：1 μL。

7.5.2 质谱条件

7.5.2.1 电离方式：电子轰击电离(EI)。
7.5.2.2 离子源温度：230 ℃。
7.5.2.3 扫描方式：选择离子监测，定性离子 m/z 212、214、248 和 263，定量离子 m/z 248。

7.5.3 测定法

7.5.3.1 定性测定

样品与标准品峰保留时间差不大于 2 s。

至少检测 4 个特征离子，即 212，214，248 和 263，其中：

选择离子 248 是基峰；

选择离子 214，263 的相对强度(与基峰的比例)不超过标准相应选择离子相对强度平均值的 30％；

选择离子 212 的相对强度(与基峰的比例)不超过标准相应选择离子相对强度平均值的 25％。

氯羟吡啶三甲基硅醚衍生物质谱图和提取离子流色谱图，牛奶添加氯羟吡啶及牛奶空白提取离子流色谱图见附录 A。

7.5.3.2 定量测定

取试料溶液和空白基质标准溶液等体积参插进样测定，以基峰(m/z 248)的峰面积(峰高)作单点或多点校准，外标法定量。试料溶液及空白基质标准溶液中氯羟吡啶的响应值应在仪器检测的线性范围内。

7.6 空白试验

除不加试料外，采用完全相同的步骤进行平行操作。

8 结果计算与表述

试料中氯羟吡啶的残留量(μg/kg)按式(1)计算：

$$X=\frac{A\times c_S\times V}{A_S\times m}\qquad\cdots\cdots(1)$$

式中：

X——供试试料中氯羟吡啶的含量，单位为微克每千克(μg/kg)；

A——试样溶液中氯羟吡啶的峰面积；

c_S——空白基质标准工作液中氯羟吡啶的质量浓度，单位为微克每升(μg/L)；

V——最终试样体积，单位为毫升(mL)；

A_S——空白基质标准工作液中氯羟吡啶的峰面积；

m——供试试料质量，单位为克(g)。

注：计算结果需扣除空白值，测定结果用平行测定的算术平均值表示，保留三位有效数字。

9 检测方法灵敏度、准确度和精密度

9.1 灵敏度

本方法的检测限为 2 μg/kg，定量限为 5 μg/kg。

9.2 准确度

本方法在 5 μg/kg～100 μg/kg 添加浓度水平上的回收率为 60%～110%。

9.3 精密度

本方法的批内相对标准偏差≤20%，批间相对标准偏差≤20%。

附 录 A
色谱图

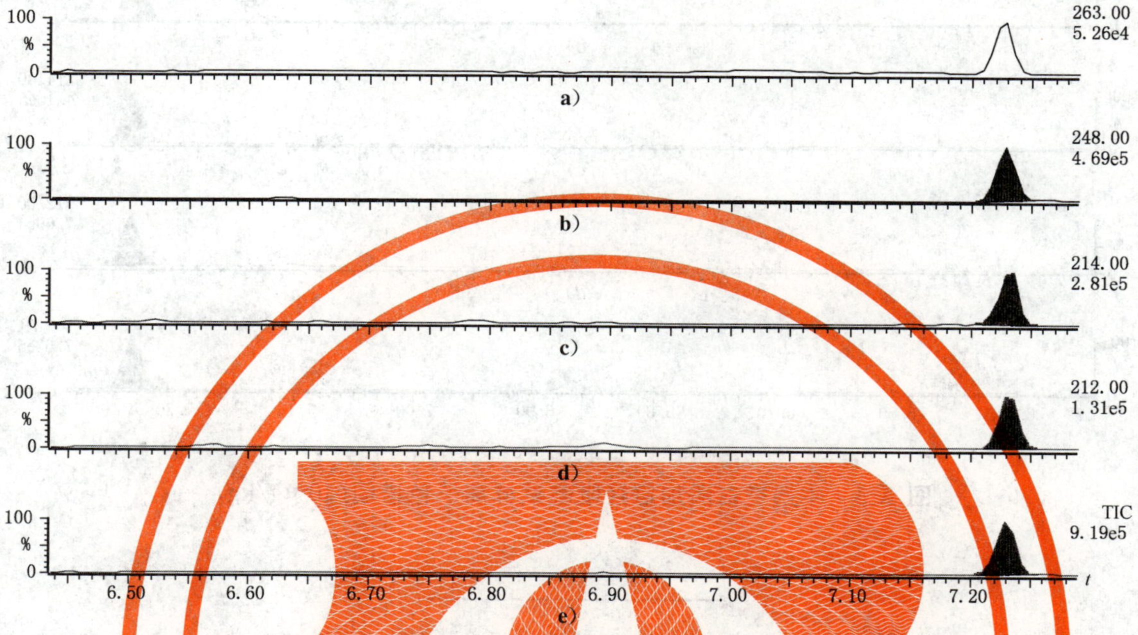

图 A.1 氯羟吡啶标准溶液离子色谱图(20 ng/mL)

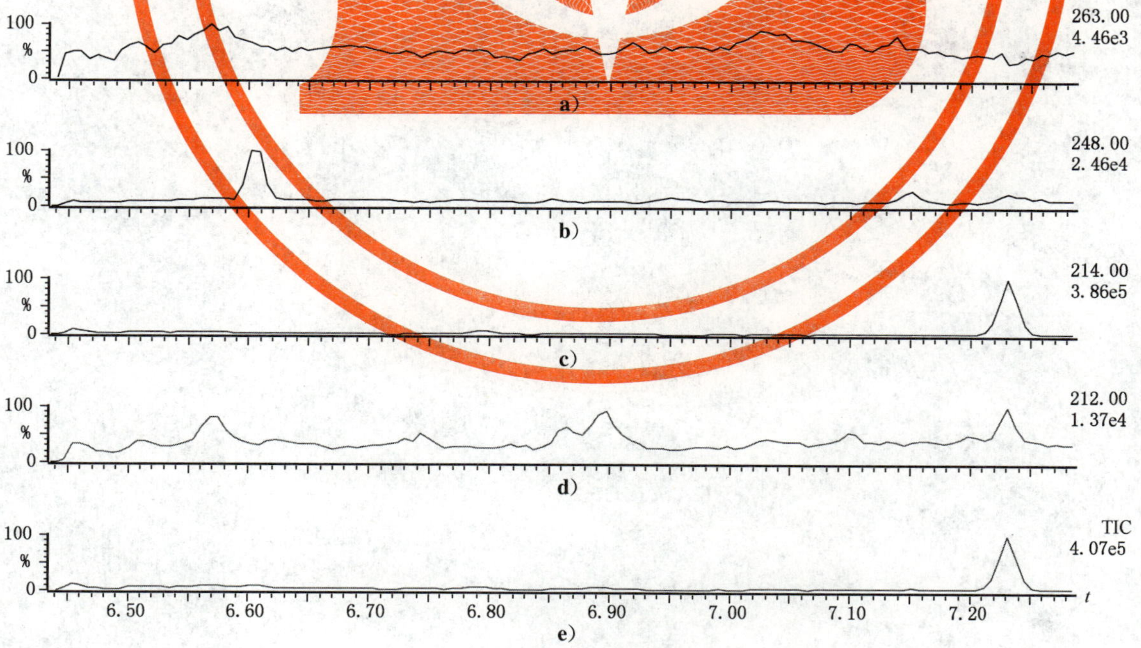

图 A.2 牛奶空白试样离子色谱图

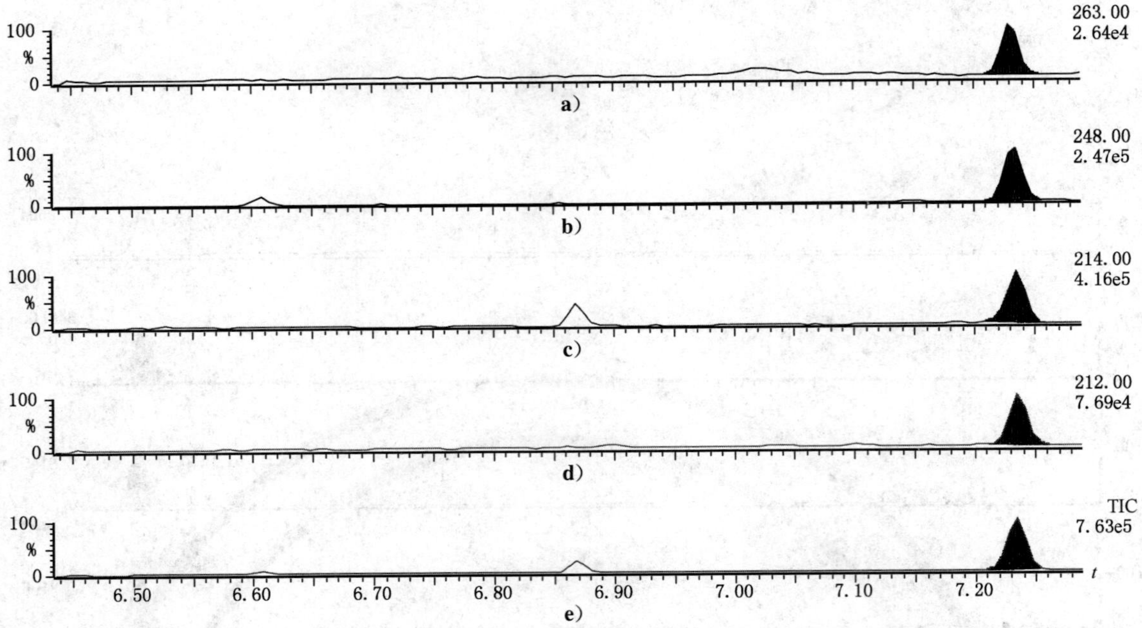

图 A.3　牛奶空白添加氯羟吡啶试样离子色谱图(10 μg/kg)

中华人民共和国国家标准

GB 29701—2013

食品安全国家标准
鸡可食性组织中地克珠利残留量的测定
高效液相色谱法

2013-09-16 发布　　2014-01-01 实施

中华人民共和国农业部
中华人民共和国国家卫生和计划生育委员会　发布

食品安全国家标准
鸡可食性组织中地克珠利残留量的测定 高效液相色谱法

1 范围

本标准规定了鸡可食性组织中地克珠利残留量检测的制样和高效液相色谱测定方法。

本标准适用于鸡的肌肉、肝脏和肾脏中地克珠利残留量的检测。

2 规范性引用文件

下列文件对于本文件的应用是必不可少的。凡是注日期的引用文件，仅注日期的版本适用于本文件。凡是不注日期的引用文件，其最新版本(包括所有的修改单)适用于本文件。

GB/T 6682 分析实验室用水规格和试验方法

3 原理

试料中残留的地克珠利，用乙腈提取，正己烷除脂，减压浓缩干，反相高效液相色谱-紫外测定，外标法定量。

4 试剂与材料

以下所用试剂，除特殊注明者外，均为分析纯试剂；水为符合 GB/T 6682 规定的一级水。

4.1 地克珠利对照品：含量≥99%。

4.2 磷酸。

4.3 正己烷。

4.4 *N*，*N*-二甲基甲酰胺。

4.5 甲醇：色谱纯。

4.6 乙腈：色谱纯。

4.7 0.2%磷酸溶液：取磷酸 2.34 mL，用水溶解并稀释至 1 000 mL。

4.8 1 mg/mL 地克珠利标准贮备液：精密称取地克珠利对照品 10 mg，于 10mL 量瓶中，用 *N*，*N*-二甲基甲酰胺溶解并稀释至刻度，配制成浓度为 1 mg/mL 的地克珠利标准贮备液。−20 ℃以下保存，有效期 6 个月。

4.9 10 μg/mL 地克珠利标准工作液：准确量取 1 mg/mL 地克珠利标准贮备液 1.0 mL，于 100 mL 量瓶中，用 *N*，*N*-二甲基甲酰胺稀释至刻度，配制成浓度为 10 μg/mL 的地克珠利标准工作液，−20 ℃以下保存，有效期 3 个月。

5 仪器与设备

5.1 高效液相色谱仪：配紫外检测器。

5.2　分析天平：感量 0.000 01 g。

5.3　天平：感量 0.01 g。

5.4　旋转蒸发仪 。

5.5　均质机。

5.6　高速离心机。

5.7　聚丙烯离心管：50 mL。

5.8　茄形瓶：50 mL。

6　试料的制备与保存

6.1　试料的制备

取适量新鲜或解冻的空白或供试组织，绞碎，并使均质。

——取均质后的供试样品，作为供试试料。

——取均质后的空白样品，作为空白试料。

——取均质后的空白样品，添加适宜浓度的标准工作液，作为空白添加试料。

6.2　样品的保存

－20 ℃以下保存。

7　测定步骤

7.1　基质匹配标准曲线的制备

精密量取地克珠利标准工作液适量，分别添加到 6 份空白试料中，制得浓度为 100、250、500、1 000、2 500 和 5 000 μg/kg 的系列基质匹配标准溶液，按提取步骤操作，供高效液相色谱法测定。以测得峰面积为纵坐标，对应的标准溶液浓度为横坐标，绘制标准曲线。求回归方程和相关系数。

7.2　提取

称取试料 2 g±0.02 g，于 50 mL 聚丙烯离心管中，加乙腈 10 mL，均质 1 min，振摇 15 min，6 000 r/min离心 10 min，收集乙腈提取液于 50 mL 茄形瓶中，残渣再重复提取一次，合并两次提取液，正己烷 5 mL，弃正己烷层液，加正丙醇 5 mL，于 50 ℃减压蒸干，用流动相 1.0 mL 溶解残余物，15 000 r/min离心 10 min，取上清液，供高效液相色谱仪测定。

7.3　测定

7.3.1　高效液相色谱条件

7.3.1.1　色谱柱：C_{18}(250 mm × 4.6 mm，粒径 5 μm)，或相当者。

7.3.1.2　流动相：乙腈＋0.2％磷酸(57＋43，体积比)。

7.3.1.3　流速：1 mL/min。

7.3.1.4　波长：278 nm。

7.3.1.5　柱温：30 ℃。

7.3.1.6　进样：进样量 20 μL。

7.3.2 测定法

取试样溶液和相应的标准溶液，作单点或多点校准，按外标法，以峰面积计算。标准溶液及试样溶液地克珠利响应值应在仪器检测的线性范围之内。在上述色谱条件下，标准溶液和空白添加试样溶液的高效液相色谱图见附录A。

7.4 空白实验

除不加试料外，采用完全相同的步骤进行平行操作。

8 结果计算与表述

试料中地克珠利残留量(μg/kg)按式(1)计算：

$$X=\frac{A\times c_S\times V}{A_S\times m} \quad \cdots\cdots(1)$$

式中：

X ——供试试料中地克珠利的残留量，单位为微克每千克(μg/kg)；

A ——试样中地克珠利的峰面积；

c_S ——标准溶液中地克珠利的浓度，单位为微克每升(μg/L)；

V ——最终试样体积，单位为毫升(mL)；

A_S ——标准溶液中地克珠利的峰面积；

m ——供试试料质量，单位为克(g)。

注：计算结果需扣除空白值，测定结果用平行测定的算术平均值表示，保留三位有效数字。

9 检测方法灵敏度、准确度和精密度

9.1 灵敏度

本方法的检测限为50 μg/kg，定量限为250 μg/kg。

9.2 准确度

本方法在250 μg/kg～2 500 μg/kg添加浓度水平上的回收率范围为70%～120%。

9.3 精密度

本方法的批内相对标准偏差≤20%，批间相对标准偏差≤20%。

附 录 A
色 谱 图

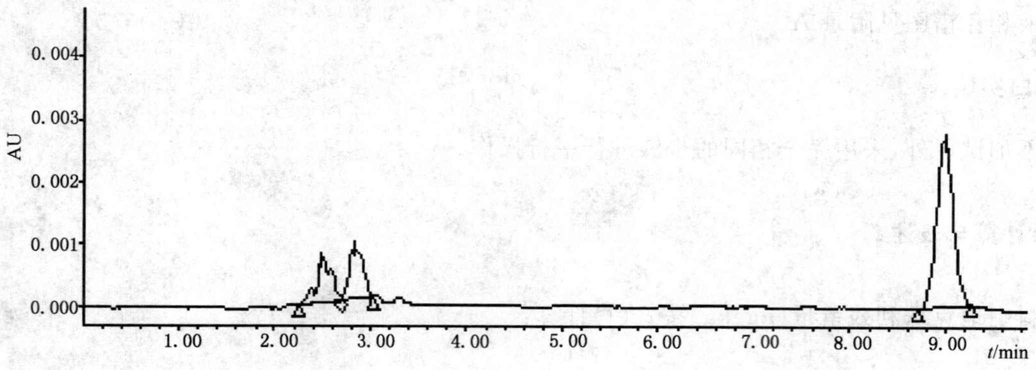

图 A.1 地克珠利标准溶液色谱图(100 μg/L)

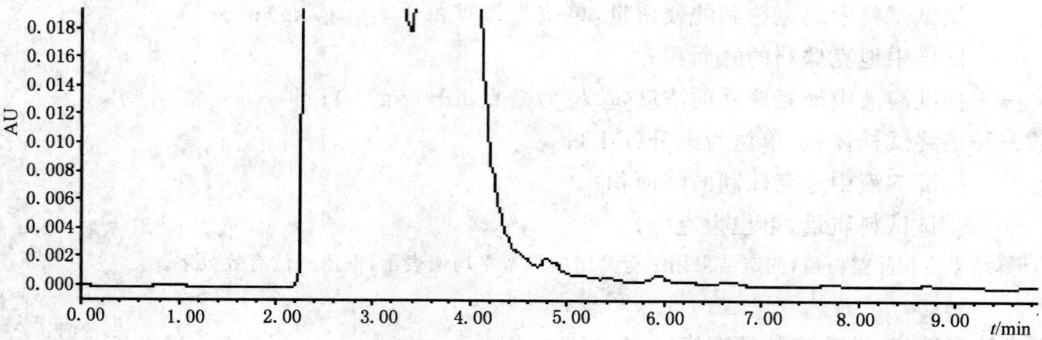

图 A.2 鸡肌肉组织空白试样色谱图

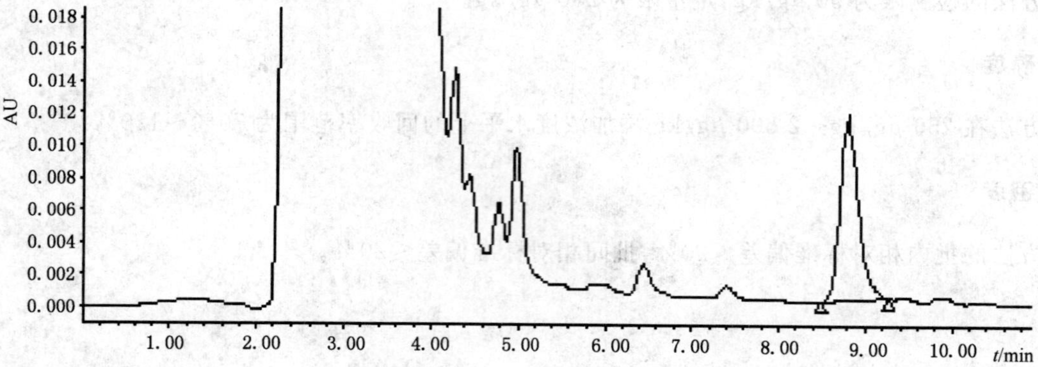

图 A.3 鸡肌肉组织空白添加地克珠利试样色谱图(250 μg/kg)

中华人民共和国国家标准

GB 29702—2013

食品安全国家标准
水产品中甲氧苄啶残留量的测定
高效液相色谱法

2013-09-16 发布　　　　　　　　　　　　　　　　　　2014-01-01 实施

中　华　人　民　共　和　国　农　业　部
中华人民共和国国家卫生和计划生育委员会　发布

食品安全国家标准

水产品中甲氧苄啶残留量的测定 高效液相色谱法

1 范围

本标准规定了水产品中甲氧苄啶残留量的制样和高效液相色谱测定方法。

本标准适用于鱼(包括鳗鲡)、虾、蟹和龟鳖可食组织中甲氧苄啶残留量的检测。

2 规范性引用文件

下列文件对于本文件的应用是必不可少的。凡是注日期的引用文件,仅注日期的版本适用于本文件。凡是不注日期的引用文件,其最新版本(包括所有的修改单)适用于本文件。

GB/T 6682 分析实验室用水规格和试验方法

SC/T 3016 水产品抽样方法

3 原理

试料中残留的甲氧苄啶,用三氯甲烷和酸性甲醇溶液提取,二氯甲烷反萃取,MCX 固相萃取柱净化,高效液相色谱-紫外测定,外标法定量。

4 试剂和材料

以下所用的试剂,除特别注明外均为分析纯试剂;水为符合 GB/T 6682 规定的一级水。

4.1 甲氧苄啶标准品:含量≥98%。

4.2 三氯甲烷:色谱纯。

4.3 甲醇:色谱纯。

4.4 高氯酸:优级纯。

4.5 硫酸:优级纯。

4.6 二氯甲烷:色谱纯。

4.7 氢氧化钠:优级纯。

4.8 乙酸:优级纯。

4.9 氨水。

4.10 MCX 阳离子固相萃取柱:60 mg/3 mL,或相当者。

4.11 0.5 %高氯酸溶液:取高氯酸 5 mL,用水溶解并稀释至 1 000 mL。

4.12 0.1 moL/L 硫酸溶液:取硫酸 5.4 mL,用水溶解并稀释至 1 000 mL。

4.13 2 moL/L 氢氧化钾:取氢氧化钾 112.2 g,用水溶解并稀释至 1 000 mL。

4.14 5 %乙酸溶液:取乙酸 50 mL,用水溶解并稀释至 1 000 mL。

4.15 5 %氨水甲醇溶液:取氨水 5 mL,用甲醇溶解并稀释 100 mL。

4.16 100 μg/mL 甲氧苄啶标准贮备液：精密称取甲氧苄啶标准品 10 mg，于 100 mL 量瓶中，用甲醇溶解并稀释至刻度，配制成浓度为 100 μg/mL 的甲氧苄啶标准贮备液。−4 ℃以下避光保存，有效期 3 个月。

4.17 10 μg/mL 甲氧苄啶标准工作液：精密量取甲氧苄啶标准贮备液 1.0 mL，于 10 mL 量瓶中，用甲醇稀释至刻度，配制成浓度为 10 μg/mL 的甲氧苄啶标准工作液。−4 ℃以下避光保存，有效期 3 个月。

5 仪器

5.1 高效液相色谱仪：配紫外检测器。
5.2 分析天平：感量 0.000 01 g。
5.3 天平：感量 0.01 g。
5.4 均质机。
5.5 旋涡混合器。
5.6 离心机。
5.7 旋转蒸发器。
5.8 固相萃取装置。
5.9 茄形瓶。
5.10 具塞离心管：50 mL。
5.11 分液漏斗：150 mL。
5.12 滤膜：0.45 μm。

6 试料的制备与保存

6.1 试料的制备

取适量新鲜或解冻的空白或供试组织，绞碎，并使均质。

——取均质后的供试样品，作为供试试料。

——取均质后的空白样品，作为空白试料。

——取均质后的空白样品，添加适宜浓度的标准工作液，作为空白添加试料。

6.2 试料的保存

−18 ℃以下保存。

7 测定步骤

7.1 提取

称取试料 5 g±0.05 g，于 50 mL 具塞离心管中，加三氯甲烷 15 mL、甲醇 14 mL、0.1 mol/L 硫酸溶液 6 mL，旋涡混合 2 min，4 000 r/min 离心 3 min，取上清液于 150 mL 分液漏斗中。残渣中加甲醇 14 mL和 0.1 mol/L 硫酸溶液 6 mL，重复提取一次，合并两次上清液于分液漏斗中，加 2 mol/L 氢氧化钾溶液 2 mL、二氯甲烷 30 mL，振摇 2 min，静置分层，取下层液于茄形瓶中，分液漏斗中加二氯甲烷 30 mL重复提取一次，合并两次下层液，于 40 ℃旋转蒸发至近干，用 5%乙酸溶液 6 mL 溶解残余物，备用。

7.2 净化

MCX 阳离子交换柱依次用甲醇 6 mL 和 5%乙酸溶液 6 mL 活化，取备用液过柱，用 5%乙酸溶液 6 mL和甲醇 6 mL 淋洗，用氨水甲醇溶液 15 mL 洗脱，于 40 ℃旋转蒸发至近干，用流动相 1.0 mL 溶解残余物，滤膜过滤，供高效液相色谱测定。

7.3 标准曲线的制备

精密量取甲氧苄啶标准工作液适量，用流动相稀释，配制成浓度为 50、200、500、1 000、2 000、5 000 μg/L系列标准溶液，供高效液相色谱测定。以测得峰面积为纵坐标，对应的标准溶液浓度为横坐标，绘制标准曲线。求回归方程和相关系数。

7.4 测定

7.4.1 色谱条件

7.4.1.1 色谱柱：ZORBAX-C_{18}柱(250 mm×4.6 mm，粒径 5 μm)，或相当者。

7.4.1.2 流动相：甲醇+0.5 %高氯酸溶液(30+70，体积比)。

7.4.1.3 流速：1.0 mL/min。

7.4.1.4 柱温：35 ℃。

7.4.1.5 进样量：20 μL。

7.4.1.6 检测波长：230 nm。

7.4.2 测定法

取试样溶液和相应的标准溶液，作单点或多点校准，按外标法，以峰面积计算。标准溶液及试样溶液中甲氧苄啶响应值应在仪器检测的线性范围之内。在上述色谱条件下，标准溶液和空白添加试样溶液的高效液相色谱图见附录 A。

7.5 空白试验

除不加试料外，采用完全相同的步骤进行平行操作。

8 结果计算

试料中甲氧苄啶的残留量(μg/kg)按式(1)计算：

$$X=\frac{c\times V}{m} \qquad \cdots\cdots(1)$$

式中：

X——供试试料中甲氧苄啶的残留量，单位为微克每千克(μg/kg)；

c——试样溶液中甲氧苄啶的浓度，单位为微克每毫升(μg/mL)；

V——溶解残余物体积，单位为毫升(mL)；

m——供试试料质量，单位为克(g)。

注：计算结果需扣除空白值，测定结果用平行测定的算术平均值表示，保留三位有效数字。

9 方法灵敏度、准确度和精密度

9.1 灵敏度

本方法的定量限为 20 μg/kg。

9.2 准确度

本方法在 20 μg/kg～1 000 μg/kg 添加浓度水平上的回收率为 70％～110％。

9.3 方法精密度

本方法批内相对标准偏差≤15％，批间相对标准偏差≤15％。

附 录 A
色 谱 图

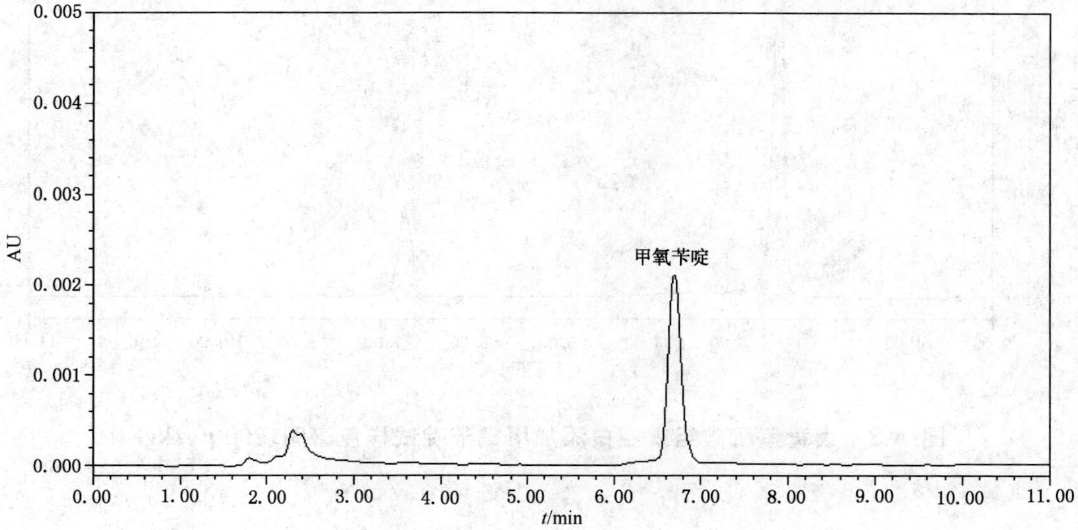

图 A.1 甲氧苄啶标准溶液色谱图(200 μg/kg)

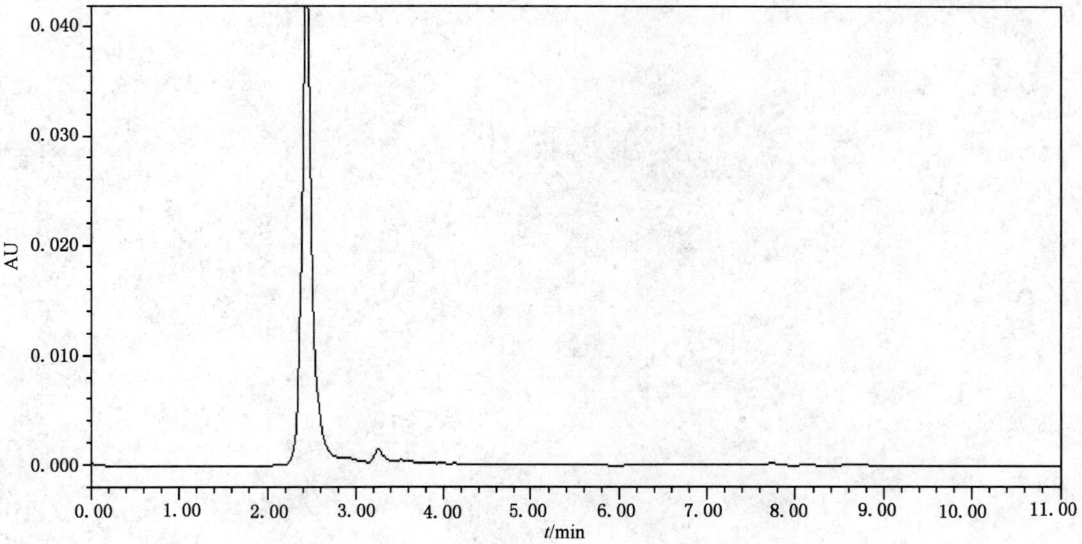

图 A.2 大黄鱼肌肉组织空白试样色谱图

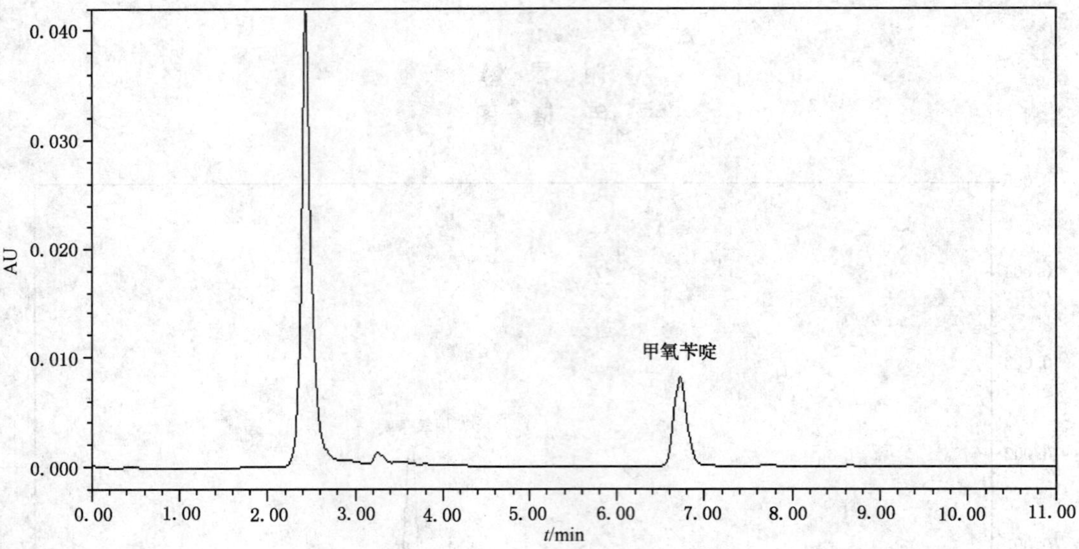

图 A.3　大黄鱼肌肉组织空白添加甲氧苄啶试样色谱图(200 μg/kg)

中华人民共和国国家标准

GB 29703—2013

食品安全国家标准

动物性食品中呋喃苯烯酸钠残留量的测定 液相色谱-串联质谱法

2013-09-16 发布

2014-01-01 实施

中华人民共和国农业部
中华人民共和国国家卫生和计划生育委员会 发布

食品安全国家标准

动物性食品中呋喃苯烯酸钠残留量的测定 液相色谱-串联质谱法

1 范围

本标准规定了动物性食品中呋喃苯烯酸钠残留量检测的制样和液相色谱-串联质谱测定法。

本标准适用于猪和鸡的肌肉和肝脏组织中呋喃苯烯酸钠残留量的检测。

2 规范性引用文件

下列文件对于本文件的应用是必不可少的。凡是注日期的引用文件，仅注日期的版本适用于本文件。凡是不注日期的引用文件，其最新版本(包括所有的修改单)适用于本文件。

GB/T 6682 分析实验室用水规格和试验方法

3 原理

试料中残留的呋喃苯烯酸钠，用0.5%甲酸-乙酸乙酯提取，固相萃取柱净化，液相色谱-串联质谱ESI正离子模式测定，外标法定量。

4 试剂和材料

以下所用的试剂，除特别注明外均为分析纯试剂，水为符合GB/T 6682规定的一级水。

4.1 呋喃苯烯酸钠标准品：含量≥98.0%。

4.2 甲醇。

4.3 正己烷。

4.4 乙腈：色谱纯。

4.5 乙酸乙酯。

4.6 甲酸。

4.7 HLB固相萃取柱：60 mg/3 mL，或相当者。

4.8 0.5%甲酸溶液：取甲酸0.5 mL，用水溶解并稀释至100 mL。

4.9 0.5%甲酸-乙酸乙酯溶液：取乙酸乙酯200 mL，加0.5%甲酸溶液10 mL，混匀，现配现用。

4.10 1 mg/mL呋喃苯烯酸钠标准贮备液：精密称取呋喃苯烯酸钠标准品10 mg，于10 mL量瓶中，用二甲亚砜溶解并稀释至刻度，配制成浓度为1 mg/mL的呋喃苯烯酸钠标准贮备液。−20 ℃以下保存，有效期6个月。

4.11 10 μg/mL呋喃苯烯酸钠标准工作液：精密量取1 mg/mL呋喃苯烯酸钠标准贮备液1.0 mL，于100 mL容量瓶中，用流动相溶解并稀释至刻度，配制成浓度为10 μg/mL的呋喃苯烯酸钠标准工作液。−20 ℃以下保存，有效期6个月。

5 仪器和设备

5.1 液相色谱-串联质谱仪：配有电喷雾离子源(ESI)。

5.2 分析天平：感量 0.000 01 g。

5.3 天平：感量 0.01 g。

5.4 冷冻高速离心机。

5.5 振荡器。

5.6 旋涡混合器。

5.7 均质机。

5.8 氮吹仪。

5.9 旋转蒸发仪。

5.10 离心管：50 mL。

5.11 茄形瓶。

5.12 滤膜：0.22 μm。

6 样品的制备与保存

6.1 试料的制备

取新鲜或冷冻空白或供试组织，绞碎，并使均质。

——取均质后的供试样品，作为供试材料。

——取均质后的空白样品，作为空白材料。

——取均质后的空白样品，添加适宜浓度的标准工作液，作为空白添加试料。

6.2 试料的保存

−20 ℃以下保存。

7 测定步骤

7.1 提取

取试料 2 g±0.05 g，于 50 mL 离心管中，加 0.5%甲酸-乙酸乙酯溶液 15 mL，旋涡混合，振荡 5 min，8 000 r/min 离心 10 min，取乙酸乙酯层于茄形瓶中，残渣加 0.5%甲酸-乙酸乙酯溶液10 mL，重复提取一次，合并两次乙酸乙酯层，于 45 ℃旋转蒸发至干，用 50%乙腈水溶液 3 mL 溶解残余物，转至离心管中，用 50%乙腈水溶液 3 mL 洗涤茄形瓶，合并两次洗液，加正己烷 3 mL，振荡混匀后，5 000 r/min离心 5 min，取下层液，备用。

7.2 净化

HLB 柱依次用甲醇 3 mL 和水 3 mL 活化，取备用液过柱。用水 6 mL 淋洗，抽干，加乙腈 3 mL 洗脱，收集洗脱液，于 50 ℃氮气吹干，用流动相 1.0 mL 溶解残余物，转入 1.5mL 离心管中，10 000 r/min 离心 10 min，取上清液，滤膜过滤，液相色谱-串联质谱测定。

7.3 标准曲线的制备

分别精密量取 10 μg/mL 呋喃苯烯酸钠标准工作液适量，用流动相稀释，配制成浓度为 0.2、0.5、2、5 和 8μg/L 系列标准溶液，供液相色谱-串联质谱测定。以特征离子质量色谱峰面积为纵坐标，标准溶液浓度为横坐标，绘制标准曲线。

7.4 测定

7.4.1 液相色谱条件

7.4.1.1 色谱柱：C_{18}(150 mm×2.1 mm，粒径 5 μm)，或相当者。

7.4.1.2 流动相：乙腈＋水(40＋60，体积比)。

7.4.1.3 柱温：40 ℃。

7.4.1.4 进样量：10 μL。

7.4.2 质谱条件

7.4.2.1 离子源：电喷雾离子源。

7.4.2.2 扫描方式：正离子扫描。

7.4.2.3 检测方式：选择反应监测。

7.4.2.4 喷雾电压：4 000 V。

7.4.2.5 离子传输管温度：330 ℃。

7.4.2.6 鞘气压力：40 arb。

7.4.2.7 辅助气压力：6 arb。

7.4.2.8 选择反应监测的优化参数：见表 1。

表 1 呋喃苯烯酸钠选择反应监测的优化参数

药物名称	相对保留时间 min	定性离子对 m/z	定量离子对 m/z	碰撞能量 eV
呋喃苯烯酸钠	6.5	290.18＞202.43	290.18＞228.26	15
		290.18＞228.26		20

7.4.3 测定法

取试样溶液和标准溶液，多点校准，外标法计算。试样溶液及标准溶液中呋喃苯烯酸钠的峰面积均应在仪器检测的线性范围之内。试样溶液中的离子相对丰度与标准溶液中的离子相对丰度相比，符合表 2 的要求。标准溶液和空白添加试样溶液中特征离子的质量色谱图见附录 A。

表 2 定性测定时相对离子丰度的最大允许偏差

%

相对离子丰度	＞50	20～50	10～20	≤10
允许的相对偏差	±20	±25	±30	±50

7.5 空白试验

除不加试料外，采用完全相同的步骤进行平行操作。

8 结果计算与表述

由标准曲线校准：由 $A_S = ac_S + b$ 求得 a 和 b，则

$$c = (A - b)/a \tag{1}$$

试料中呋喃苯烯酸钠的残留量(μg/kg)按式(2)计算：

$$X = \frac{A \times c_S \times V}{A_S \times m} \tag{2}$$

式中：

A_S——标准溶液中呋喃苯烯酸钠的峰面积；

c_S——标准溶液中呋喃苯烯酸钠的浓度，单位为纳克每毫升(ng/mL)；

A ——试样溶液中呋喃苯烯酸钠的峰面积；

X ——试料中呋喃苯烯酸钠的残留量，单位为微克每千克(μg/kg)；

V ——溶解残余物所用流动相体积，单位为毫升(mL)；

m ——供试试料质量，单位为克(g)。

注：计算结果需扣除空白值，测定结果用平行测定的算术平均值表示，保留三位有效数字。

9 检测方法灵敏度、准确度和精密度

9.1 灵敏度

本方法的检测限为 0.2 μg/kg，定量限为 0.5 μg/kg。

9.2 准确度

本方法在 0.5 μg/kg～2 μg/kg 添加浓度水平上的回收率为 60%～120%。

9.3 精密度

本方法批内相对标准偏差≤20%，批间相对标准偏差≤25%。

附 录 A
色 谱 图

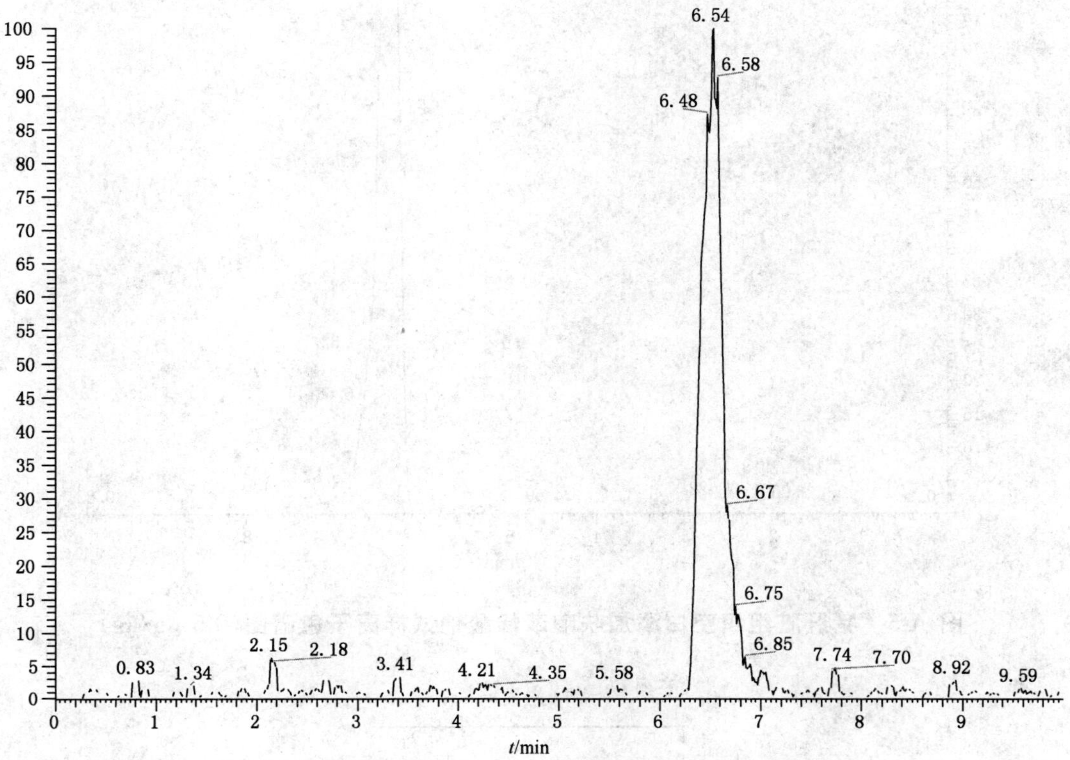

图 A.1 呋喃苯烯酸钠标准溶液离子色谱图(0.5 μg/L)

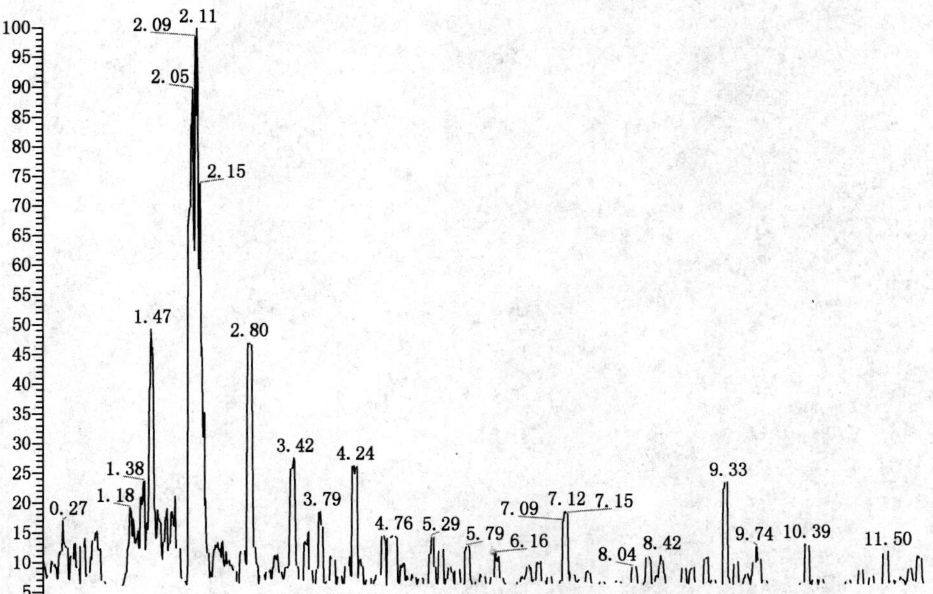

图 A.2 猪肝脏组织空白试样离子色谱图

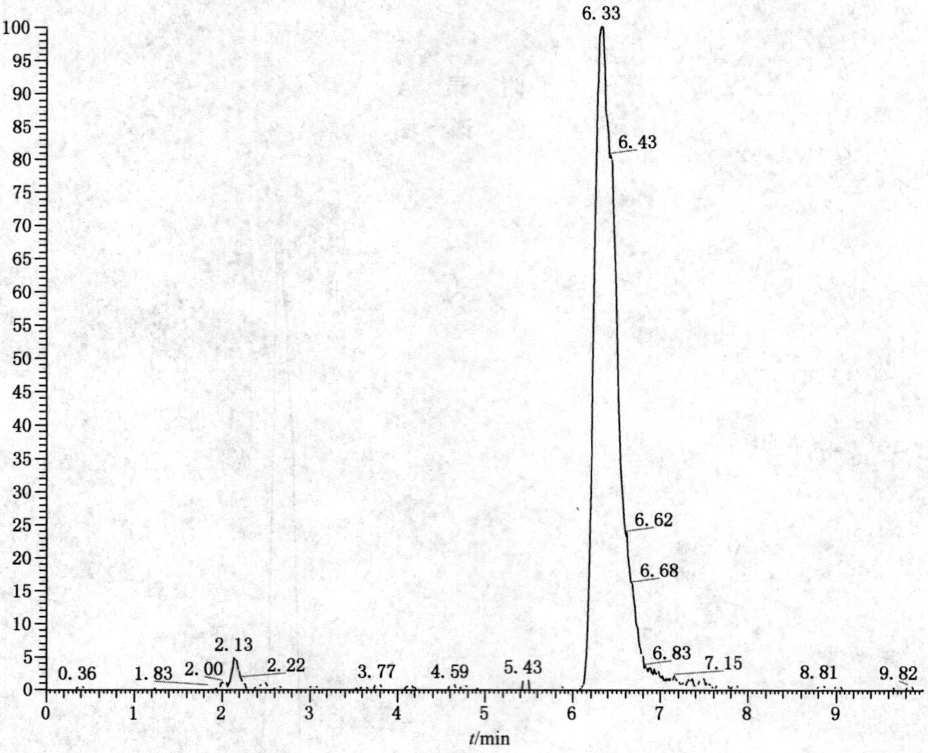

图 A.3 猪肝脏组织空白添加呋喃苯烯酸钠试样离子色谱图(0.5 μg/kg)

中华人民共和国国家标准

GB 29704—2013

食品安全国家标准
动物性食品中环丙氨嗪及代谢物三聚氰胺多残留的测定 超高效液相色谱-串联质谱法

2013-09-16 发布　　　　2014-01-01 实施

中华人民共和国农业部
中华人民共和国国家卫生和计划生育委员会　发布

食品安全国家标准

动物性食品中环丙氨嗪及代谢物三聚氰胺多残留的测定 超高效液相色谱-串联质谱法

1 范围

本标准规定了动物性食品中环丙氨嗪及代谢物三聚氰胺残留量检测的制样和超高效液相色谱-串联质谱测定方法。

本标准适用于鸡的肌肉、肾脏和蛋中环丙氨嗪及代谢物三聚氰胺残留量的检测。

2 规范性引用文件

下列文件对于本文件的应用是必不可少的。凡是注日期的引用文件，仅注日期的版本适用于本文件。凡是不注日期的引用文件，其最新版本(包括所有的修改单)适用于本文件。

GB/T 6682 分析实验室用水规格和试验方法

3 原理

试料中残留的环丙氨嗪及代谢物三聚氰胺，用3%三氯乙酸溶液提取，MCX柱净化，超高效液相色谱-串联质谱法测定，外标法定量。

4 试剂和材料

以下所用的试剂，除特别注明者外均为分析纯试剂；水为符合GB/T 6682规定的一级水。

4.1 环丙氨嗪、三聚氰胺对照品：含量≥98.0%。

4.2 三氯乙酸。

4.3 乙腈：色谱纯。

4.4 甲醇：色谱纯。

4.5 甲酸。

4.6 氨水。

4.7 乙酸铵。

4.8 MCX固相萃取柱：60 mg/3 mL，或相当者。

4.9 3%三氯乙酸溶液：取三氯乙酸3 g，用水溶解并稀释至100 mL。

4.10 2%甲酸水溶液：取甲酸2 mL，用水溶解并稀释至100 mL。

4.11 5%氨化甲醇溶液：取氨水5 mL，用甲醇溶解并稀释至100 mL。

4.12 50%乙腈水溶液：取乙腈50 mL，用水溶解并稀释至100 mL。

4.13 0.1 mol/L乙酸铵溶液：取乙酸铵7.71 g，用水溶解并稀释至1 000 mL。

4.14 1 mg/mL环丙氨嗪、三聚氰胺标准贮备液：精密称取环丙氨嗪和三聚氰胺对照品10 mg，分别于10 mL棕色量瓶中，用50%乙腈水溶液溶解并稀释至刻度，配制成浓度为1 mg/mL的环丙氨嗪标准贮备液和三聚氰胺标准贮备液。2 ℃～8 ℃保存，有效期3个月。

4.15　10 μg/mL环丙氨嗪和三聚氰胺混合标准工作液：精密量取1 mg/mL的环丙氨嗪标准贮备液和三聚氰胺标准贮备液各1.0 mL，于100 mL容量瓶中，用乙腈溶解并稀释至刻度，配制成浓度为10 μg/mL的环丙氨嗪和三聚氰胺混合标准工作液。2 ℃～8 ℃保存，有效期3个月。

5　仪器和设备

5.1　超高效液相色谱-串联质谱仪：配电喷雾离子源。

5.2　分析天平：感量0.000 01g。

5.3　天平：感量0.01 g。

5.4　涡旋混合器。

5.5　离心机。

5.6　氮吹仪。

5.7　离心管：50 mL。

5.8　微孔滤头：0.2 μm。

6　样品的制备与保存

6.1　试料的制备

6.1.1　鸡蛋

取新鲜或冷冻空白或供试鸡蛋，去壳，并使均质。

——取均质后的供试样品，作为供试试料。

——取均质后的空白样品，作为空白试料。

——取均质后的空白样品，添加适宜浓度的标准工作液，作为空白添加试料。

6.1.2　鸡的肌肉肉和肾脏组织

取新鲜或冷冻空白或供试组织，绞碎，并使均质。

——取均质后的供试样品，作为供试试料。

——取均质后的空白样品，作为空白试料。

——取均质后的空白样品，添加适宜浓度的标准工作液，作为空白添加试料。

6.2　试料的保存

−20 ℃以下保存。

7　测定步骤

7.1　基质匹配标准曲线的制备

精密量取10 μg/mL环丙氨嗪和三聚氰胺混合标准工作液适量，用95%乙腈水溶液稀释，配制成浓度为2、5、10、20、50和100 ng/mL的系列混合标准溶液，并各取1.0 mL，分别溶解经提取、净化及吹干后的6份空白试料残余物，过滤，供超高效液相色谱-串联质谱测定。以特征离子质量色谱峰面积为纵坐标，基质匹配对照溶液浓度为横坐标，绘制标准曲线。求回归方程和相关系数。

7.2 提取

称取试料 2 g±0.02 g，于 50 mL 离心管中，加 3%三氯乙酸溶液 20 mL，涡旋混合 30 s，超声 10 min，静置 10 min，10 000 r/min 离心 10 min，取上层液，备用。

7.3 净化

MCX 柱依次用甲醇 3 mL 和水 3 mL 活化，取备用液 10 mL 过柱，加 2%甲酸水溶液 3 mL、甲醇 3 mL 淋洗，抽干，加 5%氨化甲醇溶液 3 mL 洗脱，抽干，收集洗脱液，于 50 ℃氮气吹干，用 95%乙腈水溶液 1.0 mL 溶解残余物，滤膜过滤，供超液相色谱-串联质谱测定。

7.4 测定

7.4.1 色谱条件

7.4.1.1 色谱柱：BEH HILIC 色谱柱（50 mm×2.1 mm，粒径 1.7 μm），或相当者。
7.4.1.2 流动相：A：乙腈；B：0.1 mol/L 乙酸铵溶液。
7.4.1.3 梯度：0 min～2.5 min，95%A 线性变化至 80%A；2.5 min～4 min，保持 95%A。
7.4.1.4 流速：0.3 mL/min。
7.4.1.5 柱温：30 ℃。
7.4.1.6 进样量：10 μL。

7.4.2 质谱条件

7.4.2.1 离子源：电喷雾离子源。
7.4.2.2 扫描方式：正离子扫描。
7.4.2.3 检测方式：多反应监测。
7.4.2.4 电离电压：3.0 kV。
7.4.2.5 源温：110 ℃。
7.4.2.6 雾化温度：350 ℃。
7.4.2.7 锥孔气流速：50 L/h。
7.4.2.8 雾化气流速：650 L/h。
7.4.2.9 定性、定量离子对及对应的锥孔电压和碰撞能量：见表 1。

表 1 定性、定量离子对及对应的锥孔电压和碰撞能量

药物	定性离子对 *m/z*	定量离子对 *m/z*	锥孔电压 V	碰撞能量 eV
环丙氨嗪	166.9>84.6	166.9>84.6	35	18
	166.9>124.8			18
三聚氰胺	126.9>84.7	126.9>84.7	30	15
	126.9>67.7			22

7.4.3 测定法

取试样溶液和相应的基质匹配标准溶液，作单点或多点校准，外标法计算。标准溶液及试样溶液中环丙氨嗪及三聚氰胺的峰面积均应在仪器检测的线性范围之内。试样溶液中的离子相对丰度与基质匹配标准溶液中的离子相对丰度相比,符合表2的要求。标准溶液和试样溶液中各特征离子的质量色谱图见附录A。

表2 试样溶液中离子相对丰度的允许偏差范围

相对丰度 %	允许偏差 %
>50	±20
20~50	±25
10~20	±30
≤10	±50

7.5 空白试验

除不加试料外,采用完全相同的步骤进行平行操作。

8 结果计算和表述

试料中环丙氨嗪和三聚氰胺残留量(μg/kg)按式(1)计算:

$$X=\frac{Ac_{S}V_{1}V_{3}}{A_{S}V_{2}m} \quad \cdots\cdots(1)$$

式中:

X——供试试料中相应的环丙氨嗪或三聚氰胺的残留量,单位为微克每千克(μg/kg);

A——试样溶液中相应的环丙氨嗪或三聚氰胺的峰面积;

c_S——基质匹配标准溶液中相应的环丙氨嗪或三聚氰胺的浓度,单位为纳克每毫升(ng/mL);

V_1——提取液的总体积,单位为毫升(mL);

V_2——过固相萃取柱所用提取液体积,单位为毫升(mL);

V_3——溶解残余物的体积,单位为毫升(mL);

A_S——基质匹配标准溶液中相应的环丙氨嗪或三聚氰胺的峰面积;

m——供试试料的质量,单位为克(g)。

注:计算结果需扣除空白值,测定结果用平行测定的算术平均值表示,保留三位有效数字。

9 检测方法灵敏度、准确度和精密度

9.1 灵敏度

本方法的检测限为1 μg/kg,定量限为2.5 μg/kg。

9.2 准确度

本方法在2.5 μg/kg~100 μg/kg添加浓度水平上的回收率为70%~120%。

9.3 精密度

本方法批内相对标准偏差≤20%,批间相对标准偏差≤20%。

附　录　A
色　谱　图

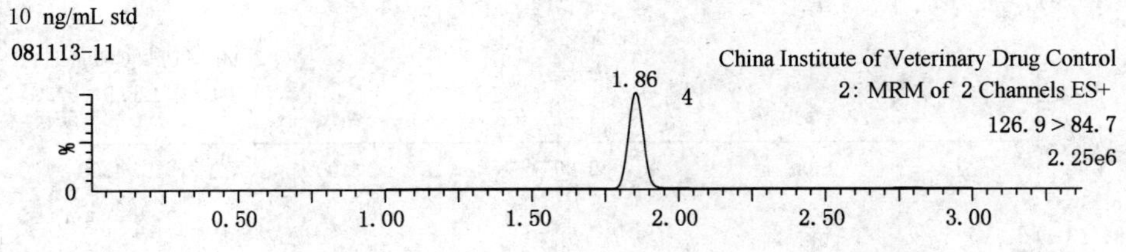

a)

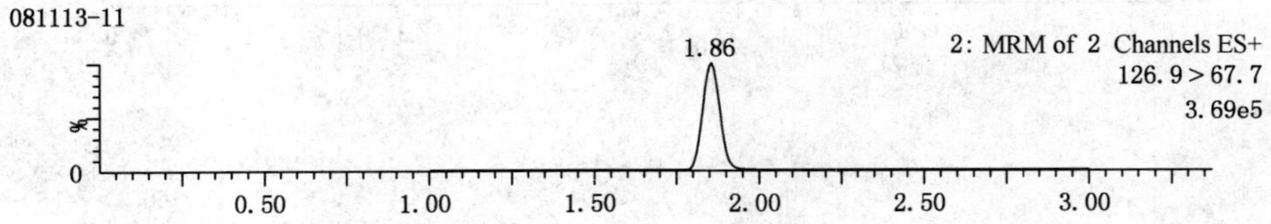

b)

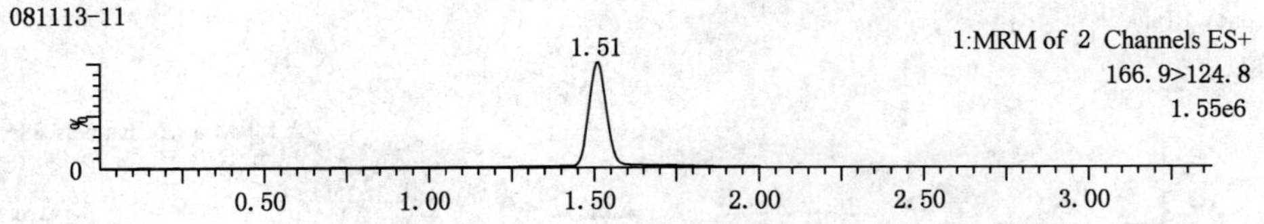

c)

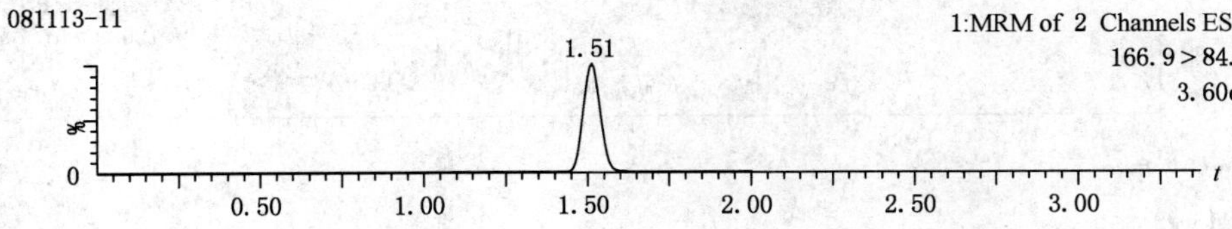

d)

图 A.1　环丙氨嗪及三聚氰胺标准溶液特征离子质量色谱图(10 ng/mL)

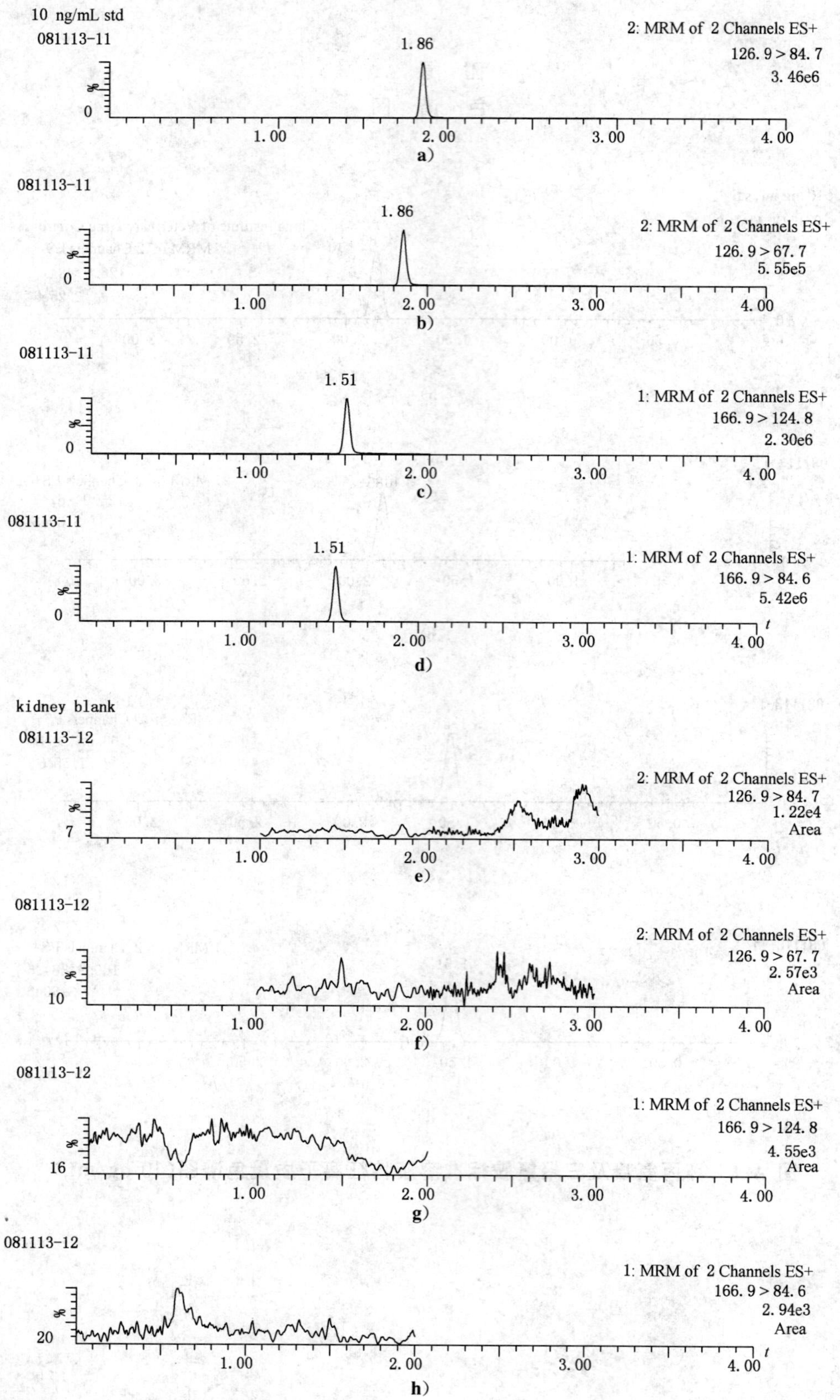

图 A.2　鸡肾脏组织空白试样特征离子质量色谱图

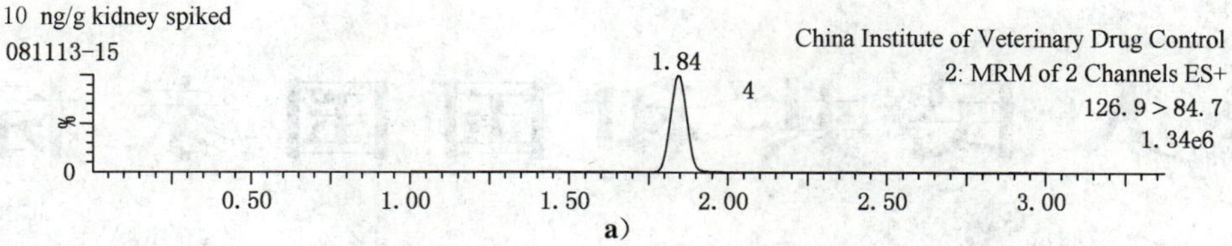

a)

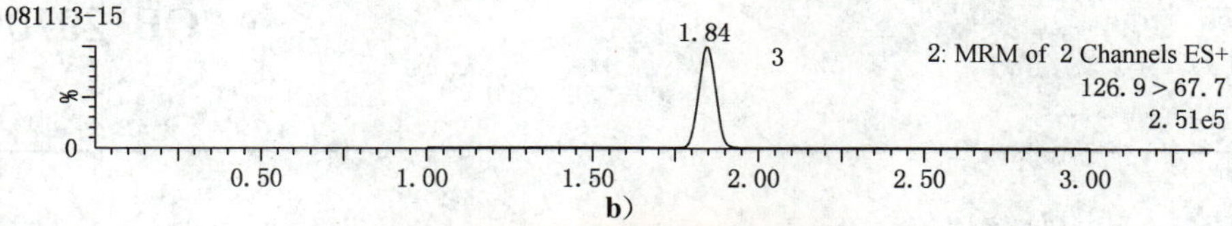

b)

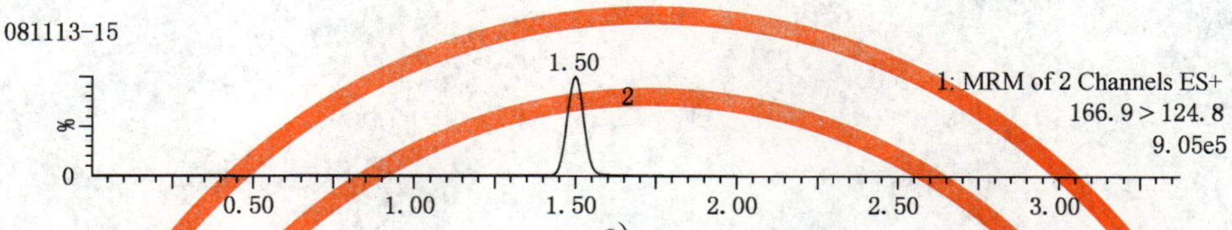

c)

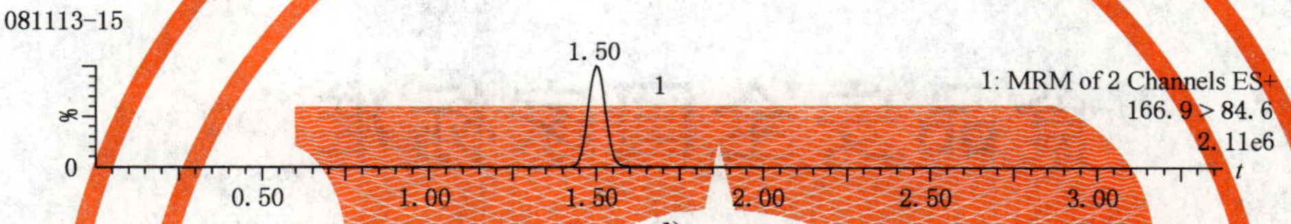

d)

说明：

1——环丙氨嗪特征离子质量色谱图(166.9>84.6)；

2——环丙氨嗪特征离子质量色谱图(166.9>124.8)；

3——三聚氰胺特征离子质量色谱图(126.9>67.7)；

4——三聚氰胺特征离子质量色谱图(126.9>84.7)。

图 A.3　鸡肾脏组织空白添加环丙氨嗪和三聚氰胺试样特征离子质量色谱图(10 ng/g)

中华人民共和国国家标准

GB 29705—2013

食品安全国家标准
水产品中氯氰菊酯、氰戊菊酯、溴氰菊酯多残留的测定　气相色谱法

2013-09-16 发布　　2014-01-01 实施

中华人民共和国农业部
中华人民共和国国家卫生和计划生育委员会　发布

食品安全国家标准

水产品中氯氰菊酯、氰戊菊酯、溴氰菊酯多残留的测定 气相色谱法

1 范围

本标准规定了水产品中氯氰菊酯、氰戊菊酯和溴氰菊酯残留量的制样和气相色谱测定方法。

本标准适用于鱼和虾可食性组织中氯氰菊酯、氰戊菊酯和溴氰菊酯残留量的检测。

2 规范性引用文件

下列文件对于本文件的应用是必不可少的。凡是注日期的引用文件,仅注日期的版本适用于本文件。凡是不注日期的引用文件,其最新版本(包括所有的修改单)适用于本文件。

GB/T 6682 分析实验室用水规格和试验方法

3 原理

试料中残留的氯氰菊酯、氰戊菊酯和溴氰菊酯,用氯化钠脱水,乙腈提取,正己烷除脂,C_{18}柱净化,气相色谱测定,外标法定量。

4 试剂和材料

以下所用的试剂,除特别注明外均为分析纯试剂;水为符合 GB/T 6682 规定的一级水。

4.1 氯氰菊酯、氰戊菊酯、溴氰菊酯标准品:含量≥99.0%。

4.2 乙腈:色谱纯。

4.3 甲醇:色谱纯。

4.4 正己烷:色谱纯。

4.5 苯:色谱纯。

4.6 乙酸乙酯:色谱纯。

4.7 三氯甲烷:色谱纯。

4.8 氯化钠:优级纯,650 ℃灼烧 4 h,冷却,干燥保存,备用。

4.9 甲醇水溶液:取甲醇 100 mL,用水溶解并稀释至 300 mL。

4.10 乙腈正己烷溶液:取乙腈 10 mL,用正己烷溶解并稀释至 110 mL。

4.11 C_{18}固相萃取柱:200 mg/3 mL,或相当者。

4.12 氧化铝固相萃取柱:200 mg/3 mL,或相当者。

4.13 100 μg/mL 氯氰菊酯、氰戊菊酯和溴氰菊酯混合标准贮备液:精密称取氯氰菊酯、氰戊菊酯和溴氰菊酯标准品各 10 mg,于 100 mL 棕色量瓶中,用苯溶解并稀释至刻度,配制成浓度为 100 μg/mL 的混合标准贮备液。2 ℃～8 ℃保存,有效期 3 个月。

4.14 5 μg/mL 氯氰菊酯、氰戊菊酯和溴氰菊酯混合标准工作液:精密量取 100 μg/mL 氯氰菊酯、氰戊

菊酯和溴氰菊酯混合标准贮备液 500 μL,于 10 mL 棕色量瓶中,用苯稀释至刻度,配制成浓度为 5 μg/mL的氯氰菊酯、氰戊菊酯和溴氰菊酯混合标准工作液。2 ℃～8 ℃保存,有效期 3 个月。

5 仪器和设备

5.1 气相色谱仪:配 63Ni 电子捕获检测器。

5.2 分析天平:感量 0.000 01 g。

5.3 天平:感量 0.01 g。

5.4 均质机。

5.5 旋转蒸发仪。

5.6 离心机。

5.7 调速混匀器。

5.8 氮吹仪。

5.9 固相萃取装置。

5.10 鸡心瓶:125 mL。

5.11 具塞离心管:10 mL、50 mL。

6 试料的制备与保存

6.1 试料的制备

取适量新鲜或解冻的空白或供试鱼和虾可食性组织,绞碎,并使均质。

——取均质后的供试样品,作为供试试料。

——取均质后的空白样品,作为空白试料。

——取均质后的空白样品,添加适宜浓度的标准工作液,作为空白添加试料。

6.2 试料的保存

−20 ℃以下保存。

7 测定步骤

7.1 提取

称取试料 5 g±0.05 g,于 50 mL 具塞玻璃离心管中,加乙腈 15 mL,振荡 5 min,加氯化钠 1.5 g 振荡 2 min,4 000 r/min 离心 5 min,取上清液于另一具塞玻璃离心管中,残渣中加乙腈 15 mL,重复提取一次,合并两次上清液,加乙腈正己烷溶液 10 mL,振荡混合 2 min,4 000 r/min 离心 5 min,除去上层正己烷,乙腈液中加正己烷 10 mL,重复提取一次,弃上层正己烷液。取乙腈层液至鸡心瓶中,于 45℃水浴旋转蒸发至干,用甲醇 2 mL 溶解残余物,加水 4 mL,混匀,备用。

7.2 净化和浓缩

C_{18}柱依次用甲醇 5 mL、三氯甲烷 5 mL、甲醇 5 mL 和甲醇水溶液 5 mL 活化,取备用液过柱,控制流速 1 滴/s。用甲醇水溶液 5 mL 淋洗,流干,加苯 4 mL 洗脱,收集洗脱液,备用。

氧化铝柱用乙腈 5 mL 活化,取备用洗脱液过柱。加苯 1 mL 洗脱,重复 3 次。合并三次洗脱液于 10 mL 刻度离心管中,用苯定容至 5 mL,供气相色谱测定。

7.3 标准曲线的制备

精密量取 5 μg/mL 氯氰菊酯、氰戊菊酯和溴氰菊酯混合标准贮备液适量,用苯稀释,配制成浓度分别为 0.5、1、5、25、50、100 和 500 ng/mL 的系列混合标准溶液,供气相色谱测定。以测得峰面积为纵坐标,对应的标准溶液浓度为横坐标,绘制标准曲线。求回归方程和相关系数。

7.4 测定

7.4.1 色谱条件

7.4.1.1 检测器:^{63}Ni 电子捕获检测器。

7.4.1.2 色谱柱:5%苯基和 95%聚二甲基硅氧烷。

7.4.1.3 检测器温度:310 ℃。

7.4.1.4 进样口温度:230 ℃。

7.4.1.5 进样方式:不分流进样。

7.4.1.6 载气:99.999%高纯氮气。

7.4.1.7 柱流速:2.5 mL/min,尾吹为:25 mL/min。

7.4.1.8 柱温程序:初始柱温 160 ℃,维持 1 min,30 ℃/min 升至 250 ℃,维持 2 min,5 ℃/min 升至 280 ℃,维持 10 min。

7.4.1.9 进样量:1 μL。

7.4.2 测定法

取试样溶液和相应的标准溶液,作单点或多点校准,按外标法,以峰面积计算。标准溶液及试样溶液中氯氰菊酯、氰戊菊酯、溴氰菊酯响应值应在仪器检测的线性范围之内。在上述色谱条件下,标准溶液和空白添加试样溶液的高效液相色谱图见附录 A。

7.5 空白试验

除不加试料外,采用完全相同的测定步骤进行平行操作。

8 结果计算和表述

试料中氯氰菊酯、氰戊菊酯、溴氰菊酯的残留量(μg/kg)按式(1)计算:

$$X=\frac{A\times c_S\times V}{A_S\times m} \qquad \cdots\cdots(1)$$

式中:

X ——供试试料中相应的氯氰菊酯、氰戊菊酯、溴氰菊酯的残留量,单位为微克每千克(μg/kg);

A ——试样中相应的氯氰菊酯、氰戊菊酯、溴氰菊酯的峰面积;

c_S ——标准溶液相应的氯氰菊酯、氰戊菊酯、溴氰菊酯的浓度,单位为微克每毫升(μg/mL);

V ——最终试样体积,单位为毫升(mL);

A_S ——标准工作溶液中相应的氯氰菊酯、氰戊菊酯、溴氰菊酯的峰面积;

m ——供试试料质量,单位为克(g)。

注:计算结果需扣除空白值,测定结果用平行测定的算术平均值表示,保留三位有效数字。

9 检测方法灵敏度、准确度和精密度

9.1 灵敏度

本方法的检测限为 0.2 μg/kg，定量限为 1 μg/kg。

9.2 准确度

本方法在 1 μg/kg～10 μg/kg 添加浓度水平上的回收率 70%～100%。

9.3 精密度

本方法的批内相对标准偏差≤15%，批间相对标准偏差≤20%。

附 录 A
色谱图

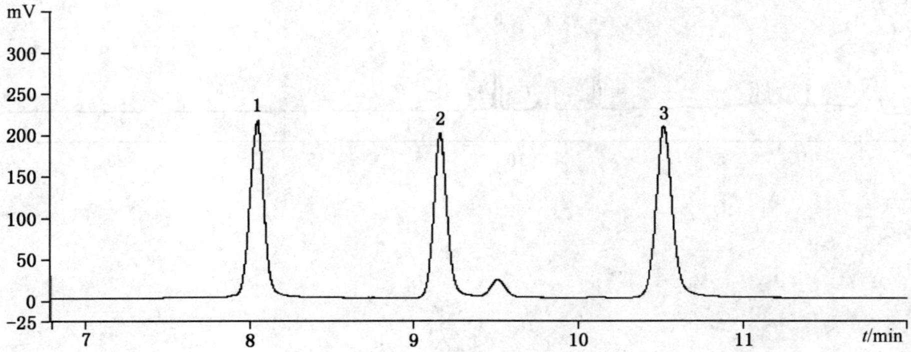

说明：

1——氯氰菊酯；

2——氰戊菊酯；

3——溴氰菊酯。

图 A.1 氯氰菊酯、氰戊菊酯和溴氰菊酯标准溶液色谱图
（氯氰菊酯 50 μg/mL、氰戊菊酯 50 μg/mL、溴氰菊酯 50 μg/mL）

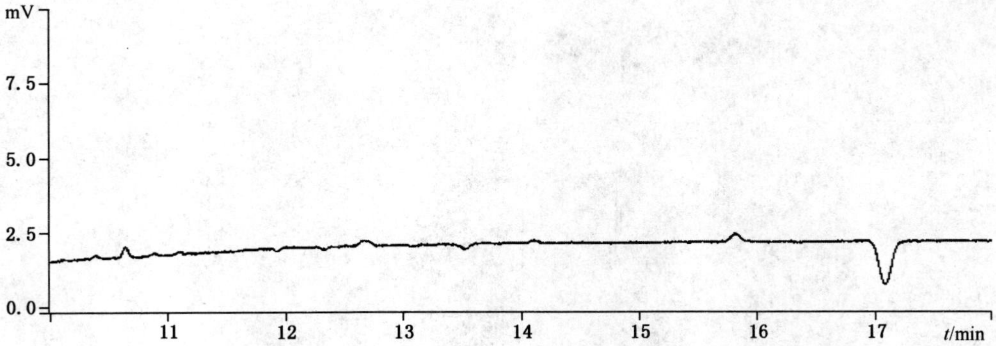

图 A.2 草鱼肌肉组织空白试样色谱图

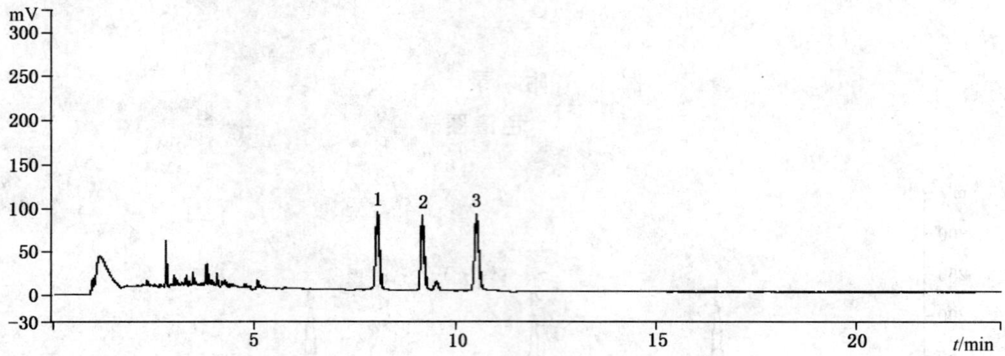

说明：

1——氯氰菊酯；

2——氰戊菊酯；

3——溴氰菊酯。

图 A.3　草鱼肌肉组织空白添加氯氰菊酯、氰戊菊酯和溴氰菊酯试样色谱图

（氯氰菊酯 25 μg/kg、氰戊菊酯 25 μg/kg、溴氰菊酯 50 25 μg/kg）

中华人民共和国国家标准

GB 29706—2013

食品安全国家标准
动物性食品中氨苯砜残留量的测定
液相色谱-串联质谱法

2013-09-16 发布　　　　2014-01-01 实施

中华人民共和国农业部
中华人民共和国国家卫生和计划生育委员会　发布

食品安全国家标准

动物性食品中氨苯砜残留量的测定 液相色谱-串联质谱法

1 范围

本标准规定了动物性食品中氨苯砜残留量检测的制样和液相色谱-串联质谱测定方法。

本标准适用于猪和牛的肌肉及肝组织中氨苯砜残留量的检测。

2 规范性引用文件

下列文件对于本文件的应用是必不可少的。凡是注日期的引用文件，仅注日期的版本适用于本文件。凡是不注日期的引用文件，其最新版本(包括所有的修改单)适用于本文件。

GB/T 6682 分析实验室用水规格和试验方法。

3 原理

试料中残留的氨苯砜，用乙腈萃取，正己烷除脂，MCX 柱净化，液相色谱-串联质谱测定，外标法定量。

4 试剂和材料

以下所用的试剂，除特别注明外均为分析纯试剂，水为符合 GB/T 6682 规定的一级水。

4.1 氨苯砜标准品：含量≥98%。

4.2 乙腈：色谱纯。

4.3 正己烷。

4.4 浓氨水。

4.5 盐酸。

4.6 MCX 固相萃取柱：60 mg/3 mL，或相当者。

4.7 1 mol/L 盐酸溶液：取浓盐酸 8.4 mL，用水溶解并稀释至 100 mL。

4.8 0.1 mol/L 盐酸溶液：取浓盐酸 0.84 mL，用水溶解并稀释至 100 mL。

4.9 5 mmol/L 乙酸铵溶液：取乙酸铵 0.385 g，用水溶解并稀释至 1 000 mL，滤膜过滤。

4.10 5%氨化乙腈：取浓氨水 5 mL，用乙腈溶解并稀释至 100 mL。

4.11 1 mg/mL 氨苯砜标准贮备液：精密称取氨苯砜 10 mg，于 10 mL 量瓶中，用甲醇溶解并稀释至刻度，配制成浓度为 1 mg/mL 的氨苯砜标准贮备液。－20 ℃避光保存，有效期 6 个月。

4.12 10 μg/mL 氨苯砜标准工作液：精密量取 1 mg/mL 氨苯砜标准贮备液 0.1 mL，于 10 mL 量瓶中，用甲醇稀释至刻度，配制成浓度为 10 μg/mL 的氨苯砜标准工作液。－20 ℃避光保存，有效期 6 个月。

4.13 100 ng/mL 氨苯砜标准工作液：精密量取 10 μg/mL 氨苯砜标准工作液 0.1 mL，于 10 mL 量瓶中，用甲醇稀释至刻度，配制成浓度为 100 ng/mL 的氨苯砜标准工作液。－20 ℃避光保存，有效期

6个月。

5 仪器和设备

5.1 液相色谱-串联质谱仪:配有ESI源。
5.2 分析天平:感量0.000 01g。
5.3 天平:感量0.01g。
5.4 离心机。
5.5 氮气吹干装置。
5.6 旋涡混合器。
5.7 固相萃取装置。
5.8 超声波清洗机。
5.9 均质机。
5.10 滤膜:0.22 μm。
5.11 离心管:50 mL。

6 试料的制备与保存

6.1 试料的制备

取新鲜或冷冻空白或供试组织,绞碎,并使均质。

——取均质后的供试样品,作为供试试料。

——取均质后的空白样品,作为空白试料。

——取均质后的空白样品,添加适宜浓度的标准工作液,作为空白添加试料。

6.2 样品的保存

−20 ℃以下保存。

7 测定步骤

7.1 提取

称取试料2 g±0.05 g,于离心管中,加乙腈10 mL,旋涡混合2 min,加正己烷5 mL,旋涡混合1 min,超声5 min,5 000 r/min离心10 min,弃上层正己烷液。取乙腈液于另一离心管中,加1 mol/L盐酸溶液10 mL,旋涡混匀,备用。

7.2 净化

MCX柱依次用甲醇5 mL和水5 mL活化,取备用液过柱,控制流速小于1 mL/min,用0.1 mol/L盐酸溶液5 mL和甲醇5 mL淋洗,抽干,用5%氨化乙腈5 mL洗脱,于40 ℃水浴氮气吹干,用流动相1.0 mL溶解残余物,旋涡混匀,供液相色谱-串联质谱测定。

7.3 标准曲线的制备

精密量取100 ng/mL氨苯砜标准工作液适量,用甲醇稀释,配制成浓度分别为0.5、1、2、5、10和20 μg/L的系列标准溶液。供液相色谱-串联质谱测定。以特征离子质量色谱峰面积为纵坐标,对照溶液浓度为横坐标，绘制标准曲线，求回归方程和相关系数。

7.4 测定

7.4.1 液相色谱条件

7.4.1.1 色谱柱：C_{18}(150 mm×2.1 mm，粒径 5 μm)，或相当者。

7.4.1.2 流动相：乙腈+5 mmol/L 乙酸铵(50+50，体积比)。

7.4.1.3 柱温：40 ℃。

7.4.1.4 进样量：20 μL。

7.4.2 质谱条件

7.4.2.1 离子源：ESI 源。

7.4.2.2 扫描方式：正离子扫描。

7.4.2.3 检测方式：选择反应监测。

7.4.2.4 喷雾电压：4 800 V。

7.4.2.5 离子传输管温度：350 ℃。

7.4.2.6 鞘气压力：40 arb。

7.4.2.7 辅助气压力：5 arb。

7.4.2.8 氨苯砜选择反应监测的优化参数：见表 1。

表 1 氨苯砜选择反应监测的优化参数

药物名称	定性离子对	定量离子对	碰撞能量 eV
氨苯砜	249.0>108.1 249.0>92.2	249.0>108.1	21 23

7.4.3 测定

7.4.3.1 定性测定

通过试样色谱图的保留时间与相应标准品的保留时间、各色谱峰的特征离子与相应浓度标准溶液各色谱峰的特征离子相对照定性。试样与标准品保留时间的相对偏差不大于 5%；试样特征离子的相对丰度与浓度相当混合标准溶液的相对丰度一致，相对丰度偏差不超过表 2 的规定，则可判断试样中存在相应的被测物。

表 2 定性测定时相对离子丰度的最大允许偏差

相对离子丰度	>50	20～50	10～20	≤10
允许的相对偏差	±20	±25	±30	±50

将供试试样和标准溶液的定量离子面积之比作单点校正定量。

7.4.3.2 定量测定

取试样溶液和标准溶液，按外标法，以峰面积定量，标准溶液及试样溶液中的氨苯砜响应值均应在仪器检测的线性范围内。在上述色谱-质谱条件下，氨苯砜标准溶液、空白组织试样和空白组织添加试样溶液中特征离子质量色谱图见附录A。

7.5 空白试验

除不加试料外,采用完全相同的步骤进行平行操作。

8 结果计算与表述

试料中氨本砜的残留量(μg/kg)按式(1)计算:

$$X = \frac{A \times c_S \times V}{A_S \times m} \quad \cdots\cdots(1)$$

式中:

X——供试试料中氨本砜残留量,单位为微克每千克(μg/kg);

A——试样溶液中氨本砜的峰面积;

c_S——标准工作液中氨本砜的浓度,单位为微克每升(μg/L);

V——溶解残余物所用流动相的体积,单位为毫升(mL);

A_S——标准工作液中氨本砜的峰面积;

m——供试试料质量,单位为克(g)。

注:计算结果需扣除空白值,测定结果用平行测定的算术平均值表示,保留三位有效数字。

9 检测方法灵敏度、准确度和精密度

9.1 灵敏度

本方法的检测限为0.1 μg/kg,定量限为0.5 μg/kg。

9.2 准确度

本方法在0.5 μg/kg～2 μg/kg添加浓度水平上的回收率为60%～120%。

9.3 精密度

本方法批内相对标准偏差≤30%,批间相对标准偏差≤30%。

附 录 A
色 谱 图

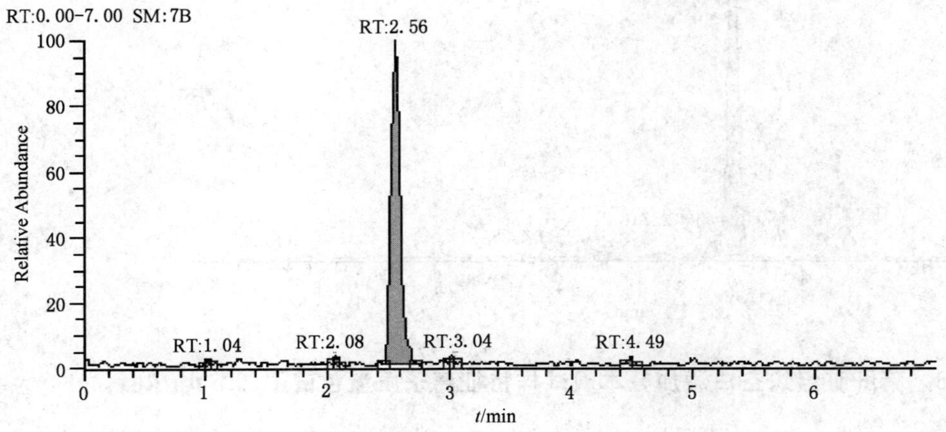

图 A.1 氨本砜标准溶液特征离子质量色谱图(0.5 μg/L)

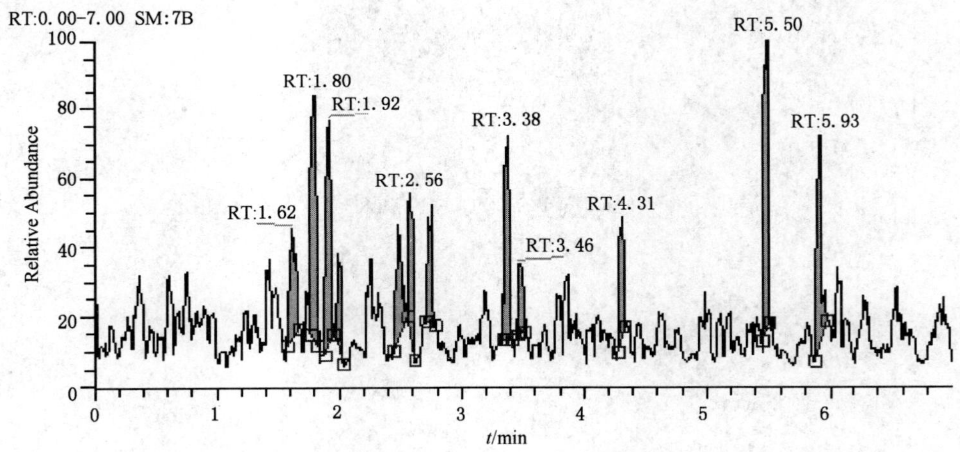

图 A.2 猪肝脏组织空白试样特征离子质量色谱图

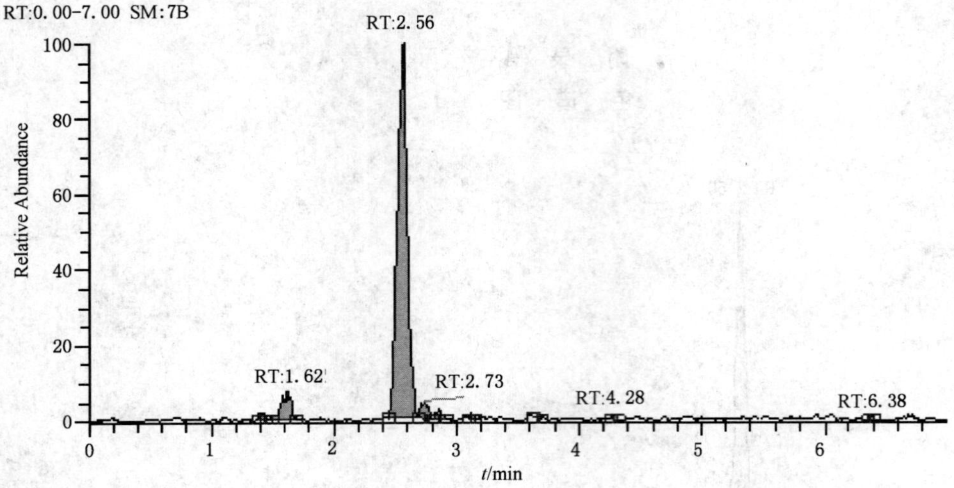

图 A.3 猪肝脏组织空白添加氨本砜试样特征离子质量色谱图(0.5 μg/kg)

中华人民共和国国家标准

GB 29707—2013

食品安全国家标准
牛奶中双甲脒残留标志物残留量的测定
气相色谱法

2013-09-16 发布　　　　2014-01-01 实施

中华人民共和国农业部
中华人民共和国国家卫生和计划生育委员会　发布

食品安全国家标准

牛奶中双甲脒残留标志物残留量的测定 气相色谱法

1 范围

本标准规定了牛奶中双甲脒残留标志物残留检测的制样和气相色谱测定方法。

本标准适用于牛奶中双甲脒残留标志物2,4-二甲基苯胺残留量的检测。

2 规范性引用文件

下列文件对于本文件的应用是必不可少的。凡是注日期的引用文件,仅注日期的版本适用于本文件。凡是不注日期的引用文件,其最新版本(包括所有的修改单)适用于本文件。

GB/T 6682 分析实验室用水规格和试验方法

3 原理

试料中残留的双甲脒,用氢氧化钠水溶液提取,水解,萃取,七氟丁酸酐衍生,气相色谱-电子捕获检测法检测,外标法定量。

4 试剂和材料

以下所用的试剂,除特别注明外均为分析纯试剂;水为符合GB/T 6682规定的一级水。

4.1 双甲脒对照品:含量≥99%;2,4-二甲基苯胺对照品:含量≥95%。

4.2 氢氧化钠:优级纯。

4.3 碳酸氢钠:优级纯。

4.4 无水硫酸钠:优级纯。

4.5 七氟丁酸酐:色谱纯。

4.6 正己烷:色谱纯。

4.7 1 mol/L氢氧化钠溶液:取氢氧化钠40 g,用水溶解并稀释至1 000 mL。

4.8 碱性水溶液:取水1 000 mL,用1 mol/L的氢氧化钠溶液调pH至9.0。

4.9 饱和碳酸氢钠溶液:取碳酸氢钠10.35 g,用水溶解并稀释至1 000 mL。

4.10 1 mg/mL双甲脒和2,4-二甲基苯胺标准贮备液:精密称取双甲脒和2,4-二甲基苯胺对照品各10 mg,分别于10 mL量瓶中,用正己烷溶解并稀释至刻度,配制成浓度为1 mg/mL的双甲脒标准贮备液和2,4-二甲基苯胺标准贮备液。2 ℃~8 ℃保存,有效期3个月。

4.11 10 μg/mL混合标准工作液:精密量取1 mg/mL双甲脒标准贮备液和2,4-二甲基苯胺标准贮备液适量各1.0 mL,于100 mL量瓶中,用正己烷稀释至刻度,配制成浓度为10 μg/mL的混合标准工作液。2 ℃~8 ℃避光保存,有效期1周。

5 仪器和设备

5.1 气相色谱仪:配电子捕获检测器。

5.2 分析天平:感量 0.000 01 g。

5.3 天平:感量 0.01 g。

5.4 离心机。

5.5 旋涡混合器。

5.6 均质机。

5.7 恒温干燥箱。

5.8 聚丙烯离心管。

5.9 具塞离心管。

5.10 圆底烧瓶。

6 试料的制备与保存

6.1 试料的制备

取适量新鲜或冷藏的空白或供试牛奶,混合均匀。

——取均质后的供试样品,作为供试试料。

——取均质后的空白样品,作为空白试料。

——取均质后的空白样品,添加适宜浓度的标准工作液,作为空白添加试料。

6.2 试料的保存

−20 ℃以下保存。

7 测定步骤

7.1 标准曲线的制备

精密量取 2,4-二甲基苯胺标准贮备液适量,用正己烷稀释,配制成浓度为 10、20、50、100、200 和 400 ng/mL 的系列标准溶液,各取 2.0 mL,按衍生化步骤处理,供气相色谱测定。以测得峰面积为纵坐标,对应的标准溶液浓度为横坐标,绘制标准曲线。求回归方程和相关系数。

7.2 提取和水解

称取试料 5 g±0.05 g,于聚丙烯离心管中,加碱性水溶液 10 mL,旋涡混匀,4 200 r/min 离心 10 min,取上清液于另一聚丙烯离心管中,残渣中加碱性水溶液 10 mL,重复提取一次,合并两次上清液。于 70 ℃恒温干燥箱中静置 50 min,冷却,加正己烷 10 mL,旋涡混匀,静置 5 min,4 200 r/min 离心 10 min,取上层正己烷液于圆底烧瓶中,下层液加正己烷 5 mL 重复萃取一次,合并两次正己烷层液,于 45 ℃转蒸发至干,用正己烷 2.0 mL 溶解残余物,备用。

7.3 衍生和净化

取备用液于具塞离心管中,加七氟丁酸酐 10 μL,混匀,于 60 ℃恒温 90 min,其间每隔 30 min 取出超声 5 min。衍生后静置 10 min,加饱和碳酸氢钠溶液 2 mL,混匀,取有机相层,加无水硫酸钠 2 g 去水，供气相色谱测定。

7.4 测定

7.4.1 色谱条件

7.4.1.1 色谱柱：Rtx-1 毛细管柱(30 m×0.25 mm)，或相当者。

7.4.1.2 柱温：程序升温，见表1。

表1 程序升温表

升温速率 ℃/min	初始温度 ℃	停留时间 min
	50	0
7	220	5

7.4.1.3 柱流速：1 mL/min，分析时间：27 min。

7.4.1.4 进样口温度：250 ℃。

7.4.1.5 进样量：1 μL。

7.4.1.6 载气：氮气(纯度≥99.999%)，30 mL/min。

7.4.1.7 分流模式：分流，分流比 50 比 1。

7.4.1.8 检测器温度：300 ℃。

7.4.2 测定法

取试样溶液和相应的标准溶液，作单点或多点校准，按外标法，以峰面积计算。标准溶液及试样溶液中双甲脒和2,4-二甲基苯胺响应值应在仪器检测的线性范围之内。在上述色谱条件下，标准溶液和空白添加试样溶液的高效液相色谱图见附录A。

7.5 空白试验

除不加试料外，采用完全相同的步骤进行平行操作。

8 结果计算与表述

试料中双甲脒的残留量(μg/kg)按式(1)计算：

$$X = \frac{A \times c_S \times V \times 1.21}{A_S \times m} \quad \cdots\cdots(1)$$

式中：

X ——供试试料中双甲脒残留量，单位为微克每千克(μg/kg)；

A ——试样溶液中2,4-二甲基苯七氟丁酰胺的峰面积；

c_S ——标准工作液中2,4-二甲基苯胺的浓度，单位为纳克每毫升(ng/mL)；

V ——萃取用正己烷的体积，单位为毫升(mL)；

1.21——2,4-二甲基苯胺计算成双甲脒的校正系数；

A_S ——标准工作液中2,4-二甲基苯七氟丁酰胺的峰面积；

m ——供试试料质量，单位为克(g)。

注：计算结果需扣除空白值，测定结果用平行测定的算术平均值表示，保留三位有效数字。

9 检验方法灵敏度、准确度和精密度

9.1 灵敏度

本方法的检测限为 2 μg/kg，定量限为 5 μg/kg。

9.2 准确度

本方法在 5 μg/kg～20 μg/kg 添加浓度水平上的回收率为 70％～110％。

9.3 精密度

本方法的批内相对标准偏差≤15％，批间相对标准偏差≤20％。

附 录 A
色 谱 图

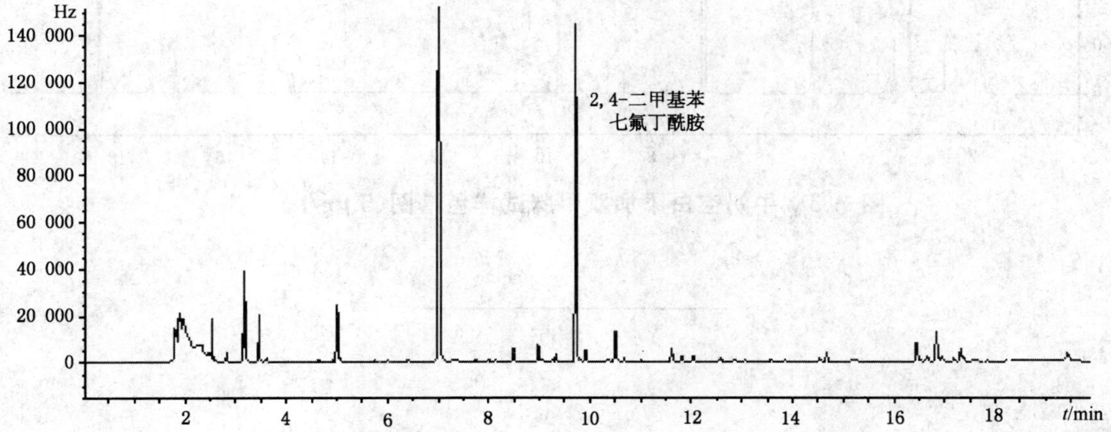

图 A.1 2,4-二甲苯基胺标准溶液色谱图(10 μg/L)

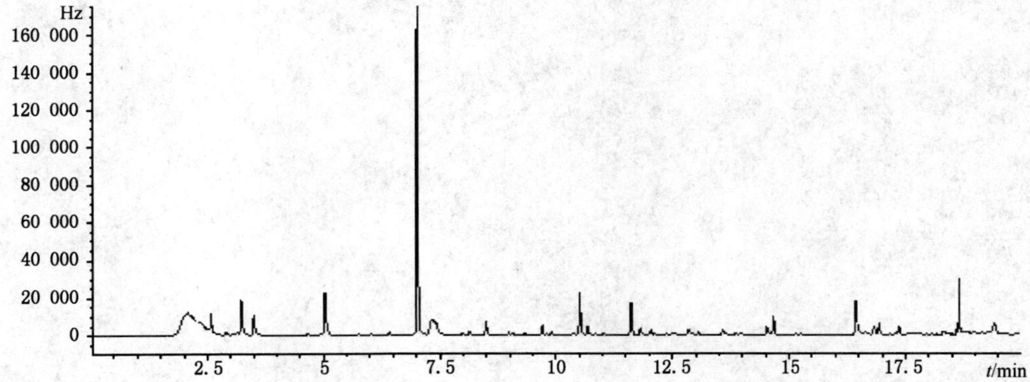

图 A.2 牛奶空白试样色谱图

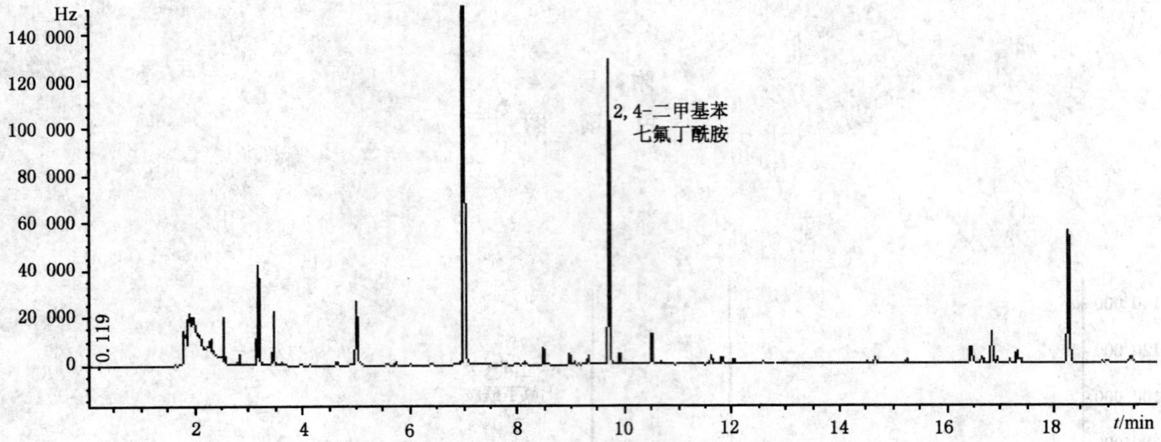

图 A.3　牛奶空白添加双甲脒试样色谱图(5 μg/kg)

中华人民共和国国家标准

GB 29708—2013

食品安全国家标准
动物性食品中五氯酚钠残留量的测定
气相色谱-质谱法

2013-09-16 发布　　　　2014-01-01 实施

中华人民共和国农业部
中华人民共和国国家卫生和计划生育委员会　发布

食品安全国家标准
动物性食品中五氯酚钠残留量的测定
气相色谱-质谱法

1 范围

本标准规定了动物性食品中五氯酚钠残留量检测的制样和气相色谱质谱法。

本标准适用于猪的肌肉、肝脏和肾脏及鸡的肌肉和肝脏组织中五氯酚钠残留量的检测。

2 规范性引用文件

下列文件对于本文件的应用是必不可少的。凡是注日期的引用文件，仅注日期的版本适用于本文件。凡是不注日期的引用文件，其最新版本(包括所有的修改单)适用于本文件。

GB/T 6682 分析实验室用水规格和试验方法

3 原理

试料中残留的五氯酚钠，用三氯乙酸沉淀蛋白，环己烷-乙酸乙酯溶液提取，乙酸酐-吡啶溶液衍生，气相色谱-质谱法测定，外标法定量。

4 试剂和材料

以下所用的试剂，除特别注明外均为分析纯试剂；水为符合 GB/T 6682 规定的一级水。

4.1 五氯酚钠标准品：含量≥98.0%。

4.2 碳酸钾。

4.3 正己烷。

4.4 环己烷。

4.5 乙酸乙酯。

4.6 乙酸酐。

4.7 吡啶。

4.8 三氯乙酸。

4.9 浓盐酸。

4.10 5%三氯乙酸溶液：取氯乙酸溶液 5 g，用水溶解并稀释至 100 mL。

4.11 2.4 mol/L 盐酸溶液：取浓盐酸 20 mL，用水溶解并稀释至 100 mL。

4.12 环己烷-乙酸乙酯溶液：取乙酸乙酯 10 mL，加环己烷 40 mL，混匀。

4.13 乙酸酐-吡啶溶液：取乙酸酐 10 mL，加吡啶 10 mL，混匀，现配现用。

4.14 0.2 mol/L 碳酸钾溶液：取碳酸钾 27.6 g，用水溶解并稀释至 1 000 mL。

4.15 1 mg/mL 五氯酚钠标准贮备液：精密称取五氯酚钠标准品 10 mg，于 10 mL 量瓶中，用水溶解并稀释至刻度，配制成浓度为 1 mg/mL 的五氯酚钠标准贮备液。−20 ℃以下保存，有效期为 3 个月。

4.16 2 μg/mL 五氯酚钠标准工作液:精密量取 1 mg/mL 五氯酚钠标准贮备液 200 μL,于 100 mL 量瓶中,用水稀释至刻度,配制成浓度为 2 μg/mL 的五氯酚钠标准工作液,现配现用。

5 仪器和设备

5.1 气相色谱质谱仪:配 EI 源。
5.2 分析天平:感量 0.000 01 g。
5.3 天平:感量 0.01 g。
5.4 高速离心机。
5.5 振荡器。
5.6 旋涡混合器。
5.7 组织匀浆机。
5.8 氮吹仪。
5.9 旋转蒸发仪。
5.10 离心管:50 mL。

6 试料的制备与保存

6.1 试料的制备

取适量新鲜或解冻的空白或供试组织,绞碎,并使均质。

——取均质的供试样品,作为供试试料。

——取均质的空白样品,作为空白试料。

——取均质的空白样品,添加适宜浓度的标准工作液,作为空白添加试料。

6.2 试料的保存

−20 ℃以下贮存备用。

7 测定步骤

7.1 基质匹配标准曲线的制备

准确量取 2 μg/mL 五氯酚钠标准工作液适量,用水配制成浓度为 2、5、10、20、50、100 μg/L 的系列标准溶液,各取 1.0 mL,分别溶解经提取、蒸吹干后的 6 份空白试料残余物,混匀,用 2.4 mol/L 盐酸溶液调 pH 至小于 2.0,加环己烷-乙酸乙酯溶液 5 mL,旋涡混合,8 000 r/min 离心 10min,移取有机层,再加环己烷-乙酸乙酯溶液 5 mL,旋涡混合,8 000 r/min 离心 10 min,合并两次有机层,于 45 ℃旋转蒸干。按衍生化步骤操作,供气相色谱质谱测定。以特征离子质量色谱峰面积为纵坐标,对照溶液浓度为横坐标,绘制标准曲线。求回归方程和相关系数。

7.2 提取

称取试料 5 g±0.05 g,于 50 mL 离心管中,加水 10 mL,旋涡混匀,8 000 r/min 离心 10min,取上清液,加 5%三氯乙酸 5 mL,旋涡混匀,8 000 r/min 离心 10 min,取上清液,用 2.4 mol/L 盐酸溶液调 pH 至小于 2.0,加环己烷-乙酸乙酯溶液 5 mL,旋涡混合,8 000 r/min 离心 10 min,移取有机层,再加环己烷-乙酸乙酯溶液 5 mL,旋涡混合,8 000 r/min 离心 10 min,合并两次有机层,于 45 ℃旋转蒸干。

7.3 衍生化

残余物中加环己烷-乙酸乙酯 1.0 mL，加无水硫酸钠少量，加乙酸酐-吡啶溶液 100 μL，密封，于 60 ℃反应 15 min，冷却，加碳酸钾溶液 0.5 mL，充分混匀，静置分层，取有机相，供气相色谱质谱测定。

7.4 测定

7.4.1 色谱条件

7.4.1.1 色谱柱：DB-5MS 5%苯基甲基聚硅氧烷（30 m×0.25 mm，膜厚 0.25 μm），或相当者。
7.4.1.2 进样口温度：250 ℃。
7.4.1.3 进样方式：不分流进样。
7.4.1.4 进样体积：2 μL。
7.4.1.5 柱温：初温 140 ℃，保留 2 min，以 10 ℃/min 升温至 200 ℃，以 15 ℃/min 升温至 280 ℃，保持 3.0 min。
7.4.1.6 载气：氦气，1.0 mL/min（恒流）。

7.4.2 质谱条件

7.4.2.1 EI 源：70 eV。
7.4.2.2 溶剂延迟：3 min。
7.4.2.3 GC/MS 传输线温度：280 ℃。
7.4.2.4 选择离子检测方式，检测离子 Sim(m/z)：266，308，237，165，130。
7.4.2.5 定量离子：266。

7.4.3 测定法

通过试样色谱图的保留时间与标准溶液的保留时间、色谱峰的特征离子与相应浓度标准品各色谱峰的特征离子相对照定性。试样溶液中的离子相对丰度与基质匹配标准溶液中的离子相对丰度相比，符合表 1 的要求。基质匹配标准溶液和添加试液中特征离子的质量色谱图分别见附录 A。

表 1 试料溶液中离子相对丰度的允许偏差范围

相对丰度 %	允许偏差 %
>50	±20
>20～50	±25
>10～20	±30
≤10	±50

7.5 空白试验

取空白试料采用完全相同的测定步骤进行平行操作。

8 结果计算与表述

单点校准：

$$c = \frac{c_S A}{A_S} \qquad \cdots\cdots (1)$$

或基质匹配标准曲线校准：由 $A_S = ac_S + b$ 求得 a 和 b，则

$$c = \frac{A - b}{a} \quad \cdots\cdots\cdots\cdots (2)$$

试料中五氯酚钠的残留量（μg/kg）按式（3）计算：

$$X = \frac{cV}{m} \quad \cdots\cdots\cdots\cdots (3)$$

式中：

c ——供试试料溶液中五氯酚钠浓度，单位为纳克每毫升（ng/mL）；

c_S ——标准溶液中五氯酚钠浓度，单位为纳克每毫升（ng/mL）；

A ——供试试料溶液中五氯酚钠的衍生物的峰面积；

A_S ——标准溶液中五氯酚钠的衍生物的峰面积；

X ——供试试料中五氯酚钠的残留量，单位为微克每千克（μg/kg）；

V ——残余物定容体积，单位为毫升（mL）；

m ——供试试料质量，单位为克（g）。

注：计算结果需扣除空白值，测定结果用平行测定的算术平均值表示，保留三位有效数字。

9 检测方法灵敏度、准确度和精密度

9.1 灵敏度

本方法的检测限为 0.25 μg/kg。

本方法的定量限，肌肉组织中为 0.5 μg/kg，肝脏和肾脏组织中为 1 μg/kg。

9.2 准确度

本方法在肌肉组织 0.5 μg/kg～2 μg/kg、在肝脏和肾脏组织 1 μg/kg～4 μg/kg 添加浓度水平上的回收率范围为 60%～120%。

9.3 精密度

本方法批内相对标准偏差≤20%，批间相对标准偏差≤20%。

附 录 A
色谱图

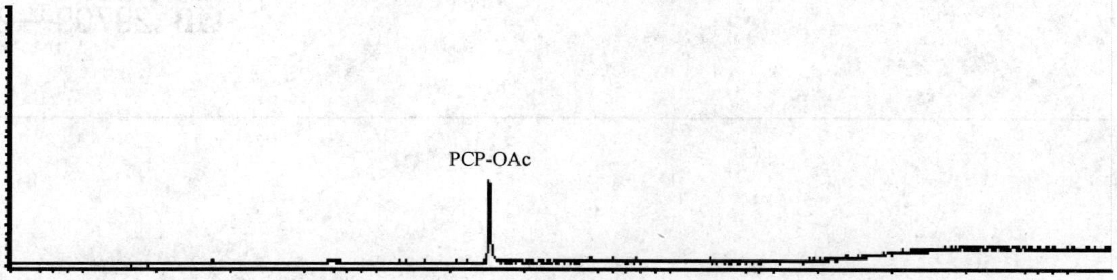

图 A.1　五氯酚钠标准溶液特征离子质量色谱图(2 μg/L)

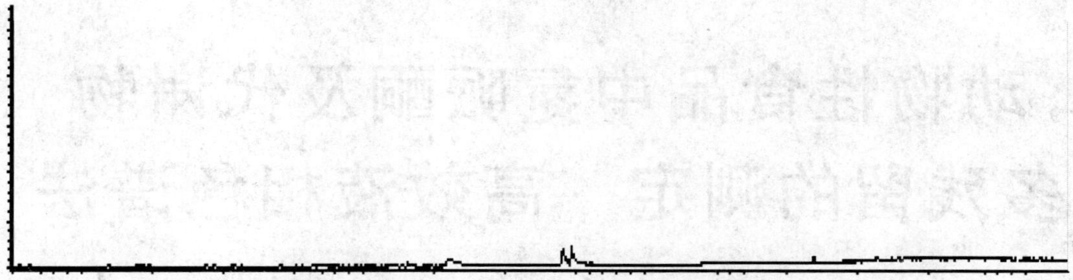

图 A.2　猪肝脏组织空白试样特征离子质量色谱图

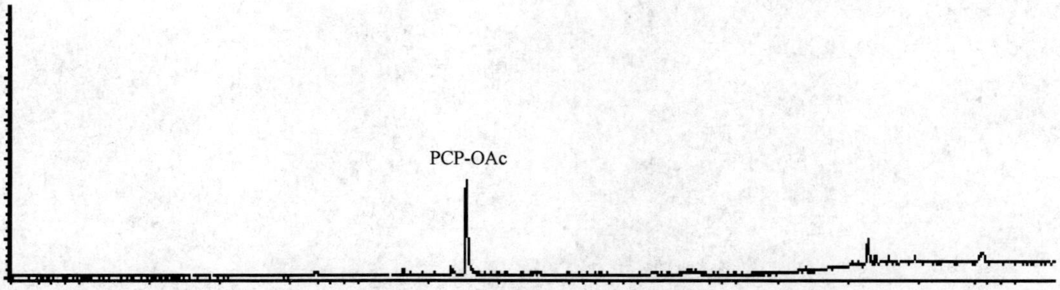

图 A.3　猪肝脏组织空白添加五氯酚钠试样特征离子质量色谱图(1 μg/kg)

中华人民共和国国家标准

GB 29709—2013

食品安全国家标准

动物性食品中氮哌酮及代谢物多残留的测定 高效液相色谱法

2013-09-16 发布 2014-01-01 实施

中华人民共和国农业部
中华人民共和国国家卫生和计划生育委员会 发布

食品安全国家标准

动物性食品中氮哌酮及代谢物多残留的测定　高效液相色谱法

1　范围

本标准规定了动物性食品中氮哌酮及代谢物氮哌醇残留量检测的制样和高效液相色谱测定方法。

本标准适用于猪的肌肉、皮＋脂、肝脏和肾脏组织中氮哌酮及代谢物氮哌醇残留量的检测。

2　规范性引用文件

下列文件对于本文件的应用是必不可少的。凡是注日期的引用文件，仅注日期的版本适用于本文件。凡是不注日期的引用文件，其最新版本(包括所有的修改单)适用于本文件。

GB/T 6682　分析实验室用水规格和试验方法。

3　原理

试料中残留的氮哌酮及代谢物，用乙腈萃取，正己烷除脂，MCX 柱净化，高效液相色谱测定，外标法定量。

4　试剂和材料

以下所用试剂，除特别注明者外均为分析纯；水为符合 GB/T 6682 规定的一级水。

4.1　氮哌酮、氮哌醇标准品：含量≥98％。

4.2　乙腈：色谱纯。

4.3　正己烷。

4.4　浓氨水。

4.5　甲醇。

4.6　乙酸铵。

4.7　甲酸。

4.8　MCX 固相萃取柱：60 mg/3 mL，或相当者。

4.9　2％的甲酸水溶液：取甲酸 2 mL，用水溶解并稀释至 100 mL。

4.10　5％的氨化甲醇：取氨水 5 mL，用甲醇溶解并稀释至 100 mL。

4.11　5 mmol/L 乙酸铵溶液：取乙酸铵 0.385 g，用水溶解并稀释至 1 000 mL，滤膜过滤。

4.12　1 mg/mL 标准贮备液：精密称取氮哌酮和氮哌醇标准品各 10 mg，分别于 10 mL 量瓶中，用甲醇溶解并稀释至刻度，配成浓度为 1 mg/mL 的标准贮备液。－20 ℃以下避光保存，有效期 3 个月。

4.13　1 μg/mL 混合标准工作液：分别精密量取 1 mg/mL 氮哌酮标准贮备液和氮哌醇标准贮备液各 0.1 mL，于 100 mL 量瓶中，用甲醇稀释至刻度，配制成浓度为 1 μg/mL 的混合标准工作液。－20 ℃以下避光保存，有效期 3 个月。

5 仪器和设备

5.1 高效液相色谱仪:配紫外检测器。

5.2 分析天平:感量 0.000 01 g。

5.3 天平:感量 0.01 g。

5.4 冷冻高速离心机。

5.5 氮气吹干装置。

5.6 旋涡混合器。

5.7 固相萃取装置。

5.8 超声波清洗机。

5.9 均质机。

5.10 离心管。

5.11 滤膜:0.22 μm。

6 试料的制备与保存

6.1 试料的制备

取新鲜或冷冻空白组织、供试组织,去除筋膜,绞碎,并使均质。

——取均质后的供试样品,作为供试试料。

——取均质后的空白样品,作为空白试料。

——取均质后的空白样品,添加适宜浓度的标准工作液,作为空白添加试料。

6.2 样品的保存

−20 ℃以下保存。

7 测定步骤

7.1 提取

称取试料 5 g±0.05 g,于离心管中,加乙腈 10 mL,旋涡混合 1 min,超声 2 min,5 000 r/min 离心 5 min,取上清液,残渣中加乙腈 10 mL 重复提取一次,合并两次上清液。于 40 ℃水浴旋转蒸干。用 2%甲酸水溶液 5 mL 溶解残余物,加正己烷 4 mL,混匀,5 000 r/min 离心 5 min,弃正己烷层液,备用。

7.2 净化

MCX 柱依次用甲醇 3 mL、水 3 mL 和 2%甲酸水溶液 3 mL 活化,取备用液过柱,控制流速小于 1 mL/min,用 2%甲酸水 3 mL 和甲醇 3 mL 淋洗,抽干,用 5%氨化甲醇 4 mL 洗脱。收集洗脱液,于 40 ℃氮气吹干,用流动相 1.0 mL 溶解残余物,旋涡混匀,供高效液相色谱法测定。

7.3 标准曲线的制备

精密量取 1 μg/mL 混合标准工作液适量,用甲醇稀释,配制成浓度为 10、20、50、100、200、500 和 1 000 μg/L的系列混合标准溶液。每个浓度重复 3 次,供高效液相色谱测定,以测得峰面积平均值为纵坐标,对应的标准溶液浓度为横坐标,绘制标准曲线。求回归方程和相关系数。

7.4 测定

7.4.1 色谱条件

7.4.1.1 色谱柱：C_{18}(250 mm×4.6 mm，粒径 5 μm)，或相当者。

7.4.1.2 流动相：乙腈＋5 mmol/L 乙酸铵溶液(50＋50，体积比)。

7.4.1.3 流速：1 mL/min。

7.4.1.4 紫外检测波长：250 nm。

7.4.1.5 柱温：40 ℃。

7.4.1.6 进样量：50 μL。

7.4.2 测定法

取试样溶液和相应的标准溶液，作单点或多点校准，按外标法，以峰面积计算。标准溶液及试样溶液中氮哌酮和氮哌醇响应值应在仪器检测的线性范围之内。在上述色谱条件下，标准溶液和空白添加试样溶液的高效液相色谱图见附录 A。

7.5 空白试验

除不加试料外，采用完全相同的步骤进行平行操作。

8 结果计算与表述

试料中氮哌酮和氮哌醇残留量(μg/kg)按式(1)～式(3)计算：

单点校准：

$$c=\frac{c_S A}{A_S} \qquad (1)$$

或标准曲线校准：由 $A_S = ac_S + b$ 求得 a 和 b，则

$$c=\frac{A-b}{a} \qquad (2)$$

$$X=\frac{cV}{m} \qquad (3)$$

式中：

c ——供试试料溶液中相应的氮哌酮及代谢物的浓度，单位为微克每升(μg/L)；

c_S ——标准工作液中相应的氮哌酮及代谢物的浓度，单位为微克每升(μg/L)；

A ——试样中相应的氮哌酮及代谢物峰的面积；

A_S ——标准工作液中相应的氮哌酮及代谢物峰的面积；

X ——供试试料中相应的氮哌酮及代谢物残留量，单位为微克每千克(μg/kg)；

V ——溶解残余物所用流动相体积，单位为毫升(mL)；

m ——供试试料质量，单位为克(g)。

注：计算结果需扣除空白值，测定结果用平行测定的算术平均值表示，保留三位有效数字。

9 检测方法灵敏度、准确度和精密度

9.1 灵敏度

本方法的检测限为 2 μg/kg，定量限为 5 μg/kg。

9.2 准确度

本方法在肌肉、皮+脂组织 5 μg/kg～60 μg/kg、在肝脏和肾脏组织 5 μg/kg～100 μg/kg 添加浓度水平上的回收率为 60%～110 %。

9.3 精密度

本方法批内相对标准偏差≤20%、批间相对标准偏差≤20%。

附 录 A
色谱图

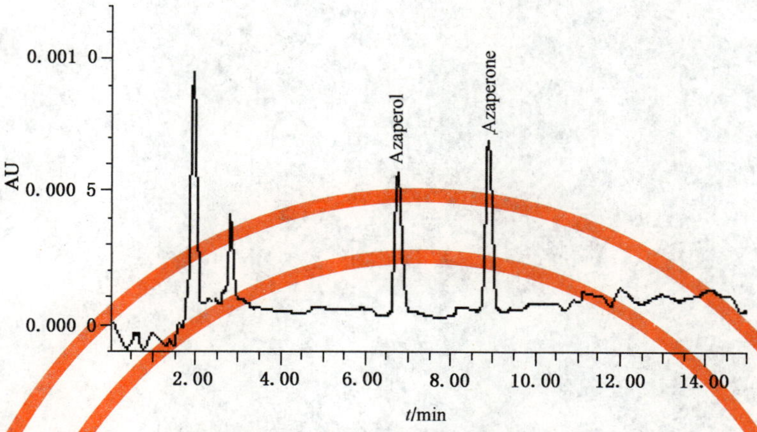

图 A.1 氮哌酮及代谢物标准溶液色谱图(10 μg/L)

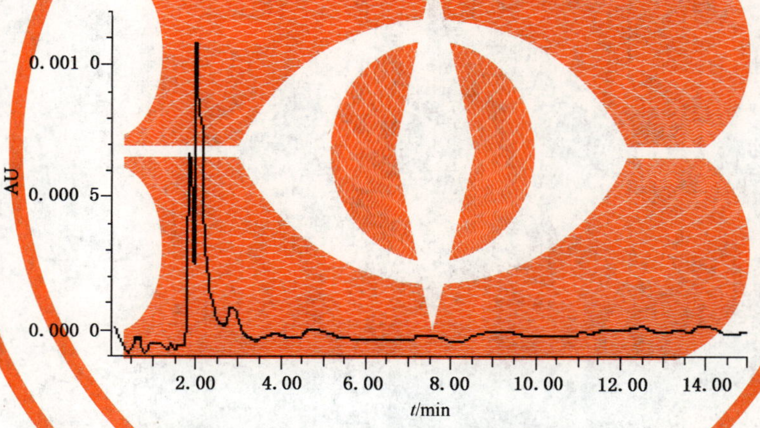

图 A.2 猪肌肉组织空白试样色谱图

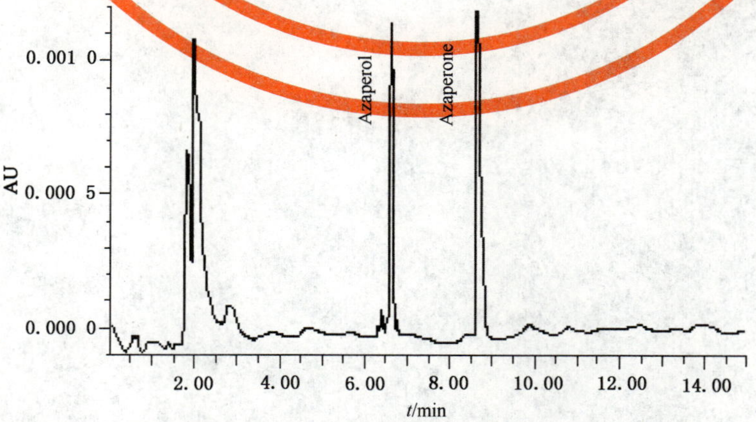

图 A.3 猪肌肉组织空白添加氮哌酮及代谢物试样色谱图(5 μg/kg)

ICS 25.160.10
J 33

中华人民共和国国家标准

GB/T 29710—2013

电子束及激光焊接工艺评定试验方法

Electron and laser beam welding procedure test method

(ISO 15614-11:2002,Specification and qualification of welding procedures for materials—Welding procedure test—Part 11:Electron and laser beam welding,MOD)

2013-09-18 发布 2014-06-01 实施

中华人民共和国国家质量监督检验检疫总局
中国国家标准化管理委员会 发布

前　言

本标准按照 GB/T 1.1—2009 给出的规则起草。

本标准使用重新起草法修改采用 ISO 15614-11:2002《金属材料焊接工艺规程及评定　焊接工艺评定试验　第 11 部分:电子束及激光焊接》(英文版)。

本标准与 ISO 15614-11:2002 的技术性差异及其原因如下:

——关于规范性引用文件,本标准做了具有技术性差异的调整,以适应我国的技术条件。调整的情况集中反映在第 2 章"规范性引用文件"中,具体调整如下:

- 将 ISO 15614-11:2002 中引用的国际标准和欧洲标准,用我国对应的标准代替;
- 增加引用了 JB/T 6061—2007 和 JB/T 6062—2007(见第 7 章)。

本标准还作了下列编辑性修改:

——删除了国际标准的前言;

——对附录 A 中的"焊接工艺评定报告"的格式和内容做了部分调整。

本标准由全国焊接标准化技术委员会(SAC/TC 55)提出并归口。

本标准起草单位:哈尔滨焊接研究所、哈尔滨焊接技术培训中心、上海市特种设备监督检验技术研究院。

本标准主要起草人:朴东光、王克楠、顾福明、苏金花、王旭友、王林。

电子束及激光焊接工艺评定试验方法

1 范围

本标准规定了电子束及激光焊接工艺评定试验方法。

本标准适用于各类金属材料的电子束焊接和激光焊接。

2 规范性引用文件

下列文件对于本文件的应用是必不可少的。凡是注日期的引用文件，仅注日期的版本适用于本文件。凡是不注日期的引用文件，其最新版本(包括所有的修改单)适用于本文件。

GB/T 2651—2008 焊接接头拉伸试验方法(ISO 4136:2001,IDT)

GB/T 2653—2008 焊接接头弯曲试验方法(ISO 5173:2000,IDT)

GB/T 3323—2005 金属熔化焊焊接接头射线照相

GB/T 5185—2005 焊接及相关工艺方法代号(ISO 4063:1998,IDT)

GB/T 11345 焊缝无损检测 超声检测 技术、检测等级和评估(GB/T 11345—2013,ISO 17640:2010,MOD)

GB/T 16672—1996 焊缝 工作位置 倾角和转角的定义(ISO 6947:1993,IDT)

GB/T 19866—2005 焊接工艺规程及评定的一般原则(ISO 15607:2003,IDT)

GB/T 19867.3—2008 电子束焊接工艺规程(ISO 15609-3:2004,IDT)

GB/T 19867.4—2008 激光焊接工艺规程(ISO 15609-4:2004,IDT)

GB/T 22085.1—2008 电子束及激光焊接接头 缺欠质量分级指南 第1部分:钢(ISO 13919-1:1996,IDT)

GB/T 22085.2—2008 电子束及激光焊接接头 缺欠质量分级指南 第2部分:铝及铝合金(ISO 13919-2:2001,IDT)

GB/T 26955—2011 金属材料焊缝破坏性试验 焊缝宏观和微观检验(ISO 17639:2003,MOD)

JB/T 6061—2007 无损检测 焊缝磁粉检测

JB/T 6062—2007 无损检测 焊缝渗透检测

ISO 22826:2005 金属材料焊缝的破坏性试验 激光和电子束焊接接头的硬度试验(Vickers 和 Knoop 硬度试验)(Destructive tests on welds in metallic materials—Hardness testing of narrow joints welded by laser and electron beam (Vickers and Knoop hardness tests))

3 术语和定义

GB/T 19866、GB/T 19867.3 和 GB/T 19867.4 界定的术语和定义适用于本文件。

4 焊接工艺预规程(pWPS)

电子束焊接工艺预规程应参照 GB/T 19867.3 编制，激光焊接工艺预规程应参照 GB/T 19867.4 编制。这些参数应规定允许范围。

5　焊接工艺评定试验

试件的焊接和试验应符合第6章和第7章的要求。

钢、铝及铝合金电子束及激光焊接质量缺欠的评定可按照GB/T 22085.1和GB/T 22085.2规定。

具体等级要求应按产品标准(或设计要求)确定。

6　试件

6.1　一般原则

按照6.2规定,可用一个(或多个)标准试件代替涵盖实际产品焊接组件。

6.2　试件的形状和尺寸

试件应具有足够的尺寸,满足试验需要。

试件的厚度及(或)管子外径应按照8.5.2.1～8.5.2.2要求选择。

无其他规定时,试件的形状及最小尺寸应符合本标准要求。而且,试件的长度应满足取样数量需求(如表1～表3所示)。

试件应做典型设计,规定构件及接头的几何形式。

试验量较多时(如需要进行附加试验或参照7.5复试),允许制备附加试件(或尺寸更长的试件)。

产品标准或规范要求时,板材试件应做轧制方向标记。

6.2.1　板对接焊缝试件

试件应按图1制备。

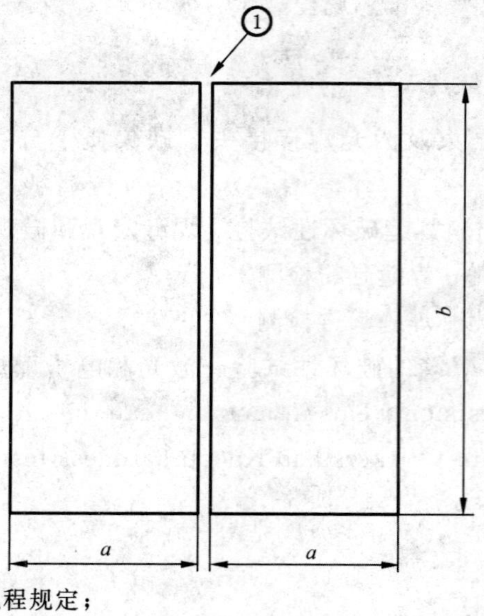

① 坡口及组对符合焊接工艺预规程规定;

$a=3t$ 至少150 mm;

$b=6t$ 至少300 mm;

厚度不同时,t 为较小值。

图1　板对接焊缝试件

6.2.2 管对接焊缝试件

试件应按图 2a)或图 2b)制备。使用小直径管时,可能需要若干试件。

直径 D 在 150 mm 以上且大于 $20t$ 的管子,其焊接工艺评定可在板对接焊缝试件上进行。试验应考虑焊缝的搭接和功率衰减的部位。

6.2.2.1 管子径向对接焊缝试件[参见图 2 a)]

6.2.2.2 管子(或管板)轴向对接焊缝试件[参见图 2 b)]

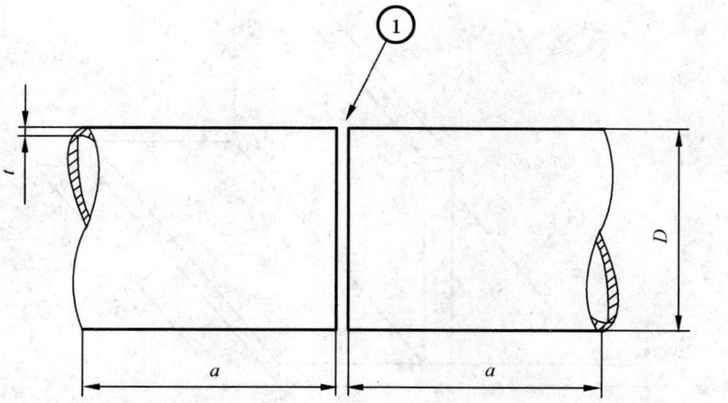

① 坡口及组对符合焊接工艺预规程规定;

$a=3t$ 至少 150 mm;

D 为管子外径;

厚度不同时,t 为较小值。

a) 管子径向对接焊缝试件

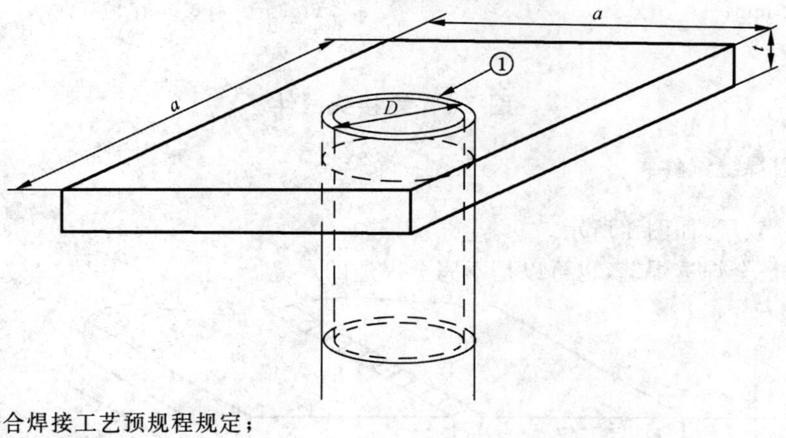

① 坡口及组对符合焊接工艺预规程规定;

a ——板或管子的最小尺寸;

D ——管子外径;

$a \geqslant D+6t$,至少 $D+150$ mm。

t ——板厚。

b) 管子(或管板)轴向对接焊缝试件

图 2 管子及管板对接焊缝试件

6.2.3 其他试件

6.2.3.1 T 型接头试件

试件如图 3 所示。

T 型接头可细分如下：

a) 单面焊 T 型对接；

b) 双面焊 T 型对接；

c) 单面或双面焊角焊缝(不完全熔透)；

d) T 型穿透焊缝。

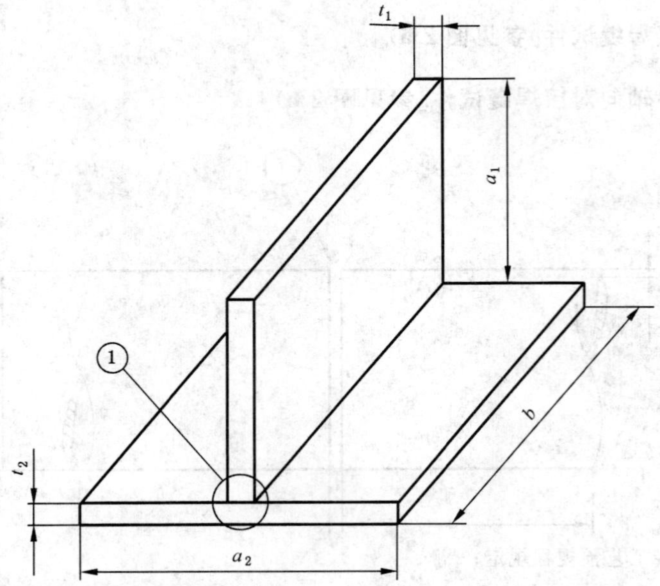

① 坡口及组对符合焊接工艺预规程规定；

对于 a)、b)、c)形式：

$a_1 \geqslant 6t_1$；至少 50 mm；

$a_2 \geqslant 6t_1$；至少 100 mm；

$b \geqslant 300$ mm；

t_1 和 t_2 为厚度。

对于 d)形式：

$a_1 \geqslant 6t_2$；至少 50 mm；

$a_2 \geqslant 6t_2$；至少 100 mm；

$b \geqslant 300$ mm。

图 3 T 型接头试件

6.2.3.2 搭接穿透焊缝试件

搭接穿透焊缝(双层)如图 4 所示。

这种焊缝可以是全焊透焊缝，也可以是不完全焊透的焊缝。

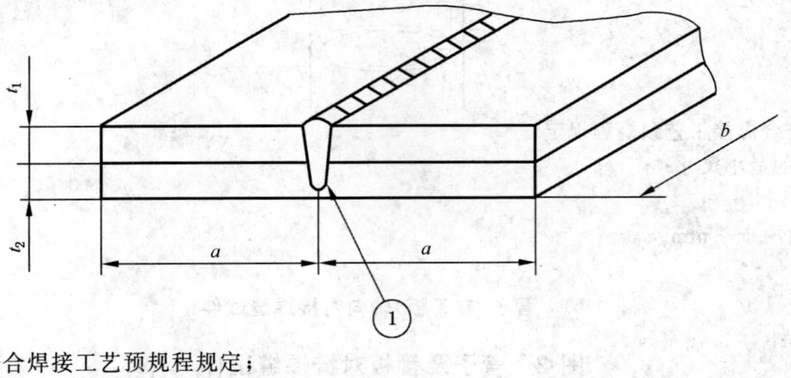

① 坡口及组对符合焊接工艺预规程规定；

$a \geqslant 4\ (t_1 + t_2)$；至少 100 mm；

$b \geqslant 300$ mm；

t_1 和 t_2 为厚度。

注：该接头可能由三层(或更多层)板组成。

图 4 搭接穿透焊缝试件

6.3 试件的焊接

试件的制备及焊接应按照焊接工艺预规程，并在与实际焊接生产环境相近的条件下进行。

定位焊缝最终熔入接头时，试件也应包含定位焊缝。

试件的焊接及试验应在考官或考试机构监督下进行。

7 试验及检验

7.1 试验及检验范围

试验和检验包括无损检测和破坏性试验，具体要求参见表1、表2和表3。

表1 B级焊缝的试验及检验

试件	试验/检验种类	试验/检验范围	备注
对接焊缝 图1和图2	目视检验	100%	—
	射线检验	100%	a
	超声检验	100%	a
	表面裂纹检验	100%	b
	金相试验	至少1个截面	c
	硬度试验	有要求时	d
	横向弯曲	有要求时： 2个背弯和2个面弯	e
	纵向弯曲	有要求时： 1个背弯和1个面弯	f
	横向拉伸	2个试样	g
	韧性	1组试样	h
T型接头 图3[i]	目视检验	100%	—
	表面裂纹检验	100%	b
	超声检验	100%	j
	硬度试验	有要求时	—
	金相试验	2个截面	c
	其他试验	有要求时	
搭接焊缝 图4	目视检验	100%	—
	金相试验	2个截面	c
	其他试验（如：硬度、密封、剪切）	有要求时	—

a 射线检验（或超声波检验）均可。

b 渗透检验或磁粉检验。对于非磁性材料，采用渗透检验。

c 板对接焊缝要求1个截面；管子对接焊缝（见图6）要求3个截面；每个焊接位置（见GB/T 16672）各一个，这些截面做宏观或微观金相检验。

d 是否做硬度试验，视母材和焊材条件。

e 当厚度大于20 mm时，可用4个侧弯代替2个面弯和2个背弯。

f 异质接头性能不均匀时可用纵向弯曲代替横向弯曲试验。

g 不适用于图2b)的管板对接焊缝。

h 根据材料和厚度情况，可从焊缝（或热影响区）处截取一组（或多组）试样（图2b的对接焊缝除外）。母材有韧性要求（或产品标准有规定）时，才考虑做冲击试验。无验温度规定时，可仅考虑室温韧性。具体韧性试验要求参见7.4.3。在使用填充材料的情况下，应从焊缝的表层和根部区域取附加的冲击试样。

i 通过其他方法无法评定WPS时，应考虑做附加试验用来验证构件的力学性能。

j 超声衰减（或材料厚度的原因）而使超声波检验无法实施的情况除外。

表 2　C 级焊缝的试验及检验

试件	试验/检验种类	试验/检验范围	备注
对接焊缝 图 1 和图 2	目视检验	100%	—
	射线检验	100%	a
	超声检验	100%	a
	表面裂纹检验	100%	b
	金相试验	至少 1 个截面	c
	硬度试验	有要求时	d
	横向弯曲	有要求时：	e
		2 个背弯和 2 个面弯	—
	纵向弯曲	有要求时：	f
		1 个背弯和 1 个面弯	
	横向拉伸	2 个试样	g
T 型接头 图 3[h]	目视检验	100%	—
	表面裂纹检验	100%	b
	超声检验	100%	i
	硬度试验	有要求时	—
	金相试验	2 个截面	c
	其他试验	有要求时	—
搭接焊缝 图 4	目视检验	100%	—
	金相试验	2 个截面	c
	其他试验(如:硬度、密封、剪切)	有要求时	—

a 射线检验(或超声波检验)均可。
b 渗透检验或磁粉检验。对于非磁性材料，采用渗透检验。
c 板对接焊缝要求 1 个截面；管子对接焊缝(见图 6)要求 3 个截面；每个标准位置(见 GB/T 16672)各一个，这些截面做宏观或微观金相检验。
d 是否做硬度试验，视母材和焊材条件。
e 当厚度大于 20 mm 时，可用 4 个侧弯代替 2 个面弯和 2 个背弯。
f 异质接头性能不均匀时可用纵向弯曲代替横向弯曲试验。
g 不适用于图 2b)的管板对接焊缝。
h 通过其他方法无法评定 WPS 时，应考虑做附加试验用来验证构件的力学性能。
i 超声衰减(或材料厚度的原因)而使超声波检验无法实施的情况除外。

表 3　D 级焊缝的试验及检验

试件	试验/检验种类	试验/检验范围	备注
对接焊缝 图 1 和图 2	目视检验	100%	—
	射线检验	100%	—
	超声检验	100%	—
	表面裂纹检验	100%	—
	金相试验	至少 1 个截面	a
T 型接头 图 3	目视检验	100%	—
	表面裂纹检验	有要求时	—
	超声检验	有要求时	—
	金相试验	1 个截面	a

表 3（续）

试件	试验/检验种类	试验/检验范围	备注
搭接焊缝 图 4	目视检验 金相试验	100％ 至少 1 个截面	— a

[a] 板对接焊缝要求 1 个截面；管子对接焊缝（见图 6）要求 3 个截面；每个标准位置（见 GB/T 16672）各一个，这些截面做宏观或微观金相检验。

7.2 试样的位置及截取

试样的截取应按照图 5～图 8 要求。

在搭接部位，应从如下位置截取两个金相试样：

——一个取自搭接部位；

——一个取自束流衰减的焊缝区域。

如果由于束流衰减前搭接部位太小，无法截取两个试样时，则仅在束流衰减焊缝区截取一个试样。

在规范有要求时，也可从该部位截取其他试样。

试样应在无损检验的合格部位内截取。允许避开未超标的缺陷部位截取试样，参见 7.3.2。

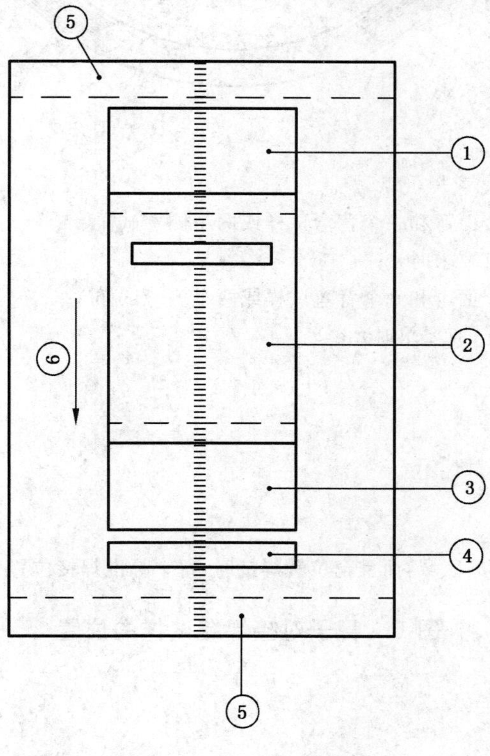

说明：

1——区域 1 一个拉伸试样；一个面弯和一个背弯试样或两个侧弯试样；

2——区域 2 冲击和附加试样（有要求时）；

3——区域 3 一个拉伸试样；一个面弯和一个背弯试样或两个侧弯试样；

4——区域 4 金相试样/硬度试样（有要求时）；

5——去除：$t \leqslant 25$ mm 时，去除 25 mm；$t > 25$ mm 时，至少去除 50 mm；

6——焊接方向。

图 5 板对接焊缝试样的位置

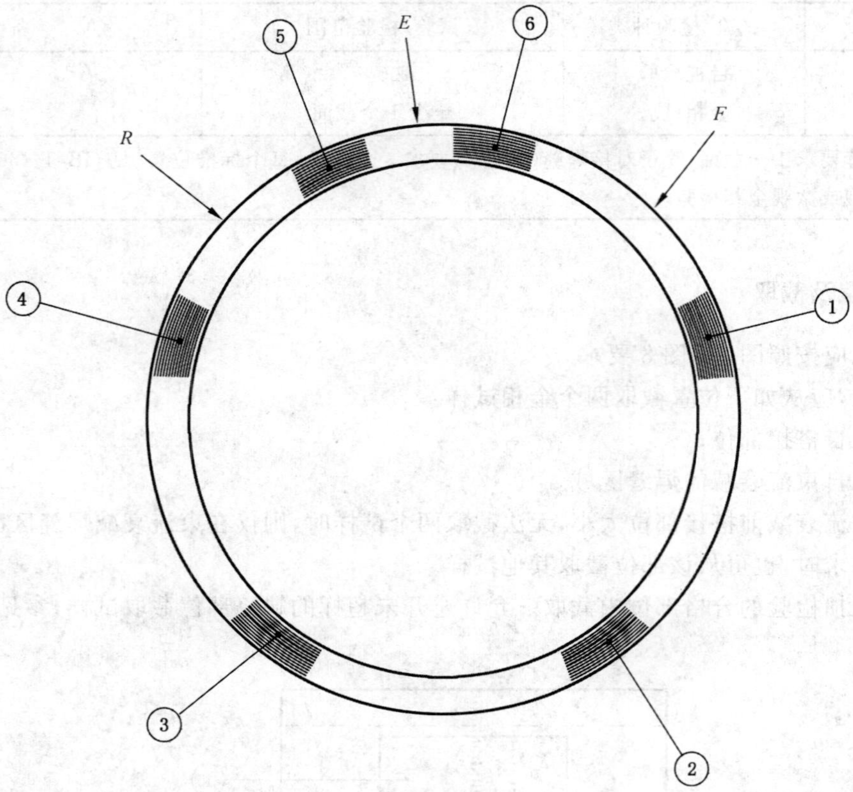

说明：

1——区域 1 一个拉伸试样；一个面弯和一个背弯试样或两个侧弯试样[a]；

2——区域 2 冲击和附加试样(有要求时)[a]；

3——区域 3 一个拉伸试样；一个面弯和一个背弯试样或两个侧弯试样[a]；

4——区域 4 金相试样/硬度试样(有要求时)[a]；

5——区域 5 一个金相试样；

6——区域 6 一个金相试样；

R——开始搭接的部位；

E——束流功率开始衰减的部位；

F——束流功率结束衰减的部位。

[a] 指 1、2、3、4 区应避开 *RE* 和 *EF* 区域，而且全位置焊接时，每个标准焊接位置应做附加金相检验。

图 6　管子对接焊缝试样的位置

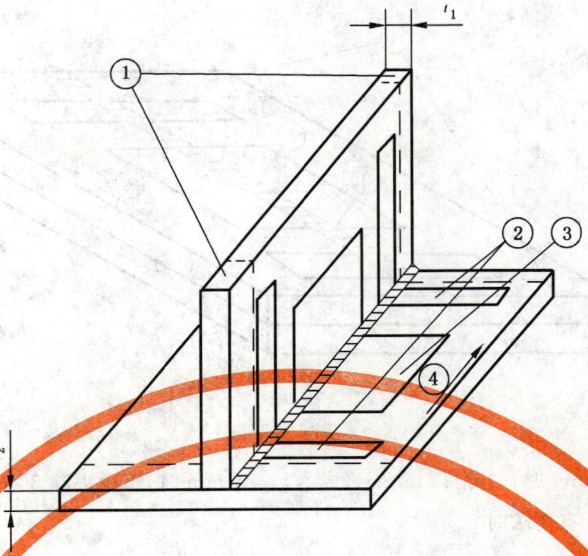

说明：
1——去除：t_1（或 t_2）≤25 mm 时，去除 25 mm；t_1（或 t_2）>25 mm 时，至少去除 50 mm；
2——金相试样/硬度试样（有要求时）；
3——其他试样；
4——焊接方向。

a） 单面（或双面焊）的 T 型接头对接焊缝或角焊缝（不完全熔透）

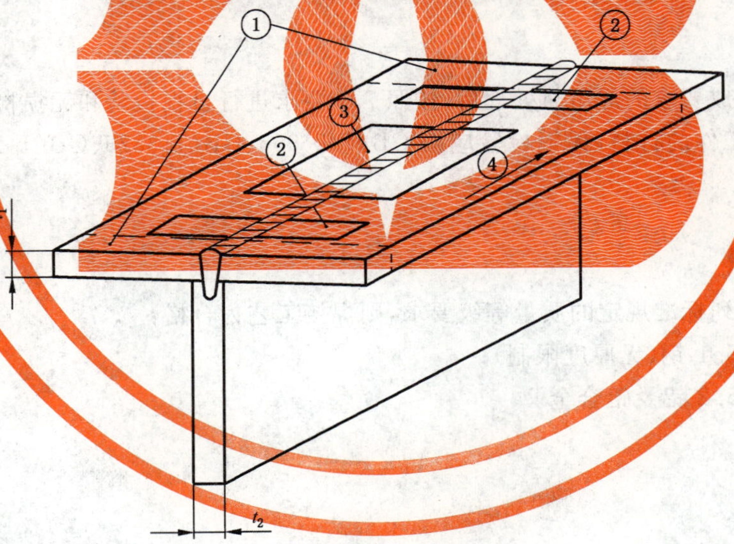

说明：
1——去除：t_1（或 t_2）≤25 mm 时，去除 25 mm；t_1（或 t_2）>25 mm 时，至少去除 50 mm；
2——金相试样/硬度试样（有要求时）；
3——其他试样；
4——焊接方向。

b） 穿透焊缝

图 7 T 型接头试样的位置

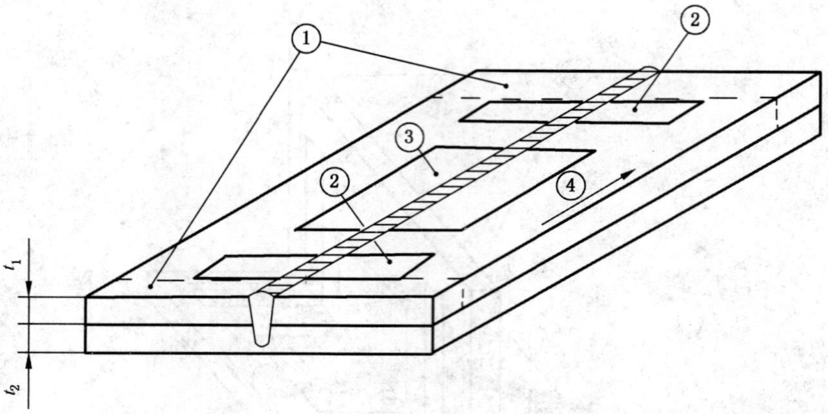

说明：

1——去除：t_1(或 t_2)≤25 mm 时，去除 25 mm；t_1(或 t_2)＞25 mm 时，至少去除 50 mm；

2——金相试样/硬度试样(有要求时)；

3——其他试样；

4——焊接方向。

图 8 搭接穿透焊缝试样的位置

7.3 无损检验

7.3.1 方法

所有试件应在完成要求的焊后热处理后，按照 7.1 要求进行目视检验和无损检验，然后才可解剖。

根据接头形状、工件的材料，无损检验应按 GB/T 26955、GB/T 3323、GB/T 11345、JB/T 6061 和 JB/T 6062 进行。

7.3.2 合格等级

如果试件满足下列标准规定的质量等级要求，则焊接工艺为合格：

——GB/T 22085.1 钢(无厚度限制)；

——GB/T 22085.2 铝及铝合金。

7.4 破坏性试验

7.4.1 横向拉伸试验

7.4.1.1 方法

横向拉伸试验应在室温(或其他规定的温度)下进行。对接接头横向拉伸的试样及试验方法应符合 GB/T 2651 要求。

对于外径大于 50 mm 的管子，焊缝正面和背面的余高应去除，使得试样的厚度与管子厚度相同。

对于外径小于等于 50 mm 的管子，当采用小直径管子的整个截面时，管子内表面多余的焊缝金属可以保留。

7.4.1.2 合格等级

对于 B 或 C 级焊缝，试样的拉伸强度不得低于产品标准规定的最小值。

8.6 焊接材料

评定合格的焊接工艺仅对所用的焊接材料有效(牌号或型号、形式和规格)。

8.7 接头形式

评定合格的焊接工艺仅对所用的接头形式有效,其间隙及错边限值由焊接工艺规程确定。焊接工艺规程则应符合 GB/T 19867.3 和 GB/T 19867.4 的要求。

8.8 衬垫

增加或者取消衬垫均需要重新做工艺评定。

衬垫包括如下 3 种形式:

——外加垫板;

——锁底(一般为在一个工件上加工形成的托板);

——起衬垫作用的焊缝(通常为采用其他方法在试件根部施焊的焊缝)。

在最后一种情况下,熔敷焊缝的实施条件应与评定试验一致,不得更改。

8.9 焊缝种类

评定合格的焊接工艺仅对评定试验所用的焊缝种类有效,"全焊透焊缝"与"不完全焊透焊缝"的工艺评定不可相互替代。

8.10 焊接位置

评定合格的焊接工艺仅对评定试验所使用的焊接位置(定义参见 GB/T 16672)有效。

8.11 焊接参数

8.11.1 电子束焊接

评定合格的焊接工艺仅对焊接工艺规程(GB/T 19867.3)中规定的参数范围有效。

8.11.2 激光焊接

评定合格的焊接工艺仅对焊接工艺规程(GB/T 19867.4)中规定的参数范围有效。

8.12 预热

有预热要求时,下述情况需重做评定:

——取消预热;

——预热温度超出规定的范围。

8.13 焊后热处理

有焊后热处理要求时,下述情况需重做评定:

——取消焊后热处理;

——焊后热处理参数超出规定的范围。

8.14 焊道数量

评定合格的焊接工艺仅对评定试验的焊道数范围有效。

8.15 有效期

焊接设备未做重大更改(如搬迁、大修等),评定合格的焊接工艺则有效。

9 焊接工艺评定报告

焊接工艺评定报告应采用合适的格式,详细记录评定的试验项目和结果。附录A给出了焊接工艺评定报告的示例。

附　录　A
（资料性附录）
焊接工艺评定报告格式（WPQR）

焊接工艺评定——试验证书

制造商的 WPQR 编号：　　　　　　　　　　考官或考试机构：

制造商：　　　　　　　　　　　　　　　　代号：

地址：

规范/标准：

焊接日期：

认可范围：

焊接方法：

设备：

接头种类/形式：

熔深：

母材：

厚度/mm：

外径/mm：

焊接材料种类：

真空：

保护气体：　　　　　　等离子气体：　　　　　　背面保护气体：

焊接位置：

预热：

焊后热处理：

其他信息：

试样的制备、焊接及检验符合上述规范/标准的要求。

地点：	颁发日期：	考官或考试机构 姓名、日期及签名

焊接试验详细报告

焊接工艺规程

电子束焊接工艺规程参见 GB/T 19867.3 的附录 A，激光焊接工艺规程参见 GB/T 19867.4 的附录 A。

试验结果

试件标识：

无损检验：

试验人员：

目视检验： 要求 是□ 否□

射线检验： 要求 是□ 否□

胶片型号： 标记：

超声检验： 要求 是□ 否□

渗透检验： 要求 是□ 否□

无缺欠	有缺欠	
	合格	不合格

破坏性检验：

横向拉伸试验： 要求 是□ 否□

试验人员：

试样种类： 标准试样□ 非标试样□ 焊缝加工平齐：是□ 否□

试样		尺寸	*Rm* N/mm²	延伸率 %	断裂部位			备注
标识	种类				母材	HAZ	焊缝	

弯曲试验： 试验人员：

横向弯曲试验： 要求 是□ 否□

纵向弯曲试验： 要求 是□ 否□

试样		尺寸 mm	弯心直径 mm	间距 mm	弯曲条件			弯曲角度	备注
标识	种类				面弯	背弯	侧弯		

试件标识：

冲击试验： 要求 是□ 否□

试验人员：

编号	缺口部位横截面 cm^2	温度 ℃	位置				冲击功 J		备注
			试样		缺口				
			中心	表面	焊缝	HAZ	单值	平均值	

硬度试验：　　要求　　是□　　否□

试验人员：

试样示意图	测量点位置 N°	结果

金相检验：　　要求　　是□　　否□

试验人员：

其他试验：

试验依据：

试验报告编号：

试验结果：　　合格□　　不合格□

试验在＿＿＿＿＿监督下进行。　　考官或考试机构姓名、日期及签名

ICS 25.160.40
J 33

中华人民共和国国家标准

GB/T 29711—2013/ISO 23279:2010

焊缝无损检测　超声检测
焊缝中的显示特征

Non-destructive testing of welds—Ultrasonic testing—
Characterization of indications in welds

(ISO 23279:2010,IDT)

2013-09-18 发布　　2014-06-01 实施

中华人民共和国国家质量监督检验检疫总局
中国国家标准化管理委员会　发布

前言

本标准按照 GB/T 1.1—2009 给出的规则起草。

本标准使用翻译法等同采用 ISO 23279:2010《焊缝无损检测　超声检测　焊缝中的显示特征》。

与本标准中规范性引用的国际文件有一致性对应关系的我国文件如下：

——GB/T 11345—2013　焊缝无损检测　超声检测　技术、检测等级和评定(ISO 17640:2010，MOD)。

本标准对 ISO 23279:2010 进行了下列编辑性修改：

——删除了国际标准的前言；

——将 ISO 23279:2010 中引用的 ISO 标准，用我国对应的标准代替；

——按照 ISO 11666:2010，在本标准“参考文献”中描述其英文标题。

本标准由全国焊接标准化技术委员会(SAC/TC 55)归口。

本标准起草单位：上海材料研究所、中国特种设备检测研究院、江苏方天电力技术有限公司、济宁瑞祥模具有限责任公司(山东济宁模具厂)。

本标准主要起草人：姜炜、金宇飞、丁杰、庄志强、郑晖、马君鹏、魏忠瑞、王森、张文杰、马君、奚力峰。

焊缝无损检测 超声检测
焊缝中的显示特征

1 范围

本标准规定了如何来表征内部显示，即把它们分类为平面型或非平面型。

本标准也适用于去除焊缝余高后裸露在焊缝表面的显示。

2 规范性引用文件

下列文件对于本文件的应用是必不可少的。凡是注日期的引用文件，仅注日期的版本适用于本文件。凡是不注日期的引用文件，其最新版本(包括所有的修改单)适用于本文件。

ISO 17640 焊缝无损检测 超声检测 技术、检测等级和评定(Non-destructive testing of welds—Ultrasonic testing—Techniques, testing levels, and assessment)

3 原则

根据以下参数，将显示分类为平面型或非平面型：

a) 焊接技术；

b) 显示的几何位置；

c) 最大回波幅度；

d) 定向反射；

e) 静态回波波形(例如：A-扫描)；

f) 动态回波波形。

综合考虑上述每一个参数，即会得到准确的分类结果。

作为指导，图 A.1 给出了适于常规应用的焊缝内部显示的分类。图 A.1 宜结合上述所列的前 2 个参数进行应用，而不能独立分开考察。

本标准规定的分类流程，也适于去除焊缝余高后裸露在焊缝表面显示的分类(见图 1)。

单位为毫米

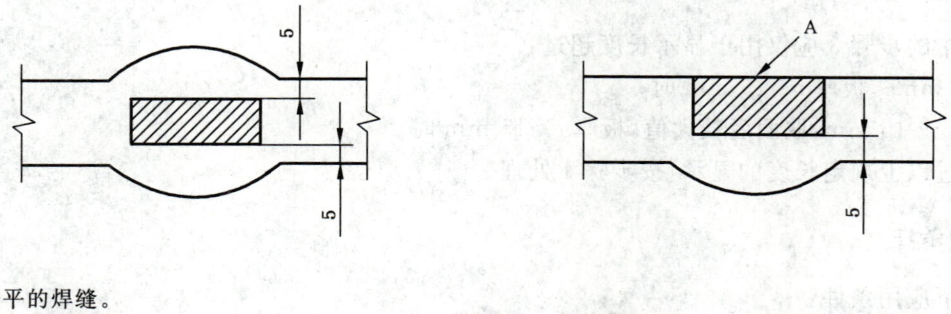

说明：

A——磨平的焊缝。

图 1 焊缝中显示的位置

4 准则

4.1 概述

显示是按以下几个准则依次进行分类：

a) 回波幅度；

b) 定向反射；

c) 静态回波波形(A-扫描)；

d) 动态回波波形。

以上准则可通过流程图来实施(见附录A)。

对显示进行判断和特征分类时，推荐选用相同的探头。流程图将显示分类系统标准化。通过与距离波幅曲线(DAC)的比较，或与来自不连续的不同方向的最大回波幅度相比较，定义几个阈值(以分贝表示)。

流程图中不同步骤采用的阈值，见表A.1。

流程图分为5个步骤：

a) 步骤1：非常低的回波幅度显示，不分类；

b) 步骤2：高回波幅度显示，分类为平面型；

c) 步骤3：主要分类未熔合；

d) 步骤4：主要分类夹杂物；

e) 步骤5：主要分类裂纹。

注：根据流程图，夹杂物与未熔合同时存在的混合型显示，分类为平面型。图A.2给出了该类型伤的一个示例。

4.2 回波幅度准则(步骤1和步骤2)

4.2.1 低回波幅度(步骤1)

回波幅度低于ISO 11666规定评定等级的(图A.1中定义为 T_1)显示是无关紧要的，不应进行表征，可验收。

对于特殊应用，如果技术协议中有规定，T_1 值可再降低。

4.2.2 高回波幅度(步骤2)

回波幅度不低于参考等级+6 dB(在图A.1中定义为 T_2)的显示，分类平面型显示。

4.3 定向反射准则(步骤3)

4.3.1 基于显示长度的适用性判定

流程图中的步骤3应仅用于显示长度超过：

a) t，8 mm≤板厚 t≤15 mm 时；

b) $t/2$ 或 15 mm，取两者较大值，板厚 t>15 mm 时。

没有超过以上规定长度的显示，按步骤4处理。

4.3.2 应用条件

执行如下应用条件：

a) 所比较的回波应来自同一反射体；

b) 回波的比较应在显示的回波达到最高位置 $H_{d,max}$ 时进行；

c) 当同时使用直探头和斜探头时，应选择合适的探头频率，使得横波和纵波的波长近似相等(如4 MHz的纵波和2 MHz的横波)；

d) 当使用2个或多个斜探头时，标称折射角之差应大于等于10°；

e) 若是对通过焊缝的回波与仅通过母材的回波进行比较，焊缝中的衰减应予以考虑。

4.3.3 准则

对于同一显示，比较最高回波幅度 $H_{d,max}$ 与从其他方向得到的最低回波幅度 $H_{d,min}$。

为满足定向反射，应同时符合如下条件：

a) $H_{d,max} \geqslant T_3$(参考等级−6 dB)；

b) 从2个不同方向得到的显示回波幅度之间的差值 $|H_{d,max}-H_{d,min}|$，至少为：

  1) 9 dB，仅用横波斜探头，或

  2) 15 dB，用1个横波斜探头和1个纵波直探头。

定向反射取决于折射角和检测条件(半跨距，全跨距)。

不同检测方向的示例，参见图B.1。

应用本准则的一个示例，参见图B.2。

4.4 静态回波波形准则(步骤4)

在此步骤，显示的静态回波波形(例如：A扫描)与参考反射体(3 mm直径的横孔)的静态回波波形进行比较。

如果静态回波波形单一且平滑，将显示分类为非平面型。

如果静态回波波形既不单一也不平滑的，按步骤5处理。

应至少从2个方向进行检测，才符合本准则。

4.5 横向动态回波波形准则(步骤5)

显示的横向动态回波波形，是探头按ISO 17640要求沿垂直于显示长度方向移动时所获得的回波包络线。分析时不仅要考虑包络线，也要考虑包络线内的回波变化情况。

显示的分类取决于获得的波形：

a) 波形1：单一的非平面型显示；

b) 波形2：不属于波形1的非平面型显示；

c) 波形3和波形4：平面型显示，如果观察到有2个方向的最高反射，或如果只观察到1个反射方向，采用附加检测(见4.6)；

d) 波形5：密集的非平面型显示。

  附录C给出了波形分类规则。

  应至少从2个方向进行检测，才符合本准则。

4.6 附加检测

在有怀疑的情况下，执行附加检测，例如：

a) 增加反射方向或探头；

b) 分析探头平行于显示长度方向移动时获得的回波包络线。[参见图C.1 c)、图C.2 c)、图C.3 c)、图C.4 c)和图C.5 c)]；

c) 使用其他无损检测方法获得的结果(例如射线检测)。

以上所列项不受限制。

附　录　A
（规范性附录）
焊缝中的内部显示分类　流程图

流程图见图 A.1。

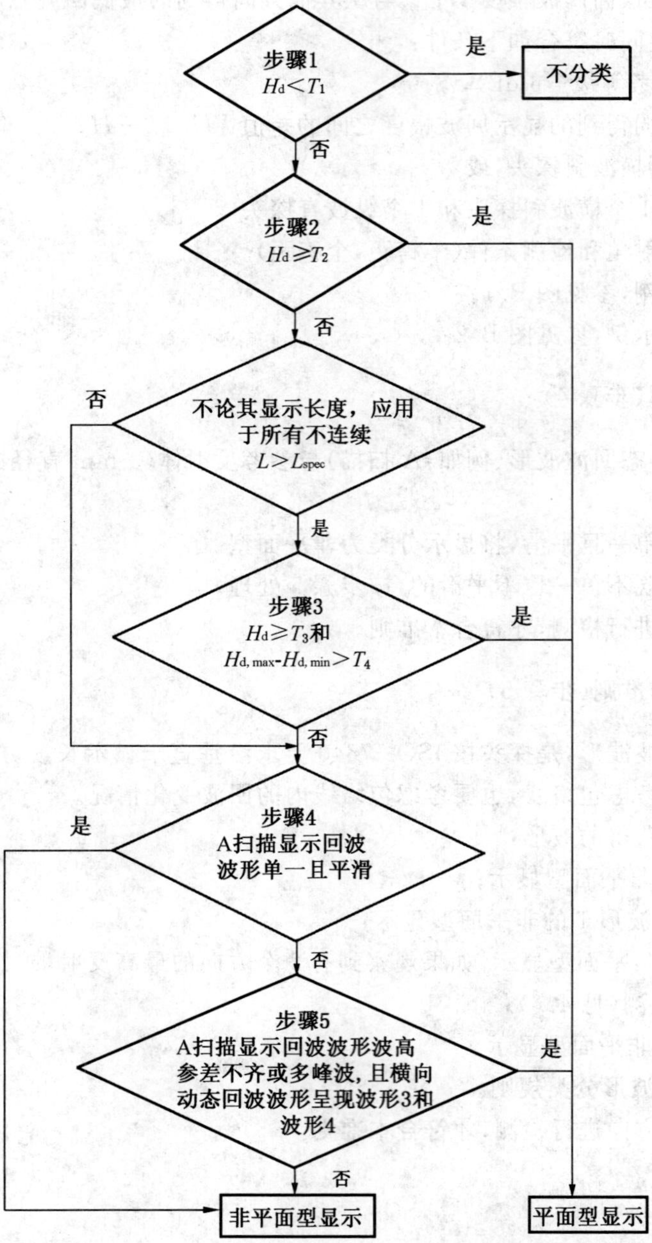

说明：

H_d ——显示回波幅度；　$H_{d,min}$——最低回波幅度；　L_{spec} ——规定长度；

$H_{d,max}$ ——最高回波幅度；　L ——长度；　T_1,T_2,T_3,T_4——见表 A.1。

图 A.1　流程图

表 A.1 流程图中使用的阈值

阈	T_1	T_2	T_3	T_4
阈值	评定等级	参考等级＋6 dB	参考等级－6 dB	9 dB[a] 或 15 dB[b]

[a] 横波。

[b] 横波和纵波反射之间。

步骤 1(T_1,例如评定等级):所有显示回波幅度≤T_1 时,不分类。

步骤 2(T_2,例如参考等级＋6 dB):当显示达到至少 2 倍参考回波时,分类为平面型。

步骤 3(T_3,例如参考等级－6 dB):当显示回波幅度至少达到参考回波一半,且反射回波幅度差值大于或等于 T_4,分类为平面型显示。

——当 2 个探头都做横波检测时,T_4＝9 dB;

——当 1 个探头做横波检测,另 1 个探头做纵波检测时,T_4＝15 dB;

入射至显示上的超声声束的角度之间应至少差 10°。

应在显示的相同区域进行比较。

步骤 4 和步骤 5:符合本准则应至少从 2 个方向进行检测。

步骤 5:若动态回波波形与图形 3 不吻合,分类为非平面型。

回波波形的定义,参见附录 C。

夹杂物和未熔合同时存在的混合型显示,在流程图中将其分类为平面型,见图 A.2 所示。

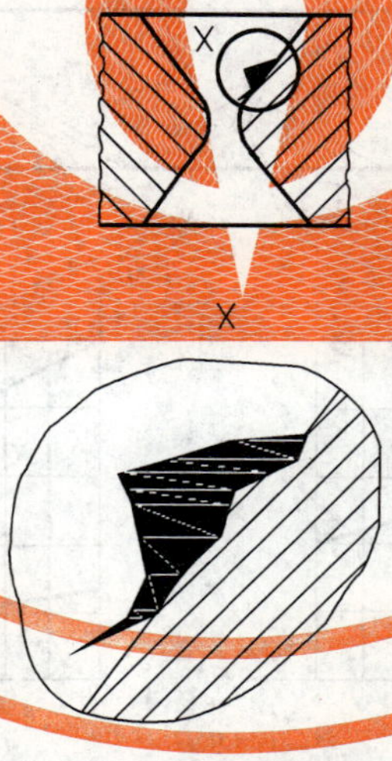

图 A.2 夹杂物和未熔合同时存在的混合型显示示例

附　录　B
（资料性附录）
定向反射

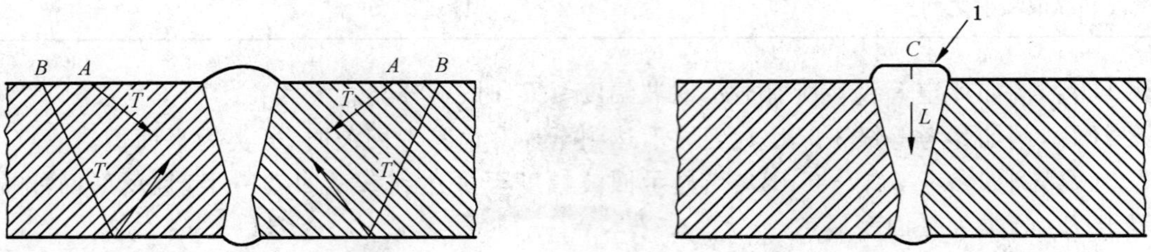

说明：

A、*B*、*C*——探头位置；

L　　——纵波；

T　　——横波；

1　　——焊缝打磨部位。

图 B.1　检测方向示例

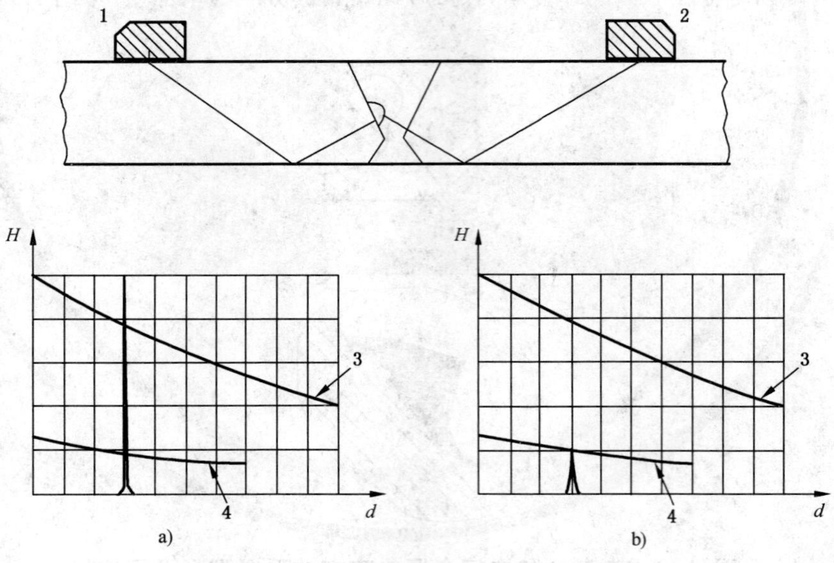

说明：

1 ——位置 1；

2 ——位置 2；

3 ——参考等级；

4 ——参考等级－9 dB；

d ——声程；

H——回波幅度。

图 B.2　定向反射准则的应用示例

附　录　C
(资料性附录)
反射体的基本动态波形

C.1　波形 1

类似点状反射体的波形,参见图 C.1 所示。探头在任意位置时,A 型显示为单一尖锐回波。探头移动时,A 扫回波平滑地上升至最高波后,再平滑地降至噪声电平。

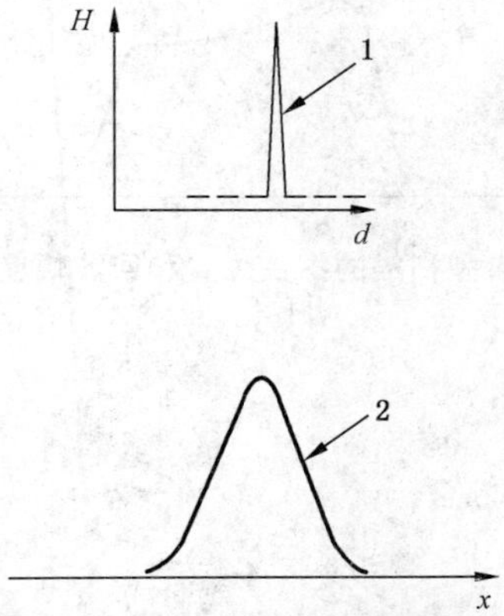

a)　A 型扫描的探头位置和回波幅度变化

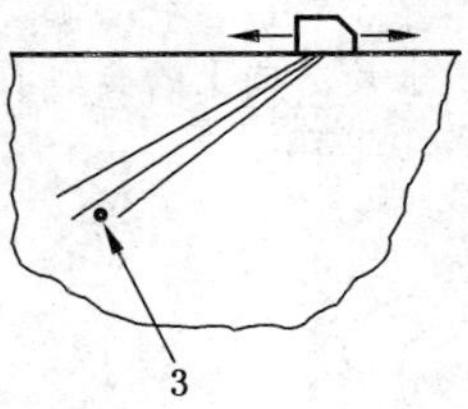

b)　厚度方向上的典型示例

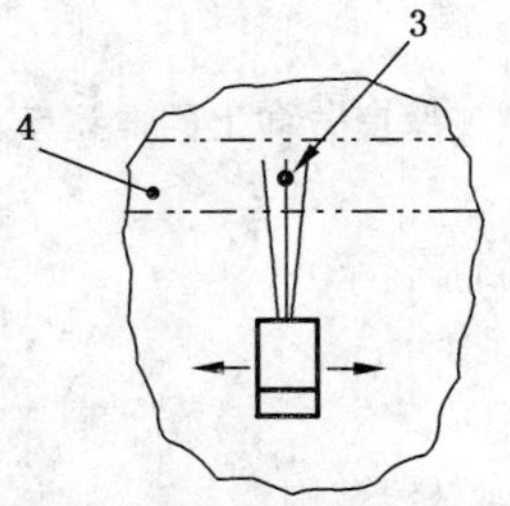

c)　长度方向上的典型示例

说明:
1 ——A 型扫描;
2 ——波峰的变化;
3 ——反射体;
4 ——焊缝;
d ——水平时基线范围;
H——回波幅度;
x ——探头位置。

图 C.1　超声响应的波形 1

C.2 波形 2

有一定延伸长度的光滑反射体波形，参见图 C.2。探头在任意位置时，A 型显示为单一尖锐回波。当超声波束沿着反射体移动时，A 扫回波平滑地上升至某一高度并保持峰值在 4 dB 之内变化。声束离开反射体时，再平滑地降至噪声电平。

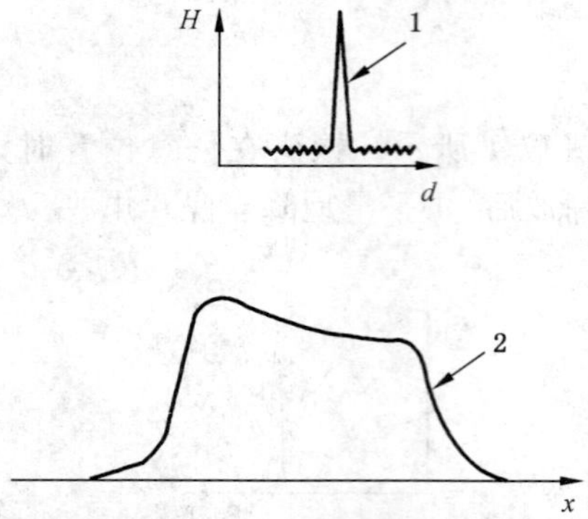

a） A 型扫描的探头位置和回波幅度变化

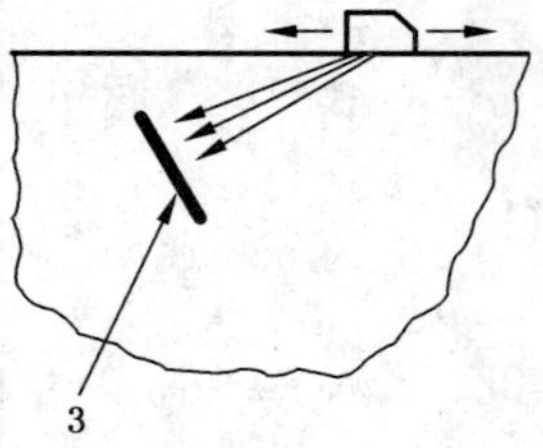

b） 厚度方向上的典型示例

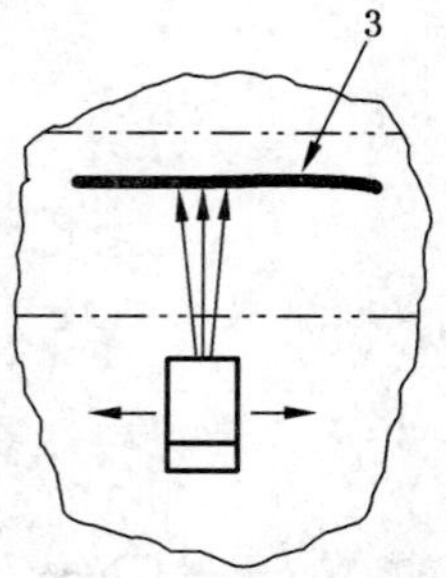

c） 长度方向上的典型示例

说明：

1 ——A 型扫描；

2 ——波峰的变化；

3 ——反射体；

d ——水平时基线范围；

H——回波幅度；

x ——探头位置。

图 C.2 超声响应的波形 2

C.3 波形 3

有一定延伸长度的粗糙反射体波形，波形的变化有 2 种，主要取决于探头声束入射至反射体的角度。

第 1 种：探头声束近似垂直入射至反射体，参见图 C.3 所示。探头在任意位置时，A 型显示为单一锯齿状回波。当探头移动时，A 扫回波明显（>±6 dB）的随机的回波幅度变化。产生该现象的主要原因为反射回波来自于反射体的不同面，或多个面的反射回波随机干涉产生的。

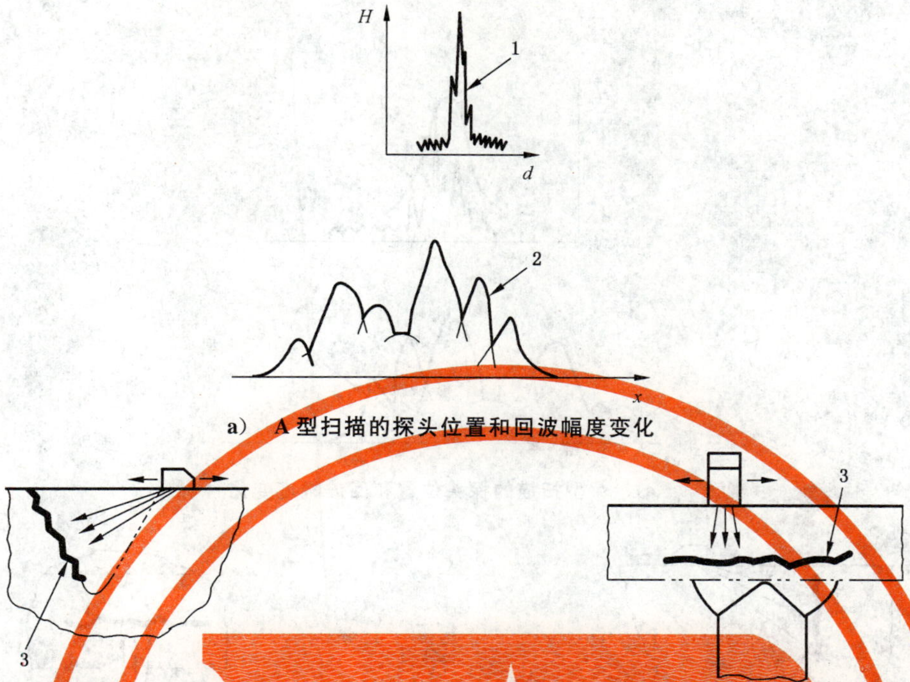

a) A型扫描的探头位置和回波幅度变化

b) 厚度方向上的典型示例

c) 长度方向上的典型示例

说明：

1 ——A 型扫描；

2 ——波峰的变化；

3 ——反射体；

d ——水平时基线范围；

H——回波幅度；

x ——探头位置。

图 C.3 超声响应的波形 3

C.4 波形 4

第 2 种：探头声束斜入射至反射体，波形为“游动的回波波形”，参见图 C.4 所示。探头在任意位置时，波峰呈多个高点的起伏变化。峰值包络线呈钟形显示。当探头移动时，每个峰值的变化都在包络线内，并依次上升到包络中心线最大值，然后再下降至噪声电平。所有回波峰值将造成明显(>±6 dB)的随机的波幅变化。

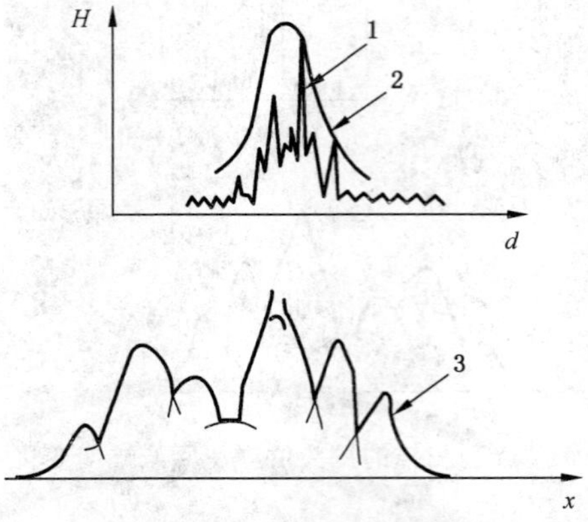

a） A 型扫描的探头位置和回波幅度变化

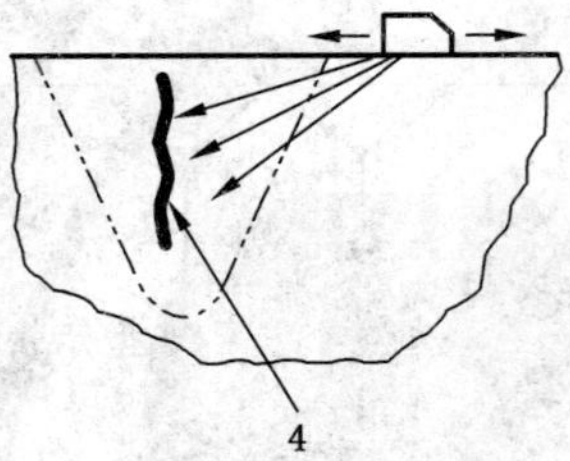

b） 厚度方向上的典型示例

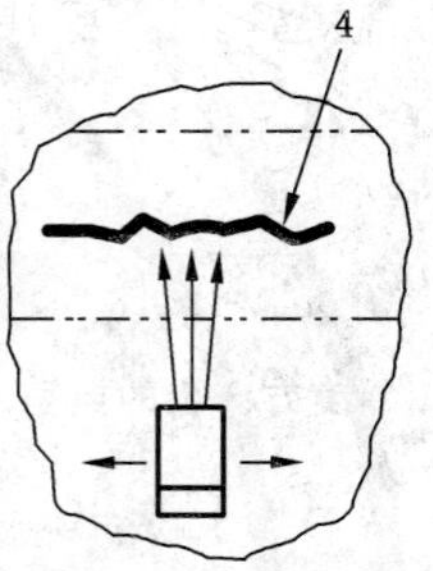

c） 长度方向上的典型示例

说明：

1 ——A 型扫描；

2 ——回波包络线；

3 ——波峰的变化；

4 ——反射体；

d ——水平时基线范围；

H——回波幅度；

x ——探头位置。

图 C.4 超声响应的波形 4

C.5 波形 5

密集性反射体的波形见图 C.5。探头在任意位置时，A 型显示为束状密集型回波。在一定范围内，密集型回波有时可分辨相邻回波，有时不可辨相邻回波。当探头移动时，回波幅度随机地升高和降低，若相邻回波可辨，则可发现每个单独的反射体信号，显现波形 1 的波形。

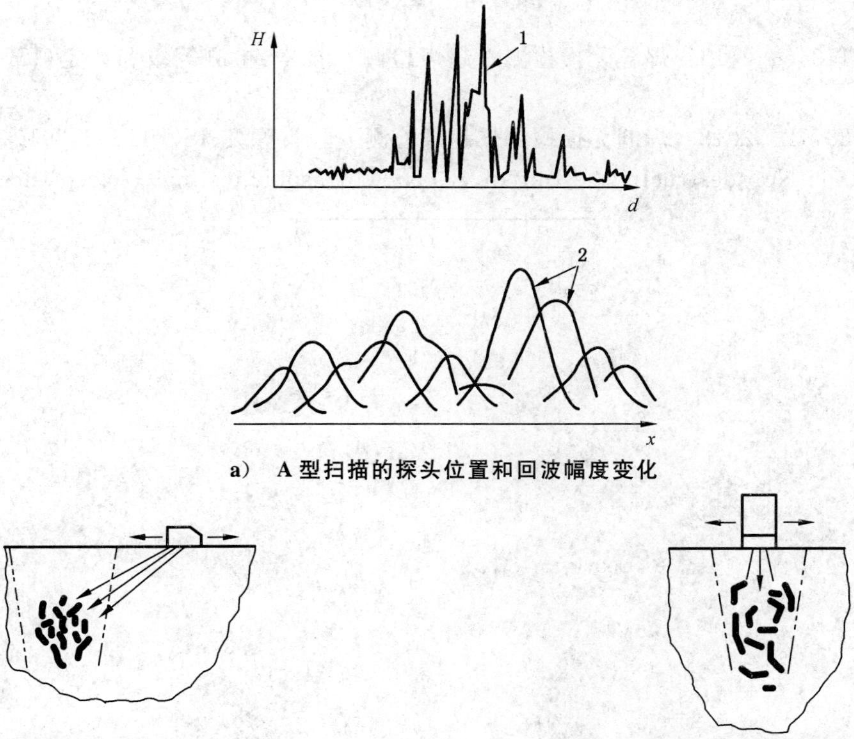

a） A 型扫描的探头位置和回波幅度变化

b） 厚度方向上超声响应的波形 5

c） 长度方向上超声响应的波形 5

说明：

1 ——A 型扫描；

2 ——波峰的变化：

实线：长范围信号；

虚线：短范围信号；

d ——水平时基线范围；

H——回波幅度；

x ——探头位置。

图 C.5 超声响应的波形 5

参 考 文 献

[1] GB/T 11345—2013 焊缝无损检测 超声检测 技术、检测等级和评定(ISO 17640:2010，MOD)

[2] GB/T 29712—2013 焊缝无损检测 超声检测 验收等级(ISO 11666:2010,MOD)

[3] ISO 11666 Non-destructive testing of welds—Ultrasonic testing—Acceptance levels

ICS 25.160.40
J 33

中华人民共和国国家标准

GB/T 29712—2013

焊缝无损检测 超声检测 验收等级

Non-destructive testing of welds—Ultrasonic testing—Acceptance levels

(ISO 11666:2010, MOD)

2013-09-18 发布 2014-06-01 实施

中华人民共和国国家质量监督检验检疫总局
中国国家标准化管理委员会 发布

前　言

本标准按照GB/T 1.1—2009给出的规则起草。

本标准使用重新起草法修改采用ISO 11666:2010《焊缝无损检测　超声检测　验收等级》(英文版)。

本标准与ISO 11666:2010相比,主要技术性差异及其原因如下:

——关于规范性引用文件,为适应我国的技术条件,做了以下调整:

- 用等同采用国际标准的GB/T 19418代替了ISO 5817(见5.1);
- 用修改采用国际标准的GB/T 11345代替了ISO 17640(见1,5.1,5.2);
- 用修改采用国际标准的GB/T 29711代替了ISO 23279(见5.1);
- 删除ISO 17635标准,将其相关内容直接写入正文(见5.1)。

本标准由全国焊接标准化技术委员会(SAC/TC 55)提出并归口。

本标准起草单位:上海材料研究所、中国特种设备检测研究院、江苏方天电力技术有限公司、济宁瑞祥模具有限责任公司(山东济宁模具厂)。

本标准主要起草人:丁杰、金宇飞、姜炜、庄志强、郑晖、马君鹏、魏忠瑞、王森、张文杰、马君、奚力峰。

焊缝无损检测　超声检测　验收等级

1　范围

本标准规定了铁素体全熔透焊接接头超声检测的验收等级2级和3级。本标准的验收等级2级和3级，分别对应着GB/T 19418中的B级和C级焊缝质量要求。由于GB/T 19418中的D级焊缝通常不要求超声检测，因此本标准中没有与GB/T 19418中的D级焊缝质量要求相对应的超声检测验收等级。

本标准的验收等级，适用于依据GB/T 11345的超声检测。

本标准适用于厚度为8 mm～100 mm的铁素体全熔透焊缝。如果在充分考虑工件的几何形状和声学性能情况下，能按照本标准验收等级所需检测灵敏度的要求下进行检测，本标准也可适用于其他类型、其他材质和厚度超过100 mm的焊缝。除非材质衰减或较高探头分辨力要求需要其他频率的探头，本标准使用的探头标称频率为2 MHz～5 MHz。使用的频率不在此范围，则验收等级需要仔细考虑。

2　规范性引用文件

下列文件对于本文件的应用是必不可少的。凡是注日期的引用文件，仅注日期的版本适用于本文件。凡是不注日期的引用文件，其最新版本(包括所有的修改单)适用于本文件。

GB/T 11345　焊缝无损检测　超声检测　技术、检测等级和评定(GB/T 11345—2013，ISO 17640:2010，MOD)

GB/T 19418　钢的弧焊接头　缺陷质量分级指南(GB/T 19418—2003，ISO 5817:1992，IDT)

GB/T 29711　焊缝无损检测　超声检测　焊缝中的显示特征(GB/T 29711—2013，ISO 23279:2010，IDT)

3　显示长度的测量

显示长度应由固定回波幅度等级技术获得。测量回波超过评定等级的探头移动距离，使用附录B规定的固定回波幅度等级技术。

如另有规定，可用替代技术测量显示长度。

4　灵敏度设定和等级

灵敏度设定和随后的焊缝检测，应采用同种技术。灵敏度设定可选用下列之一技术：

a)　横孔技术：基于直径为3 mm的横孔；

b)　平底孔技术：基于平底孔的距离-增益-尺寸(DGS)曲线；

c)　矩形槽技术：基于深度和宽度均为1 mm矩形槽的距离-波幅(DAC)曲线；

d)　串列技术：基于直径为6 mm平底孔的串列技术。

本标准采用GB/T 11345中规定的四个等级：

1)　参考等级；

2)　评定等级；

3） 记录等级（对应两个验收等级，其值均由相关验收等级－4 dB引出）；

4） 验收等级（对应两个质量等级）。

与参考反射体相对应的所有等级的规定见表A.1。

等级的规定见附录A。

5 验收等级

5.1 概述

表1给出了验收等级、检测等级和质量等级的关系。

表1 超声脉冲回波检测技术（UT）

按GB/T 19418的焊缝质量等级	按GB/T 11345的检测技术和等级[a]	按本标准的验收等级
B	至少B	2
C	至少A	3
D	至少A	3[b]

[a] 当需要评定显示特征时，应按GB/T 29711评定；

[b] 不推荐做超声检测，但可在规范中规定后使用（与C级焊缝质量要求一致）

本标准的验收等级对GB/T 11345中的检测等级和检测技术均适用，包括直射波束纵波检测技术。

如果特征是按GB/T 29711所规定的，则平面型显示是不可验收的，非平面显示的验收等级按照本标准执行。

如果特征未作规定，则本标准的验收等级适用于所有显示。

5.2 纵向显示

表A.1给出了按GB/T 11345评定显示的技术信息，以及相应的评定和验收等级。表A.2规定了采用横波平底孔技术的验收等级。表A.3规定了采用纵波平底孔技术的验收等级。

横孔技术和矩形槽技术的验收等级，见图A.1～图A.4。

平底孔技术和串列技术的验收等级，见图A.5～图A.8。

任何显示的回波幅度虽低于验收等级，但长度（高于评定等级）超过：

a） t，8 mm≤板厚 t≤15 mm时；

b） $t/2$ 或15 mm，取两者较大值，板厚 t＞15 mm时。

应倾向于做进一步检测，即要求使用其他角度的探头，以及串列检测（若有约定）。

最终评定应基于显示的最高回波幅度和所测得的长度。

5.3 横向显示

当规定检测横向显示时，验收等级按5.2所述执行。

5.4 群显示

群是建立在回波幅度超过记录等级的两相邻可验收显示的长度及其显示间距的基础上。每个群中的显示长度均不应再用于其他群中。

如下情况时，群显示应评定为单个显示：

a） 间距 d_x 小于其中较长显示的2倍长度数值（见图1）；

b) 间距 d_y 小于板厚的一半且不超过 10 mm；

c) 间距 d_z 小于板厚的一半且不超过 10 mm；

组合长度(见图 2)见式(1)：

$$l_{12}=l_1+l_2+d_x \qquad (1)$$

组合长度 l_{12}，和两显示中的最高回波幅度的较大值，应按表 A.1 给出的适用的验收等级进行评定。

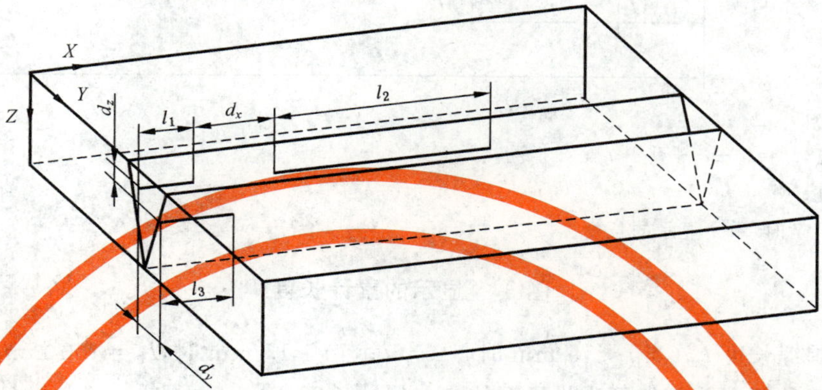

说明：

d_x, d_y, d_z——X，Y 和 Z 方向上两显示的间距；

l_n——$n=1\cdots3$ 时，单个显示的长度。

图 1　群显示几何模型

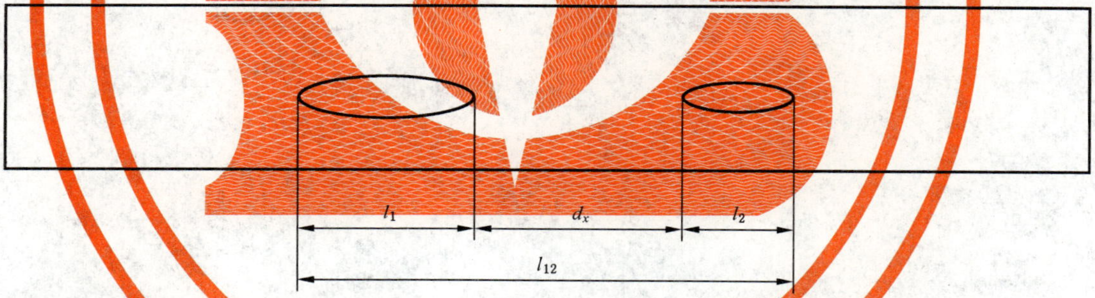

说明：

d_x——X 方向上两显示的间距；

l_1, l_2——单个显示的长度；

l_{12}——群显示的长度。

图 2　群显示的长度

5.5　可验收显示的累计长度

超过记录等级的所有单独的可验收显示的累计长度，定义为在给定的焊缝长度范围内，单个显示与组合长度的显示在一条直线的长度总和。

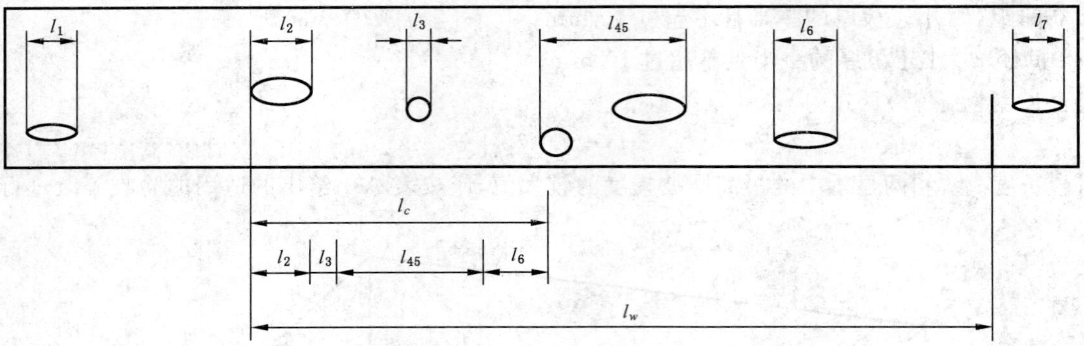

说明：

l_c——累计长度，$l_c = l_2 + l_3 + l_{45} + l_6$；

l_w——焊缝长度；

l_n——当 $n = 1 \cdots 7$ 时，单个显示的长度。

图 3　显示的累计长度

对于任意的焊缝长度 l_w（当 $t<15$ mm 时，$l_w=6t$；当 $t \geqslant 15$ mm 时，$l_w=100$ mm），超过记录等级的所有单独的可验收显示的最大累计长度：

对于验收等级 2 级，不应大于焊缝长度 l_w 的 20%；

对于验收等级 2 级，不应大于焊缝长度 l_w 的 30%。

附 录 A
（规范性附录）
等 级

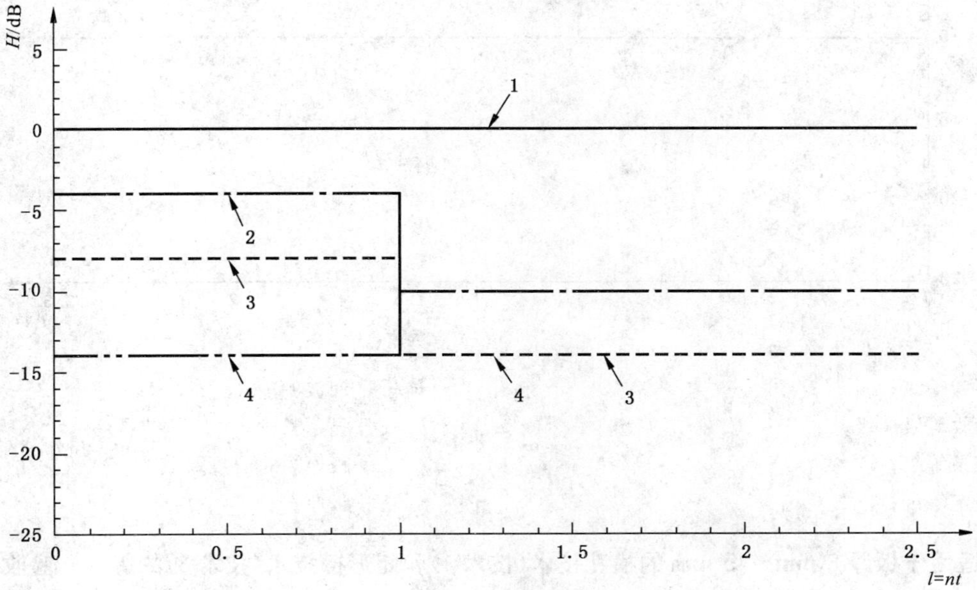

说明：

1 ——参考等级；

2 ——验收等级 2 级；

3 ——记录等级；

4 ——评定等级；

H——回波幅度；

l ——显示长度；

n ——板厚 t 的倍数；

t ——板厚。

图 A.1 适用于板厚 8 mm～15 mm 的横孔技术（技术 1）和矩形槽技术（技术 3）的等级 验收等级 2 级

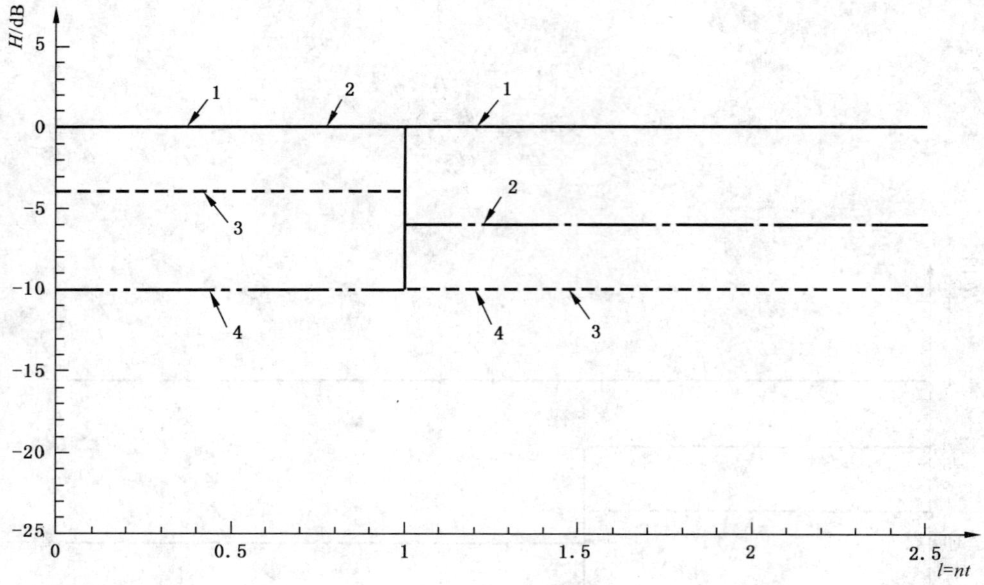

说明：

1——参考等级；

2——验收等级 3 级；

3——记录等级；

4——评定等级；

H——回波幅度；

l——显示长度；

n——板厚 t 的倍数；

t——板厚。

图 A.2　适用于板厚 8 mm～15 mm 的横孔技术(技术 1)和矩形槽技术(技术 3)的等级　验收等级 3 级

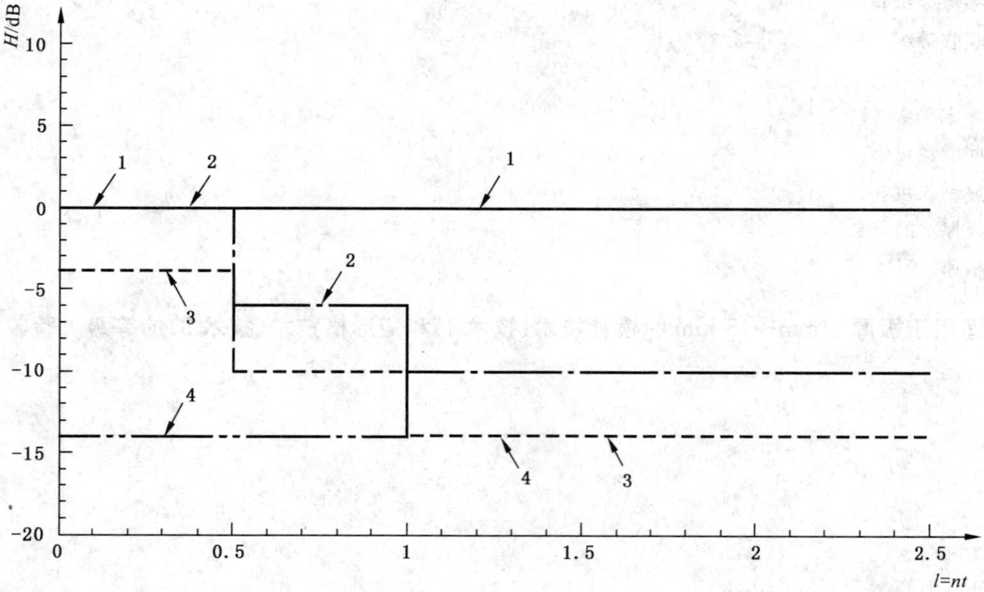

说明：

1——参考等级；

2——验收等级 2 级；

3——记录等级；

4——评定等级；

H——回波幅度；

l——显示长度；

n——板厚 t 的倍数；

t——板厚。

图 A.3　适用于板厚 15 mm～100 mm 的横孔技术(技术 1)的等级　验收等级 2 级

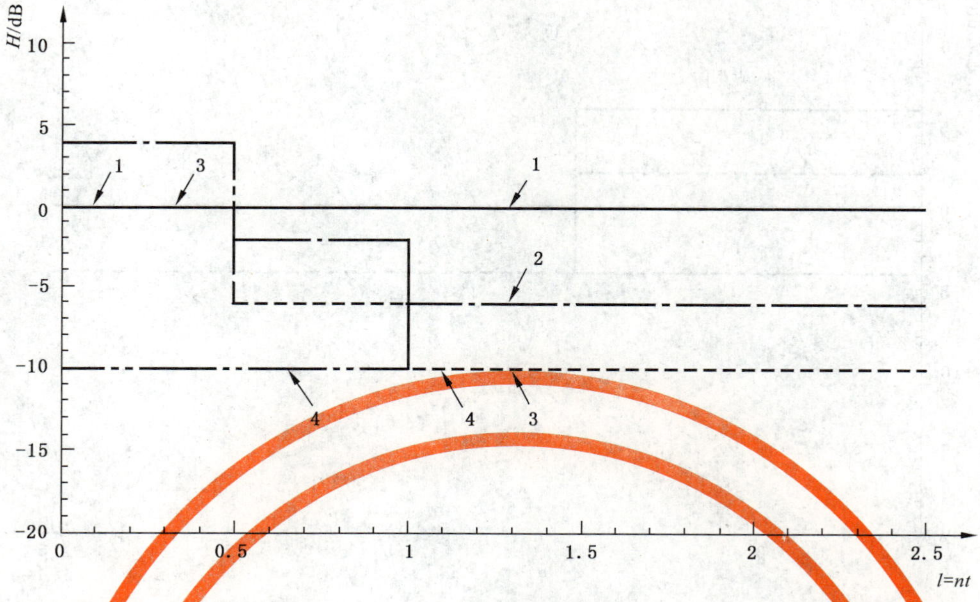

说明：

1——参考等级；
2——验收等级 3 级；
3——记录等级；
4——评定等级；

H——回波幅度；
l——显示长度；
n——板厚的倍数；
t——板厚。

图 A.4　适用于板厚 15 mm～100 mm 的横孔技术(技术 1)的等级　验收等级 3 级

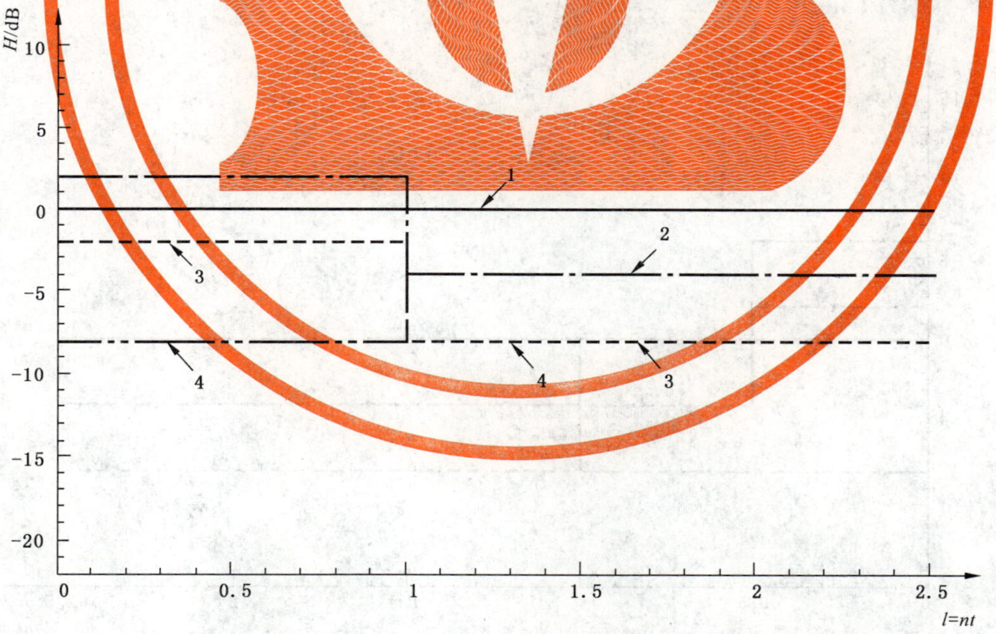

说明：

1——参考等级；
2——验收等级 2 级；
3——记录等级；
4——评定等级；

H——回波幅度；
l——显示长度；
n——板厚 t 的倍数；
t——板厚。

图 A.5　适用于板厚 8 mm～15 mm 的平底孔技术(技术 2)的等级　验收等级 2 级

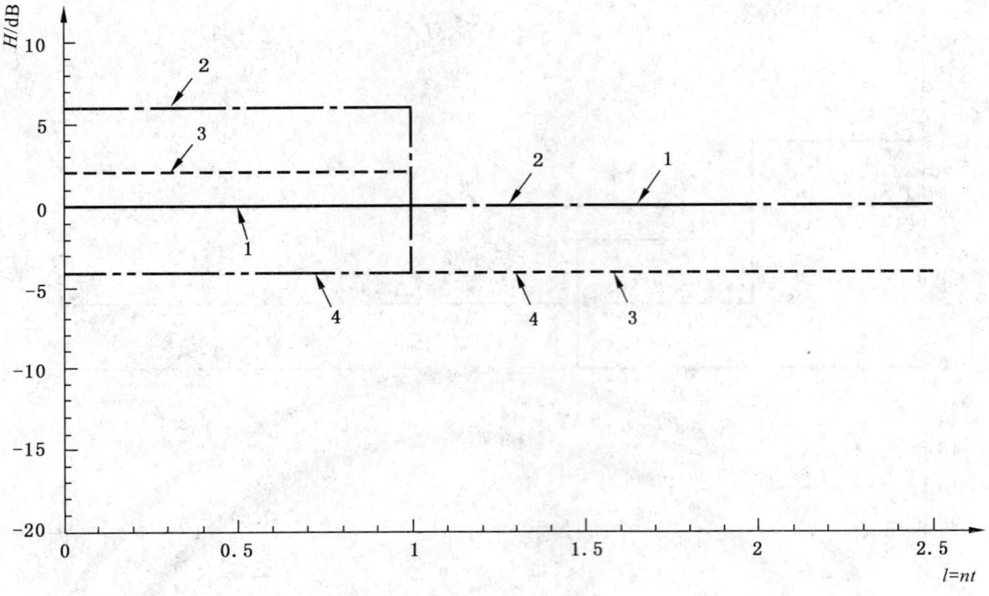

说明：

1——参考等级；
2——验收等级 3 级；
3——记录等级；
4——评定等级；

H ——回波幅度；
l ——显示长度；
n ——板厚 *t* 的倍数；
t ——板厚。

图 A.6　适用于板厚 8 mm～15 mm 的平底孔技术(技术 2)的等级　验收等级 3 级

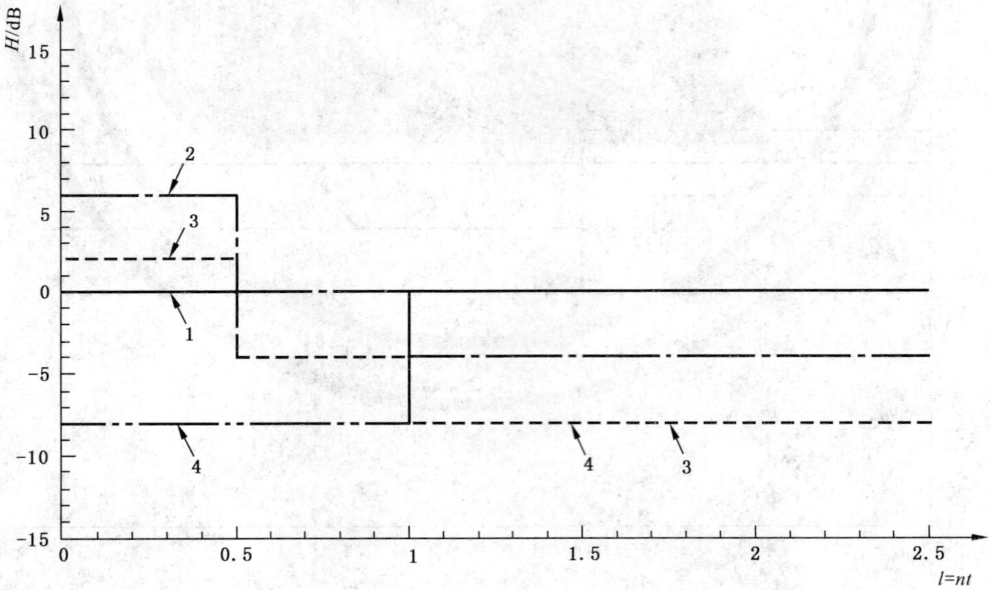

说明：

1——参考等级；
2——验收等级 2 级；
3——记录等级；
4——评定等级；

H ——回波幅度；
l ——显示长度；
n ——板厚 *t* 的倍数；
t ——板厚。

图 A.7　适用于板厚 15 mm～100 mm 的平底孔技术(技术 2)的等级　验收等级 2 级

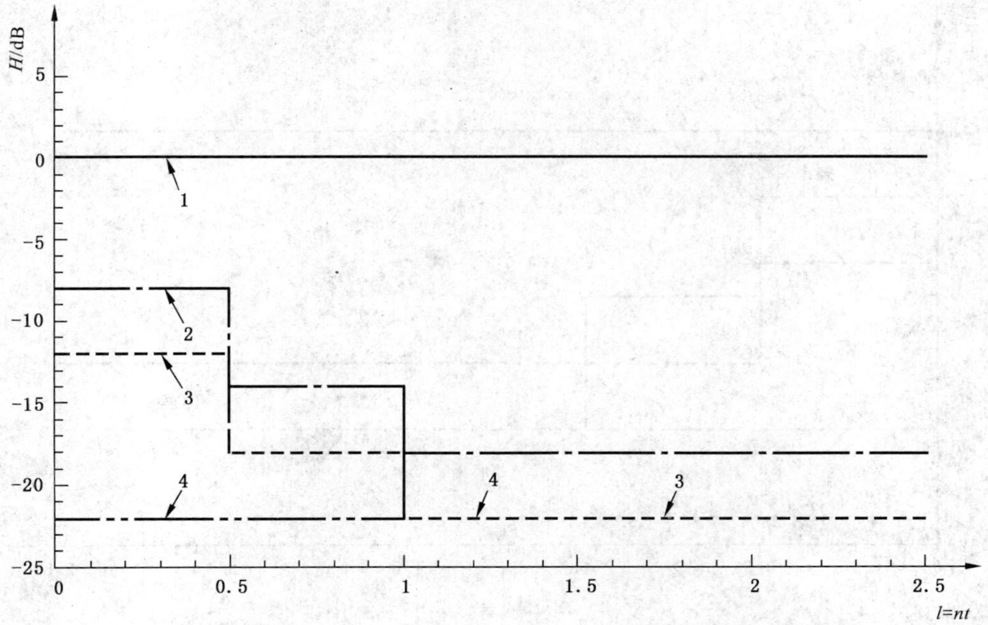

说明：

1——参考等级；

2——验收等级 2 级；

3——记录等级；

4——评定等级；

H ——回波幅度；

l ——显示长度；

n ——板厚 t 的倍数；

t ——板厚。

图 A.8　适用于板厚 15 mm～100 mm 的串列式技术(技术 4)的等级　验收等级 2 级

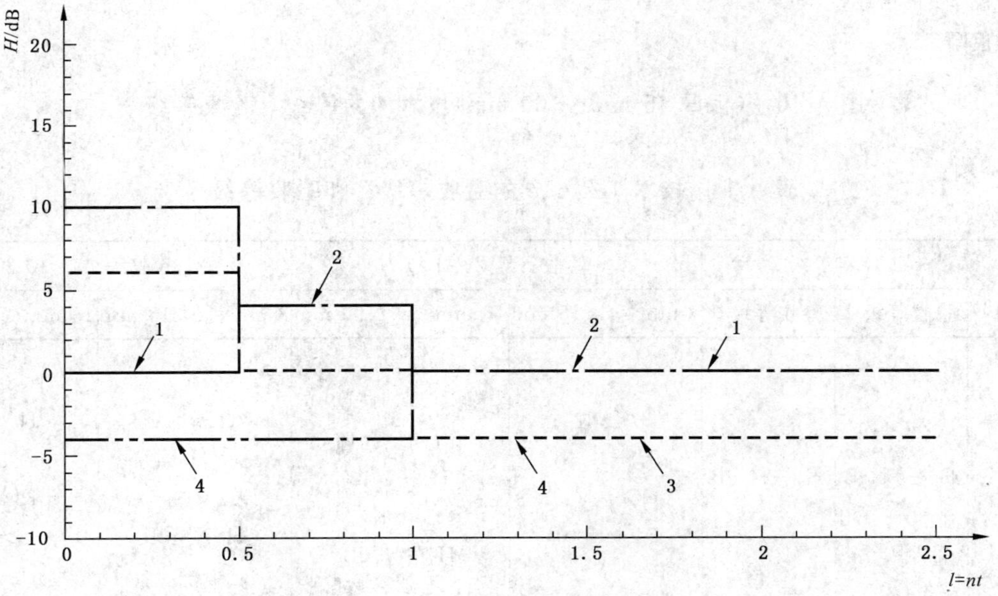

说明：

1——参考等级；

2——验收等级 3 级；

3——记录等级；

4——评定等级；

H ——回波幅度；

l ——显示长度；

n ——板厚 t 的倍数；

t ——板厚。

图 A.9　适用于板厚 15 mm～100 mm 的平底孔技术(技术 2)的等级　验收等级 3 级

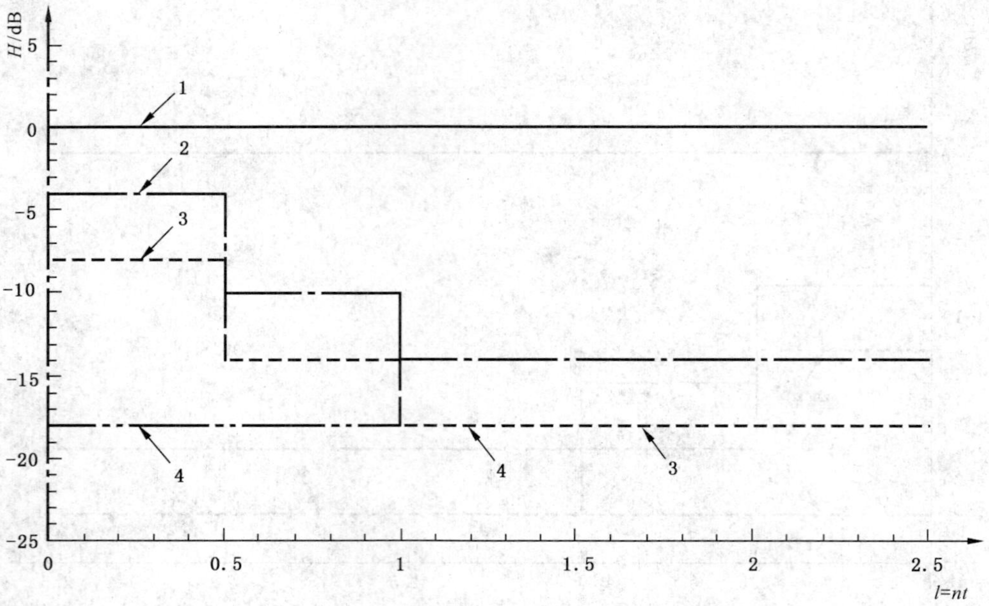

说明：

1 ——参考等级；

2 ——验收等级 3；

3 ——记录等级；

4 ——评定等级；

H——回波幅度；

l ——显示长度；

n ——板厚 t 的倍数；

t ——板厚。

图 A.10 （板厚 15 mm～100 mm）技术 4 的等级　验收等级 3

表 A.1　技术 1、2、3、4 的验收等级 2 和验收等级 3

技术(按 GB/T 11345)	评定等级		验收等级 2(AL2)		验收等级 3(AL3)	
	验收等级 2	验收等级 3	8 mm≤t<15 mm	15 mm≤t<100 mm	8 mm≤t<15 mm	15 mm≤t<100 mm
1 (横孔)	H_0-14 dB	H_0-10 dB	1≤t 时： H_0-4 dB 1>t 时： H_0-10 dB	1≤0.5t 时：H_0 0.5 t<1≤t 时， H_0-6 dB 1>t 时： H_0-10 dB	1≤t 时： H_0 1>t 时： H_0-6 dB	1≤0.5t 时， H_0+4 dB 0.5t<1≤t 时： H_0-2 dB 1>t 时： H_0-6 dB
2 (平底孔)	H_0-8 dB 按表 A.2 或 A.3	H_0-4 dB 按表 A.2 或 A.3	1≤t 时： H_0+2 dB 1>t 时： H_0-4 dB	1≤0.5t 时： H_0+6 dB 0.5t<1≤t 时： H_0 1>t 时： H_0-4 dB	1≤t 时， H_0+6 dB 1>t 时， H_0	1≤0.5t 时： H_0+10 dB 0.5t<1≤t 时： H_0+4 dB 1>t 时： H_0

表 A.1（续）

技术（按 GB/T 11345）	评定等级		验收等级 2（AL2）		验收等级 3（AL3）	
	验收等级 2	验收等级 3	8 mm≤t<15 mm	15 mm≤t<100 mm	8 mm≤t<15 mm	15 mm≤t<100 mm
3 （矩形槽）	H_0－14 dB	H_0－10 dB	1≤t 时： H_0－4 dB 1>t 时： H_0－10 dB	—	1≤t 时， H_0 1>t 时， H_0－6 dB	—
4 （串列技术）	H_0－22 dB	H_0－18 dB	—	1≤0.5t 时： H_0－8 dB 0.5t<1≤t 时： H_0－14 dB 1>t 时： H_0－18 dB	—	1≤0.5 t 时： H_0－4 dB 0.5t<1≤t 时： H_0－10 dB 1>t 时： H_0－14 dB
记录等级＝相应验收等级－4 dB。 H_0——参考等级。						

表 A.2 技术 2 的验收等级 2 和验收等级 3 的参考等级（斜射波束横波检测）

标称探头频率/MHz	母材板厚，t					
	8 mm≤t<15 mm		15 mm≤t<40 mm		40 mm≤t<100 mm	
	验收等级 2（AL2）	验收等级 3（AL3）	验收等级 2（AL2）	验收等级 3（AL3）	验收等级 2（AL2）	验收等级 3（AL3）
1.5～2.5	—	—	D_{DSR}＝2.5 mm	D_{DSR}＝2.5 mm	D_{DSR}＝3.0 mm	D_{DSR}＝3.0 mm
3.0～5.0	D_{DSR}＝1.5 mm	D_{DSR}＝1.5 mm	D_{DSR}＝2.0 mm	D_{DSR}＝2.0 mm	D_{DSR}＝3.0 mm	D_{DSR}＝3.0 mm
D_{DSR}为平底孔直径。						

表 A.3 技术 2 的验收等级 2 和验收等级 3 的参考等级（直射波束纵波检测）

标称探头频率/MHz	母材板厚，t					
	8 mm≤t<15 mm		15 mm≤t<40 mm		40 mm≤t<100 mm	
	AL2	AL3	AL2	AL3	AL2	AL3
1.5～2.5	—	—	D_{DSR}＝2.5 mm	D_{DSR}＝2.5 mm	D_{DSR}＝3.0 mm	D_{DSR}＝3.0 mm
3.0～5.0	D_{DSR}＝2.0 mm	D_{DSR}＝2.0 mm	D_{DSR}＝2.0 mm	D_{DSR}＝2.0 mm	D_{DSR}＝3.0 mm	D_{DSR}＝3.0 mm
D_{DSR}为平底孔直径。						

附 录 B
（规范性附录）
固定回波幅度等级技术

该技术用于测量回波幅度等于或大于评定等级的显示的水平长度。

测量时，将探头左右移动，使波幅降低至评定等级，以此测定显示长度（位置 1 和位置 2 见图 B.1）。

水平长度 l，即为位置 1 和位置 2 的距离。

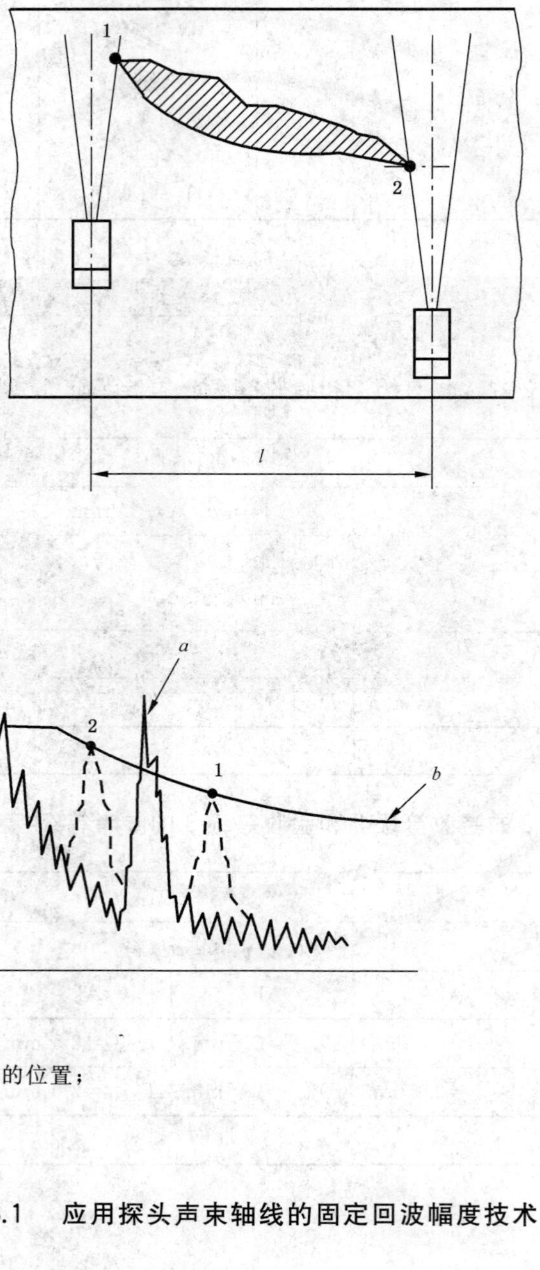

说明：

1 ——显示的水平长度；

1、2——回波幅度等于评定等级的位置；

a ——最高回波；

b ——评定等级。

图 B.1 应用探头声束轴线的固定回波幅度技术

ICS 25.160.20
J 33

中华人民共和国国家标准

GB/T 29713—2013

不锈钢焊丝和焊带

Wire electrodes, strip electrodes, wires and rods for arc welding of stainless and heat resisting steels

(ISO 14343:2009, Welding consumables—Wire electrodes, strip electrodes, wires and rods for arc welding of stainless and heat resisting steels—Classification, MOD)

2013-09-18 发布　　2014-06-01 实施

中华人民共和国国家质量监督检验检疫总局
中国国家标准化管理委员会　发布

前 言

本标准按照 GB/T 1.1—2009 给出的规则起草。

本标准使用重新起草法修改采用国际标准 ISO 14343:2009《焊接材料　不锈钢和耐热钢电弧焊用焊丝、填充丝及焊带　分类》。

本标准与 ISO 14343:2009 的主要技术性差异及原因如下：

——删除了规范性引用文件中引用的国际标准，直接引用我国已相应转化的国内相关标准，并增加了 GB/T 3375《焊接术语》标准，以适应我国技术条件；

——焊丝型号中未采用“SS”代表不锈钢焊丝及填充丝，根据我国使用习惯，采用“S”代表不锈钢焊丝及填充丝，以便与我国焊材型号相符；

——焊带型号中未采用“BS”代表不锈钢焊带，根据我国使用习惯，采用“B”代表焊带，以便与我国焊材型号相符；

——根据我国实际应用情况，增加了 209、218、219、240、307Si、446LMo、2553、3556 等 8 个化学成分分类；

——增加了熔敷金属耐腐蚀性能和焊缝铁素体含量的技术要求，由供需双方协商确定，以满足实际需求。

本标准与 ISO 14343:2009 相比，为便于使用，在结构上变化如下：

——按型号、技术要求、试验方法、检验规则、包装、标志和质量证明进行编写。

本标准还做了如下编辑性修改：

——标准名称修改为“不锈钢焊丝和焊带”。

本标准由全国焊接标准化技术委员会(SAC/TC 55)提出并归口。

本标准起草单位：哈尔滨焊接研究所、常州华通焊业股份有限公司、天津大桥焊材集团有限公司、天津市金桥焊材集团有限公司、四川大西洋焊接材料股份有限公司、江苏中江焊丝有限公司、昆山京群焊材科技有限公司。

本标准起草人：储继君、李振华、崔伟、侯来昌、蒋勇、嵇文斌、徐锴、郑伊洛。

不锈钢焊丝和焊带

1 范围

本标准规定了不锈钢焊丝、填充丝及焊带的型号、技术要求、试验方法、检验规则、包装、标志和质量证明。

本标准适用于熔化极气体保护电弧焊、非熔化极气体保护电弧焊、埋弧焊、电渣焊、等离子弧焊及激光焊等用不锈钢焊丝、填充丝及焊带。

2 规范性引用文件

下列文件对于本文件的应用是必不可少的。凡是注日期的引用文件，仅注日期的版本适用于本文件。凡是不注日期的引用文件，其最新版本(包括所有的修改单)适用于本文件。

GB/T 1954 铬镍奥氏体不锈钢焊缝铁素体含量测量方法(GB/T 1954—2008，ISO 8249:2000，MOD)

GB/T 2652 焊缝及熔敷金属拉伸试验方法(GB/T 2652—2008，ISO 5178:2001，IDT)

GB/T 3375 焊接术语

GB/T 4334 金属和合金的腐蚀 不锈钢晶间腐蚀试验方法(GB/T 4334—2008，ISO 3651-1:1998、ISO 3651-2:1998，MOD)

GB/T 25775 焊接材料供货技术条件 产品类型、尺寸、公差和标志(GB/T 25775—2010，ISO 544:2003，MOD)

GB/T 25778 焊接材料采购指南(GB/T 25778—2010，ISO 14344:2010，MOD)

3 术语和定义

GB/T 3375 界定的以及下列术语和定义适用于本文件。

3.1

填充丝 rod;wire

填充丝是焊丝的一种类型，焊接时仅作为填充金属，不传导电流。一般以直条、盘状、卷状或桶状供货，通常用于非熔化极气体保护电弧焊、等离子弧焊和激光焊等焊接工艺方法。

3.2

焊带 strip electrode

焊带是焊接材料的一种类型，焊接时既作为填充金属又传导电流。一般以卷状供货，通常用于埋弧焊和电渣焊。

4 型号

4.1 型号划分

焊丝、填充丝(以下简称为焊丝)及焊带型号按其化学成分进行划分。

4.2 型号编制方法

焊丝及焊带型号由两部分组成：

a) 第一部分的首位字母表示产品分类，其中“S”表示焊丝，“B”表示焊带；

b) 第二部分为字母“S”或字母“B”后面的数字或数字与字母的组合表示化学成分分类，其中“L”表示碳含量较低，“H”表示碳含量较高，如有其他特殊要求的化学成分，该化学成分用元素符号表示放在后面，见表1。

表1 化学成分

化学成分分类	化学成分(质量分数) %										
	C	Si	Mn	P	S	Cr	Ni	Mo	Cu	Nb[a]	其他
209	0.05	0.90	4.0～7.0	0.03	0.03	20.5～24.0	9.5～12.0	1.5～3.0	0.75	—	N:0.10～0.30 V:0.10～0.30
218	0.10	3.5～4.5	7.0～9.0	0.03	0.03	16.0～18.0	8.0～9.0	0.75	0.75	—	N:0.08～0.18
219	0.05	1.00	8.0～10.0	0.03	0.03	19.0～21.5	5.5～7.0	0.75	0.75	—	N:0.10～0.30
240	0.05	1.00	10.5～13.5	0.03	0.03	17.0～19.0	4.0～6.0	0.75	0.75	—	N:0.10～0.30
307[b]	0.04～0.14	0.65	3.3～4.8	0.03	0.03	19.5～22.0	8.0～10.7	0.5～1.5	0.75	—	—
307Si[b]	0.04～0.14	0.65～1.00	6.5～8.0	0.03	0.03	18.5～22.0	8.0～10.7	0.75	0.75	—	—
307Mn[b]	0.20	1.2	5.0～8.0	0.03	0.03	17.0～20.0	7.0～10.0	0.5	0.5	—	—
308	0.08	0.65	1.0～2.5	0.03	0.03	19.5～22.0	9.0～11.0	0.75	0.75	—	—
308Si	0.08	0.65～1.00	1.0～2.5	0.03	0.03	19.5～22.0	9.0～11.0	0.75	0.75	—	—
308H	0.04～0.08	0.65	1.0～2.5	0.03	0.03	19.5～22.0	9.0～11.0	0.50	0.75	—	—
308L	0.03	0.65	1.0～2.5	0.03	0.03	19.5～22.0	9.0～11.0	0.75	0.75	—	—
308LSi	0.03	0.65～1.00	1.0～2.5	0.03	0.03	19.5～22.0	9.0～11.0	0.75	0.75	—	—
308Mo	0.08	0.65	1.0～2.5	0.03	0.03	18.0～21.0	9.0～12.0	2.0～3.0	0.75	—	—
308LMo	0.03	0.65	1.0～2.5	0.03	0.03	18.0～21.0	9.0～12.0	2.0～3.0	0.75	—	—

表 1（续）

化学成分分类	化学成分(质量分数) %									
	C	Si	Mn	P	S	Cr	Ni	Mo	Cu	Nb[a]	其他
309	0.12	0.65	1.0～2.5	0.03	0.03	23.0～25.0	12.0～14.0	0.75	0.75	—	—
309Si	0.12	0.65～1.00	1.0～2.5	0.03	0.03	23.0～25.0	12.0～14.0	0.75	0.75	—	—
309L	0.03	0.65	1.0～2.5	0.03	0.03	23.0～25.0	12.0～14.0	0.75	0.75	—	—
309LD[c]	0.03	0.65	1.0～2.5	0.03	0.03	21.0～24.0	10.0～12.0	0.75	0.75	—	—
309LSi	0.03	0.65～1.00	1.0～2.5	0.03	0.03	23.0～25.0	12.0～14.0	0.75	0.75	—	—
309LNb	0.03	0.65	1.0～2.5	0.03	0.03	23.0～25.0	12.0～14.0	0.75	0.75	10×C～1.0	—
309LNbD[c]	0.03	0.65	1.0～2.5	0.03	0.03	20.0～23.0	11.0～13.0	0.75	0.75	10×C～1.2	—
309Mo	0.12	0.65	1.0～2.5	0.03	0.03	23.0～25.0	12.0～14.0	2.0～3.0	0.75	—	—
309LMo	0.03	0.65	1.0～2.5	0.03	0.03	23.0～25.0	12.0～14.0	2.0～3.0	0.75	—	—
309LMoD[c]	0.03	0.65	1.0～2.5	0.03	0.03	19.0～22.0	12.0～14.0	2.3～3.3	0.75	—	—
310[b]	0.08～0.15	0.65	1.0～2.5	0.03	0.03	25.0～28.0	20.0～22.5	0.75	0.75	—	—
310S[b]	0.08	0.65	1.0～2.5	0.03	0.03	25.0～28.0	20.0～22.5	0.75	0.75	—	—
310L[b]	0.03	0.65	1.0～2.5	0.03	0.03	25.0～28.0	20.0～22.5	0.75	0.75	—	—
312	0.15	0.65	1.0～2.5	0.03	0.03	28.0～32.0	8.0～10.5	0.75	0.75	—	—
316	0.08	0.65	1.0～2.5	0.03	0.03	18.0～20.0	11.0～14.0	2.0～3.0	0.75	—	—
316Si	0.08	0.65～1.00	1.0～2.5	0.03	0.03	18.0～20.0	11.0～14.0	2.0～3.0	0.75	—	—
316H	0.04～0.08	0.65	1.0～2.5	0.03	0.03	18.0～20.0	11.0～14.0	2.0～3.0	0.75	—	—
316L	0.03	0.65	1.0～2.5	0.03	0.03	18.0～20.0	11.0～14.0	2.0～3.0	0.75	—	—
316LSi	0.03	0.65～1.00	1.0～2.5	0.03	0.03	18.0～20.0	11.0～14.0	2.0～3.0	0.75	—	—

表 1（续）

化学成分分类	化学成分(质量分数) %									
	C	Si	Mn	P	S	Cr	Ni	Mo	Cu	Nb[a]	其他
316LCu	0.03	0.65	1.0～2.5	0.03	0.03	18.0～20.0	11.0～14.0	2.0～3.0	1.0～2.5	—	—
316LMn[b]	0.03	1.0	5.0～9.0	0.03	0.02	19.0～22.0	15.0～18.0	2.5～4.5	0.5	—	N:0.10～0.20
317	0.08	0.65	1.0～2.5	0.03	0.03	18.5～20.5	13.0～15.0	3.0～4.0	0.75	—	—
317L	0.03	0.65	1.0～2.5	0.03	0.03	18.5～20.5	13.0～15.0	3.0～4.0	0.75	—	—
318	0.08	0.65	1.0～2.5	0.03	0.03	18.0～20.0	11.0～14.0	2.0～3.0	0.75	8×C～1.0	—
318L	0.03	0.65	1.0～2.5	0.03	0.03	18.0～20.0	11.0～14.0	2.0～3.0	0.75	8×C～1.0	—
320[b]	0.07	0.60	2.5	0.03	0.03	19.0～21.0	32.0～36.0	2.0～3.0	3.0～4.0	8×C～1.0	—
320LR[b]	0.025	0.15	1.5～2.0	0.015	0.02	19.0～21.0	32.0～36.0	2.0～3.0	3.0～4.0	8×C～0.40	—
321	0.08	0.65	1.0～2.5	0.03	0.03	18.5～20.5	9.0～10.5	0.75	0.75	—	Ti：9×C～1.0
330	0.18～0.25	0.65	1.0～2.5	0.03	0.03	15.0～17.0	34.0～37.0	0.75	0.75	—	—
347	0.08	0.65	1.0～2.5	0.03	0.03	19.0～21.5	9.0～11.0	0.75	0.75	10×C～1.0	—
347Si	0.08	0.65～1.00	1.0～2.5	0.03	0.03	19.0～21.5	9.0～11.0	0.75	0.75	10×C～1.0	—
347L	0.03	0.65	1.0～2.5	0.03	0.03	19.0～21.5	9.0～11.0	0.75	0.75	10×C～1.0	—
383[b]	0.025	0.50	1.0～2.5	0.02	0.03	26.5～28.5	30.0～33.0	3.2～4.2	0.7～1.5	—	—
385[b]	0.025	0.50	1.0～2.5	0.02	0.03	19.5～21.5	24.0～26.0	4.2～5.2	1.2～2.0	—	—
409	0.08	0.8	0.8	0.03	0.03	10.5～13.5	0.6	0.50	0.75	—	Ti：10×C～1.5
409Nb	0.12	0.5	0.6	0.03	0.03	10.5～13.5	0.6	0.75	0.75	8×C～1.0	—
410	0.12	0.5	0.6	0.03	0.03	11.5～13.5	0.6	0.75	0.75	—	—
410NiMo	0.06	0.5	0.6	0.03	0.03	11.0～12.5	4.0～5.0	0.4～0.7	0.75	—	—

表 1（续）

化学成分分类	化学成分(质量分数) %									
	C	Si	Mn	P	S	Cr	Ni	Mo	Cu	Nb[a]	其他
420	0.25～0.40	0.5	0.6	0.03	0.03	12.0～14.0	0.75	0.75	0.75	—	—
430	0.10	0.5	0.6	0.03	0.03	15.5～17.0	0.6	0.75	0.75	—	—
430Nb	0.10	0.5	0.6	0.03	0.03	15.5～17.0	0.6	0.75	0.75	8×C～1.2	—
430LNb	0.03	0.5	0.6	0.03	0.03	15.5～17.0	0.6	0.75	0.75	8×C～1.2	—
439	0.04	0.8	0.8	0.03	0.03	17.0～19.0	0.6	0.5	0.75	—	Ti：10×C～1.1
446LMo	0.015	0.4	0.4	0.02	0.02	25.0～27.5	Ni+Cu：0.5	0.75～1.50	Ni+Cu：0.5	—	N:0.015
630	0.05	0.75	0.25～0.75	0.03	0.03	16.00～16.75	4.5～5.0	0.75	3.25～4.00	0.15～0.30	—
16-8-2	0.10	0.65	1.0～2.5	0.03	0.03	14.5～16.5	7.5～9.5	1.0～2.0	0.75	—	—
19-10H	0.04～0.08	0.65	1.0～2.0	0.03	0.03	18.5～20.0	9.0～11.0	0.25	0.75	0.05	Ti:0.05
2209	0.03	0.90	0.5～2.0	0.03	0.03	21.5～23.5	7.5～9.5	2.5～3.5	0.75	—	N:0.08～0.20
2553	0.04	1.0	1.5	0.04	0.03	24.0～27.0	4.5～6.5	2.9～3.9	1.5～2.5	—	N:0.10～0.25
2594	0.03	1.0	2.5	0.03	0.02	24.0～27.0	8.0～10.5	2.5～4.5	1.5	—	N:0.20～0.30 W:1.0
33-31	0.015	0.50	2.00	0.02	0.01	31.0～35.0	30.0～33.0	0.5～2.0	0.3～1.2	—	N:0.35～0.60
3556	0.05～0.15	0.20～0.80	0.50～2.00	0.04	0.015	21.0～23.0	19.0～22.5	2.5～4.0	—	0.30	[d]
Z[e]	其他成分										

注：表中单值均为最大值。

[a] 不超过 Nb 含量总量的 20%，可用 Ta 代替。

[b] 熔敷金属在多数情况下是纯奥氏体，因此对微裂纹和热裂纹敏感。增加焊缝金属中的 Mn 含量可减少裂纹的发生，经供需双方协商，Mn 的范围可以扩大到一定等级。

[c] 这些分类主要用于低稀释率的堆焊，如电渣焊带。

[d] N:0.10～0.30，Co:16.0～21.0，W:2.0～3.5，Ta:0.30～1.25，Al：0.10～0.50，Zr：0.001～0.100，La：0.005～0.100，B:0.02。

[e] 表中未列的焊丝及焊带可用相类似的符号表示，词头加字母“Z”。化学成分范围不进行规定，两种分类之间不可替换。

4.3 型号示例

示例 1：

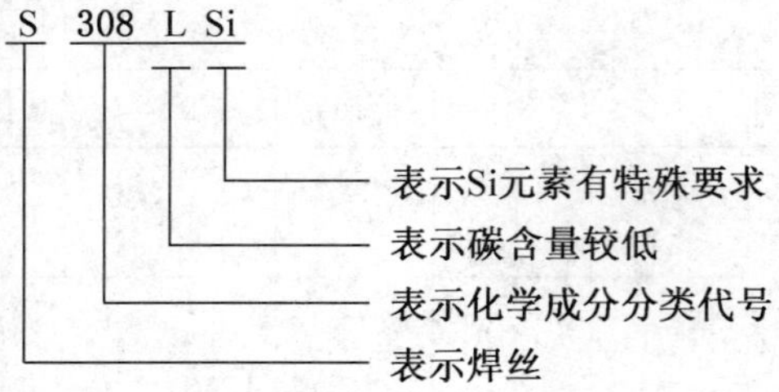

示例 2：

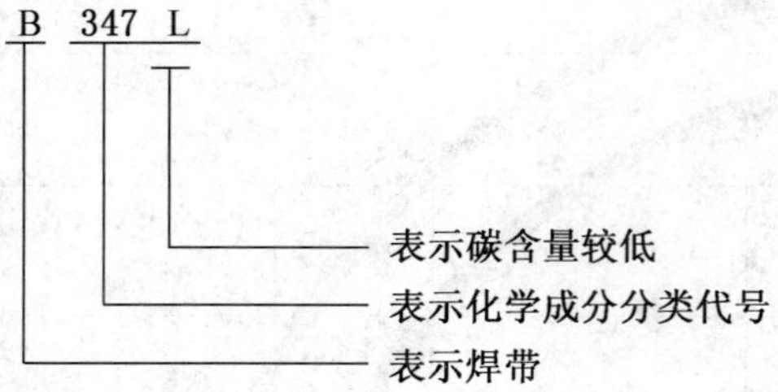

5 技术要求

5.1 化学成分

焊丝及焊带的化学成分应符合表 1 规定。

5.2 尺寸

焊丝及焊带尺寸应符合 GB/T 25775 规定。

5.3 表面质量

焊丝及焊带表面应光滑，无毛刺、凹坑、划痕等缺陷，也不应有其他不利于焊接操作或对焊缝金属有不良影响的杂质。

5.4 熔敷金属力学性能

焊丝及焊带的熔敷金属力学性能要求由供需双方协商确定，附录 A 中表 A.1 提供了焊丝及焊带的熔敷金属拉伸性能参考值。

5.5 熔敷金属耐腐蚀性能

熔敷金属耐腐蚀性能由供需双方协商确定。

5.6 焊缝铁素体含量

焊缝铁素体含量由供需双方协商确定。

6 试验方法

6.1 化学分析

6.1.1 焊丝及焊带的化学成分分析应在焊丝及焊带的成品上取样。

6.1.2 化学成分分析可采用任何适宜的化学分析方法,仲裁试验时,按公认的化学分析方法进行。

6.2 尺寸

焊丝及焊带尺寸检验用精度为0.01 mm的量具进行测量,测量部位不少于两处。

6.3 表面质量

焊丝及焊带表面质量按5.3要求,对任意部位进行目测检验。

6.4 熔敷金属力学性能

焊丝及焊带的熔敷金属拉伸性能试验按GB/T 2652进行。

6.5 熔敷金属耐腐蚀性能试验

熔敷金属耐腐蚀性能试验按GB/T 4334进行。

6.6 焊缝铁素体含量测定

焊缝铁素体含量测定按GB/T 1954进行。

7 检验规则

成品焊丝及焊带由制造厂质量检验部门按批检验。

7.1 批量划分

每批焊丝及焊带的批量划分按GB/T 25778规定进行。

7.2 取样方法

每批焊丝任选一盘(卷、桶),每批焊带任选一卷,每批直条焊丝任选一最小包装单位,进行化学成分、尺寸和表面质量等检验。

7.3 验收

每批焊丝及焊带按GB/T 25778进行验收。

7.4 复验

任何一项检验不合格时,该项检验应加倍复验。对于化学分析,仅复验那些不满足要求的元素。加倍复验结果均应符合该项检验的规定。

8 包装、标志和质量证明

8.1 包装

焊丝及焊带应进行适宜的包装,供货状态应符合GB/T 25775规定,以保证其在正常的运输、搬运和贮存过程中不致损伤和锈蚀。

8.2 标志和质量证明

焊丝及焊带的标志和质量证明按GB/T 25775规定。

附　录　A
（资料性附录）
熔敷金属拉伸性能

表 A.1　焊丝及焊带的熔敷金属拉伸性能参考值

化学成分 分类	抗拉强度 R_m MPa	断后伸长率 A %	焊后 热处理
307	590	25	—
307Mn	500	25	—
308	550	25	—
308Si	550	25	—
308H	550	30	—
308L	510	25	—
308LSi	510	25	—
308Mo	620	20	—
308LMo	510	30	—
309	550	25	—
309Si	550	25	—
309L	510	25	—
309LD	510	20	—
309LSi	510	25	—
309LNb	550	25	—
309LNbD	510	20	—
309Mo	510	25	—
309LMo	550	25	—
309LMoD	510	20	—
310	550	20	—
310S	550	20	—
310L	510	20	—
312	650	15	—
316	510	25	—
316Si	510	25	—
316H	550	25	—
316L	510	25	—
316LSi	510	25	—
316LCu	510	25	—
316LMn	510	25	—
317	550	25	—

表 A.1（续）

化学成分分类	抗拉强度 R_m MPa	断后伸长率 A %	焊后热处理
317L	480	25	—
318	550	25	—
318L	510	25	—
320	550	25	—
320LR	520	25	—
321	550	25	—
330	550	10[a]	—
347	550	25	—
347Si	550	25	—
347L	510	25	—
383	500	25	—
385	510	25	—
409	380	15	—
409Nb	450	15	[b]
410[b]	450	15	[c]或[b]
410NiMo	750	15	[d]
420	450	15	[c]
430	450	15	[e]
430Nb	450	15	[e]
430LNb	410	15	—
439	410	15	—
630	930	5	[f]
16-8-2	510	25	—
19-10H	550	30	—
2209	550	20	—
2594	620	18	—
33-31	720	25	—

注：表中单值均为最小值。

[a] 此类焊丝、填充丝及焊带的熔敷金属中的碳较高，适于在高温下服役。室温下断后伸长率相对于使用温度时有些低，熔敷金属的断后伸长率低于母材。

[b] 加热到 730 ℃～760 ℃，保温 1 h，炉冷至 600 ℃，然后空冷。

[c] 加热到 840 ℃～870 ℃，保温 2 h，炉冷至 600 ℃，然后空冷。

[d] 加热到 580 ℃～620 ℃，保温 2 h，空冷。

[e] 加热到 760 ℃～790 ℃，保温 2 h，炉冷至 600 ℃，然后空冷。

[f] 加热到 1 025 ℃～1 050 ℃，保温 1 h，空冷至室温，然后加热到 610 ℃～630 ℃，保温 4 h，空冷。

ICS 17.160
J 04

中华人民共和国国家标准

GB/T 29714—2013/ISO 19499:2007

机械振动　平衡
平衡标准的用法和应用指南

Mechanical vibration—Balancing—Guidance on the use and application of balancing standards

(ISO 19499:2007,IDT)

2013-09-18 发布　　2014-06-01 实施

中华人民共和国国家质量监督检验检疫总局
中国国家标准化管理委员会　发布

前　言

本标准按照 GB/T 1.1—2009 和 GB/T 20000.2—2009 给出的规则起草。

本标准使用翻译法等同采用 ISO 19499:2007《机械振动　平衡　平衡标准的用法和应用指南》(英文版)。

与本标准规范性引用的国际文件有一致性对应关系的我国文件如下：

——GB/T 2298—2010　机械振动、冲击与状态监测　词汇(ISO 2041:2009,IDT)

本标准由全国机械振动、冲击与状态监测标准化技术委员会(SAC/TC 53)提出并归口。

本标准起草单位：郑州机械研究所、长春机械科学研究院有限公司、北京北重汽轮电机有限责任公司、孝感松林国际计测器有限公司、南阳防爆集团股份有限公司、中国测试技术研究院。

本标准主要起草人：慎政、马卫平、王学智、安胜利、袁国平、王泽威、朱沙、韩国明。

引　言

由转子不平衡引起的振动是机器的设计和维护中最关键的问题之一。它产生的动态力对机器状态和人的健康有不利影响。本标准的目的是为转子平衡提供一个共同框架，以便选用适当的方法。本标准主要作为其他相关平衡标准用法的指南，它为机器不平衡分类。因此，它可以视为SAC/TC 53发布的一系列关于平衡的标准的一个引导性标准。

在一般解释中，平衡与转子的不平衡是一样的。推荐这种不平衡的特定表示是为了更容易理解必要的不平衡校正。

机械振动　平衡
平衡标准的用法和应用指南

1　范围

本标准对平衡进行介绍,并指导使用者通览与转子平衡有关的可用标准。它为使用这些标准提供指南。本标准不包括具体的方法,这些方法可以查阅相应的标准。

2　规范性引用文件

下列文件对于本文件的应用是必不可少的。凡是注日期的引用文件,仅注日期的版本适用于本文件。凡是不注日期的引用文件,其最新版本(包括所有的修改单)适用于本文件。

GB/T 6444—2008　机械振动　平衡词汇(ISO 1925:2001,IDT)

ISO 2041　机械振动、冲击与状态监测　词汇(Mechanical vibration,shock and condition monitoring—Vocabulary)

3　术语和定义

ISO 2041 和 GB/T 6444—2008 中界定的术语和定义适用于本文件。

4　平衡的基本原则

4.1　总则

平衡是一个检查转子(零件或部件)质量分布,并且必要时进行调整,以确保满足平衡允差的过程。

转子不平衡可能是由许多因素产生,包括材料、制造和装配、运行中的磨损、碎片或操作事件。重要的是要了解,即使在批量生产中,每一个转子都有各自的不平衡分布。

新的转子通常在安装到它们的运行环境之前,由制造商在特别设计的平衡机上平衡。改造或修理以后,转子可以在平衡机上重新平衡,或如没有适当的设施,转子可在现场平衡(详见 GB/T 28785)。在后一种情况下,转子被支撑在其正常使用的轴承和支撑结构上,并连接在它的运行驱动链中。

当转子在平衡机上或现场旋转时转子上的不平衡产生离心力。这些力可以被安装在结构支撑轴承上的测力计直接测量,或通过测量支座或轴的振动间接测量。通过这些测量,能计算不平衡量,并可通过添加、去除、移动转子上的校正质量达到平衡。根据具体的平衡任务,校正在一个、两个或多个校正面进行。

4.2　不平衡分布

实际上,不平衡是由沿转子轴线分布的无限个不平衡矢量组成。如果用集中质量模型来表示转子,不平衡可以用有限个大小、方向不同的不平衡矢量表示,如图 1 所示。

如果所有的不平衡矢量都在它们各自的平面上被校正,那么转子将被完全平衡。实际上,测量这些各自的不平衡是不可能的,并且也是不必要的。为指导实际平衡过程,有必要作更简化的表述。

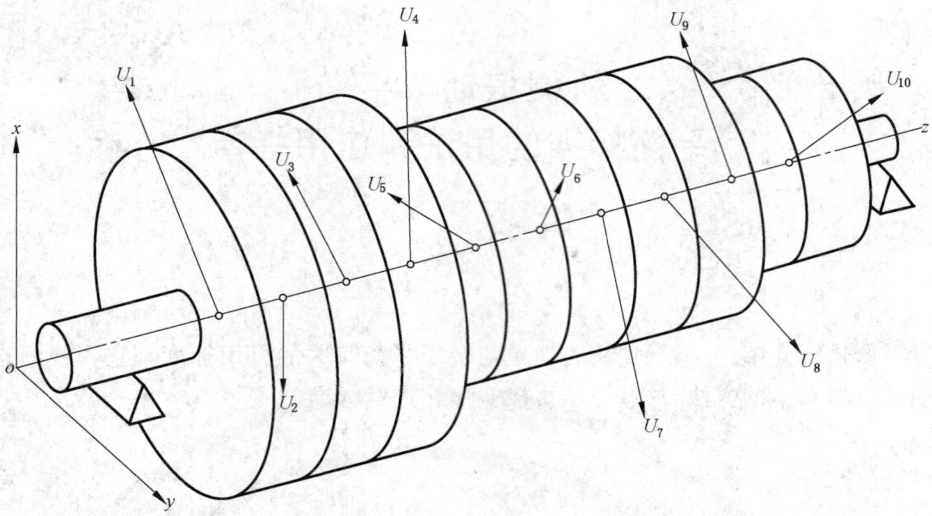

图 1 垂直于 z 轴的 10 个单元转子模型的不平衡分布

4.3 不平衡表示

转子不平衡可以通过以下三种不平衡描述的结合来表示：

a) 合成不平衡，$\vec{U}_r$，沿着转子分布的所有不平衡矢量的矢量和。

b) 合成矩不平衡，$\vec{P}_r$，沿着转子分布的所有不平衡矢量对合成不平衡平面的矩的矢量和。

c) 模态不平衡，$\vec{U}_n$，只影响转子/轴承系统第 n 阶固有模态的不平衡分布。

不平衡的数学和图形表示见附录 A。

注：合成不平衡[见 4.3a)]和合成矩不平衡[见 4.3b)]可被合成，合成后被称为“动不平衡”，并被在垂直于轴线的两个任选平面上的两个不平衡来描述。

5 平衡考虑的因素

5.1 总则

过去的标准把所有转子划分为刚性或挠性。这两大类转子的平衡方法分别见 GB/T 9239.1 和 GB/T 6557(见表 1)。然而，简单的刚性/挠性分类是粗略的简化，这将导致误解以及暗示转子平衡分类仅取决于它的物理结构。不平衡是转子的固有特性，但是在正常运行环境下转子的表现和它对不平衡的响应受轴承和支撑结构动态特性以及转子的运行转速影响。此外，转子运行要求的平衡品质以及沿转子方向初始不平衡的大小和分布将决定选用哪种平衡方法。见表 1。

表 1 转子的特性、相关的国家标准和平衡方法的概述

转子特性(本标准的章节编号)	示例	相关标准	平衡任务或方法 (在 GB/T 6557 中用的字母)
刚性特性(5.2)	图 4a)	GB/T 9239.1	单面和双面平衡[a]
挠性特性(5.3)	图 4b)	GB/T 6557[b]	六种低速平衡法(A 至 F) 多速平衡法(G) 单一转速平衡法(通常是工作转速)(H)

表 1（续）

转子特性(本标准的章节编号)	示例	相关标准	平衡任务或方法 (在 GB/T 6557 中用的字母)
部件弹性特性(5.4.2)	图 4c)	GB/T 6557[b]	固定转速平衡法(I)
部件就位特性(5.4.3)	图 4d)		在高转速下部件就位[c]

[a] 单面和双面平衡包括平衡合成不平衡和合成矩不平衡。

[b] GB/T 6557 使用的"挠性"是一个一般的术语,包括挠性、部件弹性和部件就位特性。

[c] 该方法在 GB/T 6557—2009 第 7 章中提及,但没有赋予指定的字母。

5.2 具有刚性特性的转子

在弹性支撑上具有刚性特性的理想转子旋转时所产生的位移,是两个动力学刚体模态的组合,如图 2 所示的具有不平衡的对称转子。转子没有挠曲,并且所有位移都是由轴承和它们支撑结构的运动引起的。

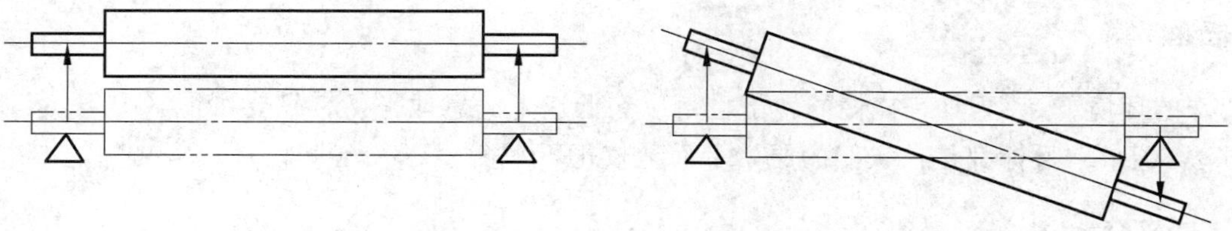

图 2 在对称弹性支撑结构上对称转子的刚体模态

实际上,没有转子是完全刚性的,都有与转子总的刚体运动有关的小的挠曲变形。然而,如果在任何转速直到最大工作转速,由给定不平衡分布所引起的变形小于要求允差时,转子可以被视为刚性。多数这样的转子,并且确实很多已制成的转子,可以按照 GB/T 9239.1 的要求作为刚性转子平衡。目标是至少用单面平衡校正合成不平衡,或用双面平衡校正动不平衡。

注:在运行环境下被指定为刚性的转子可以在平衡机上以任何转速平衡,这个速度要足够低以保证转子仍以刚性运转。

5.3 具有挠性特性的转子

5.3.1 总则

对 5.2 描述的同样的转子,如果转速增加或允差减小就应考虑挠性。这里转子的挠曲明显,并且刚性转子平衡方法不能有效地达到理想的平衡状态。图 3 给出一个对称转子的典型挠性模态振型。因为这些转子表现挠性,宜采用 GB/T 6557—2009 的平衡方法。

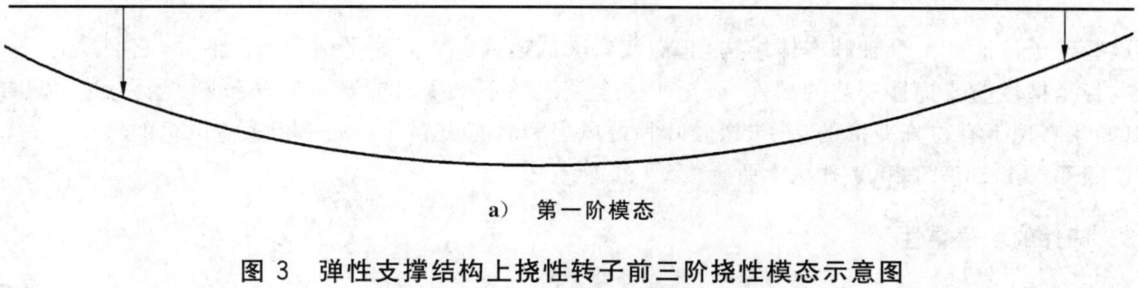

a) 第一阶模态

图 3 弹性支撑结构上挠性转子前三阶挠性模态示意图

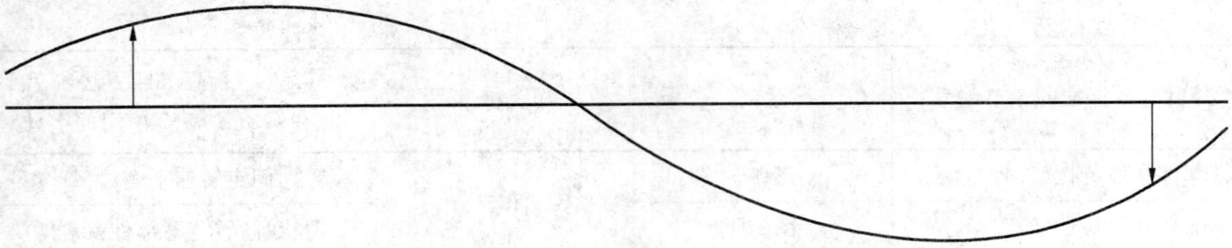

b) 第二阶模态

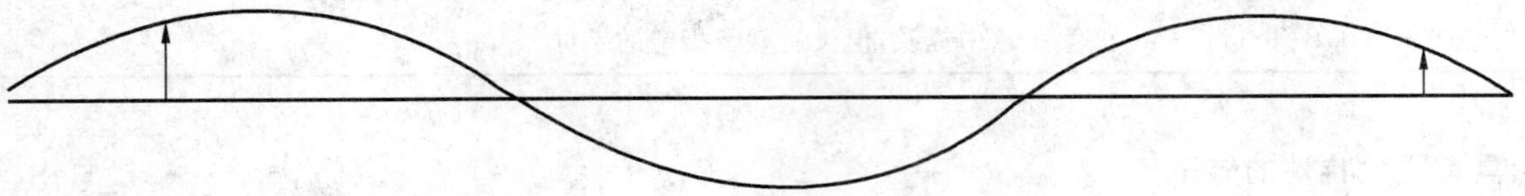

c) 第三阶模态

图 3(续)

5.3.2 低速平衡

在特殊的环境下,甚至具有挠性的转子也可以在低速下满意地平衡。只要可能,GB/T 6557—2009 描述的方法 A 到 F,目标都是在它们的原始平面上校正不平衡。

5.3.3 多速平衡

这种方法宜用于平衡合成不平衡、合成矩不平衡和相应的模态不平衡,依照 GB/T 6557—2009 方法 G。

5.3.4 工作转速平衡

这些转子是挠性的,并且在升速至工作转速过程中通过一阶或多阶临界转速。然而,由于运行工况或机器结构的原因,在临界转速时能承受高的振级,转子仅在工作转速按照 GB/T 6557—2009 的方法 H 平衡。

5.4 具有特殊性能的转子

5.4.1 总则

大多数转子都表现出或是刚性特性或是挠性特性,下列特性可能存在并且必须考虑,以便能成功平衡转子。

5.4.2 部件的弹性特性

这些转子可能有一个轴和本体结构,它们或要求低速或要求高速平衡方法。然而,它们还有一个或多个本身是挠性的或挠性安装的部件,以至于整个系统的不平衡可能随着转速不断改变。这种转子的示例,如在高速下有拉杆变形的转子、橡胶叶片的风扇和具有离心开关的单相感应电机的转子。这些转子宜按照 GB/T 6557—2009 方法 I 平衡。

5.4.3 部件的就位特性

这些转子可能是这样的结构,当达到一定转速或其他条件后部件定位。在一个或几个事件后运动变得稳定。部件将到达最终位置并重新定位，之后转子可能要进一步平衡。示例有热套的透平盘、组装转子、发电机铜线绕组以及发电机护环。转子后续的特性将规定必要的平衡方法。这种转子特性在GB/T 6557—2009 的第 7 章提到，但是没有规定方法。

5.5 转子特性的举例

不同的特性可以通过下面的转子来描述（见图 4）。

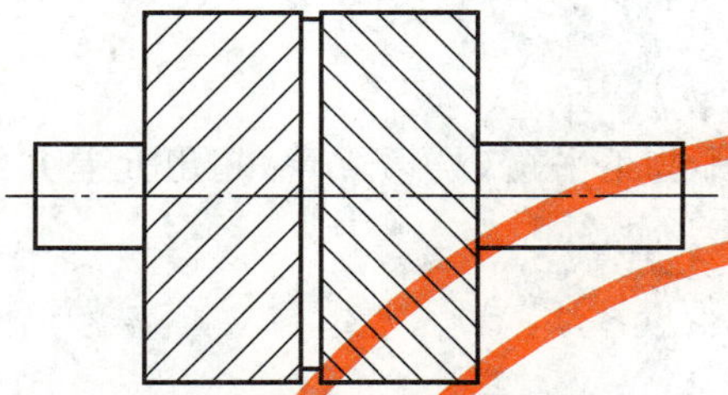

a） 刚性特性（实体齿轮）

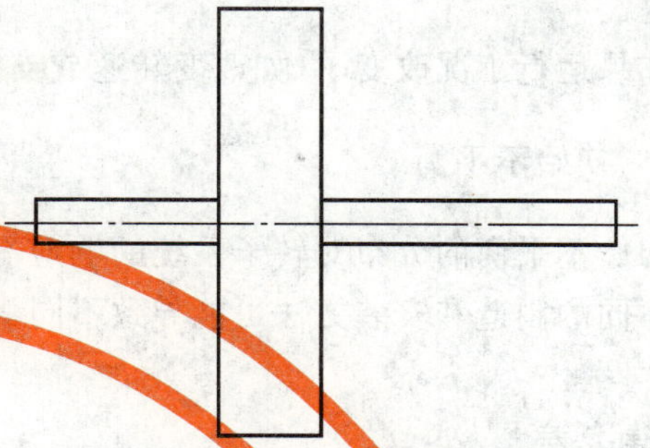

b） 挠性特性（弹性轴上的盘，例如 laval 转子）

c） 部件弹性特性（带拉杆的圆筒，在离心载荷下弹性变形）

d） 就位特性（带有绕组的发电机转子，在一定离心载荷下一次就位）

图 4 具有特定性能转子类型的举例

这些插图对完整表述是不够的，显然，如图 4c）和图 4d）所示转子也可以表现出挠性；相反，图 4b）所示的转子可以是一个没有明显挠性特性的低速风扇，即刚性转子。这些特性的细节在附录 B 进一步解释。

5.6 影响因素

5.6.1 总则

转子的响应特性由它自身及它的支撑结构的物理特性决定。在支撑结构或转子上测出的振动响应将取决于这些物理特性、不平衡的量值及其沿转子的分布和转速。对要求允差的平衡将取决于所有这些因素，并且改变这些因素或规定的允差可以改变满足允差所需要的平衡方法。

5.6.2 允差

在仅减小平衡允差时，应重新考虑转子的特性，并采用下列方法使转子满足允差要求。

a） 具有刚性特性转子，用单面方法减小合成不平衡后，可以仅要求再做更精确的单面平衡。

b） 具有刚性特性转子，用单面方法减小合成不平衡后，也可以要求双面平衡法考虑矩不平衡（或将合成不平衡和矩不平衡一起作为动不平衡）。

c） 具有刚性特性转子，用双面方法减小合成不平衡和矩不平衡（或将合成不平衡和矩不平衡一起作为动不平衡）后，可以再用挠性特性方法减小模态不平衡的影响，即使转子在低于它的一阶挠曲临界转速运行。

d） 具有挠性特性转子，已经用挠性转子特性方法减小动不平衡和一些模态不平衡后，可以再用挠性转子特性方法来减小更多(较高阶)转子挠曲模态的模态不平衡,即使转子在低于较高阶模态的挠曲临界转速运行。

e) 具有刚性或挠性特性的转子,用合适的方法成功平衡后,考虑到部件的弹性或部件就位特性可能需要采用特殊方法。

f) 当较严的允差仅能在单一转速下满足时,可能需要采用工作转速平衡法。

5.6.3 转速和支撑条件

如果运行工况改变了(如改变转速或支撑条件),可能发生转子特性的其他变化。

5.6.4 初始不平衡

初始不平衡的分布对转子系统的响应有影响。它确定哪些不平衡(见第4章)超出允差并需要处理。不同的制造和安装方法可能导致不同量级的初始不平衡。

6 平衡允差

6.1 总则

现有的平衡装备和技术可以使不平衡减小到低限。然而,超出规定的品质要求是不经济的。因此为了转子在正常运行环境下具有可接受的振动和动态力,确定合适的平衡品质是必要的。

6.2 许用剩余不平衡

在运行工况下,转子的不平衡和同频振动有直接关系。这种关系取决于机器的动态特性(即转子、结构和轴承的动态特性)。然而,机器的总振动只有部分是由于转子不平衡产生的。振动的其他来源可能是电磁力或流体力。

导出许用剩余不平衡允差的指南如下:

——对具有刚性特性转子见 GB/T 9239.1;

——对其他特性转子见 GB/T 6557,使用 GB/T 9239.1 中的允差数据。

6.3 振动限值

识别在运行工况下的机器振动和在平衡机上振动的关系是不容易的。这是由于在平衡机上和在安装状态下,轴承及支撑结构之间的差别。进一步讲,转子在平衡机上是隔离测试,并且不受轴系中其他转子的影响,而安装在运行环境时是有影响的。宜注意不同的平衡机可能有不同的支座刚度,并因此应对每台平衡机设置各自的振动限值。

在有关这些参数的详细信息可用的情况下,估算这些限值的方法在 GB/T 6557 中介绍。对于旋转轴现场振动限值在 GB/T 11348 的相应部分给出,对于非旋转部件在 GB/T 6075 的相应部分中给出。

在不能获得这些参数充分信息的情况下,宜采用根据转子在现场已经满意运行的平衡机设备的指南。

7 平衡方法的选择

7.1 总则

不同平衡方法要求不同类型的平衡机和资源投入,为满足要求的平衡允差,选择恰当的方法(见表1)优化平衡过程是重要的。

具有刚性特性转子(见5.2)可以用GB/T 9239.1提供的单面和双面平衡指南平衡。

通常,具有挠性特性转子(见5.3)宜按照GB/T 6557给出的指南处理。它对不同转子配置规定了多个方法:

——通常的方法是多速平衡,见5.3.3(GB/T 6557—2009的方法G);

——大部分时间运行在单一转速的转子可以在工作转速下平衡,见5.3.4(GB/T 6557—2009的方法H);

——具有挠性特性的转子可以在低速下充分平衡(见5.3.2;GB/T 6557—2009的方法A到F)。

对具有部件弹性特性的转子,见5.4.2,其方法由GB/T 6557—2009的方法I给出。

对具有部件就位特性的转子(见5.4.3),首先有必要使转子运行在不平衡稳定的转速(或状态),然后对刚性转子特性(见GB/T 9239.1)或挠性转子特性(见GB/T 6557)采用合适的方法平衡。

可能的情况下,就推荐的平衡方法咨询制造商或用户。在转子具有挠性特性的情况下,按GB/T 6557确定转子结构形式即可。

7.2 没有规定时平衡方法的选择

7.2.1 识别转子特性

第5章介绍了转子特性的主要类型,表2给出了平衡方法与预期使用的平衡机共同的选择指南。在识别转子特性时应如7.2.2中所述的考虑平衡允差。

警告:表2给出的指南宜慎重使用,因为转子转速与现场第一阶挠曲临界转速的比值仅是个典型值。它高度依赖于轴承及其支撑的动态特性、初始不平衡、平衡品质要求和转子的详细设计。

尽管许多转子的特性可以从第5章和表2给出的简单指南容易地识别,其他的却需要全面分析,特别是在区分刚性和挠性特性时。表2要求了解临界转速,它常常是未知的。附录C提供一种分析方法来得到在运行环境下转子挠性的估计值。

表2 平衡方法指南

<table>
<tr><td colspan="5">本表给出的指南应慎重使用,因为转子转速和现场第一阶挠曲临界转速的比率仅是典型值。它高度依赖于轴承及其支撑的动态特性、初始不平衡、平衡品质要求和转子的详细设计</td></tr>
<tr><td>转子示意图</td><td colspan="2">转子描述</td><td>转子转速/现场第一阶挠曲临界转速</td><td>平衡方法和国家标准</td></tr>
<tr><td></td><td>任何转子结构形式</td><td></td><td><0.3</td><td>单或双面平衡
GB/T 9239.1</td></tr>
<tr><td rowspan="2">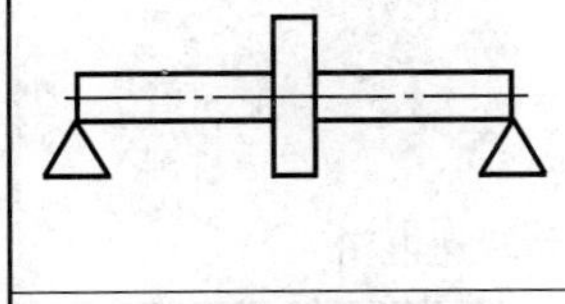</td><td rowspan="2">单个刚体盘安装在可以忽略不平衡的弹性轴上</td><td>盘垂直于轴心线</td><td>所有值</td><td>单面平衡
GB/T 9239.1</td></tr>
<tr><td>盘有轴向偏摆</td><td>所有值</td><td>双面平衡
GB/T 9239.1</td></tr>
<tr><td rowspan="3">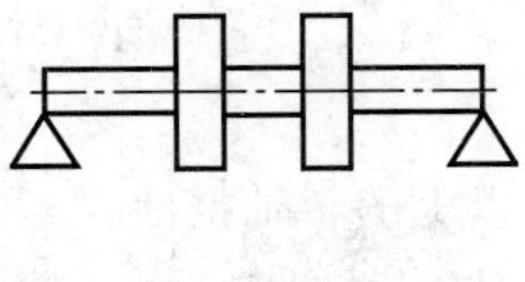</td><td rowspan="3">两个刚体盘安装在可以忽略不平衡的弹性轴上</td><td>两个盘都垂直于轴心线</td><td>所有值</td><td>双面平衡
GB/T 9239.1</td></tr>
<tr><td rowspan="2">一个或两个盘有轴向偏摆</td><td><0.7</td><td>双面平衡
GB/T 9239.1</td></tr>
<tr><td>≥0.7</td><td>多速平衡
GB/T 6557—2009,方法G</td></tr>
</table>

表 2（续）

本表给出的指南应慎重使用，因为转子转速和现场第一阶挠曲临界转速的比率仅是典型值。它高度依赖于轴承及其支撑的动态特性、初始不平衡、平衡品质要求和转子的详细设计

转子示意图	转子描述		转子转速/现场第一阶挠曲临界转速	平衡方法和国家标准
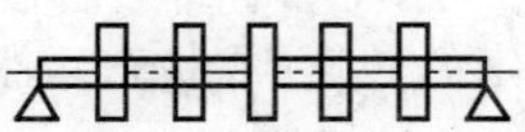	多于两个刚体盘安装在可以忽略不平衡的弹性轴上		<0.7	双面平衡 GB/T 9239.1
			≥0.7	多速平衡 GB/T 6557—2009，方法 G
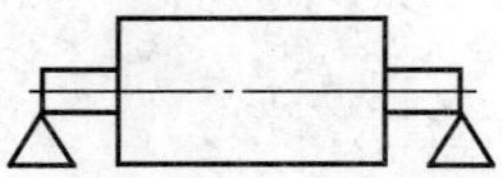	单个刚体部件安装在可以忽略不平衡的弹性轴上		所有值	双面平衡 GB/T 9239.1
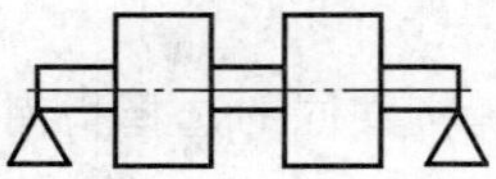	两个或更多刚体部件安装在可以忽略不平衡的弹性轴上		<0.7	双面平衡 GB/T 9239.1
			≥0.7	多速平衡 GB/T 6557—2009，方法 G
	圆柱形辊	假设不平衡按照加工公差分布（通常是均匀不平衡分布）	<0.6	双面平衡 GB/T 9239.1
			≥0.6	两个最佳关联平面的双面平衡 GB/T 6557—2009，方法 F
		未知不平衡分布	<0.6	双面平衡 GB/T 9239.1
			≥0.6	多速平衡 GB/T 6557—2009，方法 G
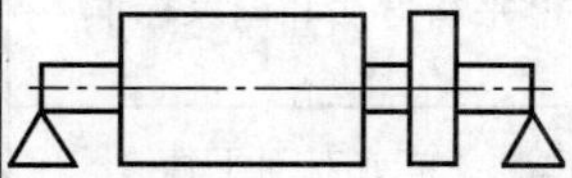	转子包括辊和刚体部件以及/或盘整体转子		<0.6	双面平衡 GB/T 9239.1
			≥0.6	多速平衡 GB/T 6557—2009，方法 G
	任何其他结构形式		没有可用系数	GB/T 6557

注 1：系数的规定是基于具有有限初始不平衡的典型平衡允差。

注 2：这些指南用于安装的各个部件未事先平衡的转子。

注 3：表中第四列，是转子的第一阶挠曲临界转速，而不是刚体临界转速。

注 4：有测到的与转子刚体模态相关的第一阶临界转速的例子，这不应与第一阶挠曲临界转速混淆。

7.2.2 选择转子必要的平衡允差

按照第 6 章的建议选择平衡允差。

当要求低的平衡允差或响应水平时，必须考虑发生在转子运行转速频率范围以上的转轴挠曲模态。例如，图 5 所示转子的响应在工作转速（50 Hz）明显受较高的第一阶挠曲模态的影响，即使前两阶（刚

体)模态已被平衡并在很低的水平。一台机器也许会因为较高的模态,而不能满足在 50 Hz 正常工作转速下基于 5 mm/s 的振动有效值的平衡允差,即使较低的模态可以被接受。这个较高模态的激励水平和平衡允差的要求将确定转子特性和采用的平衡方法。在这种情况下,较高阶模态的影响将要求使用挠性转子平衡方法以满足在运行转速所要求的平衡允差。

说明:

X ——频率,Hz;

Y ——振动量级,有效值,mm/s;

a ——50 Hz 的工作转速。

图 5 工作转速以上转子模态的影响

7.2.3 选择合适的平衡方法

可用的平衡方法的介绍在表 2 中给出。具体细节,见相应的国家标准。

7.2.4 选择合适的平衡机

转子特性和平衡方法选择一起决定选用低速还是高速平衡机。平衡机要求的示例在表 3 中提供,并且在 GB/T 4201 中有更多的细节。

不同类型的不平衡要求不同类型平衡机,如下:

a) 合成不平衡:单面平衡机(低速)已足够。

b) 合成矩不平衡:双面平衡机(低速)是必需的。

c) 模态不平衡:高速平衡机通常是必需的。

注 1: 在双面平衡机上也能进行单面平衡。

注 2: 高速平衡机一般都能进行单面和双面平衡。

注 3: 被 GB/T 6557—2009 方法 A 到 F 分类为挠性的转子能在低速下充分平衡。

表 3 平衡机要求的示例

1	转子质量
2	轴承类型、尺寸和中心距
3	转子长度
4	转子直径
5	最小可达剩余不平衡
6	不平衡量减少率
7	与安装条件相匹配的轴承支承刚度
8	针对高速装有叶片转子的真空设备
9	用于低转速机器上装有叶片转子允许的最大转速
10	高速电机转子的感应电流
11	平衡试验设备上转子外伸部分的影响
注：本表不是详尽的，对特殊机器可能有其他合适要求。	

7.2.5 选择特殊转子要求

当转子在平衡机上时，可以增加试验以确保转子满足用途。表 4 给出了大型发电机转子在平衡机上可以进行附加测试的示例。同样，对其他在平衡机上的特殊转子也应该考虑附加试验的需求。

表 4 发电机转子在平衡机上可以进行的试验示例

1	超速转子使端环就位
2	在通过转轴临界转速、工作转速和超速时平衡转子
3	进行热稳定性检查
4	进行电气测试以检查绕组的完好
注：这些测试只能在使用合适设备和满足安全要求时才能进行。	

8 平衡的国家标准

8.1 总则

在平衡领域帮助使用者的系列国家标准，见表 5。这些标准分成引言（本标准）、词汇、平衡方法和允差、平衡机、考虑平衡的机器设计、机器振动六个部分。

表 5 关于平衡的系列国家标准

题目	国家标准		
引言	本标准		
词汇	GB/T 6444 机械振动 平衡词汇	GB/T 2298 机械振动、冲击与状态监测 词汇	

表 5（续）

题目	国家标准		
平衡方法和允差	GB/T 9239.1　机械振动　恒态(刚性)转子平衡品质要求　第1部分:规范与平衡允差的检验 GB/T 9239.2　机械振动　恒态(刚性)转子平衡品质要求　第2部分:平衡误差	GB/T 6557　挠性转子机械平衡的方法和准则	GB/T 28785　机械振动　大中型转子现场平衡的准则和防护
平衡机	GB/T 4201　平衡机的描述检验与评定	GB/T 9238　平衡机及其仪器仪表用图形符号	GB/T 12977　平衡机防护罩和测量工位的其他保护措施
考虑平衡的机器设计	GB/T 19874　机械振动　机器不平衡敏感度和不平衡灵敏度	GB/T 16908　机械振动　轴与配合件平衡的键准则	
机器振动	GB/T 6075　在非旋转部件上测量评价机器的机械振动(所有部分)	GB/T 11348　在旋转轴上测量评价机器的机械振动(所有部分)	

8.2　词汇

8.2.1　GB/T 6444　机械振动　平衡词汇

GB/T 6444 确立了有关平衡机及平衡技术领域中常用的术语及其定义。分别提供了中、英文索引。

GB/T 6444 的附录 A 给出了平衡机术语图解指南。

8.2.2　GB/T 2298　机械振动、冲击与状态监测　词汇

GB/T 2298 定义了在机械振动、冲击与状态监测领域的术语和表达式。分别提供了中、英文索引。

8.3　平衡方法和允差

8.3.1　通则

这些标准不用作任何转子的验收规范，而是指导如何去避免大的缺陷和/或不必要的限制性要求。

8.3.2　GB/T 9239.1　恒态(刚性)转子平衡品质要求　第1部分:规范与平衡允差的检验

GB/T 9239.1 对确定恒态(刚性)转子不平衡和指定其有关品质要求给出建议。它详述了：

a)　在一个和两个面上不平衡的描述；

b)　确定许用剩余不平衡的方法；

c)　分配许用剩余不平衡到校正面的方法；

d)　通过测量识别转子剩余不平衡状态的方法；

e)　与剩余不平衡识别相关误差的概述。

8.3.3　GB/T 9239.2　恒态(刚性)转子的平衡品质要求　第2部分:平衡误差

GB/T 9239.2 包括：

——恒态(刚性)转子平衡过程中误差的识别；

——误差的评价；

——考虑误差的准则；

——在两个校正面上剩余不平衡量的评价。

许多有关具有刚性特性转子平衡的误差，如 GB/T 9239.2 中概述，同样适用于具有挠性特性转子的平衡。

8.3.4 GB/T 6557 挠性转子机械平衡的方法和准则

GB/T 6557 按照转子特性和平衡要求对各类转子分类，列举了各类典型挠性转子的结构型式，说明了平衡方法，规定了不平衡最终状态的评定方法以及给出了在平衡设备上平衡和现场平衡时按振动限值和剩余不平衡量限值评定的准则。

GB/T 6557 也可用作更深入研究的基础。例如，在需要更精确地确定所要求的平衡品质时，如果对规定的制造方法和不平衡量限值给予注意，可望能满意地运行。

结构共振及其动力修改的问题不包括在 GB/T 6557 范围内，而包括在 GB/T 19874(见 8.5.2)。

8.3.5 GB/T 28785 机械振动 大中型转子现场平衡的准则和防护

当被平衡的转子安装在它们现场自身的轴承上时，采用 GB/T 28785 规定的方法。它强调了适合现场平衡的条件，必要的测试仪器，安全问题，以及报告和保存记录的要求。该标准可以用作为进行现场平衡合同的基础。

GB/T 28785 未给出根据测量振动数据计算校正质量方法的指南。

8.4 平衡机

8.4.1 GB/T 4201 平衡机的描述检验与评定

GB/T 4201 规定了平衡旋转零部件用的平衡机性能和特性的评定要求。GB/T 4201 重点说明了宜由制造者给出的平衡机特性的格式，并概述了平衡机的评定准则和试验方法。

8.4.2 GB/T 9238 平衡机及其仪器仪表用图形符号

GB/T 9238 规定了平衡机，包括平衡仪器仪表上使用的符号。这些符号是对我国机械和电气设备用图形符号的补充。

GB/T 9238 适用于对平衡机的组成部分——指示器和控制器等功能与用途的表示。

8.4.3 GB/T 12977 平衡机 防护罩和测量工位的其他保护措施

GB/T 12977 规定了防护罩和其他保护措施的要求。防护罩和保护措施是用于减小在离心式(旋转的)平衡机测量工位上的不平衡转子产生的机械危险。这些危险是在平衡各类转子和不同的平衡状态下操作平衡机时产生的。该标准为防护罩和其他保护措施定义了不同的防护级别，并限定了每个防护级别的适用范围。

GB/T 12977 不包括特殊防护罩的性能，例如：在平衡以平衡转速旋转的带叶片的转子时可能需要的降低噪声、减小风阻或抽真空等性能。

8.5 考虑平衡的机器设计

8.5.1 GB/T 16908 机械振动 轴与配合件平衡的键准则

GB/T 16908 规定了有键组件的各个零件(轴或转子、配合件)平衡的单一准则，旨在使所有被平衡的零件具有适配性，以便它们在组装后能满足该组件综合的平衡和(或)振动允差。

8.5.2 GB/T 19874 机械振动 机器不平衡敏感度和不平衡灵敏度

GB/T 19874 规定了确定机器对不平衡的振动灵敏度的方法，并且规定以相应的共振转速对工作转速的逼近函数作为评价指南。

GB/T 19874 将机器依据其对不平衡变化的敏感度分成若干组。

GB/T 19874 给出了如何将灵敏度数值应用于实际情况的建议。这些推荐值仅能用于相对简单的系统而不能用于大型发电设备。

8.6 机器振动

8.6.1 GB/T 11348(所有部分) 机械振动 在旋转轴上测量评价机器的振动

GB/T 11348 是以确定轴振为目的，对在旋转轴上直接测量评价机器振动的一般准则。轴振与下列因素有关：

a) 振动特性的变化；

b) 过大的动载荷；

c) 径向间隙的监测。

GB/T 11348 后续部分对评估在不同等级的机器上振动测量的烈度提供了具体指导，并给出振动限值的数值。

GB/T 11348 适用于绝对和相对径向轴振的测量。这种方法适用于机器的运行及状态监测，并适用于试验台上和安装后的验收测试。还为确定运行限值提供指南。

8.6.2 GB/T 6075(所有部分) 机械振动 在非旋转部件上测量评价机器的振动

GB/T 6075.1 为在整机的非旋转部件(非往复部件也适用)上测量和评价振动确定了通用条件和方法。后续部分提供了在不同等级的机器上评价测量的振动烈度的具体指南，并给出振动限值的数值。

有关状态监测和验收测试的一般评价准则，用振动量值以及振动量值的变化来表示。已经提供的准则首先考虑机器安全可靠地长期运行，同时尽量减小对相关设备的不利影响。准则还提出设置运行限值。该评价准则只与机器本身产生的振动有关，和外界传递给它的振动无关。

附　录　A
（资料性附录）
不平衡的数学和图形表示

A.1　目的

本附录显示一组沿转子分布的不平衡矢量(见图 A.1),如何转化为

——合成不平衡;

——合成矩不平衡或合成偶不平衡;

——转子模态振型的模态不平衡。

注:平衡机不显示分布的不平衡,而是以合成不平衡和偶不平衡,或动不平衡(在高速平衡机情况)甚至模态不平衡形式来显示所需的不平衡校正量。

A.2　符号

$\vec{U}_k$	单个平面的不平衡矢量(g·mm)
$\vec{U}_r$	合成不平衡(g·mm)
$\vec{P}_k$	不平衡 $\vec{U}_k$ 的矩不平衡(g·mm^2)
$\vec{P}_r$	合成矩不平衡(g·mm^2)
$\vec{C}_k, -\vec{C}_k$	基于矩不平衡 $\vec{P}_k$ 的偶不平衡的两个不平衡矢量(g·mm)
$\vec{C}_r, -\vec{C}_r$	基于合成矩不平衡 $\vec{P}_r$ 的合成偶不平衡的两个不平衡矢量(g·mm)
$\vec{U}_{n,k}$	平面 k 上第 n 阶模态不平衡
$\vec{U}_{n,r}$	合成第 n 阶模态不平衡
$\vec{U}_{ne,k}$	基于平面 k 上不平衡的第 n 阶等效模态不平衡(g·mm)
$\vec{U}_{ne,r}$	合成第 n 阶等效模态不平衡(g·mm)
z	转子轴向坐标
$\vec{z}_k$	原点 O 到 $\vec{U}_k$ 平面的距离(mm)
$\vec{z}_r$	原点 O 到合成不平衡 $\vec{U}_r$ 选定平面的距离(mm)
$\vec{z}_C, -\vec{z}_C$	原点 O 到两个偶不平衡矢量的距离(mm)
$\vec{l}_k = (\vec{z}_k - \vec{z}_r)$	合成不平衡 $\vec{U}_r$ 选定平面到不平衡 $\vec{U}_k$ 平面的距离(mm)
O	x,y,z 坐标系的原点
b	两个偶不平衡矢量间的距离(mm)
k	平面计数,从 1 到 K
n	振型函数计数 1,2,3,…
$\phi_n(z)$	振型函数 $n=1,2,3,\cdots$
$\phi_n(z_k)$	第 n 阶振型函数在平面 k 的纵坐标
$\phi_{n,\max}$	第 n 阶振型函数的最大纵坐标值

A.3 不平衡矢量集合

图 A.1 显示一个由 $K=10$ 个单元构成的转子，每个单元有一个不平衡矢量 $\vec{U}_k(k=1,2,\cdots,K)$。

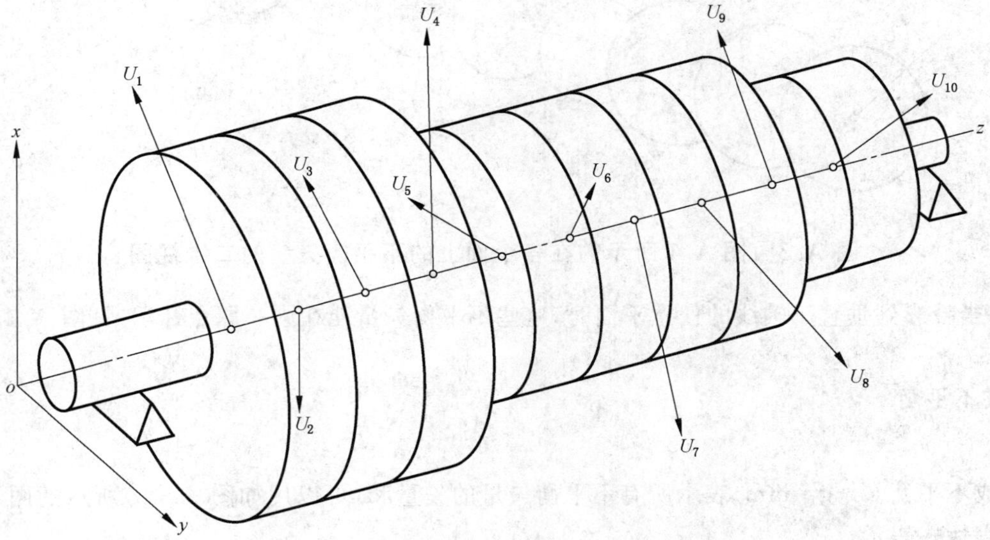

图 A.1 转子上不平衡分布模化为垂直于 z 轴的 10 个单元

为了数学表达和数值计算，每一个不平衡矢量能用更普遍的方式表示为从原点 O 起始的 $\vec{z}_k$ 处的一个不平衡矢量 $\vec{U}_k$（见图 A.2）。

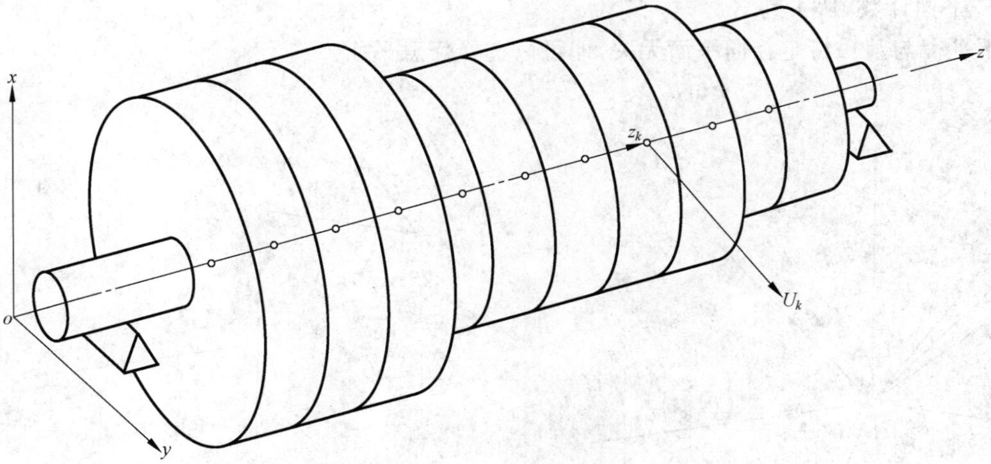

图 A.2 在轴向位置 $\vec{z}_k$ 处的不平衡矢量 $\vec{U}_k$

沿转子轴向看，三维视图（图 A.1 和 A.2）可以通过每一个单元的二维视图来表示。图 A.1 中的不平衡矢量可以如图 A.3 所示的在各个平面上表示。

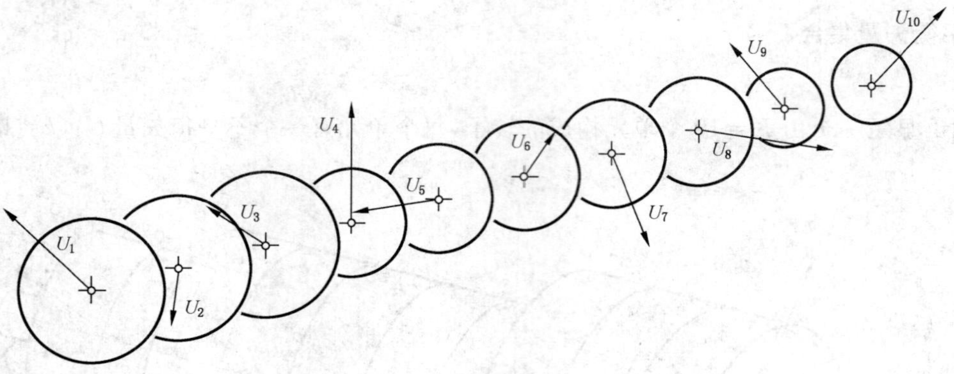

图 A.3　图 A.1 所示的在各个面上的不平衡矢量的二维视图

或者，当投影到垂直于轴线的任意平面时，这些不平衡矢量能在同一原点标示，见图 A.4a)。

A.4　合成不平衡

以合成不平衡 $\vec{U}_r$(g·mm)表示所有不平衡矢量的矢量和，可以用如图 A.4b)所示的图示表示，或者用数学表达式表示：

$$\vec{U}_r = \sum_{k=1}^{K} \vec{U}_k \qquad \text{(A.1)}$$

式中：

$\vec{U}_k$——单个不平衡矢量，单位为克毫米(g·mm)；

k ——平面计数，从 1 到 K。

合成不平衡与某一特定径向平面无关，即可以选择任意平面。

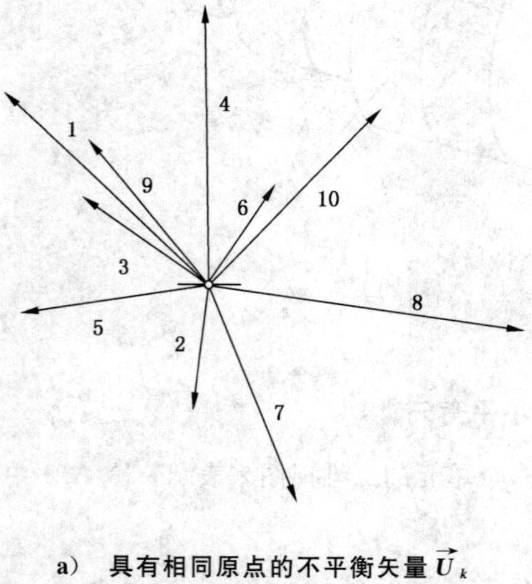

a)　具有相同原点的不平衡矢量 $\vec{U}_k$

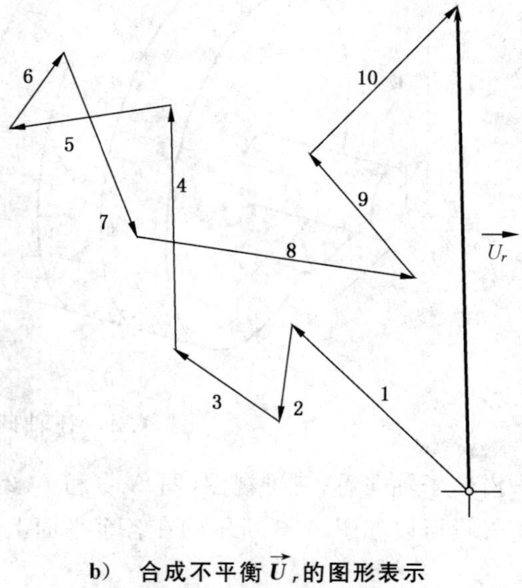

b)　合成不平衡 $\vec{U}_r$ 的图形表示

注：图 A.4 矢量的数字表示平面计数，k。

图 A.4　不平衡矢量 $\vec{U}_k$，($k=1,2,\cdots,K$)：合成不平衡的计算

A.5 矩不平衡

矩不平衡仅能对垂直于轴线的平面定义。由于只有在这个位置合成不平衡不影响矩不平衡，这个任意选择的平面于是变成了合成不平衡的平面。见图 A.5 中，例如平面 R 通常被选择为中心平面。

对数学表示和计算，矩不平衡 $\vec{P}_k$（惯性积）可以通过不平衡矢量 $\vec{U}_k$ 的矢量积计算（见图 A.5）：

$$\vec{P}_k = \vec{l}_k \times \vec{U}_k \qquad \text{(A.2)}$$

式中：

$\vec{P}_k$ —— 矩不平衡，取决于选择的 $\vec{U}_r$ 的位置，单位为克平方毫米（g · mm²）；

$\vec{U}_k$ ——单个不平衡矢量，单位为克毫米（g · mm）；

$\vec{l}_k = (\vec{z}_k - \vec{z}_r)$ ——从选定的合成不平衡 $\vec{U}_r$ 的平面 R 到不平衡 $\vec{U}_k$ 平面的距离，单位为毫米（mm）；

$\vec{z}_k$ ——从原点到 $\vec{U}_k$ 平面的距离，单位为毫米（mm）；

$\vec{z}_r$ ——从原点到合成不平衡 $\vec{U}_r$ 平面的距离，单位为毫米（mm）。

注 1：矩不平衡 $\vec{P}_k$ 是一个不同于其他不平衡矢量的矢量；它有数值、方向和旋转方向。

注 2：对旋转轴倾斜安装的一个平衡部件会在装配的转子上产生一个矩，因为旋转轴不是理论惯性主轴。

说明：

R——径向平面。

注：b 是转子的两端面间的距离，z_r 被选作为中心平面（$b/2$）。

图 A.5 利用为合成不平衡 $\vec{U}_r$ 选择的平面 R：矩不平衡 $\vec{P}_r$ 和偶不平衡矢量 $\vec{C}_k$ 及 $-\vec{C}_k$ 以及相关距离的表示

A.6 合成矩不平衡

合成矩不平衡 $\vec{P}_r$ 等于各个不平衡矢量 $\vec{U}_k$ 的矩不平衡的矢量和，或者数学表示为

$$\vec{P}_r = \sum_{k=1}^{K} \vec{l}_k \times \vec{U}_k \qquad \text{(A.3)}$$

式中：

k——平面计数，从 1 到 K。

注：需要明确区别单个不平衡矢量的矩不平衡[见方程(A.2)]和不平衡分布的合成矩不平衡[见方程(A.3)]。实际上，“矩不平衡”一词通常意味着整个转子的不平衡分布。

A.7 偶不平衡

在某些情况，用偶不平衡(两个不平衡矢量 $\vec{C}_k$ 和 $-\vec{C}_k$)与相关平面位置 $\vec{z}_C$ 和 $\vec{z}_{-C}$ 的矢量积表示矩不平衡 $\vec{P}_k$ 更方便。

$\vec{C}_k$ 和 $-\vec{C}_k$ 的平面可以任意选定。下标 k 用来指示与 $\vec{U}_k$ 和 $\vec{P}_k$ 的关系。

图示表示见图 A.6b)。数学表示方程为

$$\vec{P}_k=(\vec{z}_C\times\vec{C}_k)+[\vec{z}_{-C}\times(-\vec{C}_k)] \quad\cdots\cdots\cdots\cdots(\text{A.4})$$

式中：

$\vec{P}_k$ ——矩不平衡，单位为克平方毫米($g\cdot mm^2$)；

$\vec{C}_k$ 和 $-\vec{C}_k$——对应矩不平衡 $\vec{P}_k$ 的偶不平衡矢量，单位为克毫米(g·mm)；在图示情况它们选择在端平面，距离为 b；

$\vec{z}_C$ 和 $\vec{z}_{-C}$——这两个矢量距原点 O 的距离，单位为毫米(mm)。

注 1：偶不平衡由一对大小相等、方向相反的不平衡矢量 $\vec{C}_k$ 和 $-\vec{C}_k$ 组成。

注 2：这个方程可以变换为：$\vec{P}_k=(\vec{z}_C-\vec{z}_{-C})\times\vec{C}_k$。$|(\vec{z}_C-\vec{z}_{-C})|$ 项是这两个偶不平衡矢量间的距离 b。

如果中心平面被选定合成不平衡并且如果平面距离 b 等于两端平面的距离(见图 A.5)，右端面上单个的偶不平衡矢量如图 A.6a)所示。

在右端面上所有偶不平衡的矢量和等于合成偶不平衡，见图 A.6b)(在左端面上，合成偶不平衡同样大小但是方向相反)。

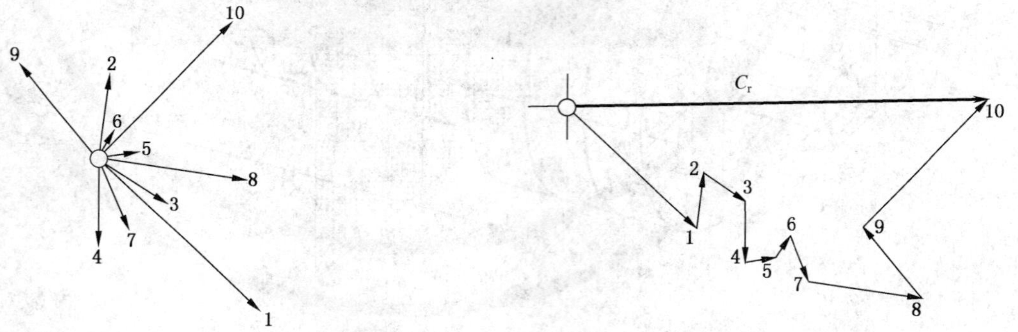

a) 根据每个 $\vec{U}_k$ 和相应距离比 $(z_k-z_r)/b$ 计算的右端面上偶不平衡矢量($\vec{C}_k$，$k=1\sim10$)

b) 右端面上合成偶不平衡 $\vec{C}_r$(左端面上的合成偶不平衡同样大小，但方向相反)

注：矢量上的数字表示平面计数 k。

图 A.6 不平衡的图示和估算，合成偶不平衡

A.8 模态不平衡

A.8.1 模态振型

模态不平衡是基于各模态的挠曲(模态振型函数 $\phi_n(z)$，$n=1,2,3,\cdots$)。图 A.7 表示具有均匀分布

质量和刚度的对称转子前三个挠曲模态的(理想化)模态挠度。

A.8.2 模态不平衡表示

假设不平衡与图 A.1 相同。如果每一个独立的不平衡矢量 $\vec{U}_k$ 与各自模态 $\phi_n(z_k)$ 相应的纵坐标值成比例,得到独立的第 n 阶模态不平衡 $\vec{U}_{n,k}$:

$$\vec{U}_{n,k} = \vec{U}_k \phi_n(z_k), \quad k=1,2,3,\cdots,10 \qquad \text{(A.5)}$$

所有特定模态的不平衡共同描绘模态不平衡分布。这些不平衡的和生成第 n 阶合成模态不平衡 $\vec{U}_{n,r}$:

$$\vec{U}_{n,r} = \sum_{k=1}^{K} \vec{U}_k \phi_n(z_k), \quad k=1,2,3,\cdots,10 \qquad \text{(A.6)}$$

注:平面弯曲模态的情况,纵坐标值是实数。而三维弯曲模态它们可能是复数。

应明确区分独立的单个第 n 阶模态不平衡,见方程(A.5),和第 n 阶合成模态不平衡,见方程(A.6)。

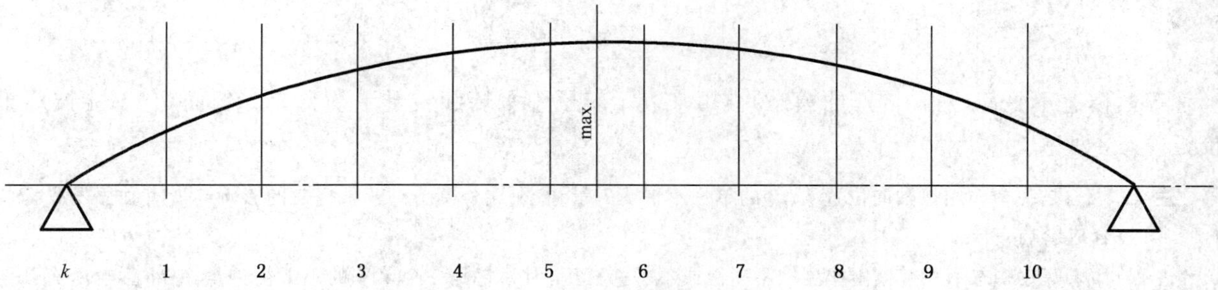

a) 一阶模态振型 $\phi_1(z)$

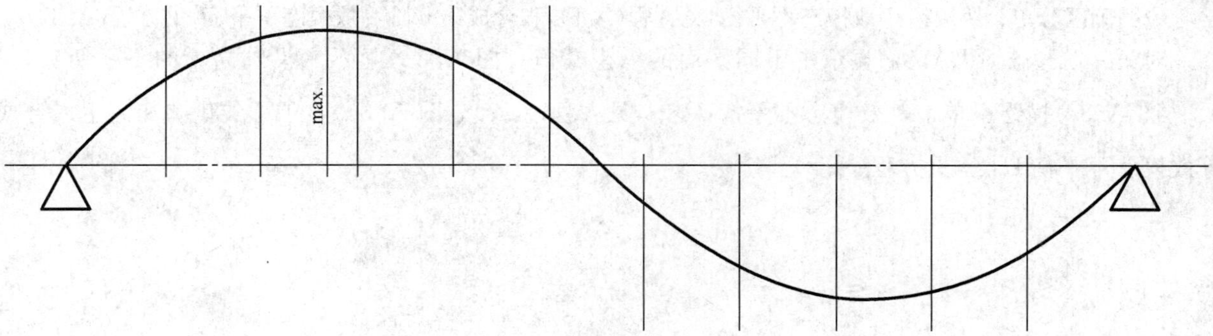

b) 二阶模态振型 $\phi_2(z)$

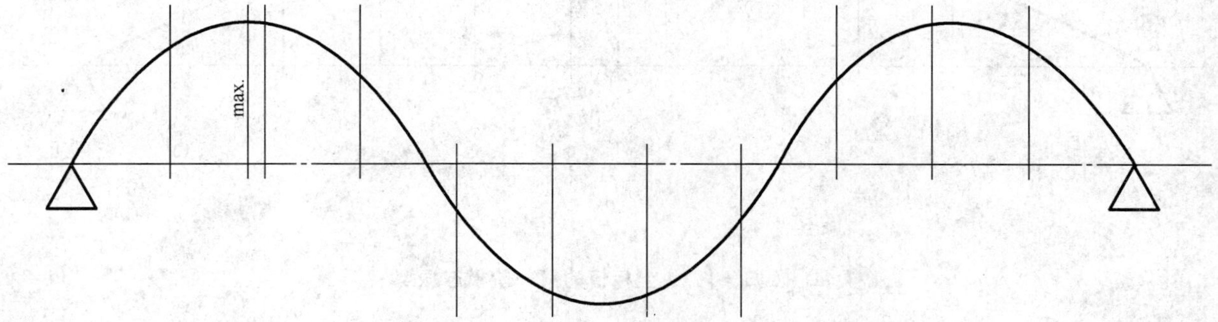

c) 三阶模态振型 $\phi_3(z)$

图 A.7 在刚性支撑具有均匀分布质量和刚度对称转子的前三阶挠曲模态振型

A.9 等效模态不平衡

由于存在不同的模态纵坐标换算方法，模态不平衡尚未能达成一致认识。如果单个模态不平衡 $\vec{U}_{n,k}$ 被模态最大纵坐标值 $\phi_{n,\max}$ 除，它变成作用在选定最大纵坐标平面上单个第 n 阶等效模态不平衡 $\vec{U}_{ne,k}$。

第一阶模态的图示，见图 A.8d)。一般的数学方程为

$$\vec{U}_{ne,k}=\vec{U}_k\frac{\phi_n(z_k)}{\phi_{n,\max}},\quad k=1,2,3,\cdots,10 \qquad\text{(A.7)}$$

这些矢量的和是合成第 n 阶等效模态不平衡 $\vec{U}_{ne,r}$：

$$\vec{U}_{ne,r}=\sum_{k=1}^{K}\vec{U}_k\frac{\phi_n(z_k)}{\phi_{n,\max}} \qquad\text{(A.8)}$$

等效模态不平衡(对不同弯曲模态)被用来表示转子不平衡和转子平衡允差。然而，它不能被用于校正模态不平衡。

注 1：$\vec{U}_{ne,r}$ 是一个作用在轴向位置 $\phi_{n,\max}$ 的单一不平衡矢量，它在这个模态对转子挠曲的影响与所有独立不平衡的合成影响一样。

注 2：如果等效模态不平衡被用作测试不平衡或不平衡校正，因为它是一个单一的不平衡矢量，它将影响所有其他挠曲模态。

注 3：在平面挠曲模态情况下，坐标值是实数，而对三维挠曲模态它们可能是复数。

应明确区分单个第 n 阶等效模态不平衡，见方程(A.7)，和合成第 n 阶等效模态不平衡，见方程(A.8)。

对第一阶模态，图 A.8a)显示了不同平面的纵坐标值。图 A.8b)显示了沿轴向看的不平衡矢量，$\vec{U}_k$。图 A.8c)描绘了单个等效模态不平衡，$\vec{U}_{1e,k}$，见方程(A.7)。图 A.8d)显示了矢量和如何生成合成等效模态不平衡 $\vec{U}_{1e,r}$，见方程(A.8)。

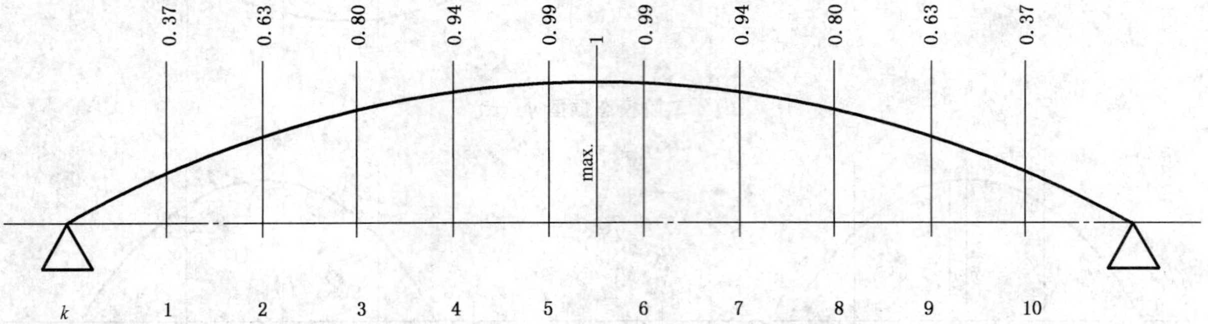

a) (归一化)纵坐标值的第一阶模态振型

图 A.8 刚性支撑转子的第一阶等效模态不平衡的图示

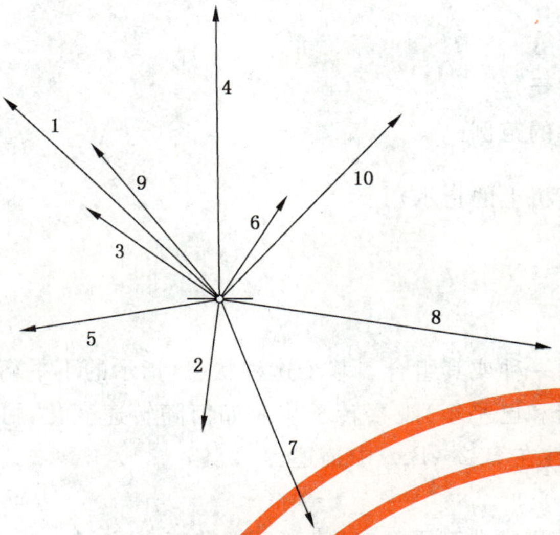

b） 10 个平面上的不平衡 $\vec{U}_k$

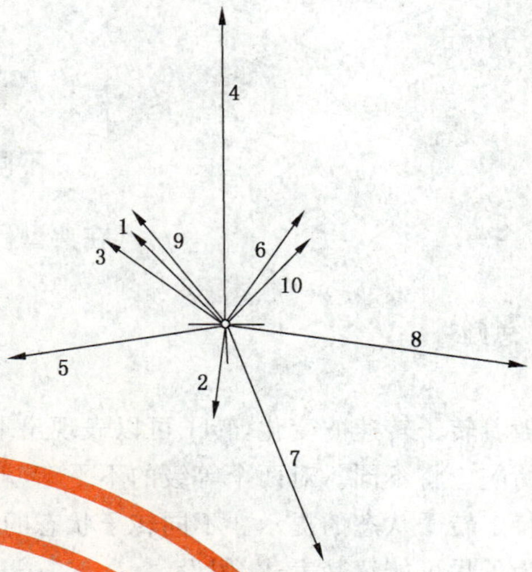

c） 以各平面坐标和最大绝对纵坐标之比加权的不平衡

$\vec{U}_{1e,k}=\vec{U}_k[\phi_1(z_k)/\phi_{1,\max}]$，$k=1,2,3,\cdots,10$

d） 加权矢量的矢量和，等于合成第一阶等效模态不平衡 $\vec{U}_{1e,r}$

注：矢量上的数字表示平面计数，k。

图 A.8（续）

附 录 B
（资料性附录）
不同转子特性的范例

（在典型硬支承平衡机上的指示）

B.1 总则

随着转子转速的变化，转子可以表现出下面状态的一种或其组合。基于这种状态，指示的不平衡和不平衡响应将不同。对两个等级的不平衡（转子未平衡和已平衡）观察转子响应如何随转速变化，可以给出特定转子状态的提示。不同转子状态的理想化特性在B.2～B.5中描述。

为了尽可能清楚表述，假设：

a） 在平衡机上转子运转在低转速 n_1（硬支承平衡机的典型平衡速度）和运行转速 n_2 之间；

b） 平衡机轴承支撑足够刚性，能引起不平衡指示改变的动力学特性没有明显变化；

c） 在转速范围内，以不平衡量标示刻度。

注1：现代硬支承平衡机是典型的标刻度指示不平衡量（或校正量）。对许多转子，只要不平衡不发生变化，在机器工作转速范围内指示是常数。

注2：在转子具有挠性特性的情况下，由于挠曲模态的影响，即使不平衡保持不变，不平衡指示也将随着转速改变。因此不平衡指示的改变可能是由于挠性转子特性或者是由于不平衡变化。

注3：在特殊情况，在升速和降速之间的滞后效应能引起指示的变化，但这里不是指这些。

图B.1～图B.5给出的示例中，使用了两种不同的指示。左边，绘制了指示的不平衡响应对转速的曲线图，而右边在极坐标中显示在整个转速范围内指示不平衡响应矢量（量值和相位）的变化。左图中平衡允差显示为一根水平线，在右图中显示为一个圆（图B.2和图B.3仅适用于低转速；高转速时允差非常复杂，因为它们针对不同的等效模态不平衡）。

B.2 刚性特性（见图B.1）

对具有刚性特性的转子，在转速范围内，已平衡状态和未平衡状态的不平衡响应指示的变化（与平衡允差比较）都是可以忽略的。

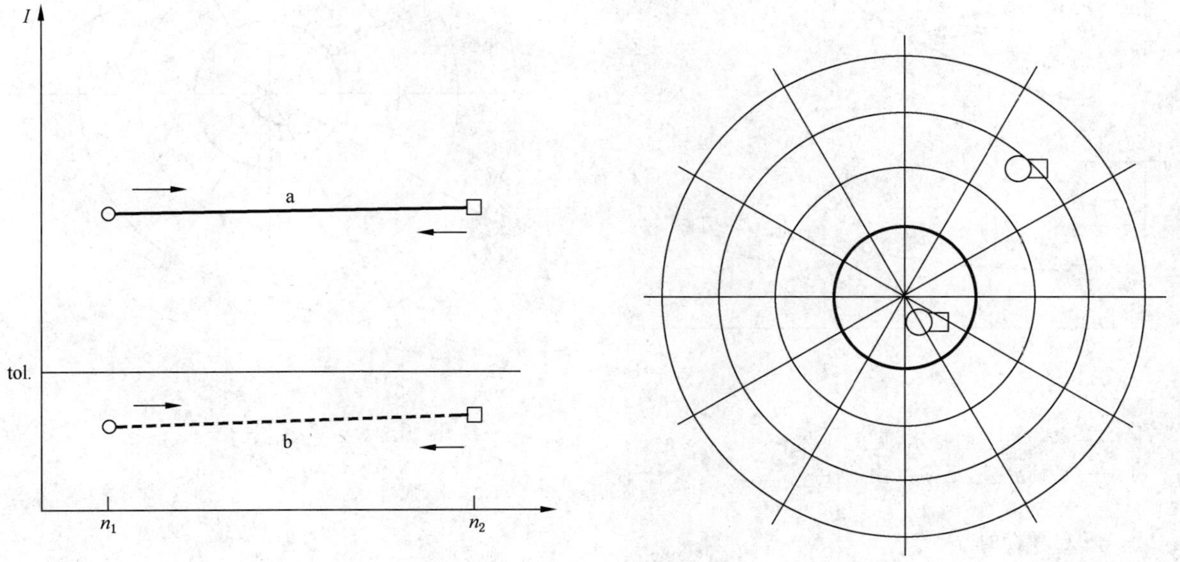

说明：
I ——平衡机上的指示，见 B.1；
tol.——平衡允差；
a ——未平衡的；
b ——已平衡的。

图 B.1 刚性特性：在转速范围内指示的变化与平衡允差比较可忽略

B.3 挠性特性(见图 B.2 和图 B.3)

对具有挠性特性的转子，不平衡响应指示随转速改变。但是在这种情况，不是由于不平衡的变化而是由于模态不平衡使转子发生弯曲变形的结果(见 B.1 的注 2)。

指示的变化是可逆的，即升速和降速时指示将沿同一曲线。

如果运行转速低于一阶挠曲临界，指示将如图 B.2 所示。

如果运行转速高于第一阶挠曲临界，指示将如图 B.3 所示。

采用恰当处理挠性特性的平衡方法，在转速范围内指示以及指示的变化将变得很小并能满足允差。

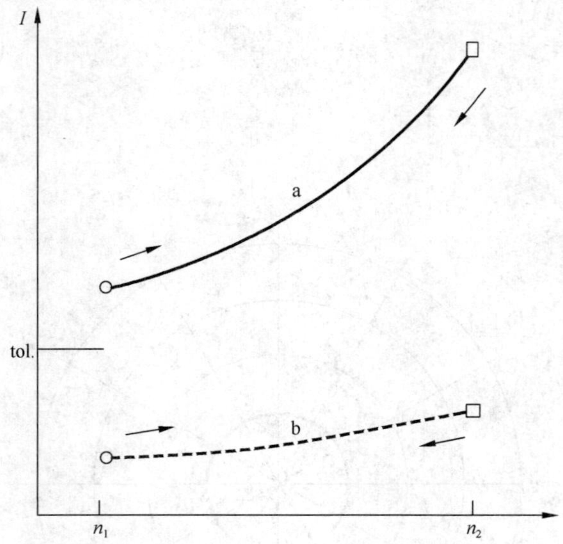

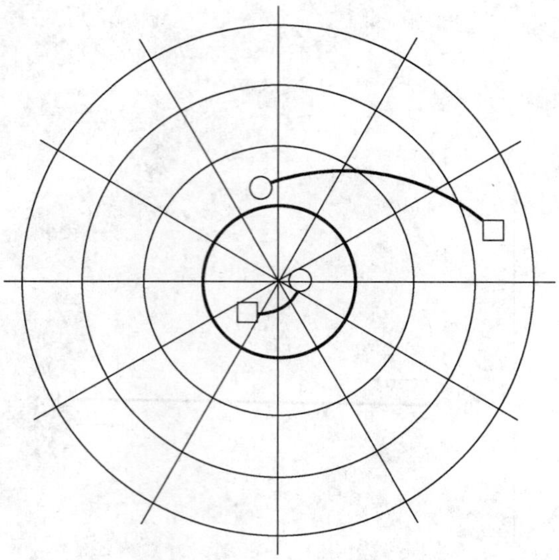

说明：
I ——平衡机上的指示，见 B.1；
tol.——平衡允差，见 B.3 中的注；
a ——未平衡的；
b ——已平衡的。

图 B.2　挠性特性：运行转速低于第一阶挠曲共振

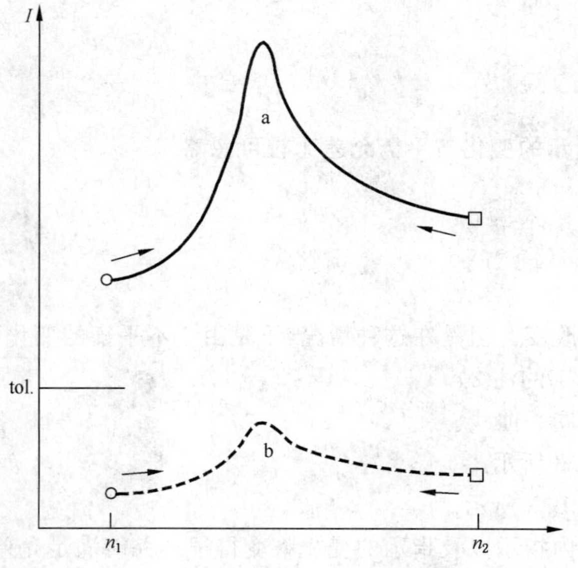

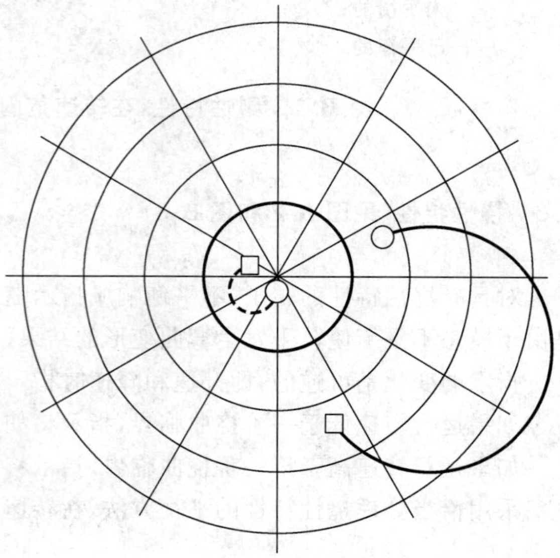

说明：
I ——平衡机上的指示，见 B.1；
tol.——平衡允差，见 B.3 的注；
a ——未平衡的；
b ——已平衡的。

图 B.3　挠性特性：运行转速高于第一阶挠曲共振

注：在所有图示中，平衡允差在左图是水平线，右图是圆。在图 B.2 和图 B.3，这只适用于低转速；在较高转速时允差更复杂，由于他们可能涉及不同的等效模态不平衡。

B.4 部件的弹性特性

对具有部件弹性特性的转子，由于不平衡的改变，不平衡响应指示随转速变化。见图 B.4。

指示变化是可逆的；即在升速和降速时指示将沿同一曲线。

补偿这类随校正质量变化的不平衡是不可能的。因此，如果部件弹性特性不能通过改进制造和安装过程来减小，平衡仅是一种在运行转速范围内尽量减小不平衡程度的折中方法。基准位置可以改变并且这可能足以取得一个折中的平衡位置，使得在所有转速下不平衡保持在允差以内。在某些情况下，这可能是做不到的。并且，在这样的情况下，有部件弹性特性的转子通常在高速下被平衡到允差内，在低速下有超出公差的风险，如图 B.4。

通常，这样一个转子高速时被平衡到允差内，低速时有超出允差的风险。

说明：

I ——平衡机上的指示，见 B.1；

tol.——平衡允差；

a ——未平衡的；

b ——已平衡的。

注：此处部件弹性特性与刚性转子特性结合，但是它也可以与其他转子特性结合。

图 B.4 部件的弹性特性

B.5 就位特性

这种情况，在特定的转速不平衡响应指示有突然变化，如图 B.5。

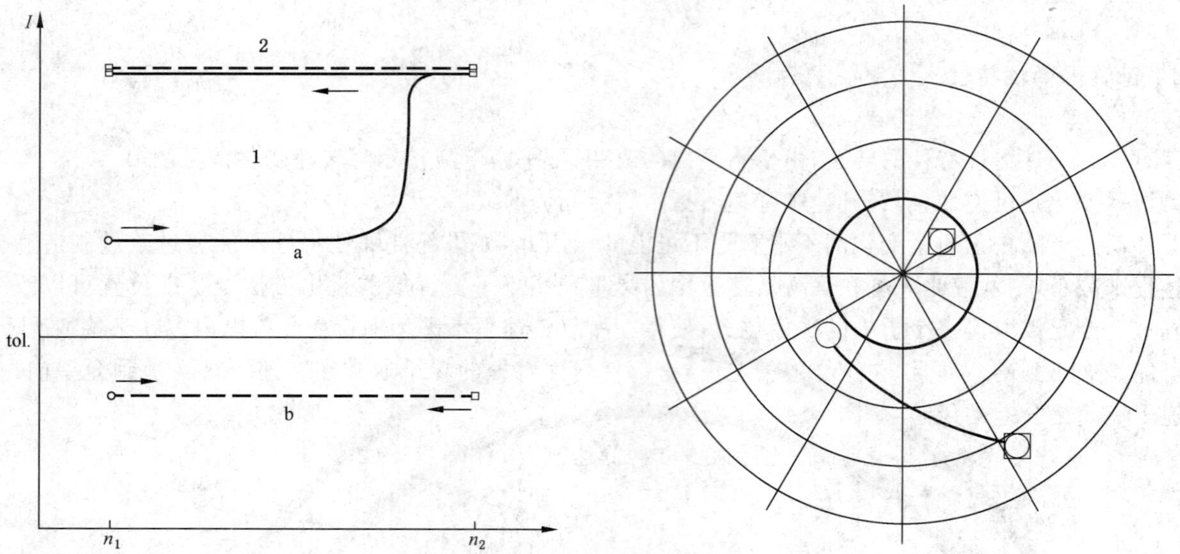

说明：

I ——平衡机上的指示，见 B.1；

tol.——平衡允差；

1 ——第一次运转；

2 ——第二次运转；

a ——未平衡的；

b ——已平衡的。

图 B.5 就位特性

随着第一次运转转子定位。第二次运转显示刚性特性，但是就位特性能叠加任何转子特性。这种指示的改变是不可逆的，即在升速和降速时指示不沿同一曲线。

然而，转子运转到足够转速，通常是超速后，定位在最终位置。这样就位特性在随后的运转中将不再发生。

注 1：在图 B.5 所示的示例中，定位的转子表现刚性特性。就位特性也可以和一个其他转子特性结合。

注 2：只要转子已经定位，针对转子特性采用合适的方法转子就能被平衡。

附 录 C
（资料性附录）
如何根据结构设计估算确定转子挠性

C.1 总则

转子的平衡方案取决于在工作环境运行时转子的挠性。本附录提供一个根据转子结构设计和支撑结构的近似了解来判断运行环境下转子的挠性特性的方法。

如果转子的设计详情和轴承及支撑结构的动力特性是明确的，数学模拟将给出转子特性更准确的估算。这将能够对转子特性做出正确评价。

C.2 数学模化转子

根据结构设计可以容易地进行转子数学模拟来估算它的固有频率。基本参数是必要的，如轴承中心距、转子总质量、确定刚度和质量分布的外径。在估算由热套部件引起的刚度增加时应加以注意。为更有把握，模拟转子第一阶自由-自由挠性模态并和实验值对比，可以校核转子模型。垂直悬挂支撑转子并在水平方向激励是自由-自由模型良好的近似。

C.3 方法

利用C.2描述的数学表示以及转子简支在具有无穷大径向刚度的轴承上，计算转子的第一阶简支（即铰接）临界转速。按照下列方程估算转子的刚度 S_r，N/m：

$$S_r = m_r \cdot \omega_{r1}^2 \qquad \cdots\cdots(C.1)$$

式中：

m_r——转子质量，单位为千克(kg)；

ω_{r1}——转子第一阶简支临界转速，单位为弧度每秒(rad/s)。

在总支撑刚度（即轴承和支座刚度）范围内重新计算第一、第二和第三阶临界转速。归一化对应转子计算的支撑刚度，归一化对应正常或最大运行转速的临界转速，并生成范例的图示，见图C.1和图C.2。

在图C.1和图C.2中，第一、第二和第三阶临界转速分别用线a-d、b-e和c-f表示。由于轴承结构和支撑油膜正交刚度的不对称，这些临界转速通常对应两个主刚度方向成对出现。为简化分析，此处支撑被假设为对称的。伴随低支撑刚度，两个低阶模态是刚体模态以及第三阶是第一个挠曲模态。硬支撑上的转子仅能看到挠曲模态。如果能得到油膜刚度的近似值，可以添加到示意图上，因为它可以表示可能的最大支撑刚度。对许多机器，转子在升速和降速时临界的峰值可能与图中所示的是相关的，并能提供支撑刚度的近似指示。

C.4 转子刚性或挠性特性的说明

图C.1是一个以刚性特性运行转子的示例。在低和高的支撑刚度下，第一阶挠性临界转速在运行转速区间之上，分别见c和d。可以有一个支撑刚度刚好低于转子刚度的刚度范围，转子可能受它的挠曲状态影响。对所给出的示例，由于转子刚度高于油膜刚度，是不可能发生的。实际上，这个转子远比它的支撑硬，并以带有极小弯曲的刚性转子运行。

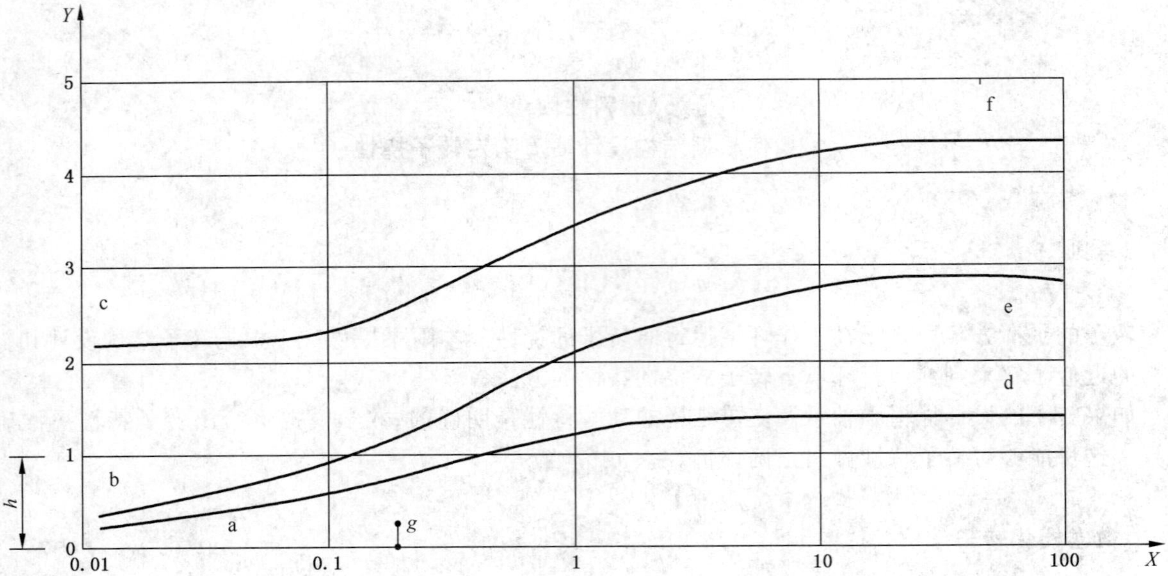

说明：

X——总支撑刚度与转子刚度之比；

Y——临界转速与工作转速之比；

a——第一阶刚体模态；

b——第二阶刚体模态；

c——第一阶挠曲模态(低支撑刚度)；

d——第一阶挠曲模态(高支撑刚度)；

e——第二阶挠曲模态；

f——第三阶挠曲模态；

g——轴承油膜的估算刚度；

h——0 到 1 归一化运行转速。

图 C.1 具有刚性特性转子的临界转速图

图 C.2 给出的数据明确地表明这个转子以挠性特性运转。对具有高支撑刚度的机器，第一阶临界转速(d)是低于工作转速范围的。在低支撑刚度下，第一阶挠曲模态(c)充分接近工作转速而变得重要。

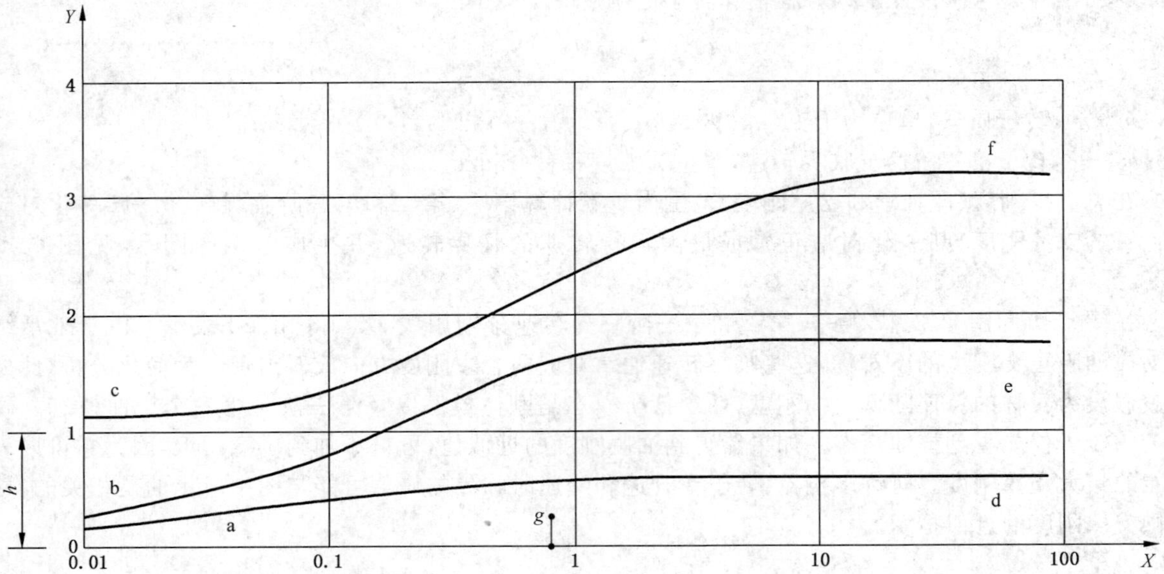

说明：

X——总支撑刚度与转子刚度之比；

Y——临界转速与工作转速之比；

a——第一阶刚体模态；

b——第二阶刚体模态；

c——第一阶挠曲模态；

d——第一阶挠曲模态；

e——第二阶挠曲模态；

f——第三阶挠曲模态；

g——轴承油膜的估算刚度；

h——0 到 1 归一化运行转速。

图 C.2 具有挠性特性转子的临界转速图

C.5 特殊情况

所示的方法考虑了大型转子系统的正常情况，即转子支撑在刚度控制的支撑结构上。对支撑结构是质量控制或甚至是在共振的情况下，上述方法可能给出误导性结果。然而，当用于大型陆地安装燃气涡轮机，轴承支撑结构承载着机壳质量时，这种方法正确地指示在正常运行转速下这些转子多数以挠性特性运行。

C.6 边缘情况案例

这种方法对识别多数明确的挠性或刚性转子是有用的。但是在两者之间有边缘转子。在这种情况下，支撑结构的动态特性是可估算的，GB/T 6557—2009 附录 E 中概述的方法能被数学模拟，其中考虑了实验质量附加在 1/2 和 1/4 跨径的相应响应。

参 考 文 献

[1] ISO 1940-1, Mechanical vibration—Balance quality requirements for rotors in a constant (rigid)state—Part 1: Specification and verification of balance tolerances (including Technical Corrigendum 1)(GB/T 9239.1)

[2] ISO 1940-2, Mechanical vibration—Balance quality requirements of rigid rotors—Part 2: Balance errors(GB/T 9239.2)

[3] ISO 2953, Mechanical vibration—Balancing machines—Description and evaluation(GB/T 4201)

[4] ISO 3719, Mechanical vibration—Symbols for balancing machines and associated instrumentation(GB/T 9238)

[5] ISO 7475, Mechanical vibration—Balancing machines—Enclosures and other protective measures for the measuring station(GB/T 12977)

[6] ISO 7919 (all parts), Mechanical vibration—Evaluation of machine vibration by measurements on rotating shafts(GB/T 11348)

[7] ISO 8821, Mechanical vibration—Balancing—Shaft and fitment key convention(GB/T 16908)

[8] ISO 10814, Mechanical vibration—Susceptibility and sensitivity of machines to unbalance (GB/T 19874)

[9] ISO 10816 (all parts), Mechanical vibration—Evaluation of machine vibration by measurements onnon-rotating parts(GB/T 6075)

[10] ISO 11342: 1998, Mechanical vibration—Methods and criteria for the mechanical balancing of flexible rotors (including Technical Corrigendum 1)(GB/T 6557—2009)

[11] ISO 20806, Mechanical vibration—Criteria and safeguards for the in-situ balancing of medium and large rotors (GB 28785)

[12] ISO 7000, Graphical symbols for use on equipment—Index and synopsis

ICS 17.160
J 04

中华人民共和国国家标准

GB/T 29715—2013

机械振动与冲击 桥和高架桥动态试验和检测指南

**Mechanical vibration and shock—
Guidelines for dynamic tests and investigations
on bridges and viaducts**

(ISO 14963:2003,MOD)

2013-09-18 发布

2014-06-01 实施

中华人民共和国国家质量监督检验检疫总局
中国国家标准化管理委员会 发布

前　言

本标准按照 GB/T 1.1—2009 和 GB/T 20000.2—2009 给出的规则起草。

本标准使用重新起草法修改采用 ISO 14963:2003《机械振动与冲击　桥和高架桥动态试验和检测指南》。

本标准与 ISO 14963:2003 相比,在结构上增加了 2 条(4.5 和 4.6)和一个附录(附录 C)。

本标准做了如下编辑性修改:因 ISO 14963:2003 原文在章条编辑上存在结构性缺陷,本标准与 ISO 14963:2003 相比第 4 章在结构上有部分调整,附录 C 中列出了本标准与 ISO 14963:2003 的章条编号对照一览表。

本标准由全国机械振动、冲击与状态监测标准化技术委员会(SAC/TC 53)提出并归口。

本标准起草单位:交通运输部公路科学研究所、东华测试技术开发有限公司、上海交通大学、清华大学、中国铁道科学研究院、郑州机械研究所。

本标准主要起草人:宿健、何玉珊、蔡曙日、刘士钢、饶柱石、王宗纲、杨宜谦、孙成龙、尹京、马筠、韩国明、刘文峰。

引　言

通过测量、解释和报告结构对动态激励的响应，动态检测有助于结构的控制。试验设计应符合研究和结构类型的具体目标。测量通常可获得全桥（包括地基或局部构件）的频域和（或）时域的动态特性。

本标准适用于永久性设计和临时性的桥梁、高架桥工程的建造和养护。动态试验可以实现如下目的：

——评估在建桥梁结构的安全性；

——建成后验证设计理念；

——评估风和地震分析中的动态特性及活载；

——监测现役桥梁并探查损伤；

——确认桥梁的加固效果；

——突发情况下的桥梁诊断；

——作为状态监测基础的诊断试验。

动态检测可以作为新建或养护和修复管理的设计过程（试验设计）的一部分。

机械振动与冲击
桥和高架桥动态试验和检测指南

1 范围

本标准为桥梁及高架桥的动态试验和检测提供指南：

——按构造和用途将试验分类；

——为构件和全桥结构的控制及检测类型提供指导；

——列出激励和测量所需设备；

——将检测技术按信号处理、数据描述和报告的相应方法分类。

本标准提供了动态试验的通用准则。试验产生的结构动态特性信息可作为状态监测或系统识别的基础。本标准所述的动态试验不能替代静态试验。

试验应尽量详细说明测试中每种振动模态的所有动态特性(即频率、刚度、振型和阻尼)及其运动幅值的非线性变化。

本标准适用于公路桥梁、铁路桥梁、人行天桥及高架桥(包括建设及运营阶段)及其他工程(或其他工程类型),提供其在特定结构中的应用保证。

本标准应用于特殊结构(斜拉桥或悬索桥)时,需根据其工程特性进行具体试验。

注：本标准的下文中,术语“桥梁”指“桥及高架桥”。

2 规范性引用文件

下列文件对于本文件的应用是必不可少的。凡是注日期的引用文件,仅注日期的版本适用于本文件。凡是不注日期的引用文件,其最新版本(包括所有的修改单)适用于本文件。

GB/T 2298 机械振动、冲击与状态监测 词汇(ISO 2041,IDT)

3 术语和定义

GB/T 2298 中界定的术语和定义适用于本文件。

4 分类

4.1 概述

桥梁的动态行为受其上部结构类型、静态设计和建造方法、截面型式、支承条件、基础类型和下部结构(桥墩和桥台)的影响很大。在动态试验中需要考虑这些特性,在 4.2～4.4 中给出了桥梁的分类。这种分类有助于规范测量报告的编制。

4.2 上部结构类型

4.2.1 上部结构材质

根据上部结构材质,主要可分为：

a) 钢筋混凝土桥(现浇或预制);

b) 预应力混凝土桥(现浇或预制);通常使用先张的、后张的、或先张后张组合的部件;

c) 钢桥(正交异性钢板或纵向加劲板);

d) 钢混组合梁桥;

e) 石桥;

f) 新材质(如纤维增强混凝土、纤维增强塑料)。

4.2.2 梁的截面型式

梁的截面型式主要可分为:

a) 采用横向连接的钢梁或混凝土梁;

b) 单箱单室或多室箱梁;

c) 实心或空心板。

4.3 下部结构

4.3.1 基础类型

基础类型主要可分为:

a) 硬质土或岩石上的条型、筏型或大体积混凝土基础;

b) 桩或板桩基础;

c) 沉箱基础。

基础在地基中的变形特性影响基础对结构(墩和台)的约束程度。只要条件许可,在基础施工过程中即可开展对基础的变形观测。

4.3.2 桥墩、桥台和护墙

4.3.2.1 桥墩

桥墩主要包括如下类型:

——薄壁墩;

——独柱(空心或实心、柱形或锥形)墩;

——多柱(空心或实心、柱形或锥形)墩;

——框架墩。

其他桥墩类型可视为上述主要类型的组合。

4.3.2.2 桥台

桥台系统通常包括以下类型:

——现浇钢筋混凝土桥台(实心或有护墙);

——空心钢筋混凝土现浇桥台;

——预制钢筋混凝土桥台;

——机械稳定的土台,例如加筋土。

4.3.2.3 护墙

护墙通常由如下构成:

——混凝土;

——石料。

4.4 静态设计、建造方法

4.4.1 静态设计

静态设计和支承条件影响结构的动态特性，且宜纳入试验程序。

根据静态设计，桥梁可分为：

a) 单跨桥或简支梁桥；

b) 主要由端部支承及适当约束的各跨独立的高架桥；

c) 多孔连续桥，通常各跨间沿纵向抗弯刚度有显著差异；

d) 静定悬臂型连续桥，纵截面固定或可变横截面；

e) 框架桥；

f) 拱桥；

g) 桁架桥；

h) 装配式组合桥；

i) 钢管拱桥。

4.4.2 建造方法

桥梁通常使用不同的建造方法，这可影响其总体动态特性及结构的理论模型。例如，一些通用的建造方法如下：

——预制混凝土梁或钢梁与混凝土(现浇或预制)板；

——预制节段或分期建造。

此外，试验设计还应考虑到加固及翻新的影响。

4.5 特殊桥梁

下列特殊桥梁需要特别注意：

a) 斜交桥(斜交角>15°)；

b) 曲线桥($R/L<10$)；

c) 倾斜桥(倾角>5%)；

d) 斜拉桥；

e) 悬索桥；

f) 可移动桥(例如平转和提升桥)；

g) 浮桥。

4.6 按用途分类

根据用途不同，桥梁可分为：

a) 公路桥梁；

b) 铁路桥梁；

c) 人行天桥；

d) 产品(特殊材料输送)和服务类的桥；

e) 以上分类的组合。

5 试验通用准则

5.1 概述

建议先通过理论模型和(或)数值分析得到被测值的数量级,若已进行类似检测,可据此预估数值的量级,全桥、单元或构件均可应用。初始分析可得到位移、变形、固有频率、振型和阻尼的近似值,以指导下列选择:

——检测技术;

——激励方法(类型、激励持续时间、谱分布);

——试验仪器的选择;

——传感器和(或)激励器的布设。

5.2 试验技术的选择

试验技术的选择取决于许多因素,如频率范围、阻尼和需要的激励水平,以期能对有关传感器精度及环境噪声下的响应作出正确评估。

如果信噪比小于3,处理测量结果应特别注意,且试验报告应指明所采用的修正及估计误差。

5.3 激励方法的选择

5.3.1 概述

激励方法的选择要考虑两种类型的结构振动:自由振动和受迫振动。两种情况下都要在时域、频域或时间-频率域中进行研究。

自由振动可由突加的静态荷载或强制位移激发,或作为瞬时激励(包括车辆的运行或制动响应)的自由衰减振动。激励可以是"环境作用"或"人工作用"。前者源于具有随机宽带谱的风、道路交通、轻微地震。后者通过可控源激励,特别适用于不同固有频率的集中作用能量,需要使用一个或多个能施加已知振幅和频率的可控荷载的激振器,此种激励可用于评估系统的动态特性和系统可能的非线性特性。

对人行天桥,要考虑步行激励和随机相互作用。

5.3.2 设备类型

使用人工激振的设备选择参见6.1。激励类型的选择需要评估频率范围及要求的振动水平。

5.3.3 激励位置

激振点数量和位置的选择与被研究的振动模态有关,选择在最大模态振幅区域布点时,应考虑到施工进程及激励位置截面刚度,必要时需要计算验证结构能否承受预期的动态荷载。

5.4 响应测量系统的选择

5.4.1 概述

应根据试验可得到的具体信息预先确定响应的检测方法。这些信息可从加速度、速度、位移、倾角、应变或变形测试中获得。为寻找结构关键点的变形与应力范围,应特别注意检测与疲劳相关的物理参数,这些信息对评估可能的局部和整体损伤特别重要。

直接对桥墩、桥台或单跨、多跨结构振动模态进行测试可得到结构的整体响应,通常测试振动模态选择垂直、水平、扭转或其组合)可能就足够了。整体响应的测量需要测量设备沿整个结构或其构件配置,每次测试使用不同配置,这宜在初步调查研究后制定。若采用此方法,为检查测试的可重复性及不同结果的相关性，需要维持某些测点位置不变。测试低频时，可考虑使用亚厘米精度的全球定位系统(GPS)进行测点定位。

在局部响应测量时，根据施工进程中结构部位(桩基、整体基础等)或使用中的构件(断面、悬臂结构等)的理论分析，对测量设备的位置进行特殊设计。

5.4.2 传感器的布置

为测试全局响应，测量设备不应置于对局部振动敏感的单元之上。所有的测试环节(传感器、信号调理器、记录仪)应依照制造商的说明书或应用标准(例如对于振动传感器，可见 GB/T 13823—1992 或 GB/T 20485—2011)校准。试验报告应描述测试和数据采集过程，并且规定系统的频率范围。

传感器的初始位置取决于检测的目标且受桥梁的类型、相关条件和振型的影响。后续的位置可取决于前次的测试结果。

5.4.3 安装技术

安装传感器的技术应能在感兴趣的频率范围内重现被测单元的振动。安装系统应尽可能刚性，避免由于安装引起的共振现象。传感器的安装应与制造商的说明书或适用的标准(例如，加速度计的安装见 GB/T 14412—2005)一致。这些应在试验报告中描述。

5.4.4 数据传输

传输数据不应失真。

6 试验设备

6.1 激励设备

激励设备应适用于试验对象。附录 A 列出了振动发生器和脉冲系统的详细资料及其规格。

6.2 测量设备

测量设备应适用于试验对象。附录 B 列出了试验设备的指南及其规格。

6.3 控制、采集和分析系统

宜安装具有控制功能的系统，以控制试验中施加在结构上所有动作的一系列操作。根据激振器类型，可要求在地面与结构之间布设力传感器。

记录的数据应便于处理和分析。

分析系统应具备检验采集的数据和识别动态特性的功能。

7 检测技术

7.1 一般要求

7.1.1 分类

结构上的动态检测技术可依照振动的性质(即受迫的或自由的)和使用的数据处理技术进行分类。

7.1.2 受迫振动

受迫振动可由人工或环境激励，即人工和环境因素都可诱发。

人工激励可产生特定属性的外加荷载。根据使用的激励系统，动态荷载可以是正弦的、平稳随机的、非平稳随机的或瞬态的。激励在某些情况下可测量，但其他情况下也可能难以测量。

风、交通（公路或铁路）、微地震、工业、道路施工等可产生受迫环境振动。动态激励可为平稳随机的、非平稳随机的或瞬态的。

7.1.3 自由振动

自由振动是振源停止后依然持续的振动。其特征是有阻尼的正弦波的组合。自由振动和结构的模态特性有关。它可以人工触发或由环境引起。

第一种情况是由短时动作引起，例如使用牵拉并快速释放的技术，或使用设备产生脉冲荷载。

第二种情况是由结构上环境短时作用的停止引起，例如车辆通过或风的停止。

7.1.4 数据处理

可在频域、时域或时间-频率域进行数据处理。采用的结构识别方法应该有合理的实践或文献支持。试验报告应描述使用的方法及参考文献。

7.2 人工激励试验

人工激励的试验是检测中使用最广泛的技术之一。它需要安装一个或多个激振器，且需安装测量传感器网络，传感器数量和位置取决于被测桥梁的结构类型及检测目的。激励类型如下：

a) 正弦激励

外加力随时间的变化严格依照简谐规律。试验中，频率的变化快慢可调，按这样的方法，结构的基本模态可以检测。这些试验的优点是激励能量在同一时刻集中在同一模态，从而产生相对高幅值的响应。

b) 随机激励

动态作用依平稳随机规律随时间变化，激起结构的不同模态。

c) 脉冲激励

脉冲激励包括动态作用的应用（牵拉并快速释放、冲击荷载、使用液压振动发生器及工程附近的爆炸等），它用于产生自由振动的分析。

7.3 环境自然作用

7.3.1 风

风产生的激励可认为是“准随机的”。由于荷载分布作用于所有裸露表面，测量风产生的动荷载是困难的，通常是不可能的。

7.3.2 地震

地震产生的激励是可持续数十秒的瞬时变化。地震作用的有效动荷载是由地面运动产生，这种激励的测量由放置在地震预期位置的地表或地下的加速度计或地震检波器实现。若可能，应评估土壤与结构的相互作用并在自由场中进行测量。

因为地震通常是罕见事件，作为试验源是受限制的，且仅能被监测系统记录到。

7.3.3 微颤震

微颤震（M_L 小于 2.0）产生很低幅值的运动，而大桥桥址通常使用适当的地震检波器监测。微颤震产生的激励可看作短时瞬态序列。

许多场地存在近似连续发生的微弱瞬态振动(表面波),可归为“人工噪声”。另外,存在由气象源产生的长周期环境振动,像与低压中心和沿海波动相关的、经典的长周期微地震。

7.3.4 交通导致的振动的测量

在役结构容易检测到这种激励类型的动态响应。若进行一轮几个相似结构的动态试验,建议相似的检测也在人工激励的试验结构上进行,交通可以被控制(例如,仅有已知特征的车辆)或使用正常交通。在后者中,动态激励的实际测量并未广泛应用。通过监测可获取现场交通流量及载荷强度信息。铁路交通中,通过传感器,可检测列车轮轴的位置、轴重和列车速度。

人的通行也可用于激励重量较轻的桥,包括人行天桥。人的匀速步行提供恒定频率及其整数倍频的荷载。因此步行频率可选作激励的基本形式。停止步行,或单独的跳跃可用来激励桥梁的自由振动。拥挤的人行天桥可能经受复杂的相互随机荷载。

7.3.5 其他动态作用

还有其他动态作用可在桥上产生可测的振动,例如与水的相互作用,即水波或水流。

8 试验和检测

8.1 概述

本章给出应用于具体试验采用的原理,及各种应用所需的特别注意事项。通常激励由机械或液压伺服器提供,有无力值测量都不影响使用。在结构或构件上安装的激振器在非期望方向不应产生不必要的振动。某些情况下激振器及附件的质量很重要,需要评定它对动态响应的影响。

8.2 建造期间试验(定期检测)

8.2.1 概述

建造过程中在桥梁或其构件上可以进行动态试验,以验证设计、建模及分析中的假设。建造过程中或建成后进行试验的范围要进行描述。试验的数量和类型取决于结构特性及其重要性。

8.2.2 浅基础

对浅基础通常不使用动态试验,浅基的使用局限于较软的土壤,而且一般不用于重要的桥梁。它可用于验证地质设计的假设。由于这些环境下的试验不常见,使用基于近似的地质数据数值模型进行初步研究是有帮助的,还能帮助选择适当的地基土动态参数及试验的形式,如动态平板试验。这些试验的过程可在土动力学教科书中查阅。

8.2.3 桩和隔墙基础

除验证设计之外,桩基上的试验还可揭示支承地基土和基础特性的变化。了解这些变化对地震荷载下横向扩展结构的分析非常有用。

当隔墙被安装在现浇或预制混凝土构件表面时需特殊考虑。在不同施工阶段进行试验时,应考虑到预期响应的范围。

8.2.4 垂直动态特性

8.2.4.1 单桩的动态试验

试验桩上的垂直试验应确定垂直方向上的模态频率和阻尼。应确保仅垂直力作用在桩台上,当桩的一部分高出地面时应特别注意。

需根据工程的规模和重要性以及地基土的同质性，确定在一个或多个桩上进行试验。在使用大功率激振器及重锤激振时，应考虑附加质量的影响。低频振动时，使结构达到充分的动态位移从而得出真实的阻尼值是很困难的。高频振动时，阻尼和频率相关。

桩的动态试验可用低能量源进行质量检测(例如，时域的声波反射试验和频域的机械导纳试验)。

8.2.4.2 群桩的动态试验

为评估群桩支承的承台垂直动态特性计算所使用的模型，群桩的动态试验应与单桩上完成的试验相关联。承台设计应允许安装激励器使得摆动最小，它与基础的几何形状和桩的分布有关。

8.2.5 水平动态特性

8.2.5.1 概述

为验证计算地震响应所使用的地质模型，水平动态试验尤为重要。单桩的试验顺序应考虑对桩使用功能的潜在影响。若设计中涉及非线性和应变相关的阻尼，就应考虑试验中产生的位移。

8.2.5.2 单桩的动态试验

水平动态试验应测定模态频率和阻尼。在建工程中，选择的试验桩(适当时可成为工作桩)应该是已完成的构件中具有代表性的。建造完成前，在地面以上有自由长度的被测桩时，应考虑回填的影响。桩顶若设有桩帽，其影响应予考虑。

为探测低频下的响应，必须提供反力块或反力桩，且需检验邻近效应。当需要在更高频率范围内获得大位移时，可能需要能控制大流量液流的液压伺服激励器。

大直径单桩很难被激励，如沉箱桩和完整的隔板墙基础。期望产生足够的位移以重现极限工作状态下预期的全部响应通常是难以实现的，且任何推断都不得不使用理论上的地质参数。

8.2.5.3 群桩的动态试验

群桩或隔墙支承承台的水平试验应与测定模态频率和阻尼的垂直试验使用相同的准则。

试验设备应能激起可测的承台桩(土)系统的水平运动。对大桩帽或大基础构件，由于接近性能的使用极限状态，测试位移和应变不可行，只能使用单桩试验的应变外推相关应变的方法。由于承台的整体运动也可能受桩的垂直运动影响，测量设备应记录承台的位移和转动。如果承台可能变形，为确定主要的变形，应充分考虑传感器的分布和响应的方向。

支承承台的检测结果可以与单桩检测的结果对比，目的是在小位移情况下建立群桩特性。应该注意，某些动态群效应的数值建模是基于波动场和桩的相互作用而建立的，相互作用不考虑桩自身的激励建模，“远离的”爆炸源可用于上述方面的研究。如果单桩试验时产生了超过静态设计限值的沉降，则在群桩试验时须给出预警。

8.2.6 支承结构(桥墩和桥台)

8.2.6.1 概述

支承结构的振动试验很重要，特别是处在地震带的结构及需要考虑屈曲的桥墩。

8.2.6.2 桥墩

振动试验应得出柔性墩的模态频率、阻尼值、刚度和固有模态振型。

支承土体基础间的相互作用可影响模态频率和固有模态振型。传感器应置于能确定最重要的固有模态振型的位置。在选择所需的激励系统前可进行初步的数值分析，以激励结构的固有频率。

对于柔性桥墩，自然激励(如风)或冲击激励可能有效。对于刚性结构，通常用机械式激振器会产生强制水平振动。使用冲击时，脉冲波形可用伺服耦合器修正，以提高基本模态的响应。

8.2.6.3 桥台

桥台动态试验对于地震带中的重要结构是尤其重要的。桥台试验应在施工彻底完成后进行，因为多次回填对其静、动态特性有重大影响。

8.3 已建成结构的试验

8.3.1 概述

当结构建成时，作为状态监测过程的一部分，动态试验能对传统的检查进行补充，验证动态分析中的假设及程序，并为后期的定期检查建立初始状态。

8.3.2 结构的整体特性

8.3.2.1 概述

如使用人工方法，桥面结构的动态试验需在适当位置进行激振。传感器需成网格布置，且须有足够数量，以便识别主弯曲和扭转模态，并描述其模态振型。为识别弯曲和扭转模态，至少需要两个传感器安放在同一垂直响应截面两侧。桥面结构横截面上的仪器数量取决于需研究的弯曲和扭转模态的复杂性，利用对称性可减少测点数目。

若测试包括横向变形的模态，则需要多个跨截面的传感器。考虑到水平面上结构的整体特性，需要监测此平面上的激励器引起的动态效应，以及此处在低频下可能发生这些效应的重要构件。

8.3.2.2 人工受迫激励

受迫振动试验是得出结构整体动态特性和评估基本模态参数(固有频率，阻尼，刚度和振型)传递函数的最有用工具。

应该选择既满足激励所关注模态的需求，又可知其运行情况的激励位置。根据工程的复杂性和被测模态的种类，可能一个位置已足够。激励设备需牢固地连接至结构上以使运动只发生在预期方向上，可以使用经过肋板，避开明显横向弯曲的连梁。此时，安装点可以选择在梁或隔板上，或对应主梁(对于开口截面)或侧壁(对于封闭截面)的位置。

8.3.2.3 环境振动

风产生的环境振动可用来检查暴露的柔性细长的低固有频率结构，微地震(微颤振)也经常用于此处；它提供低能激励并可用于线性动态识别。交通产生的振动响应与脉冲试验或人工非正弦激励响应相似，或振动水平更高，交通诱发振动的分析技术也是可用的。

8.3.3 局部特性

整体动态特性研究的同时，需要对局部构件、非承载部分和附属装置的动态响应进行动态试验，特别当其存在安全隐患时，例如悬臂、桥面板等局部构件，或其他诸如约束的结构部件和桩、桥台等一些支承结构。

如果有出现裂缝而不容易评估的结构，则需要采用这类检测。这种情况下应变计测量可对被测截面进行连续性评估，考虑到所需信息的种类和被测结构特性，每种情况下都必须研究仪器的类型和其位置应。

8.4 运营期间的检测和控制

桥梁运营期间，包含动态试验的定期检测应作为计划状态监测的一部分，为工程的耐久性和桥梁寿命内质量退化相关的维修工作计划提供数据。

关于运营期间动态特性的评估，一般注意事项参见7.1。这种检测对工程的运营产生影响应该是最小的，但保证技术有效。

8.5 监测

8.5.1 概述

连续或准连续运行的监测系统（可由固定装置提供）可作为首选，并且对于复杂结构，此系统是运营中控制结构最有效的工具。在适当时期内需要充足的数据，以提供随机环境及运营条件下结构特性特有的动态信息。

监测系统的一个核心部分是管理计划和提前解释行为特性，这种特性能够引导定义操作（报警算法）。除监测外，周期性的受迫振动试验提供可与标准行为比较的信息。一般而言，监测系统也提供对结构参数有影响的环境条件信息（空气和工作温度、雨、阳光、风等）。

8.5.2 交通监测

由于运营中经常产生交通激励，交通振动监测是连续控制最合适的工具。

8.5.3 地震监测

强震仪可安装在桥梁附近，如桥墩，而且合适的传感器可安装于重要结构元件上。为给设计地震作用提供参考，需要在与建造结构的场地相似的“空白场地”上设置仪器，但要足够远以避免在相互干扰。这种监测与有地震活动记录的区域有关。

地震监测无法对桥梁状态连续诊断，但所提供的信息确实能够用来评估工程的状态。在紧急情况下（人防），对于属于战略上重要的基础设施（铁路或公路）的结构，这方面很重要。

8.5.4 风监测

当风产生的动态激励表现为工程的重要因素时（悬索桥、斜拉桥、高墩桥梁或高墩高架桥）以及在有明显风活动的区域内，都可进行风响应监测。

8.5.5 多功能监测

可优先考虑使用多功能组合监测的测量设备。例如，现在监测交通和地震的振动可使用相同的传感器网络。

此情况下，系统需要执行两种测量范围的操作。另外，与动态监测并行，静态和地质监测的可能性不应忽视。多功能系统可扩展为气象监测和检查车辆的数量、种类和速度。

8.5.6 阈值准测

在安装监测时，需建立阈值界线来定义有关特定检查项目（常规操作、异常应力、非正常或危险情况响应等）的操作范围。这些级别的确定与监测设计和试验对象有关。

制定阈值准则时，为防止虚假预警状态，预警和预警算法的开发中应注意分辨环境噪声及不确定性因素。

9 最终报告

9.1 概述

试验应遵循由结构管理部门(参见如 GB/T 19875—2005)定义的程序或设计进行。设计应阐述如下内容:

——被测工程或结构;

——检测目的;

——检测方法,试验类型的考虑,为结构识别所使用的数据处理方法及算法;

——试验设备的位置。

试验可由管理部门承担,条件是其拥有相关试验设备与经验,或可由外部实验室的专家承担。试验报告应包括检测的所有主要方面,特别是如下几点:

——所用设备仪器的描述,包括校准;

——测量过程和设备位置描述;

——数据分析过程描述;

——数据质量评估;

——相关结果。

最后,试验报告应详述如下各点:

——用户;

——工程管理者;

——试验和数据处理责任工程师;

——检测日期;

——试验时的环境条件;

——承担过类似工程试验和检测的参考。

9.2 试验设计

9.2.1 工程描述

应详述下列工程数据:

——等级和常规应用;

——保存的年限和状态;

——可能的结构损伤的展示。

工程描述应包括可影响动态行为[接缝、支承和(或)特别约束、楼板种类等]的建造细节及其状态评估。

9.2.2 检测范围

清楚理解检测目标与选择特定动态试验类型的原因很重要。

9.2.3 检测方法和测量设备安置地点

检测的性质和类型应考虑第 7 章中的指南。应描述并证实激励的选择、位置、应用的模式,测量点的选择和位置以及测量参数。若在数值计算同时或之前进行测量,或检测目标为结构模型的识别,则必须提供建模与测量间的关联信息,表明应用的局限和模型验证中的各种问题。

9.3 试验报告

9.3.1 概述

检测者的试验报告应包括工程描述，附上所有试验与记录的清晰完整列表。应包括监测部件的图片，附上属于试验的设计图和相关的截面。

9.3.2 仪器设备和测量范围描述

需列出试验中使用的测量仪器设备，详情如下：

——激励类型及其设备规格；

——其他测试设备标识及规格；

——传感器类型；

——传感器的标识、规格、性能范围及校准；

——测量链及其性能；

——线缆。

应提供激励及测量位置列表，附上试验装置信息，如线缆长度、遇到的问题、试验时工作温度、短期温度变化及气象条件。

9.3.3 数据质量和处理描述

应描述试验中使用的分析过程，应详述数据质量及试验设备适用性的评估，应考虑设备仪器的信噪比及灵敏度，应简短描述数据处理用的方法及数值算法，并标注相关参考文献。

9.3.4 结果

在试验报告中应以适当图形、表格、注释及可能的异常现象的细节给出检测的主要结果。

9.4 结果分析与结论

最后，得到实验结果之后，应做出检测工程的评价，附带相关研究目标的参考。这一评价应由工程管理部门或通过专家做出。应关注最终报告中的表述，如涉及检测的目标，详见9.2.2。为了可以检查结构动态特性的变化，以前的检测结果也应考虑。

附　录　A
（资料性附录）
激振系统及其规格

A.1　激振设备

A.1.1　激振器

激振器是使用惯性质量在结构上产生多种力的设备。其可为周期式、随机式或正弦扫频式(频率缓慢变化的正弦线)。其用来测定结构特性如固有频率、振动模态和阻尼。激振器可分为以下几种：

a）　机械式

此种是由相对转轴偏心的反转质量组成。力的周期严格按照正弦曲线,是质量的偏心率和角速度的函数,因此是其频率的函数。频率范围从0.5Hz至100 Hz,最高频率下其力的幅值可达500 kN。

b）　电动式

此种是由固定的磁极(线圈)和连接惯性质量的移动线圈两部分组成。它们由一悬挂系统连接。频率范围从5 Hz至1 000 Hz,最高频率下其力的幅值可达50 kN。

c）　液压式

由惯性质量连接至阀杆的激振器组成。频率范围从0 Hz至200 Hz,幅值可达1 000 kN。其由伺服阀(如MOOG)控制,而且需要大流量的高压油源以产生大位移。激振器也可置于被测结构与反作用质量块或群桩及承台之间。

激振设备的特性可参见A.2、A.3和A.4,仅供参考。激振设备的选择应参考动态试验的设计水平。

对于桥梁试验,应使用能提供低频高幅值力的振动发生器。高频小作用力的激振器可用于结构部件的完整性检测。

A.1.2　脉冲系统

脉冲力通过施加一个瞬间荷载可激起结构的自由运动,例如通过一定质量的瞬间撞击或结构悬挂荷载的瞬间释放,或加载车通过障碍物,或小型爆炸。使用此方法的问题是如何产生有效的能量作用于结构上而不造成损伤。如果结构的固有频率可通过简单途径激励,使用冲击系统是特别合适的。

冲击系统的特性于A.5中给出。

举例:通过脉冲波形耦合器可激励数百吨质量的桩以测定其基础频率,如果系统内置测力计,可进一步测知其响应。

A.2　机械式激振器规格

机械式激振器规格建议如下：

a）　作用力

——常数作用力参数　　$C=$____ N/Hz^2

——最大允许作用力　　$F_{max}=$____ kN

b）　频率范围

——最大值　　$f_{max}=$____ Hz

——最小值　　$f_{min}=$____ Hz

c) 额定功率

——f_{max}时 $P_{max}=$____ W

——f_{min}时 $P_{min}=$____ W

d) 操作条件(标记选项)

——水平 是 否

——垂直 是 否

e) 调整角度范围

——最大值 $\alpha_{max}=$____(°)

——最小值 $\alpha_{min}=$____(°)

——调整角度 $\Delta\alpha=$____(°)

f) 系统尺寸

——长 $A=$____ mm

——宽 $B=$____ mm

——高 $H=$____ mm

g) 重量 $G=$____ N

或振动器总质量 $m=$____ kg

根据这些参数,机械振动器的最大正弦力如下:

——低频范围,即不平衡旋转质量产生的作用力

$$F_{max}(f)=Cf^2\cos\left(\frac{\alpha_{min}}{2}\right)$$

——高频范围,即设备设计时(轴承、机箱等)允许的 F_{max}的极值

$$F_{max}(f)=F_{max}$$

低频范围及高频范围间的交越频率 f_{ba}为

$$f_{ba}=\sqrt{\frac{F_{max}}{C\cos\left(\frac{\alpha_{min}}{2}\right)}}$$

A.3 电动式激振器规格

电动式激振器规格建议如下:

a) 激励器的峰—峰值移动 $\delta=$____ mm

b) 可移动惯性自重质量 $M=$____ kg

c) 允许最大作用力 $F_{max}=$____ kN

d) 频率范围

——最大值 f_{max}____ kN

——最小值 $f_{min}=$____ kN

e) 额定功率

——f_{max}时 $P_{max}=$____ W

——f_{min}时 $P_{min}=$____ W

f) 操作条件(标记选项)

——水平 是 否

——垂直 是 否

g) 系统尺寸

——长　　$A=$____ mm

——宽　　$B=$____ mm

——高　　$H=$____ mm

h）重量　　$G=$____ N

或振动器总质量　$m=$____ kg

根据这些参数，电动激振器最大正弦力如下：

——低频范围，即激振器位移幅度的极值

$$F_{max}(f)=M(2\pi f)^2\frac{\delta}{2}$$

——高频范围，即激振器允许的 F_{max} 极值

$$F_{max}(f)=F_{max}$$

低频范围与高频范围的交越频率 f_{ba} 为

$$f_{ba}=\frac{1}{2\pi}\sqrt{\frac{F_{max}}{M\frac{\delta}{2}}}$$

A.4　液压激振器规格

液压激振器规格建议如下：

a）激振器的峰—峰值位移　　$\delta=$____ mm

b）可移动惯性自重质量　　$M=$____ kg

c）允许最大作用力　　$F_{max}=$____ kN

d）液压激振器横截面　　$\Omega=$____ mm^2

e）液压源最大动态流量　　$Q=$____ m^3/s

f）液压源最大动态压强　　$p=$____ kPa

g）频率范围

——最大值　　$f_{max}=$____ Hz

——最小值　　$f_{min}=$____ Hz

——变差　　$\Delta f=$____ Hz

h）额定功率

——f_{max}时　　$P_{max}=$____ W

——f_{min}时　　$P_{min}=$____ W

i）操作条件（标记选项）

——水平　　是　　否

——垂直　　是　　否

j）系统尺寸

——长　　$A=$____ mm

——宽　　$B=$____ mm

——高　　$H=$____ mm

k）重量　　$G=$____ N

或激振器总质量　$m=$____ kg

根据这些参数，电动式激振器最大正弦力如下：

——低频范围，即激振器位移幅度的极值

$$F_{\max}(f)=M(2\pi f)^2\frac{\delta}{2}$$

——中频范围,即液压源动态下最大流量的极值

$$F_{\max}(f)=M\,2\pi f\frac{Q}{\Omega}$$

——高频范围,即液压源最大动态压强下的 $F_{\max}$ 极值

$$F_{\max}(f)=\Omega p$$

交越频率 f_{bm}(低频与中频间)与 f_{ma}(中频与高频间)为

$$f_{bm}=\frac{Q}{\Omega\pi\delta}$$

$$f_{ma}=\frac{p\Omega^2}{2\pi Q}$$

A.5 脉冲系统规格

重锤脉冲系统规格建议如下:

a) 冲击块最大位移 δ=____ mm

b) 冲击块质量 M=____ kg

c) 枕垫弹性 K=____ kN/mm

d) 系统尺寸

——长 A=____ mm

——宽 B=____ mm

——高 H=____ mm

e) 重量 G=____ N

或系统总质量 m=____ kg

对于其他涉及爆炸的脉冲系统,应定义相应的操作特性(即同时负荷数量、爆炸延迟种类及量级、毫秒数、单负荷雷管数等)。

附 录 B
（资料性附录）
测量设备及其规格

B.1 测量设备

B.1.1 概述

传感器测量物理量（包括动力学、机械及其他类型），包括动态场和静态场。通常，传感器连接至能提供与被测值成比例的电信号的调理电子网络。信号应可检测和记录，以备处理。

B.1.2 分类

传感器可按如下分类。

a） 按照被测参数：
——加速度计；
——速度计（包括地震检波器）；
——位移传感器；
——应变传感器；
——倾角仪；
——荷载传感器；
——其他（风速计、交通监测设备等）。

b） 按照工作的物理原理：
——阻抗传感器；
——电容传感器；
——电感传感器；
——压电仪器设备；
——光学仪器设备（含激光）。

c） 按照测量基准，既有绝对也有相对：
——根据相对基准，可分为两种：
1） 基准点和测量点都在结构上（例如应变传感器）；
2） 基准点在结构外边，而测点在结构上（例如光学传感器）；
——对绝对（惯性）基准，系统固定在结构上，而内部基准位于传感器内，以实现绝对测量。加速度计和地震检波器可归于此类。

d） 按照测量时间：
——为动态特性或突发验证（偶尔或长达一年及多年的周期）短期应用的传感器；
——持续或周期运行的监测传感器。

B.1.3 传感器特性

对每个传感器及调理网络，应定义其运行特性，特别是：
——校准曲线；
——系统传感器及调理器的频率响应；
——测量范围；
——准确度；
——线性特征；

——灵敏度；

——输入电压。

除传感器特性外，整个测量链的特性也很重要，特别是：

——电缆特性；

——屏蔽和接地(如整体环路)；

——放大器和滤波器特性(若存在)；

——传感器和调理单元间的距离(若传感器由电流供电，则应使用信号放大器)；

——调理单元和采集系统的保护(应使用电流分离器)。

B.2 传感器规格

传感器规格建议应包含如下：

a) 仪器种类[1] ____________________

b) 物理量[2] ____________________

c) 运行原理[3] ____________________

d) 传感器

　　制造商____________________

　　型号____________________

e) 机械尺寸____________________

f) 质量____________________

g) 传感器灵敏度：

　　——直接[4]　　$S=$____±____%

　　——噪声参数

　　　　——横向灵敏度　$S_{tr}=$____±____%

　　　　——温度特性　$S_{te}=$____±____%

　　　　——风　$S_{V}=$____±____%

　　　　——其他　$S_{\dots}=$____±____%

h) 放大器

　　——制造商____________________

　　——类型____________________

i) 安装类型[5] ____________________

j) 电缆类型[6] ____________________

k) 测试链精度

　　——最小　$S_{min}=($____±____$)\%$

　　——最大　$S_{max}=($____±____$)\%$

l) 传感器频率响应特性

　　——传感器显示平坦响应的频率范围

　　——振幅____________________

　　——相位[7] ____________________

1) 加速度计、地震检波器、速度计、倾角仪等。

2) 加速度、速度、位移、倾角等。

3) 压电、压阻、电感、阻抗、光学、伺服传感器(零平衡传感器)等。

4) S单位应由a/b给出，a的单位为mV，pC等(电输出单位)，b的单位为m/s^2，m/s，m等(机械输入单位)。

5) 机械[螺丝和(或)螺母]，磁性座，粘接，混合(特定属性)等。

6) 描述特性种类、线缆及连接器长度。指明接地模式。

7) 若可用。

——处理时考虑测量链的频率响应(标记选项)

是,模式____

否

m) 允许环境范围

——温度____

——湿度____

——磁场____

n) 现场校准和控制模式________________________________

o) 外部权威完成的校准种类和(或)控制______________________

p) 其他信息____________________________________

附　录　C
（资料性附录）
本标准与 ISO 14963:2003 标准相比的结构变化情况

本标准与 ISO 14963:2003 相比第 4 章在结构上有所调整，具体章条编号对照情况见表 C.1。

表 C.1　本标准与 ISO 14963:2003 第 4 章的章条编号对照情况

本标准章条编号	对应的 ISO 14963:2003 标准章条编号
4.2.1	4.2
4.2.2	4.3.3
4.3	4.3
4.3.1	4.3.4
4.3.2	4.3.5
4.3.2.1	4.3.5.1
4.3.2.2	4.3.5.2
4.3.2.3	4.3.5.3
4.4	4.3
4.4.1	4.3.1
4.4.2	4.3.2
4.5	4.3.6
4.6	4.4
附录 C	—

参 考 文 献

［1］ ISO 4866, Mechanical vibration and shock—Vibration of buildings—Guidelines for the measurement of vibrations and evaluation of their effects on buildings

(GB/T 14124,IDT)

［2］ ISO 5344, Electro-dynamic test equipment for generating vibration—Methods of describing equipment characteristics (GB/T 7670,IDT)

［3］ ISO 5347 (all parts), Methods for the calibration of vibration and shock pick-ups

(GB/T 13823,MOD)

［4］ ISO 5348, Mechanical vibration and shock—Mechanical mounting of accelerometers

(GB/T 14412,IDT)

［5］ ISO 6070, Auxiliary tables for vibration generators—Methods of describing equipment characteristics

［6］ ISO 8568, Mechanical shock—Testing machines—Characteristics and performance

(GB/T 14123,IDT)

［7］ ISO 8626, Servo-hydraulic test equipment for generating vibration—Method of describing characteristics(GB/T 10179,IDT)

［8］ ISO 14964, Mechanical vibration and shock—Vibration of stationary structures—Specific requirements for quality management in measurement and evaluation of vibration(GB/T 19875,IDT)

［9］ ISO 16063(all parts), Methods for the calibration of vibration and shock transducers(GB/T 20485,IDT)

［10］ ISO 18649, Mechanical vibration—Evaluation of measurement results from dynamic tests and investigations on bridges

［11］ DIN 4150-1, Erschutterungen im Bauwesen—Teil1: Voremittlung von Schweingungsgroben (Vibrations in buildings—Part 1: Prediction of vibration parameters)

［12］ DIN 4150-3, Vibration in buildings—Part 3: Effect on structures

［13］ ENV 1995-2, Eurocode 5—Design of timber structures—Part 2: Bridges

［14］ UNI 9916, Criteri di misura e valutazione degli effetti deile vibrazioni sugli edifici (Criteria for the measurements of vibrations and the assessment of their effects on buildings)

［15］ ABDEL-GHAFFAR, A. M. and MASRI. S. F. Seismic performance evaluation of suspension bridges 10th WCEE. 8, 1992, pp. 4845-4850

［16］ ABDEL-GHAFFAR, A. M. and HOUSNER, G. M. Ambient vibration test of suspension bridge. Journal of the Eng Mech Div. ASCE, 104(5), 1978, pp. 983-999

［17］ ALOCER, S. M. and AGUILAR, G. The role of instrumentation for the understanding of the behaviour of urban bridge structures: a case study in Mexico City. 11th ECEE Abstract, Paper No. 13, 1998

［18］ BROWNJOHN, J. M. W. et al. Ambient vibration measurements of the Humber suspension bridge and comparison with calculated characteristics. Proc. Inst. Civ Engrs. , part 2, 1987

［19］ CAETNAO, E. , CUNHA, A. , MACDONALD, J. and TAYLOR, C. A. Experimental analysis of the effect of cable vibrations on the dynamic behaviour of two-cable stayed bridges. 11th ECEE Abstract, Paper No. 332, 1998

［20］ CAETANO, E. , CUNHA, A. and TAYLOR, C. A. Dynamic analysis of a cable stayed bridge: Correlation with experimental results on the physical model and prototype. Seismic Design in the Next Century Booth (ed.), Balkema, Rotterdam, 1998, pp. 363-370

[21] DEGER, Y. MCANTIENI, R. , PIETRZKO, S. , ROCKER, W. and ROHRMANN, R. G. Modal analysis of a highway bridge: Experiment, finite element analysis and link. Proc. 13th International Modal Analysis Conference, Nashville, 1995

[22] FELBER, A. and CANTIENI, R. Advances in ambient vibration testing: Ganter bridge, Switzerland. Structural Engineering International, 3. 1996

[23] FLESCH, T. Dynamic testing and modeling of Obernberg bridge. Int Conf on Num Methods for transient and coupled problems, Venice, 1984

[24] FUJINO Y. et al. Synchronisation of human walking observed during lateral vibration of a congested pedestrian bridge. Earthquake Engineering and Structural Dynamics, 22, 1993, pp. 741-758

[25] GAZETAS, G. and DAKOULAS, P. Seismic re-evaluation of Tagus bridge (Lisbon): response of main caisson. 11th ECEE Abstract, Paper No. 339, 1998

[26] KAMEDA, H. , MURONO, Y. , MAEKAWA, Y. and SASAKI, N. Dynamic structure-vehicle interaction for seismic load evaluation of highway bridges. 10th WCEE, 8, 1992, pp. 4861-4866

[27] KAWASHIMA, K. and UNJOH, S. Damping characteristics of cable stayed bridges. 10th WCEE, 8, 1992, pp. 4803-3808

[28] KITAGAWA, S. , UNO, K. , ASO, T. and YASUMATSU, T. Dynamics and dispersion mechanism in a four-span bridge. 10th WCEE, 8, 1992, pp. 4881-4886

[29] KITAZAWA, M. , NISHIMORI, K. , NOGUCHI, J. and SHIMOD, I. Earthquake resistant design of long-period cable stayed bridge. 10th WCEE, 8, 1992, pp 4797-4802

[30] LINK, M. , ROHRMANN, R. G. and PIETRZKO, S. Experience with the automated procedure for adjusting the finite element model of a complex highway bridge to experimental modal data. Proc. 14th International Modal Analysis Conference, Dearborn, 1996

[31] LUTZENBERGER, S. and BAUMGARTNER, W. Evaluation of measured bridge response due to an instrumented truck and free traffic. Proc. 4th Bridge Management Conference, Guildford, 2000

[32] MARTIN, G. R. and I PO LAM. Seismic design of pile foundations: Structural and geotechnical issues. Proc. 3rd Int Conf. on Recent Advances in Geotechnical Earthquake Engineering and Soil Dynamics, University of Missouri Rolla, VIII, 1995, pp. 1491-1515

[33] ROCKER, W. , SAID, S. , ROHRMANN, R. G. and SCHMIDT, W. Load and condition monitoring of a highway bridge in a continuous manner. Proc. IABSE Symposium Extending the Life-span of Structures, San Francisco. 1995

[34] SCOTT, F. , TAI, C. F. , STEUSSY, D. and TING, J. M. Full—scale dynamic lateral pile test. 14th Offshore Technology Conference OTC 4203, Houston, 113, No. 1, 1982, pp. 435-450

ICS 17.160
J 04

中华人民共和国国家标准

GB/T 29716.1—2013/ISO 18431-1:2005

机械振动与冲击　信号处理
第1部分:引论

Mechanical vibration and shock—Signal processing—Part 1:General introduction

(ISO 18431-1:2005,IDT)

2013-09-18 发布　　　　2014-06-01 实施

中华人民共和国国家质量监督检验检疫总局
中国国家标准化管理委员会　发布

前　言

GB/T 29716《机械振动与冲击　信号处理》,拟分为如下部分：

——第1部分:引论；

——第2部分:傅里叶变换分析的时域窗；

——第3部分:联合时频分析的双线性方法；

——第4部分:冲击响应谱分析；

——第5部分:时间尺度分析方法。

本部分是GB/T 29716的第1部分。

本部分按照GB/T 1.1—2009和GB/T 20000.2—2009给出的规则起草。

本部分采用翻译法等同采用ISO 18431-1《机械振动与冲击　信号处理　第1部分:引论》。

本部分由全国机械振动、冲击与状态监测标准化技术委员会(SAC/TC 53)提出并归口。

本部分起草单位:上海交通大学、中国船舶重工集团公司第七一一研究所。

本部分主要起草人:饶柱石、陈进、张泉南、董广明、周英。

引 言

近年来,随着数字信号采集系统和计算机化的数据处理设备的广泛使用,几乎所有的数据分析都通过数字化数据的数学运算来完成。因此,数据分析主要是数字信号的处理过程。

对振动和冲击实验数据的分析应当视为实验员工序的一部分,这个工序包括从实验设计到数据评估和理解的所有步骤。

考虑仪器灵敏度的影响,本部分假定数据已被充分的缩减。本部分涉及的数据均认为是某个物理量如速度、加速度、位移或力的分量的时间样本序列。获得这些数据的实验方法不属于本部分的范畴。

机械振动与冲击　信号处理
第1部分:引论

1　范围

GB/T 29716的本部分定义了包括物理单位在内的数学变换,这些变换将各类振动冲击数据转换成一种适于进行定量描述和不同实验间量化比较的形式。可用于确定性或随机信号、瞬态或连续信号的振动分析。信号的各种类别在第6章中作了定义。

应高度重视正确区分所分析信号的类型,以便使用正确的变换和单位,尤其是对频域分析而言。

数据可通过对机械结构实验测量得到,也可以从机械结构的数值仿真中获得。由于机械结构种类多样,如显微仪器、乐器、汽车、加工机械、建筑和土木结构等,因此涉及的数据类型非常广泛。通过这些数据可确定机器或人对机械振动和冲击的响应。

2　规范性引用文件

下列文件对于本文件的应用是必不可少的。凡是注日期的引用文件,仅注日期的版本适用于本文件。凡是不注日期的引用文件,其最新版本(包括所有的修改单)适用于本文件。

ISO 2041:1990　振动与冲击　词汇(Vibration and shock—Vocabulary)

3　术语和定义

ISO 2041界定的以及下列术语和定义适用于本文件。

3.1

迭混　aliasing

由高于奈奎斯特频率和低于奈奎斯特频率的谱成分混合而引起的谱能量的错误表达。

3.2

置信区间　confidence interval

在给定概率下,统计量真值存在的范围。

3.3

数据　data

对某物理量进行测量的采样值。

3.4

统计自由度　statistical degrees of freedom

统计学概率估计中独立变量的个数。

3.5

频率分辨率　frequency resolution

两相邻谱线之间的频率差。

3.6

谱线数　number of lines

显示出来的谱线数目。

3.7

奈奎斯特频率　Nyquist frequency

以给定的采样速率采集的数据之最大可用频率。

$f_N = f_s/2$

其中：

f_N ——奈奎斯特频率；

f_s ——采样频率。

3.8

记录长度　record length

在一系列不间断采样数据点组成的集合中数据点的个数。

3.9

采样　sampling

以时间、角度、转数或其他独立机械变量的值为序对一个变化的物理量进行的测量。

3.10

采样频率　sampling frequency

对于均匀的采样数据，单位时间内采样的个数。

3.11

采样间隔　sampling interval

两个连续采样点之间的以单位(如：时间、角度、转数等)为度量的间隔值。

3.12

采样周期　sampling period

两个连续采样点之间的时间间隔。

3.13

采样率　sampling rate

对均匀采样数据，每单位时间、角度、转数或其他独立机械变量下的采样个数。

3.14

旁瓣　side-lobes

傅里叶变换时因采用有限时窗而引起的频域上的虚假峰值序列。

3.15

信号带宽　signal bandwidth

关注的上限频率和下限频率之间的频率间隔。

3.16

谱泄漏　spectral leakage

傅里叶变换时由有限时窗的应用引起的单一频谱分量的功率谱谱峰值宽度增加。

4　符号和缩略语

ADC	模—数转换器
B	信号带宽
B_e	等效噪声带宽
C_a	幅值缩放因子

DFT	离散傅里叶变换
$E\{\}$	计算统计均值或平均值的期望算子
$F(n)$	随时间变化的力
$H_1(m)$	第一类频响函数
$H_2(m)$	第二类频响函数
K	时间延迟 k 或窗口长度 $w(k)$ 的求和极限
I	数据块的数目
L	记录长度
L_i	信号 $x(n)$ 的幅值柱状图在单位 U_x 中的水平
N	数据块长度:被转换的采样点的数目
$O_x(k,m)$	$x(n)$ 的小波变换
$P_{xx}(m)$	信号 $x(n)$ 的功率谱密度
$P_{xx,\text{low}}(m)$	信号 $x(n)$ 功率谱密度的低频部分
$P_{x2,\text{low}}(m)$	信号 $x^2(n)$ 功率谱密度的低频部分
$P_{xy}(m)$	信号 $x(n)$ 和 $y(n)$ 之间的互功率谱密度
Q	单自由度系统的品质因数
$R_{xx}(m)$	信号 $x(n)$ 的均方根谱
$S_x(m,n)$	信号 $x(n)$ 的短时傅里叶变换
T	一个数字型数据块的总时间 $=N\Delta t$
$V(k,m)$	平滑魏格纳分布的科恩基类滤波器
$X(m)$	$x(n)$ 的离散傅里叶变换
$Y(m)$	$y(n)$ 的离散傅里叶变换
b	量化增量数,即 ADC(模数转换)中所说的“位”
$c_{xx}(k,n)$	$x(n)$ 的自协方差
$c_{xy}(k,n)$	$x(n)$ 与 $y(n)$ 的互协方差
$e_{xx}(m)$	信号 $x(n)$ 的能量谱密度
$e_{xy}(m)$	信号 $x(n)$ 和 $y(n)$ 互能量谱密度
f	频率 $=m\Delta f$
f_{N}	奈奎斯特频率,采样信号中出现的最高频率
f_{n}	单自由度系统的固有频率
f_{s}	采样频率 $=1/\Delta t$
i	数据块指标
k	时间变换指标
l	求和指标
m	频率或尺度指标
$\overline{x(n)}$	非平稳信号 $x(n)$ 的平均值
$\bar{x}$	平稳信号 $x(n)$ 的平均值
n	时间指标
p	求和下限
q	求和上限
r	求和上限

$r_{xx}(k,n)$	非平稳信号 $x(n)$的自相关
$r_{xx}(k)$	平稳信号 $x(n)$的自相关
$r_{xy}(k,n)$	非平稳信号 $x(n)$和 $y(n)$的互相关
$r_{xy}(k)$	平稳信号 $x(n)$和 $y(n)$的互相关
t	时间$=n\Delta t$
$v_x(n)$	非平稳信号 $x(n)$的方差
v_x	平稳信号 $x(n)$的方差
$w(n)$	窗函数
$x(n)$	时域内的物理数据
$y(n)$	时域内的物理数据
Δt	采样周期
Δf	频率分辨率
ε_r	相对随机误差
$\gamma_{xy}^2(m)$	相干函数
$v(n)$	测量信号的噪声成分
$\Psi(n)$	母小波
σ_x^2	x 的统计方差
$\Xi_x(m,n)$	采用科恩基类滤波器 $V(n,m)$的科恩基类魏格纳分布
$\Omega_x(m,n)$	信号 $x(n)$的魏格纳分布

5 信号调理

5.1 内容概览

从传感器出来的电信号应经适当的调理，以便模—数转换器(ADC)对其进行数字化处理。信号调理需要确定与放大、滤波和量化有关的几个参数。这些参数的选择对获取适于信号处理的数据非常重要。

5.2 滤波

信号在被 ADC 成功转换为数字信号前应进行低通滤波以防止发生迭混。迭混现象的产生是由于信号中含有太高的频率成分。信号的最高频率受到 ADC 的采样频率 f_s 的限制。有关采样频率的设置范围可在 ADC 的说明书中找到。信号的最高频率成分不能高于 $f_N=f_s/2$，即奈奎斯特频率。低通滤波器的上限频率依赖于滤波器的频率响应下降特性和信号的谱特性。如果信号的相位很重要，那么也要关注滤波器的相位特性。

需要进行以下试验以检测低通滤波器的适用性：将一个信号量化并记录下来，对数据实施傅里叶变换，傅里叶变换后的信号在奈奎斯特频率处的幅值应小于或等于该信号在关注频率下的期望噪声水平，否则应该提高采样率或者降低低通滤波器的上限频率。

除低通滤波器外，有时也需要高通滤波器，因为当信号中存在不可忽视的直流分量时会减小 ADC 的使用范围。在量化之前减小或消除这种偏置更为可取，除非这个直流分量或低频分量很重要。

增量累加 ADC 的外部模拟量抗混滤波则略有不同。对高频 1-bit 数字转换器而言，模拟信号应满足奈奎斯特准则，而非最终结果的频率。对于增量累加数字转换器，制造商通常会将模拟信号输入所需的低通滤波器和内部数字低通滤波器包括进去以匹配输出的采样率。

5.3 采样

ADC将一个模拟信号转换成整数数值序列,输出的整数在一定电压范围内与输入信号成比例。该电压范围由ADC的说明书给出,它决定了适当的增益设置,如5.1所述。

注:最大输出值对应的量化增量数b决定了ADC的动态范围,它以分贝来度量,$6b+1.8$ dB。

数值序列是按一定的速率(即采样频率f_s)进行采样得到的,如5.1所述。信号也能以不同于时间量的其他工程单位(如角位移或度数)的等增量值为序进行重采样以实现阶次跟踪,从而得到另一些样本。

另一需要选择的参数是采样点数,即记录长度。如果信号是瞬态的或者有限时长的,记录长度应该足够大以捕获整个信号。

由采样频率可确定以下参数:

——最大频率(奈奎斯特频率)　　$f_N=f_s/2$

——采样间隔　　$\Delta t=1/f_s$

6 信号类型的确定

6.1 信号分类法

构成数据的信号可看成是某类理想信号的近似。在本部分,信号采用表1所示的分类法进行分类。信号的类型通常决定了所采用的分析方法。如果方法采用不当,那么得到的结果可能会误导或不确定。通常数据会包含两种信号的混合,例如某个信号可能是一个确定性的、非周期的瞬态信号和一个随机的、平稳的连续信号之和。要确定这两种信号的特性,它们的触发、滤波和处理过程都是非常不同的。后面被描述的信号的类型决定了信号的调理量化和数据分析方式。如,确定设备的某种机械环境时,首先要对随机非平稳瞬态信号有充分的认识,这样才能利用确定性非周期瞬态信号对设备的机械状态进行实验建模。

表1所示的信号分类法包含了分层决策树,在确定关注信号的特性以及随后的数据分析中需要用到。

表1 信号的分类

决策树	确定性信号				随机信号			
	周期信号		非周期信号		平稳信号		非平稳信号	
	正弦信号	谐波信号	非谐波正弦信号	瞬态信号	各态历经信号	非各态历经信号	瞬态信号	连续信号
信号举例	不平衡转子的振动信号	齿轮振动信号	滚动轴承的振动信号	模态试验中的冲击响应信号	流体动态噪声	多操作状态下喷气发动机的振动	坑槽处车辆的振动	火箭起飞时的振动
合适的谱变换	有效值	有效值	有效值	能量	功率	功率	能量	功率

6.2 确定性信号

6.2.1 确定性信号的描述

确定性信号不含有那些与随后捕获的一系列信号一起平均时结果为零的成分。

注：确定性信号可以随着时间重复出现或只出现一次。确定性信号由一个事件引起，如果这个事件多次重复发生，那么确定性信号每次都有相同的表现。这个事件可以是有用的或是无用的。事件在时间上可以是周期性的、连续的或是脉冲式的。

6.2.2 周期信号

6.2.2.1 周期信号的描述

周期信号由周期性激励产生，并在随后的信号捕获过程中表现平稳。同时，周期信号在捕获期间不会随时间发生明显的衰减。

6.2.2.2 正弦信号

正弦信号由单个频率分量组成。该频率分量可用幅值和相对于参考基准点的相位来描述。

注：正弦信号在线性系统中通常由正弦事件产生。

6.2.2.3 谐波信号

复杂的周期信号包含了多个谐波分量，每个谐波分量的相位均与某个参考激励信号相关。傅里叶级数可应用于此类信号，其最低频率是信号周期的倒数。

周期信号的时间历程可由一系列频率为基频的整数倍的正弦波叠加而成。傅里叶级数包括一个代表平均值的常数，以及一系列频率分别为 f、$2f$、…、nf 的正弦项，其中 f 是基频，n 是一个有限的整数，由关注的频率范围或所分析的物理现象的性质决定。正弦分量的平均值和幅值由 ISO 2041:1990 中的 A.18 中傅里叶系数定义里的积分给出。

6.2.3 非周期信号

6.2.3.1 非周期信号的描述

非周期信号有两种类型。一类包含有与谐波无关的频率分量；另一类则随时间衰减。

6.2.3.2 非谐波正弦信号

该类信号包括一个非谐波的频谱成分序列，它们和机器的内部构成有关，如齿轮的传动比是一个有理数而不一定是整数。

该类信号由正弦信号组成，它们的频率不全是基频的整数倍。此类振动由一系列周期振动叠加而成，每一个周期振动包括若干与谐波相关的正弦成分。因周期不存在，故不能用傅里叶级数来表达。如果滤波器的带宽比相邻的离散频率的间隔小，则周期的或多正弦的振动数据的离散频率成分可以通过窄带滤波的方法分离出来，见 5.2 和 5.3。

6.2.3.3 瞬态信号

瞬态信号衰减迅速且包含有连续分布的频谱成分。这类信号不适合用功率谱密度来描述。

6.3 随机信号

6.3.1 随机信号的描述

随机信号的产生可以有参考激励信号，也可以没有。他们与确定性信号不同，会随着时间或不同的测量而变化。

为进行分析，需要一组统计上相互独立的数据块。

6.3.2 平稳信号

6.3.2.1 平稳信号的描述

平稳信号具有不随时间改变的统计特征。因此它们不随时间增大或减小。

6.3.2.2 各态历经信号

各态历经信号所具有的统计特性,允许以时间平均代替集合平均来获得。

6.3.2.3 非各态历经信号

非各态历经信号所具有的统计特性,必须通过多次实验来获得。

例:机器之间可能存在某些统计变量,需要通过对一系列机器所产生的关注的信号进行测量平均来表征。对单台机器获取的信号进行时间平均,并不能获得那些有意义的由多台机器所产生的统计平均值。

6.3.3 非平稳信号

6.3.3.1 非平稳信号的描述

非平稳信号具有与时间相关的统计特性。

6.3.3.2 连续信号

连续的非平稳随机信号必须通过统计特性来描述,其统计特性是时间的函数。由于信号是连续的,因此必须用功率谱来表达。

6.3.3.3 瞬态信号

瞬态的非平稳随机信号必须通过时间函数的统计特性来描述。有限时长的信号应采用能量谱来表达。

这种信号可以由傅里叶频谱来表征,它是频率的连续函数,也就是说所有的频率在频谱上都是存在的并且定义了幅值和相位随频率的分布。这类似于傅里叶级数用来描述假设周期任意长的数据。因此,频率项的分布是任意靠近的。

7 信号分析

7.1 信号预处理

7.1.1 信号预处理的目的

信号是一组样本序列 $x(n)$,$0<n<(N-1)$,其中 $x(n)$表示在采样时刻 $n\Delta t$ 所测量到的机械系统的物理量。随机信号 $x_i(n)$,$0<n<(N-1)$,$0<i<(I-1)$,由 I 个统计独立的数据集组成。记录的信号可在时域中作为时间样本 n 的函数来分析,也可作为频率样本 m 的函数或时间和频率两者的函数来分析。对于随机的或确定性的信号,信号分析的目的是确定所测量的机械过程的潜在行为或者原因。

在对信号进行处理并产生时域结果之前,数字信号通常需要进行预处理,用线性滤波器去除不需要的窄带或者带外噪声。该过程可通过傅里叶变换来进行。

7.1.2 傅里叶变换

时域中具有物理单位 U 的数据样本序列 $x(n)$,可通过离散傅里叶变换公式变换到频域中。公式在本部分中的定义见式(1)：

$$X(m)=\frac{1}{f_{s}}\sum_{n=0}^{N-1}x(n)e^{-i\frac{2\pi}{N}nm} \qquad \cdots\cdots(1)$$

式(1)与 ISO 2041 中的连续傅里叶变换的定义相近。注意 X 的单位是 U/Hz，对于瞬态信号则是 U·s。

离散傅里叶逆变换也与连续的傅里叶逆变换相似，在本部分中定义见式(2)：

$$x(n)=\frac{f_{s}}{N}\sum_{N=0}^{N-1}X(m)e^{i\frac{2\pi}{N}nm} \qquad \cdots\cdots(2)$$

数据通常加上窗函数以减少在 $n=0$ 和 $N-1$ 处不连续的影响。这些窗函数在时域中定义为 $w(n)$，应用到前面的变换中成为：

$$Y(m)=\frac{1}{f_{s}}\sum_{n=0}^{N-1}w(n)x(n)e^{-i\frac{2\pi}{N}nm} \qquad \cdots\cdots(3)$$

注：以上的傅里叶变换的定义与其他一些数学描述不同，那些描述没有包含变换的参量的单位。

在样本数 N 和采样频率 f_s 确定后，以下相关参数便可确定：

——总时间　　　　$T=N/f_s$

——频率分辨率　　$\Delta f=f_s/N$

如果频率分辨率 Δf 需要比某个值小，那么必须增加 N 或者减小 f_s 以得到必要的分辨率。

7.1.3 信号滤波

时域信号用低通、高通、带通或带阻滤波器来滤波。

7.2 时域分析

7.2.1 适合的分析数据

时域分析可以在所记录的振动的时间历程上进行，或用适当带宽的滤波器进行滤波以提高信噪比后。

7.2.2 幅值分析

此分析的目的是用来确定振动幅值随时间变化的函数。确定性非周期瞬态线性信号可以用时间函数来描述，其物理单位是 U。信号的幅值 $|x(n)|$ 或信号幅值的平方 $|x(n)|^2$ 可以用相应的时间函数来描述，物理单位分别是 U 和 U^2。

7.2.3 统计分析

7.2.3.1 统计分析的目的

进行随机数据的统计分析是为了确定信号的各种时间函数的统计特性。

7.2.3.2 分布函数分析

瞬时值分析的目的是确定累积分布函数或者振动数据的瞬时值的概率密度函数。任意水平 L_i 下的累积分布函数是通过测量不超过此水平的时间样本的百分比来获得的。两个水平 L_i 和 L_{i+1} 间的概率密度函数通过测量位于 L_i 和 L_{i+1} 间瞬时值的时间的百分比来获得。

7.2.3.3 矩分析

一个随机的时域信号可以通过它的矩来描述。一阶统计矩通常称为平均值。平均值的定义为：

$$\overline{x(n)}=E\{x(n)\} \tag{4}$$

式中,期望算子 E 是对 S 个统计独立的数据块取平均。

如果信号是平稳的,则平均值不是随时间变化的函数。如果信号是平稳的且各态历经的,那么期望算子 E 是对 $N \geqslant S$ 个时间样本值取平均

$$\bar{x}=\frac{1}{N}\sum_{n=0}^{N-1}x(n) \tag{5}$$

如果非平稳信号在 K 个样本点的时间间隔内被认为是广义平稳的且各态历经的,那么期望算子 E 是对 $K \geqslant S$ 个时间样本值取平均

$$\overline{x(n)}=\frac{1}{K}\sum_{k=0}^{K-1}x(n-k) \tag{6}$$

如果被认为是广义平稳的信号的样本个数以及 K 的值均不充分大,则应进行 I 次统计独立的测量,$IK \geqslant S$,并通过以下计算得到平均值

$$\overline{x(n)}=\frac{1}{I}\sum_{i=0}^{I-1}\frac{1}{K}\sum_{k=0}^{K-1}x_i(n-k) \tag{7}$$

随机信号的平均值的二阶矩通常称为方差,其定义如下:

$$v_x(n)=E\{|x(n)-\overline{x(n)}|^2\} \tag{8}$$

如果信号是平稳的,那么均值和方差不是随时间变化的函数。如果信号是平稳的且各态历经的,那么期望算子 E 是对 $N \geqslant S$ 个时间样本值取平均

$$v_x=\frac{1}{N}\sum_{n=0}^{N-1}|x(n)-\bar{x}|^2 \tag{9}$$

如果一个非平稳信号在 K 个样本点的时间间隔内被认为是广义平稳的且各态历经的,那么期望算子 E 是对 $K \geqslant S$ 个时间样本值的平均

$$v_x(n)=\frac{1}{K}\sum_{k=0}^{K-1}|x(n-k)-\overline{x(n)}|^2 \tag{10}$$

如果被认为是广义平稳的信号的样本个数以及 K 的值均不充分大,则应进行 I 次统计独立的测量,$IK \geqslant S$,并通过以下计算得到平均值

$$v_x(n)=\frac{1}{I}\sum_{i=0}^{I-1}\frac{1}{K}\sum_{k=0}^{K-1}|x_i(n-k)-\overline{x(n)}|^2 \tag{11}$$

7.2.4 协方差分析

时间延迟的信号系统间的相似性通过双时协方差函数来表示。对于一个确定性的非周期瞬态信号,自协方差为

$$c_{xx}(k,n)=x(n)x(k) \tag{12}$$

对于两个确定性的非周期瞬态信号,互协方差为

$$c_{xy}(k,n)=x(n)y(k) \tag{13}$$

对于随机的非平稳瞬态信号,自协方差为

$$c_{xx}(k,n)=E\{x(n)-\overline{x(n)}(x(k)-\overline{x(k)})\} \tag{14}$$

对于两个随机的非平稳瞬态信号,互协方差为

$$c_{xy}(k,n)=E\{(x(n)-\overline{x(n)})(y(k)-\overline{y(k)})\} \tag{15}$$

7.2.5 相关性分析

7.2.5.1 相关性分析的目的

相关性分析是通过将某个时刻的振动值与另一个时刻的振动值进行比较,以确定一个独立的平稳

振动时间历程的某些特征或多个不同的平稳时间历程间关系的一种方法。如果信号是随机的并且是平稳的，那么相关性仅和时间差有关。如果信号是随机的并且是非平稳的，那么相关性与每一个时间点都有关。

7.2.5.2 自相关分析

自相关分析用来检验所记录数据的幅值和时间延迟特性，因此可以作为频谱分析和统计分析的替代或是补充。自相关的单位是 U^2。

对于非平稳信号，相关函数是信号在时间 n 和延迟 k 时的乘积的平均值

$$r_{xx}(k,n)=E\{x(n)x(n-k)\} \qquad (16)$$

其中平均是对各独立的数据块取。参与平均的数据块数目一定要充分大。

如果信号是平稳的，相关函数是时间延迟 k 的函数

$$r_{xx}(k)=E\{x(n)x(n-k)\} \qquad (17)$$

如果信号是非各态历经的，平均是对各独立的数据块取。

如果信号是各态历经的，相关函数通过对整个数据记录进行平均得到：

$$r_{xx}(k)=\frac{1}{(q-p+1)}\sum_{n=p}^{q}x(n)x(n-k) \qquad (18)$$

其中，$-L+1\leqslant k\leqslant L-1$：$p=\max(0,k)$，$q=\min(L-1,L-1+k)$

数据长度 L 必须充分长，才能使$(p-q+1)$的平均在统计上是充分的。

7.2.5.3 互相关分析

互相关分析用来确定由不同测量得到的两个振动时间历程所共有的幅值和时间延迟特性。互相关的单位是 U_xU_y。

对于非平稳的信号，相关函数是信号在时间 n 和延迟 k 时的乘积的平均值

$$r_{xy}(k,n)=E\{x(n)y(n-k)\} \qquad (19)$$

其中平均是对各独立的数据块取。参与平均的数据块数目一定要充分大。

如果是平稳信号，相关函数是时间延迟 K 的函数

$$r_{xy}(k)=E\{x(n)y(n-k)\} \qquad (20)$$

如果信号是非各态历经的，平均是对各独立的数据块取。

如果信号是各态历经的，相关函数通过对整个数据记录进行平均得到：

$$r_{xy}(k)=\frac{1}{(q-p+1)}\sum_{n=p}^{q}x(n)y(n-k) \qquad (21)$$

其中，$-L+1\leqslant k\leqslant L-1$：$p=\max(0,k)$，$q=\min(L-1,L-1+k)$

数据长度 L 必须充分长，才能使$(p-q+1)$的平均在统计上是充分的。

7.2.6 卷积

卷积是两个时间历程序列在一系列时间延迟处之值的乘积之和。卷积用于瞬态信号。$x_1(t)$和$x_2(t)$的线性卷积定义如下：

$$y(n)=\frac{1}{f_s}\sum_{k=p}^{q}x_1(n-k)x_2(k) \qquad (22)$$

其中，$-N+1\leqslant n\leqslant N-1$：$p=\max(-N+1+n,0)$，$q=\min(N-1,n)$

y 的单位是 $U_{x1}U_{x2}$ s。傅里叶变换中的循环卷积定义如下：

$$y(n)=\frac{1}{Nf_s}\sum_{m=0}^{N-1}\Big(\sum_{l=0}^{N-1}x_1(l)e^{-i\frac{2\pi}{N}lm}\Big)\Big(\sum_{l=0}^{N-1}x_2(l)e^{i\frac{2\pi}{N}lm}\Big)e^{i\frac{2\pi}{N}mn} \qquad (23)$$

瞬态信号的持续时间不能超过 $N/2$ 时间样本,以免发生卷绕错误。通常用在数据记录末尾加上零序列的方法来增加数据的长度。

7.2.7 冲击响应谱

一个瞬态振动或冲击可以用一个理想机械系统在振动激励下的响应的形式来定义。概念上,所分析的振动和冲击是一系列单自由度系统。这些单自由度系统有着不同的固有频率(f_n)和相同的品质因子 Q。响应的时间历程可来自基础的加速度或直接作用于物体的力 $F(t)$。每个简单系统的响应方式则仅仅取决于它的固有频率和品质因子 Q。冲击响应谱最简单普遍的形式,是以每个简单系统所经历的最大响应作为系统固有频率的函数的曲线谱图,该响应与施加于简单系统上的时间历程激励相对应。原则上,最大响应通过大量的相互连接的点来描述,这些点通过分析足够数量的简单系统以充分表述频谱随固有频率的变化而获得。最大响应通常用绝对加速度来表示,但相对位移、虚拟速度和等效静加速度也十分常见。

7.2.8 脉冲响应函数

脉冲响应函数由频率响应函数的傅里叶逆变换得到,傅里叶逆变换必须限制在信噪比足够大的信号段内进行。

7.3 信号的频域分析

7.3.1 频域分析的目的

振动频谱分析的目的是确定振动作为频率的函数的某些特性。以下各分条款描述了振动谱分析的一些合适的方法。

7.3.2 加窗

如果一个周期信号的各频率分量与谱线 $m\Delta f$(总时间为一个周期的整数倍)一致,那么就可以简单地使用傅里叶变换。如果总时间不是周期的整数倍,就会在频域出现泄漏。在时域采用适当的窗函数 $w(n)$ 可以抑制旁瓣泄漏。

在时域中使用平滑窗函数可以减小谱峰旁瓣的幅值,但平滑窗函数的使用也会使谱峰向相邻的频率点扩展。因此,有必要对谱峰的水平加以修正。

其幅值缩比常数是

$$C_a = \frac{1}{N}\sum_{n=0}^{N-1} w(n) \qquad \cdots\cdots(24)$$

等效噪声带宽是

$$B_e = \frac{\dfrac{1}{N}\sum\limits_{n=0}^{N-1} w^2(n)}{\left(\dfrac{1}{N}\sum\limits_{n=0}^{N-1} w(n)\right)^2} \cdot \frac{f_s}{N} \qquad \cdots\cdots(25)$$

7.3.3 均方根谱

幅值谱被用于对正弦波、谐波和非谐波信号的成分进行量化,其定义为:

$$\begin{aligned} R_{xx}(0) &= \frac{f_s}{NC_a} \mid X(0) \mid \\ R_{xx}(m) &= \frac{\sqrt{2} f_s}{NC_a} \mid X(m) \mid \quad \left(1 \leqslant m \leqslant \frac{N}{2} - 1\right) \end{aligned} \qquad \cdots\cdots(26)$$

这里假定时域信号已经过加窗处理。幅值谱的单位是 Ur.m.s。

7.3.4 能量谱密度

能量谱密度适用于瞬态信号。对于一个确定性非平稳瞬态信号，其能量谱密度是：

$$e_{xx}(m)=2\mid X(m)\mid^2 \qquad \left(1\leqslant m\leqslant\frac{N}{2}-1\right) \qquad\qquad (27)$$

瞬态信号很少需要加时间窗，也无需对振幅进行修正。能量谱密度的单位是 U^2 s/Hz、U^2 s/Hz^2 或 U^2 s^2。

如果瞬态信号是随机的，则能量谱密度定义为：

$$e_{xx}(m)=E\{\mid x(m)\mid^2\} \qquad \left(1\leqslant m\leqslant\frac{N}{2}-1\right) \qquad\qquad (28)$$

这里平均是对充分多的独立的数据块求取，7.5 中有详细介绍。对随机信号进行能量谱分析的同时应按照式(11)的定义进行方差分析。

7.3.5 功率谱密度

功率谱密度也称为自谱密度。

随机信号或连续信号都可以用功率谱密度来表示。

功率谱密度的计算公式如下：

$$P_{xx}(m)=E\left\{\frac{2f_s}{TC_a^2NB_e}\mid x(m)\mid^2\right\} \qquad \left(1\leqslant m\leqslant\frac{N}{2}-1\right) \qquad\qquad (29)$$

这里平均是在一个长的时间记录中对不同的时间段求取。功率谱密度的单位是 U^2/Hz。如果信号是非各态历经的，则期望值需对整个独立数据块求取。

随机平稳各态历经和非各态历经信号都可以用功率谱密度来表示，其期望值是对充分多的统计独立的数据块求取。

注：一个随机非平稳连续信号的功率谱密度可以通过自相关函数的傅里叶变换来表示：

$$P_{xx}(m,n)=\frac{1}{Nf_s}\sum_{k=0}^{K-1}r_{xx}(k,n)\mathrm{e}^{-i\frac{2\pi}{N}km}$$

这里确定自相关函数的 K 值应足够大，以确保所有的响应都能被估计到。

7.3.6 互谱密度

两个信号之间的频域关系可以通过互谱密度来表示，对于用能量谱密度表示的随机信号，其互谱密度为：

$$e_{xy}(m)=2X^*(m)Y(m) \qquad \left(0\leqslant m\leqslant\frac{N}{2}-1\right) \qquad\qquad (30)$$

互谱密度的单位是 U^2 s/Hz、U^2 s/Hz^2 或 U^2s^2。

对于用功率谱密度表示的信号，其互谱密度为：

$$P_{xy}(m)=\frac{2}{T}X^*(m)Y(m) \qquad \left(0\leqslant m\leqslant\frac{N}{2}-1\right) \qquad\qquad (31)$$

互谱密度是复数，其幅值和相位可表示为频率 $m\Delta f$ 的函数。

7.3.7 相干函数

相干函数 γ_{xy}^2 是频域中两个信号之间关系的一种无量纲度量。相干函数用频率 $m\Delta f$ 的函数曲线图来表示。对于两个确定性信号，其复相干函数是能量谱密度之比值：

$$\gamma_{xy}^2(m)=\frac{\mid e_{xy}\mid^2}{e_{xx}e_{yy}} \qquad \left(0\leqslant m\leqslant\frac{N}{2}-1\right) \qquad\qquad (32)$$

或功率谱密度之比值：

$$\gamma_{xy}^{2}(m)=\frac{|P_{xy}|^{2}}{P_{xx}P_{yy}} \qquad \left(0\leqslant m\leqslant \frac{N}{2}-1\right) \qquad \cdots\cdots(33)$$

7.3.8 频率响应函数

一个确定性振动响应的时间历程与输入之间的关系，可通过找出两个信号在频域的比来关联。

如果输入和输出信号是确定性的周期的正弦信号，那么输入和响应信号的各复合量值也是确定的。

如果输入和输出信号是确定性的周期的复杂信号，那么在时间窗里至少应捕获到输入和响应信号的一个完整的周期。

如果输入和输出信号是确定性的非周期或概周期的信号，输入和响应信号必须通过一个足够长的时间窗来获得，以便得到较好的频率分辨效果。通常，必须使用一个合适的窗函数以更好地分辨信号谱内容。此外，在一个大的机械系统中，这些窗也必须足够长，以便将响应的时间延迟特性包括进去。

如果输入和输出信号都是确定性的非周期的瞬态信号，那么必须在时间窗内捕获到完整的输入和响应信号。

由能量谱密度表达的信号，其频率响应函数可定义为输入和响应信号的互能量谱密度与输入信号的能量谱密度之比。

$$H_1(m)=\frac{e_{yx}(m)}{e_{xx}(m)} \qquad \cdots\cdots(34)$$

或者响应信号的能量谱密度与输入和响应信号的互能量谱密度之比

$$H_2(m)=\frac{e_{yy}(m)}{e_{yx}(m)} \qquad \cdots\cdots(35)$$

对于周期信号或非谐波信号，式(34)和式(35)中的 m 值必须限制在那些有信号的频率点，大多数的频率处通常只有噪声信号。

由功率谱密度表达的信号，其频率响应函数可定义为输入和响应信号的互功率谱密度与输入信号的功率谱密度之比值

$$H_1(m)=\frac{P_{yx}(m)}{P_{xx}(m)} \qquad \cdots\cdots(36)$$

或者响应信号的功率谱密度与输入和响应信号的互功率谱密度之比值

$$H_2(m)=\frac{P_{yy}(m)}{P_{yx}(m)} \qquad \cdots\cdots(37)$$

无论输入和输出信号是由能量谱还是功率谱表达，两种情况下频率响应函数的单位都是 U_y/U_x。频率响应函数仅仅在相关系数和输入信号比较高的频率处才有效。

相干函数 γ_{xy}^{2} 可用于估计测量噪声。为估计输入信号 $x(n)$ 中噪声 $v(n)$ 的能量谱或功率谱，有

$e_{vv}(m)=[1-\gamma^{2}(m)]e_{xx}(m)$

或

$P_{vv}(m)=[1-\gamma^{2}(m)]P_{xx}(m)$

同样地，对输出信号 $y(n)$ 的测量噪声的能量谱和功率谱有

$e_{vv}(m)=[1-\gamma^{2}(m)]e_{yy}(m)$

或

$P_{vv}(m)=[1-\gamma^{2}(m)]P_{yy}(m)$

7.4 时-频分布

7.4.1 短时傅里叶变换

信号的短时傅里叶变换由以下公式给出：

$$S_x(m,n)=\frac{1}{f_s}\sum_{k=0}^{K-1}x(n+k)w(k)e^{-i\frac{2\pi}{N}km}\quad(K<N,0<k<N-K)\qquad\cdots\cdots(38)$$

其中含有 K 个样本的窗函数 w 应事先指定。时间指数 n 可从 1 开始增加，范围通常取窗的长度 K 或一半的长度 $K/2$。

它的单位是 U/Hz。

7.4.2 魏格纳分布

信号的魏格纳时-频分布是一种由下式定义的二元信号分布

$$\Omega_x(m,n)=\frac{f_s}{N}\sum_{k=0}^{r}X(m+k)X^*(m-k)e^{i\frac{2\pi}{N}nk}\qquad\cdots\cdots(39)$$

$$当\ 0\leqslant m\leqslant\frac{N}{2}-1,0\leqslant n\leqslant N,r=\min\left(\frac{N}{2}-1-m,m\right)$$

这个分布可以通过科恩类滤波器 $V(n,m)$ 来平滑和滤波：

$$\Xi_x(m,n)=\frac{1}{f_s}\sum_{k=0}^{N-1}e^{-i\frac{2\pi}{N}nk}\sum_{l=q}^{r}V(k,m-1)x(l+k)x(l-k)\qquad\cdots\cdots(40)$$

$$当\ q=\max(N-1-m,k),r=\min(N-1-k,m)$$

该滤波器应事先指定。

这里时-频分布的频率范围是傅里叶变换的两倍。

它的单位是 U^2s。

7.4.3 连续小波分布

信号的小波分布是一种由式(41)定义的线性信号分布

$$O_x(k,m)=\frac{1}{f_s}2^{m/2}\sum_{n=0}^{r}x(n)\Psi(2^m n-k)\qquad\cdots\cdots(41)$$

这里 $\Psi(n)$ 是母小波。常见的母小波及其应用在 ISO 18431-3 中给出。

它的单位是 U/Hz。

7.5 随机平稳各态历经信号的平均

7.5.1 估计和误差

对随机数据的各项平均值进行估计时会产生两种误差。误差的均值称为偏差，而数据与均值的差值称为随机误差。随机误差可通过长时间的平均而变得任意小，但偏差则不受这种平均的影响。

一个随机信号 $x(t)$ 的均值 $\bar{x}$ 的估计，可以通过将 $x(t)$ 对时间 T 求平均来进行。随机误差的方差取决于信号 $x(t)$ 的功率谱密度 P_{xx} 和平均的时间 T。功率谱密度 P_{xx} 只有低频部分 $P_{xx,\mathrm{low}}$ 起作用，且主要贡献来自于 $f<\frac{5}{T}$ 的频率。

均值估计的方差是

$$\mathrm{Var}(\bar{x})=\frac{1}{2T}\cdot\frac{1}{5}\sum_{m=1}^{5}P_{xx}(m)\qquad\cdots\cdots(42)$$

当信号 $x(t)$ 是带宽 B 上具有恒值谱密度的低通噪声，且动态部分的均方根值为 σ_x 时，其功率谱密度为 $\frac{\sigma_x^2}{B}$(单边)，而均值估计的方差为

$$\mathrm{Var}(\bar{x})=\frac{\sigma_x^2}{2BT}\qquad\cdots\cdots(43)$$

其相对随机误差 ε_r 为

$$\varepsilon_r = \frac{\sigma_x}{x} \cdot \sqrt{\frac{1}{2BT}} \quad \cdots\cdots(44)$$

对于带宽为 B 的带通信号，其功率谱密度的低频部分可能很小，从而导致均值估计的随机误差也较小。

如果信号 $x^2(t)$ 的均值[这里 $x(t)$ 的均值为 0]已估计出来，那么 $x^2(t)$ 的功率谱密度便可得到。对于带宽 B 上具有恒值谱密度的低通噪声，$x^2(t)$ 的功率谱密度的低频部分为

$$P_{x^2x^2,\mathrm{low}} = \frac{2\sigma_x^4}{B} \quad \cdots\cdots(45)$$

从而有

$$\mathrm{Var}(\sigma_x^2) = \frac{\sigma_x^4}{BT} \quad \cdots\cdots(46)$$

以及相对随机误差

$$\varepsilon_r = \sqrt{\frac{\sigma_x^4}{BT\sigma_x^4}} = \sqrt{\frac{1}{BT}} \quad \cdots\cdots(47)$$

对于带宽为 B 的带通信号，$x^2(t)$ 的功率谱密度的低频部分，具有和低通信号相同的表达式

$$S_{x^2,\mathrm{low}} = \frac{2\sigma_x^4}{B} \quad \cdots\cdots(48)$$

这也使得它的相对随机误差的表达式与低通信号的情况相同。

7.5.2 功率谱密度(PSD)计算的随机误差

对于 PSD 计算的一次平均而言，其相对随机误差是单位值，且与频率无关。如果是对 I 个不重迭的数据块取平均，则相对随机误差为

$$\varepsilon_r = \frac{1}{\sqrt{I}} \quad \cdots\cdots(49)$$

也可以使用重迭平均。这意味着数据的某些部分被多次使用，也意味着平均过程中所用到的一些结果在某种程度上是相互关联的，并在某种程度上导致更大的随机误差。常用做法是使用时间窗来计算功率谱密度，其相关性的大小取决于所采用的窗。重叠部分高达 50% 的汉宁窗也可能用到，此时用于相对误差计算的等式仍然是近似有效的。

参 考 文 献

[1] Bendat,J. S. and Piersol,A. G. Random data:Analysis and Measurement Procedures,3rd edition,John Wiley & Sons,New York,2000.

[2] Cohen,L. Time-Frequency Analysis,Prentice Hall PTR,New Jersey,1995.

[3] Proakis,J. G. and Manolakis,D. G. Digital Signal Processing,3rd edition,Prentice Hall,New Jersey,1996.

[4] Flandrin,P. Time-Frequency Time-Scale Analysis,Academic Press,San Diego,1999.

[5] Brigham,E. O. The Fast Fourier Transform,Prentice Hall,New Jersey,1974.

[6] Mallat,S. A Wavelet Tour of Signal Processing,2nd edition,Academic Press,San Diego,2001.

[7] Nuttal,A. Some windows with very good sidelobe behavior,Trans. Acoust. Sound Sig. Proc. ASSP-29,1981,pp. 84-91.

ICS 21.100.20
J 11

中华人民共和国国家标准

GB/T 29717—2013

滚动轴承 风力发电机组偏航、变桨轴承

Rolling bearings—Wind power generators yaw and pitch bearings

2013-09-18 发布

2014-06-01 实施

中华人民共和国国家质量监督检验检疫总局
中国国家标准化管理委员会 发布

前　言

本标准按照GB/T 1.1—2009给出的规则起草。

本标准由中国机械工业联合会提出。

本标准由全国滚动轴承标准化技术委员会(SAC/TC 98)归口。

本标准主要起草单位:洛阳LYC轴承有限公司。

本标准参加起草单位:洛阳轴承研究所有限公司、成都天马铁路轴承有限公司、大连冶金轴承股份有限公司、马鞍山经纬回转支承有限公司、北京京冶轧机轴承制造有限公司、西北轴承股份有限公司、瓦房店轴承集团有限责任公司、上海斐赛轴承科技有限公司、国电联合动力技术有限公司。

本标准主要起草人:董汉杰、庞碧涛、练松伟、谢兴会、徐玲玲、黄伟。

本标准参加起草人:许正根、汪文革、张宏伟、王书君、张富永、王丽君、孙振生、赵联春、孙黎翔、闻传涛、杨世宏。

滚动轴承　风力发电机组偏航、变桨轴承

1　范围

本标准规定了风力发电机组偏航、变桨轴承的代号方法、结构型式、外形尺寸、技术要求、检测方法、检验规则、标志和包装等。

本标准适用于风力发电机组偏航、变桨轴承(以下简称轴承)的生产检验和用户选型、验收。

2　规范性引用文件

下列文件对于本文件的应用是必不可少的。凡是注日期的引用文件,仅注日期的版本适用于本文件。凡是不注日期的引用文件,其最新版本(包括所有的修改单)适用于本文件。

GB/T 226—1991　钢的低倍组织及缺陷酸蚀检验法

GB/T 230.1—2009　金属材料　洛氏硬度试验　第1部分:试验方法(A、B、C、D、E、F、G、H、K、N、T标尺)

GB/T 231.1—2009　金属材料　布氏硬度试验　第1部分:试验方法

GB/T 308.1—2013　滚动轴承　球　第1部分:钢球

GB/T 1357—2008　通用机械和重型机械用圆柱齿轮　模数

GB/T 1979—2001　结构钢低倍组织缺陷评级图

GB/T 4199—2003　滚动轴承　公差　定义

GB/T 5617—2005　钢的感应淬火或火焰淬火后有效硬化层深度的测定

GB/T 6394—2002　金属平均晶粒度测定法

GB/T 6930—2002　滚动轴承　词汇

GB/T 7811—2007　滚动轴承　参数符号

GB/T 8597—2013　滚动轴承　防锈包装

GB/T 9793—2012　热喷涂　金属和其他无机覆盖层　锌、铝及其合金

GB/T 10095.1—2008　圆柱齿轮　精度制　第1部分:轮齿同侧齿面偏差的定义和允许值

GB/T 10095.2—2008　圆柱齿轮　精度制　第2部分:径向综合偏差与径向跳动的定义和允许值

GB/T 10561—2005　钢中非金属夹杂物含量的测定　标准评级图显微检验法

GB/T 18254—2002　高碳铬轴承钢

GB/T 20887.1—2007　汽车用高强度热连轧钢板及钢带　第1部分:冷成形用高屈服强度钢

JB/T 5000.15—2007　重型机械通用技术条件　第15部分:锻钢件无损检测

JB/T 6396—2006　大型合金结构钢锻件　技术条件

JB/T 7051—2006　滚动轴承零件　表面粗糙度测量和评定方法

JB/T 10471—2004　滚动轴承　转盘轴承

HG/T 2349—1992　聚酰胺1010树脂

HG/T 2811—1996　旋转轴唇形密封圈橡胶材料

3　术语和定义

GB/T 4199—2003、GB/T 6930—2002界定的术语和定义适用于本文件。

4 符号

GB/T 7811—2007 确立的以及下列符号适用于本文件。

b:齿宽

D:轴承外径;对带外齿轴承为外圈外圆柱表面直径

D_a:外齿齿顶圆直径

D_n:外圈安装孔直径

D_w:钢球直径

D_1:外圈安装孔中心圆直径

d:轴承内径;对带内齿轴承为内圈内圆柱表面直径

d_a:内齿齿顶圆直径

d_n:内圈安装孔直径

d_1:内圈安装孔中心圆直径

F_{rea}:外齿轮对滚道的径向综合跳动

F_{ria}:内齿轮对滚道的径向综合跳动

H:外圈高度

h:内圈上端面和外圈上端面的高度差

K_{ea}:成套轴承外圈径向跳动

K_{ia}:成套轴承内圈径向跳动

m:模数

n_1:外圈安装孔个数

n_2:内圈安装孔个数

S_{ea}:成套轴承外圈轴向跳动

S_{ia}:成套轴承内圈轴向跳动

T:轴承高度

x:齿轮径向变位系数

z:齿数

Δ_{Ds}:轴承单一外径偏差

Δ_{ds}:轴承单一内径偏差

Δ_{Ts}:轴承实际高度偏差

5 轴承代号方法

5.1 通用代号方法

5.1.1 代号的构成

偏航、变桨轴承代号由前置代号、基本代号和后置代号构成,其排列顺序如下:

前置代号	基本代号	后置代号

5.1.2 前置代号

前置代号为"FD",为"风电"两字汉语拼音首个大写字母的组合,前置代号与基本代号间用

“-”隔开。

5.1.3　基本代号构成

基本代号分为三部分，前部为结构型式代号和传动型式代号，中部为球直径(近似值)，后部为球组节圆直径。

5.1.3.1　结构型式代号

结构型式代号按表1的规定。

表1　结构型式代号

结构型式代号	结构型式
01	单排四点接触球式
03	双排同径四点接触球式

5.1.3.2　传动型式代号

传动型式代号按表2的规定。

表2　传动型式代号

传动型式代号	传动型式
0	无齿式
1	渐开线圆柱齿轮外齿小模数
2	渐开线圆柱齿轮外齿大模数
3	渐开线圆柱齿轮内齿小模数
4	渐开线圆柱齿轮内齿大模数

5.1.3.3　基本代号编制规则

基本代号编排时，结构型式代号和传动型式代号连写，前部、中部和后部之间用“.”隔开。

5.1.4　后置代号

5.1.4.1　后置代号排列顺序

后置代号分为两部分，前部表示轴承套圈材料及预先热处理方法，后部表示密封、技术要求等有改变。

5.1.4.2　后置代号含义及编制规则

5.1.4.2.1　套圈材料及预先热处理方法代号按表3的规定，在其代号前用“.”和基本代号隔开。

5.1.4.2.2　当密封、技术要求等有改变时，用“K”或“K和数字组合”表示，如K、K1、K2等，其含义用户可咨询制造厂，代号与材料代号空半个汉字距。

表 3　套圈材料及预先热处理方法代号

代号	套圈材料	预先热处理方法
03	42CrMo	调质处理
13	其他材料	调质处理

5.1.5　代号示例

示例：

FD-01 3.60.2500.03　K1

- K1——密封、技术要求等改变
- 03——套圈材料为 42CrMo，调质处理
- 2500——球组节圆直径为 2 500 mm
- 60——球直径（近似值）为 60 mm
- 3——渐开线圆柱齿轮内齿小模数
- 01——单排四点接触球式
- FD——风电轴承

5.2　其他代号

当用户对代号有特殊要求时，由制造厂与用户之间协商确定。

6　偏航、变桨轴承结构型式和外形尺寸

6.1　结构型式

6.1.1　单排四点接触球式

单排四点接触球轴承见图 1～图 3。

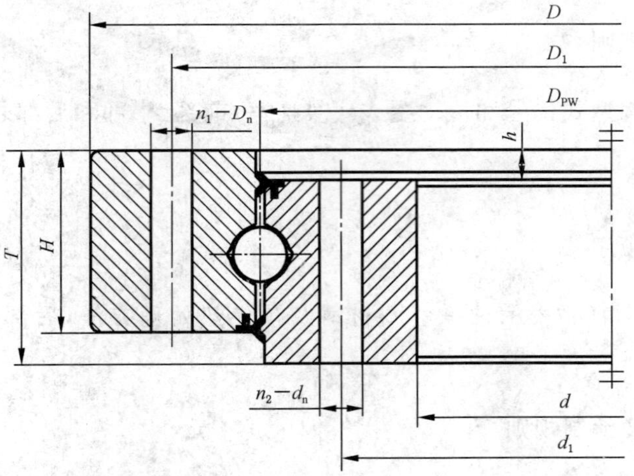

图 1　无齿式单排四点接触球轴承

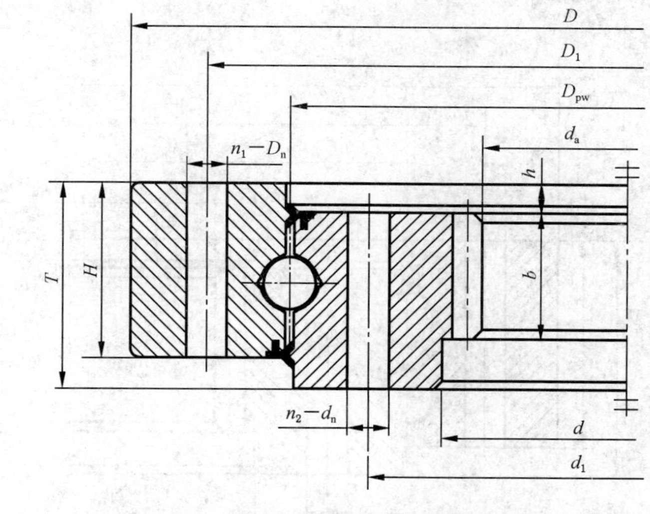

图 2　内齿式单排四点接触球轴承

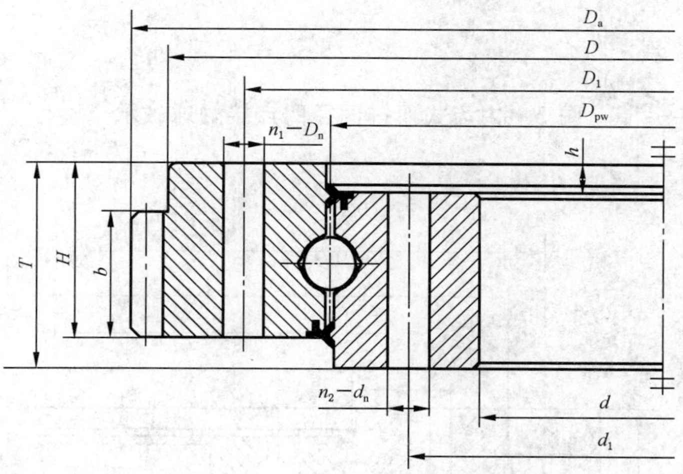

图 3　外齿式单排四点接触球轴承

6.1.2　双排同径四点接触球式

双排同径四点接触球式见图 4～图 6。

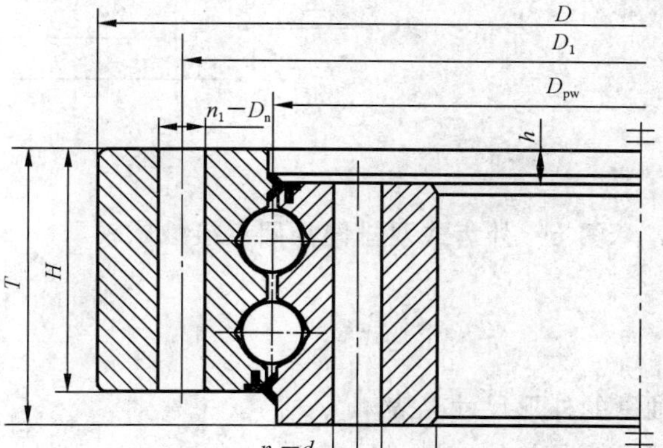

图 4　无齿式双排同径四点接触球轴承

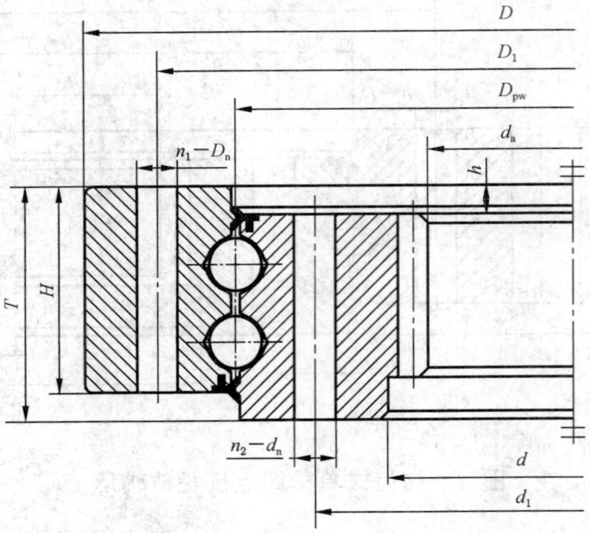

图 5　内齿式双排同径四点接触球轴承

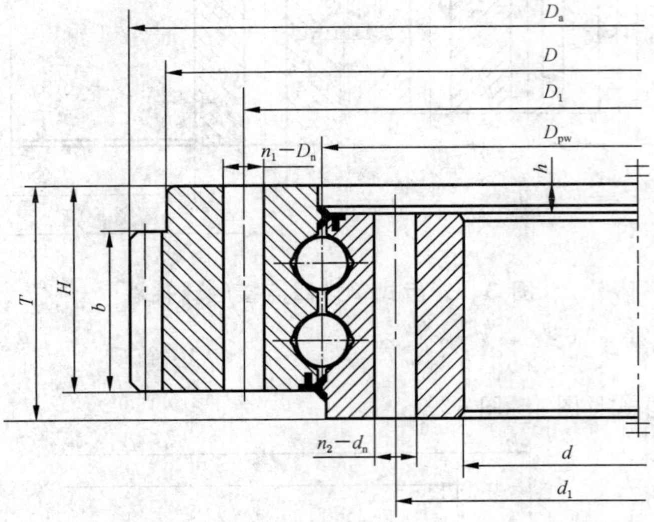

图 6　外齿式双排同径四点接触球轴承

6.2　外形尺寸

6.2.1　单排四点接触球式轴承的外形尺寸见表 4。

6.2.2　双排同径四点接触球式轴承的外形尺寸见表 5。

表 4 单排四点接触球式轴承外形尺寸

单位为毫米

轴承型号	外形尺寸					安装孔尺寸						齿轮参数			外齿参数		内齿参数	
	D	d	T	H	h	D_1	d_1	D_n	n_1	d_n	n_2	b	m	x	D_a	z	d_a	z
FD-010.25.435.03	548	310	86	76	10	506	350	18	20	22	14	—	—	—	—	—	—	—
FD-010.25.450.03	543	357	70	60	10	507	393	18	20	18	20	—	—	—	—	—	—	—
FD-012.30.560.03	653	458	80	70	10	626	494	18	20	18	20	60	6	0	684	112	—	—
FD-011.40.800.03	922	678	100	90	10	878	722	22	30	22	30	80	8	0	960	118	—	—
FD-011.35.1122.03	—	998	100	90	10	1 198	1 042	22	36	22	36	90	10	+0.5	1 298	127	—	—
FD-013.50.1300.03	1 480	1 140	126	113	13	1 400	1 200	26	39	26	40	100	10	+0.5	—	—	1 092	110
FD-010.55.1354.03	1 524	1 184	125	113	10	1 458	1 250	33	40	33	39	—	—	—	—	—	—	—
FD-013.45.1500.03	1 660	1 344	114	105	9	1 595	1 400	30	54	30	44	90	12	+0.5	—	—	1 284	108
FD-010.65.1742.03	1 970	1 514	160	160	10	1 884	1 600	33	60	33	50	—	—	—	—	—	—	—
FD-013.40.1905.03	2 038	1 758	135	90	10	1 986	1 820	26	60	26	60	125	16	+0.5	—	—	1 680	106
FD-013.35.2000.03	2 178	1 833	140	90	10	2 098	1 900	30	60	30	60	120	14	+0.5	—	—	1 764	127
FD-011.45.2007.03	2 178	1 820	142	132	10	2 112	1 900	33	60	33	60	120	14	+0.5	2 251	158	—	—
FD-011.50.2126.03	—	1 948	130	120	22	2 235	2 016	33	48	33	48	120	18	+0.5	2 390	130	—	—
FD-013.35.2182.03	2 299	2 057	109	72	9	2 255	2 108	22	60	22	60	100	14	+0.5	—	—	1 988	143
FD-014.50.2297.03	2 500	2 121	169	120	9	2 400	2 194	33	72	33	72	150	18	+0.5	—	—	2 034.2	114
FD-012.50.2330.03	2 524	2 135	160	150	54	2 436	2 215	33	72	33	96	149	20	+0.5	2 616	128	—	—
FD-011.50.2355.03	2 541	2 184	130	121	21	2 460	2 250	33	76	33	75	120	18	+0.5	2 624.4	143	—	—
FD-012.50.2410.03	2 600	2 239	146	136	36	2 515	2 305	33	84	33	84	135	20	+0.5	2 696	132	—	—
FD-013.45.2476.03	2 660	2 345	185	115	20	2 590	2 405	33	60	33	50	160	18	0	—	—	2 250	127
FD-012.50.2550.03	2 800	2 350	149	140	44	2 658	2 434	39	72	39	72	139	20	+0.5	2 896	142	—	—

表 4（续）

单位为毫米

轴承型号	外形尺寸					安装孔尺寸						齿轮参数			外齿参数		内齿参数	
	D	d	T	H	h	D_1	d_1	D_n	n_1	d_n	n_2	b	m	x	D_a	z	d_a	z
FD-014.70.2690.03	2 900	2 475	162	140	12	2 820	2 560	36	83	36	90	140	20	+0.5	—	—	2 380	120
FD-011.50.2700.03	2 904	2 507	240	225	20	2 822	2 587	39	96	36	95	170	18	0	3 024	166	—	—
FD-013.40.2718.03	2 908	2 553	137	95	13	2 830	2 615	30	90	30	90	120	18	+0.5	—	—	2 469.6	138
FD-011.35.2764.03	2 919	2 617	137	125	45	2 850	2 677	30	84	30	84	120	18	+0.5	3 002.4	164	—	—
FD-012.50.2775.03	3 040	2 520	160	145	35	2 885	2 665	39	96	39	96	135	20	+0.5	3 136	154	—	—
FD-012.60.2791.03	3 019	2 579	164	151	33	2 925	2 657	39	60	39	60	150	22	+0.5	3 119.6	139	—	—
FD-011.60.2805.03	3 002	2 621	150	140	25	2 920	2 690	33	100	33	96	135	18	+0.5	3 092.4	169	—	—
FD-011.60.2805.03 K	3 002	2 621	190	180	65	2 920	2 690	33	100	33	96	175	18	+0.5	3 092.4	169	—	—
FD-014.60.2978.03	3 180	2 760	144	123	10	3 100	2 860	39	72	39	72	125	20	+0.5	—	—	2 664	134
FD-014.60.2980.03	3 180	2 760	144	123	10	3 100	2 860	39	72	39	72	125	20	+0.5	—	—	2 664	134
FD-014.60.2980.03 K	3 180	2 760	144	125	12	3 100	2 860	39	72	39	72	120	20	+0.5	—	—	2 664	134
FD-014.60.2980.03 K1	3 180	2 760	144	132	10	3 100	2 860	39	72	39	72	125	20	+0.5	—	—	2 664	134
FD-014.60.2980.03 K2	3 180	2 760	148	123	14	3 100	2 860	39	72	39	72	125	20	+0.5	—	—	2 664	134
FD-014.60.2980.03 K3	3 180	2 760	193	127	14	3 100	2 860	39	72	39	72	170	20	+0.5	—	—	2 664	134
FD-012.45.2993.03	3 164	2 833	145	125	38	3 087	2 899	33	60	33	60	125	20	+0.5	3 256	160	—	—
FD-011.60.2994.03	3 189	2 811	138	128	13	3 107	2 877	33	96	33	96	120	18	+0.5	3 272.4	179	—	—
FD-013.60.3035.03	3 250	2 845	135	132	9	3 160	2 920	33	99	33	100	125	18	+0.5	—	—	2 757.6	154
FD-011.55.3050.03	3 245	2 850	136	126	22	3 160	2 930	39	72	39	72	126	20	+0.5	3 336	164	—	—
FD-011.60.3050.03	3 264	2 830	145	136	23	3 175	2 925	33	84	39	84	135	20	+0.5	3 356	165	—	—
FD-011.60.3050.03 K	3 268	2 830	180	170	45	3 175	2 925	36	100	36	99	169	20	+0.5	3 360	165	—	—

表 5 双排同径四点接触球式轴承外形尺寸

单位为毫米

轴承型号	外形尺寸					安装孔尺寸						齿轮参数			外齿参数		内齿参数	
	D	d	T	H	h	D_1	d_1	D_n	n_1	d_n	n_2	b	m	x	D_a	z	d_a	z
FD-033.40.1350.03	1 550	1 195	160	150	10	1 450	1 250	33	48	33	48	100	10	+0.5	—	—	1 142	115
FD-033.30.1487.03	1 635	1 344	142	132	10	1 575	1 400	30	44	30	44	80	12	+0.5	—	—	1 284	108
FD-030.50.1685.03	1 895	1 490	200	187	13	1 800	1 570	33	72	33	72	—	—	—	—	—	—	—
FD-030.45.1690.03	1 895	1 524	182	158	24	1 800	1 590	33	54	33	54	—	—	—	—	—	—	—
FD-030.45.1695.03	1 895	1 524	182	169	13	1 800	1 590	33	54	33	60	—	—	—	—	—	—	—
FD-030.45.1695.03 K	1 895	1 524	182	169	13	1 800	1 590	33	64	33	60	—	—	—	—	—	—	—
FD-033.30.1715.03	1 900	1 510	140	130	10	1 830	1 600	33	50	33	50	106	12	+0.5	—	—	1 451	122
FD-030.45.1900.03	2 120	1 700	192	179	13	2 000	1 800	33	90	33	90	—	—	—	—	—	—	—
FD-034.30.1892.03	2 053	1 727	150	138	12	1 984	1 800	33	60	33	54	120	14	+0.5	—	—	1 652	119
FD-033.38.1900.03	2 080	1 716	168	158	10	2 000	1 800	33	54	33	54	100	12	+0.5	—	—	1 657.3	139
FD-033.40.1900.03	2 080	1 700	168	158	10	2 000	1 800	33	54	33	54	100	12	+0.5	—	—	1 657.3	139
FD-033.40.1900.03 K	2 080	1 716	168	158	10	2 000	1 800	33	54	33	54	100	12	+0.5	—	—	1 637.3	139
FD-033.45.1900.03	2 080	1 716	182	169	13	2 000	1 800	33	54	33	54	100	12	+0.5	—	—	1 637.3	139
FD-033.45.1910.03	2 100	1 716	175	163	9	2 020	1 800	33	64	33	64	100	12	+0.5	—	—	1 657.3	139
FD-030.65.1920.03	2 120	1 720	250	235	13	2 040	1 800	33	90	33	90	—	—	—	—	—	—	—
FD-031.50.2000.03	2 208	1 793	200	187	13	2 110	1 890	39	60	39	60	142	12	+0.5	2 265.6	186	—	—
FD-030.40.2100.03	2 278	1 922	164	153	11	2 200	2 000	39	48	39	48	—	—	—	—	—	—	—
FD-030.76.2151.03	2 446	1 900	280	267	13	2 300	2 002	39	92	39	80	—	—	—	—	—	—	—
FD-030.60.2176.03	2 446	1 970	228	215	13	2 300	2 052	39	64	39	72	—	—	—	—	—	—	—

表 5（续）

单位为毫米

轴承型号	外形尺寸					安装孔尺寸						齿轮参数			外齿参数		内齿参数	
	D	d	T	H	h	D_1	d_1	D_n	n_1	d_n	n_2	b	m	x	D_a	z	d_a	z
FD-030.60.2176.03 K	2 446	1 970	228	215	13	2 300	2 052	39	92	39	72	—	—	—	—	—	—	—
FD-031.60.2176.03	2 390	1 970	228	215	13	2 300	2 052	39	92	39	72	120	12	+0.5	2 457.6	202	—	—
FD-031.45.2180.03	2 450	1 940	182	172	10	2 300	2 060	39	64	39	64	120	12	+0.5	2 529.6	208	—	—
FD-031.50.2186.03	2 390	1 982	197	184	13	2 300	2 072	39	64	39	72	120	12	+0.5	2 457.6	202	—	—
FD-033.45.2212.03	2 392	2 014	181	171	10	2 314	2 110	33	64	39	60	100	12	+0.5	—	—	1 958.4	164
FD-034.40.2215.03	2 400	2 028	169	159	10	2 320	2 110	39	60	39	60	120	14	+0.5	—	—	1 948	140
FD-033.45.2215.03	2 400	2 000	169	159	10	2 320	2 110	33	80	33	64	120	12	+0.5	—	—	1 944	163
FD-033.45.2215.03 K	2 400	2 000	199	189	10	2 320	2 110	33	80	39	60	120	12	+0.5	—	—	1 944	163
FD-033.50.2215.03	2 400	2 000	205	190	15	2 320	2 110	33	80	33	64	120	12	+0.5	—	—	1 946	163
FD-034.50.2220.03	2 408	2 031	194	181	10	2 330	2 110	33	72	39	64	140	14	+0.5	—	—	1 960	141
FD-033.45.2221.03	2 410	2 000	179	169	10	2 332	2 110	39	60	39	60	120	12	+0.5	—	—	1 944	163
FD-033.50.2221.03	2 410	2 004	199	189	10	2 332	2 110	39	60	39	60	120	12	+0.5	—	—	1 944	163
FD-033.55.2221.03	2 418	2 005	191	181	10	2 332	2 110	39	60	39	60	100	12	+0.5	—	—	1 908	160
FD-033.50.2222.03	2 410	2 000	199	189	10	2 332	2 110	39	60	39	60	120	12	+0.5	—	—	1 944	163
FD-034.50.2225.03	2 420	2 030	196	184	12	2 340	2 110	39	60	39	60	125	14	+0.5	—	—	1 960	141
FD-034.50.2304.03	2 482	2 121	190	177	9	2 415	2 194	33	92	33	94	138	20	+0.5	—	—	2 020	102
FD-032.45.2330.03	2 524	2 135	185	170	15	2 436	2 215	33	64	39	68	145	20	+0.5	2 616	128	—	—
FD-032.45.2330.03 K	2 524	2 137	183	169	14	2 436	2 215	33	64	39	68	145	20	+0.5	2 616	128	—	—
FD-032.50.2330.03	2 535	2 137	202	192	10	2 440	2 115	39	34	39	68	155	22	+0.5	2 636	117	—	—

表 5（续）

单位为毫米

轴承型号	外形尺寸					安装孔尺寸						齿轮参数			外齿参数		内齿参数	
	D	d	T	H	h	D_1	d_1	D_n	n_1	d_n	n_2	b	m	x	D_a	z	d_a	z
FD-032. 45. 2333. 03	2 524	2 135	185	171	15	2 436	2 215	33	64	39	68	145	20	+0. 5	2 616	128	—	—
FD-034. 45. 2333. 03	2 536	—	185	171	15	2 460	2 215	33	64	39	68	170	18	+0. 5	—	—	2 073. 6	116
FD-031. 45. 2355. 03	2 541	2 184	189	179	21	2 460	2 250	33	76	33	76	150	18	+0. 5	2 624. 4	143	—	—
FD-033. 45. 2400. 03	2 578	2 162	182	172	10	2 500	2 300	39	70	39	56	100	12	+0. 5	—	—	2 102. 4	176
FD-033. 45. 2400. 03 K	2 578	2 162	182	172	10	2 500	2 300	39	70	39	68	100	12	+0. 5	—	—	2 102. 4	176
FD-033. 45. 2400. 03 K1	2 578	2 162	182	172	10	2 500	2 300	39	70	39	92	100	12	+0. 5	—	—	2 102. 4	176
FD-033. 50. 2410. 03	2 620	2 222	195	182	13	2 520	2 300	39	64	39	64	135	16	+0. 5	—	—	2 144	135
FD-033. 50. 2410. 03 K	2 620	2 222	197	184	13	2 520	2 300	39	84	39	64	128	16	+0. 5	—	—	2 147. 2	135
FD-033. 50. 2410. 03 K1	2 620	2 222	197	184	13	2 520	2 300	39	92	39	92	128	16	+0. 5	—	—	2 146	135
FD-033. 50. 2411. 03	2 620	2 225	195	182	13	2 520	2 300	39	82	39	64	135	16	+0. 5	—	—	2 147	135
FD-033. 50. 2411. 03 K	2 620	2 225	195	182	13	2 520	2 300	39	90	39	92	135	16	+0. 5	—	—	2 147	135
FD-030. 60. 2421. 03	2 677	2 226	237	224	13	2 552	2 300	39	54	39	54	—	—	—	—	—	—	—
FD-030. 60. 2425. 03	2 632	2 222	229	218	11	2 550	2 300	42	76	36	70	—	—	—	—	—	—	—
FD-033. 60. 2425. 03 K	2 650	2 222	228	215	13	2 550	2 300	39	84	39	64	135	16	+0. 5	—	—	2 147	135
FD-032. 50. 2529. 03	2 724	2 335	200	185	15	2 636	2 415	33	72	39	72	160	20	+0. 5	2 818	138	—	—
FD-033. 50. 2690. 03	2 900	2 480	190	177	10	2 810	2 560	39	84	39	84	160	20	+0. 5	—	—	2 380	120
FD-031. 50. 2705. 03	2 904	2 507	240	225	40	2 822	2 587	39	96	39	95	170	18	−1. 0	2 988	166	—	—
FD-032. 40. 2760. 03	2 990	2 570	164	152	12	2 860	2 660	39	84	39	84	135	22	+0. 5	3 097. 6	138	—	—
FD-032. 45. 2775. 03	3 040	2 560	231	218	33	2 890	2 660	39	96	39	104	208	22	+0. 5	2 141. 6	140	—	—

表 5（续）

单位为毫米

轴承型号	外形尺寸					安装孔尺寸						齿轮参数			外齿参数		内齿参数	
	D	d	T	H	h	D_1	d_1	D_n	n_1	d_n	n_2	b	m	x	D_a	z	d_a	z
FD-032.45.2778.03	3 040	2 570	195	180	30	2 885	2 665	39	96	39	94	170	22	+0.5	3 141.6	140	—	—
FD-032.45.2920.03	3 125	2 720	185	173	15	3 035	2 805	39	96	39	96	170	20	+0.5	3 216	158	—	—
FD-031.45.2992.03	3 189	2 811	183	173	15	3 107	2 877	33	96	33	108	120	18	+0.5	3 272.4	179	—	—
FD-031.45.2992.03 K	3 189	2 811	183	173	15	3 107	2 877	33	112	33	120	172	18	+0.5	3 275.4	179	—	—
FD-031.76.3050.03	3 300	2 800	264	251	13	3 200	2 900	39	128	39	120	160	20	+0.5	3 396	167	—	—
FD-033.76.3350.03	3 620	3 060	264	251	13	3 500	3 200	39	128	39	92	160	20	+0.5	—	—	2 964	149
FD-033.76.3350.03 K	3 620	3 060	264	251	13	3 500	3 200	39	128	39	126	160	20	+0.5	—	—	2 964	149
FD-033.70.3550.03	3 620	3 070	264	251	13	3 500	3 200	39	124	39	128	160	20	0	—	—	2 960	149
FD-030.80.3830.03	4 170	3 500	298	285	13	4 000	3 655	39	160	45	118	—	—	—	—	—	—	—
FD-031.65.4343.03	4 590	4 100	219	205	14	4 480	4 200	42	120	42	120	190	22	+0.5	4 703.6	211	—	—
FD-032.80.4625.03	4 905	4 330	293	280	13	4 794	4 445	45	120	45	120	200	24	+0.5	5 011.2	206	—	—
FD-032.50.4650.03	4 902	4 420	204	190	13	4 790	4 514	42	132	42	132	174	24	+0.5	5 011.2	206	—	—
FD-032.50.4652.03	4 950	4 424	204	191	13	4 790	4 514	39	132	39	132	174	24	+0.5	4 296	180	—	—

7 技术要求

7.1 材料与热处理

7.1.1 套圈

7.1.1.1 轴承套圈一般采用42CrMo钢制造，其化学成分、低倍组织和非金属夹杂物应符合表6～表8的规定，其余要求符合JB/T 6396—2006的规定，当用户有特殊要求时，也可采用性能相当或更优的其他材料制造。

表6 材料化学成分

牌号	化学成分/%										
	C	Mn	Si	Cr	Mo	Ni	Cu	S	P	H	O
42CrMo	0.41～0.45	0.60～0.80	0.17～0.37	1.00～1.20	0.15～0.25	≤0.30	≤0.20	≤0.025	≤0.025	≤0.000 2	≤0.002 0

表7 低倍组织级别

低倍组织类型	评级图	max.
中心疏松	第3级别图	2.0级
一般疏松	第3级别图	2.0级
偏析	第3级别图	2.0级

表8 非金属夹杂物级别

非金属夹杂物类型	细系	粗系
	max.	
A	2.5级	1.5级
B	2.0级	1.0级
C	1.0级	1.0级
D	1.0级	1.0级

7.1.1.2 轴承套圈调质后−40 ℃低温冲击功 KV_2 不应低于27 J，调质硬度为260 HBW～300 HBW，其他力学性能指标应符合JB/T 6396—2006的规定。

7.1.1.3 轴承套圈调质后平均晶粒度级别应符合GB/T 6394—2002中6级～9级要求。

7.1.1.4 轴承套圈调质后超声波检测不应低于JB/T 5000.15—2007中质量等级为Ⅱ级的要求。

7.1.1.5 轴承套圈滚道表面淬火后表面硬度为55 HRC～62 HRC，其有效硬化层深度应符合表9的规定。

表 9　滚道有效硬化层深度

单位为毫米

D_w	≤30	>30～40	>40～50	≥50
有效硬化层深度　min.	3.0	3.5	4.0	5.0
注：有效硬化层深度为滚道表面到硬度值为 48 HRC 处的垂直距离。				

7.1.1.6　轴承齿圈齿面、齿根应进行表面淬火，表面硬度为 50 HRC～60 HRC，有效硬化层深度应符合表 10 的规定。

表 10　齿圈齿面和齿根有效硬化层深度

单位为毫米

模数		>6～10	>10～16	>16～22	>22～28	>28
有效硬化层深度 min.	齿面	1.2	2.0	2.5	3.2	3.6
	齿根	0.6	1.0	1.4	1.8	2.2
注：有效硬化层深度为齿面或齿根表面到硬度值为 40 HRC 处的垂直距离。						

7.1.1.7　轴承套圈存在软带时，软带宽度不应大于堵塞孔直径加 35 mm。将带堵塞孔套圈的软带设置在堵塞孔部位，双排同径轴承上下两排滚道软带一般放置于一处，非堵塞孔软带位置对应的非安装面上应作明显的永久性标记“S”。

7.1.2　滚动体

轴承用钢球一般采用符合 GB/T 18254—2002 规定的 GCr15 或 GCr15SiMn 轴承钢制造，其尺寸、公差等其他要求应符合 GB/T 308.1—2013 的规定，当用户有特殊要求时，也可采用性能相当或更优的其他材料。

7.1.3　保持架

偏航轴承用保持架一般采用符合 HG/T 2349—1992 规定的聚酰胺 1010 树脂制造，当用户有特殊要求时，也可采用性能相当或更优的其他材料。

变桨轴承用保持架一般采用符合 GB/T 20887.1—2007 规定的 HR380F 钢板制造，当用户有特殊要求时，也可采用性能相当或更优的其他材料。

7.1.4　密封圈

轴承用密封圈一般采用符合 HG/T 2811—1996 规定的丁腈橡胶制造，在具有强酸、强碱、强紫外线、臭氧等环境下应采用氢化丁腈橡胶制造，当用户有特殊要求时，也可采用性能相当或更优的其他材料。

7.2　齿轮

7.2.1　轴承套圈齿轮为渐开线圆柱齿轮。齿轮径向变位系数为 $x=+0.5$，当用户有特殊要求时，也可根据用户需要选取其他系数。

7.2.2　轴承套圈齿轮模数应符合 GB/T 1357—2008 的规定。

7.2.3　轴承套圈齿轮精度不应低于 GB/T 10095.1—2008 和 GB/T 10095.2—2008 规定的 9 级要求，当用户有特殊要求时，也可由制造厂与用户之间协商确定。

7.3 公差

7.3.1 轴承的尺寸公差按表11的规定。

7.3.2 轴承的旋转精度按表12的规定。

7.3.3 轴承安装孔和定位孔的位置度应符合表13规定。

表11 尺寸公差

单位为微米

Δ_{Ts}	Δ_{ds}[a]	Δ_{Ds}[b]
±1 000	H 9	h 9

[a] 非定位直径的 Δ_{ds} 按 H 12 的规定。

[b] 非定位直径的 Δ_{Ds} 按 h 12 的规定。

表12 旋转精度

单位为微米

d[a] 或 D[b]		S_{ia}、S_{ea}	K_{ia}、K_{ea}	F_{ria}、F_{rea}
>	≤	max.		
400	630	80	110	250
630	1 000	100	140	280
1 000	1 600	120	180	360
1 600	2 500	160	220	420
2 500	4 500	200	280	560
4 500	6 000	260	340	640

注1：当 d 或 D 不作为轴承的定位直径时，其 K_{ia} 或 K_{ea} 可不予要求。

注2：对淬火齿轮，齿轮径向跳动允许增大50%。

[a] 内圈的旋转精度应按 d 查表确定；

[b] 外圈的旋转精度应按 D 查表确定。

表13 安装孔和定位孔位置度

单位为毫米

安装孔中心圆直径		安装孔位置度	定位孔位置度
>	≤	max.	
—	2 000	0.6	0.5
2 000	—	0.7	0.5

注：带螺纹安装孔的位置度不应低于0.6 mm。

7.4 表面粗糙度

轴承所有需防腐处理的表面粗糙度 Ra 不应低于3.2 μm。

7.5 游隙

轴承的轴向游隙值和径向游隙值不应大于零。

7.6 空载启动力矩和旋转力矩

轴承空载启动力矩和旋转力矩由制造厂与用户之间协商确定。

7.7 润滑

轴承初润滑时应填装用户指定的润滑脂，注脂量一般为轴承内部有效空间容积的60%～80%，也可由制造厂与用户之间协商确定。装填的润滑脂应具备使用温度范围(－40 ℃～150 ℃)、抗微动磨损、极压性、抗水性、防腐性和良好的泵送性等基本性能要求。

7.8 润滑油孔

轴承通过油孔注油润滑，其注油螺纹孔规格一般为M10×1，排油螺纹孔规格一般为M14×1.5，当用户有特殊要求时，油孔数量、位置和规格也可由制造厂与用户之间协商确定。

7.9 防腐处理

轴承除齿轮外的其他外露表面应按GB/T 9793—2012进行热喷涂纯锌防腐处理，海用轴承应进行喷漆处理，其具体防腐要求应满足表14的规定，当用户有特殊要求时，也可采用满足性能要求的其他防腐方法。

表14 轴承防腐要求(除齿轮外)

轴承防腐表面	防腐要求	
	陆 地	海 洋
安装表面和配合止口	锌层厚度为0.1 mm～0.2 mm，厚度相互差不大于0.05 mm。	锌层厚度为0.1 mm～0.2 mm，厚度相互差不大于0.05 mm。
非安装表面	锌层厚度为0.1 mm～0.2 mm。	锌层厚度为0.1 mm～0.2 mm，并进行喷漆处理，漆层厚度不应低于0.16 mm。
注：油漆品牌和喷漆操作规范的选择由供需双方依据偏航、变桨轴承具体工作环境确定。		

7.10 寿命要求

轴承在正确安装、润滑和密封的条件下，使用寿命不应低于20年。

7.11 其他要求

7.11.1 轴承套圈和钢球不应有白点、夹杂，表面不应有裂纹、锈蚀、烧伤、磕碰、软点等缺陷。

7.11.2 轴承滚道和齿面、齿根应进行无损探伤，不允许存在裂纹。

7.11.3 在轴承齿轮最大径向跳动处标记三个齿，并在中间齿非基准端面上作永久性机械标识，其标识一般为数字“0”。

7.11.4 若有其他特殊要求时，可由制造厂与用户之间协商确定。

8 检测方法

8.1 材料检测

8.1.1 化学成分的分析

套圈材料化学成分的分析应符合 JB/T 6396—2006 的规定。

8.1.2 力学性能的试验

8.1.2.1 取样方法

在每一调质炉中最后一个料盘锻件的中间位置放置一个加高件，在位于该加高件套圈壁厚的中间，距端面 12.5 mm 处沿圆周方向取一个拉伸试样和三个冲击试样，试样取样位置如图 7 所示。

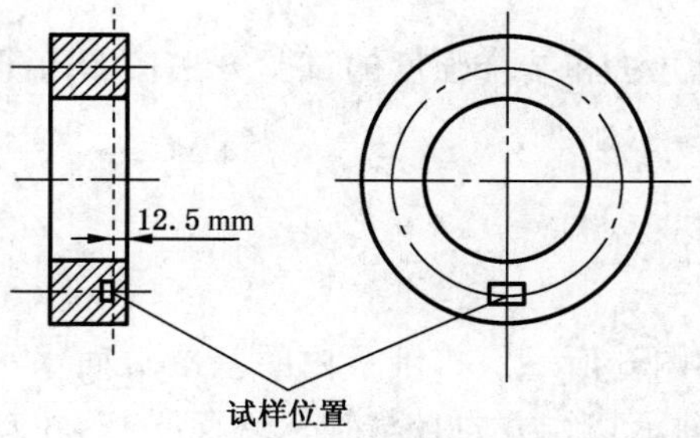

图 7 试样取样位置

8.1.2.2 性能试验

套圈力学性能的试验方法应符合 JB/T 6396—2006 的规定。

8.1.3 低倍组织的检验

套圈低倍组织的取样和检验方法应符合 GB/T 226—1991 的规定，图片评级符合 GB/T 1979—2001 的规定。

8.1.4 非金属夹杂物的测定

套圈非金属夹杂物的测定方法应符合 GB/T 10561—2005 的规定。

8.1.5 平均晶粒度的测定

套圈平均晶粒度的测定方法应符合 GB/T 6394—2002 的规定。

8.2 热处理检测

轴承滚道和齿面、齿根淬火后表面硬度的试验应采用里氏硬度计或超声波硬度计，其试验方法符合 GB/T 230.1—2009 和 GB/T 231.1—2009 的规定，有效硬化层深度的测定方法应符合 GB/T 5617—2005 的规定。

8.3 探伤检测

套圈超声波探伤和滚道、齿面、齿根无损探伤检测方法按 JB/T 5000.15—2007 的规定。

8.4 公差的测量

轴承尺寸公差、旋转精度和齿轮精度的测量方法按 JB/T 10471—2004 的规定。

8.5 表面粗糙度的测量

轴承表面粗糙度的测量方法按 JB/T 7051—2006 的规定。

8.6 游隙的测量

轴承游隙的测量方法按 JB/T 10471—2004 的规定,游隙值为零即可。

8.7 防腐层的检测

轴承表面防腐层厚度的测量方法和结合强度的试验方法按 GB/T 9793—2012 的规定。

8.8 空载力矩的测试

8.8.1 空载启动力矩

空载启动力矩的测试方法如图 8 所示。将轴承内圈基准端面水平置于一平台上,将弹簧秤一端固定在轴承外圈上,拉力方向应沿轴承切线方向且与轴承端面平行,拉动弹簧秤,当轴承从静止到开始转动时,读出此时弹簧秤的读数,再乘以力臂($D_1/2$)即为轴承的空载启动力矩。当用户有特殊要求时,制造厂也可采用专用设备进行空载启动力矩的测定。

8.8.2 空载旋转力矩

空载旋转力矩的测试方法如图 8 所示。将轴承内圈基准端面水平置于一平台上,将弹簧秤一端固定在轴承外圈上,拉力方向应沿轴承切线方向且与轴承端面平行,拉动弹簧秤,当轴承平稳运转时,读出此时弹簧秤的读数,再乘以力臂($D_1/2$)即为轴承的空载旋转力矩。当用户有特殊要求时,制造厂也可采用专用设备进行空载旋转力矩的测定。

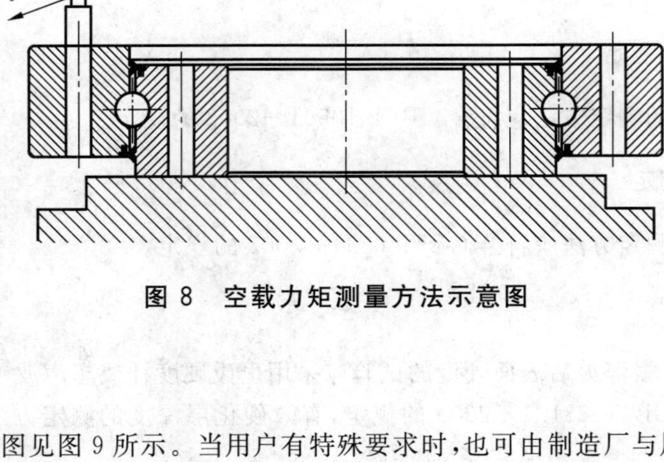

图 8 空载力矩测量方法示意图

8.9 寿命试验

轴承寿命试验原理图见图 9 所示。当用户有特殊要求时,也可由制造厂与用户之间协商确定。

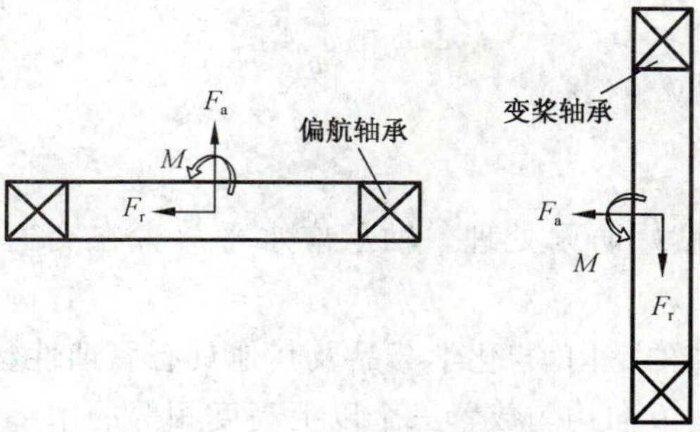

说明：

F_a ——轴承承受的轴向力；

F_r ——轴承承受的径向力；

M ——轴承承受的倾覆力矩。

图 9 试验原理图

9 检验规则

9.1 出厂检验

轴承应经制造厂质检部门检查合格后并附有合格证方可出厂；轴承以下各项应 100％检验，除防腐和空载启动、旋转力矩检测项目外，其余检验项目应在防腐处理前进行。

检验项目应包括：

——套圈的化学成分和机械性能；

——套圈超声波无损探伤；

——滚道和齿面、齿根硬度；

——滚道和齿面、齿根有效硬化层深度；

——滚道和齿面、齿根探伤；

——尺寸公差和旋转精度；

——游隙；

——防腐层厚度；

——空载启动、旋转力矩；

——外观质量；

——用户要求检验的其他项目。

9.2 验收检验

验收检验的抽样方案、验收项目、接收质量由制造厂与用户之间协商确定。

10 标志

10.1 轴承应采用铭牌进行标志。铭牌安装在轴承软带附近的非安装表面上。

10.2 标志内容应包含轴承型号、编号、制造厂家和制造日期，当用户有特殊要求时，也可增加由制造厂与用户之间协商的其他标志。

11 防锈包装

轴承的齿轮防锈，依据用户使用要求执行。轴承的包装除不需要清洗和涂防锈油外，其余要求符合

GB/T 8597—2013 的规定。

12 运输和贮存

12.1 轴承在运输过程中，应做好防雨处理。轴承应水平放置在交通工具上固定，必要时可加辅助支承。

12.2 贮存时应放于干燥、平整的室内，与化学药品及其他具有腐蚀性物品隔离开；若需多套轴承重叠堆放时，每套轴承之间应沿圆周方向均匀放置三个以上高度相等的木垫块，且上、下层垫块的放置位置应一致。

13 安装和保养

轴承的安装与保养参见附录 A。

附 录 A
（资料性附录）
轴承的安装与保养

A.1 配合表面

每套轴承在安装使用前应对配合表面进行必要的检查，支承轴承的部件除应具有足够的刚度外，其配合表面还应进行机械加工，清除表面杂物和毛刺。支承部件配合表面的技术要求应符合表 A.1 的规定。

支承部件与轴承配合的表面平面度和在径向宽度上的倾斜度如图 A.1 所示。

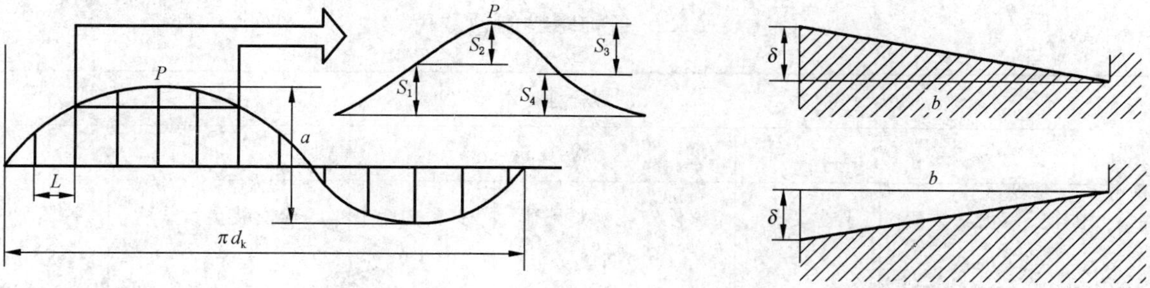

说明：

a ——支承部件与轴承配合的表面平面度；

b ——支承部件与轴承配合的表面径向宽度；

d_k ——支承部件与轴承配合的安装孔中心圆直径；

L ——支承部件与轴承配合的相邻安装孔间距；

P ——支承部件与轴承配合的表面倾斜度最高点；

S_1、S_2、S_3、S_4——在支承部件与轴承配合的安装孔中心圆表面上，每间距一个安装孔距离的倾斜度；

δ ——支承部件与轴承配合的表面径向宽度 b 的倾斜度。

图 A.1 支承部件与轴承配合的表面平面度和在径向宽度上的倾斜度

表 A.1 支承部件配合的表面技术要求

孔中心圆直径 D_1 或 d_1 mm		平面度 a μm	圆周两相邻单位长度（L=1 个安装孔距）相同方向倾斜度的变化量 S_1-S_2 mm	圆周两相邻单位长度（L=1 个安装孔距）相反方向倾斜度的变化量 S_3-S_4 mm	径向宽度 b 的倾斜度 Δ μm	端面粗糙度 Ra μm
>	≤					
400	630	100	0.000 13L	0.000 13L	50	1.25
630	1 000	120			60	1.25
1 000	1 600	150			80	2.5
1 600	2 500	200			100	2.5
2 500	4 000	250			120	2.5
4 000	6 000	300			150	3.2

A.2 安装方法

轴承的套圈一般具有淬火软带，用户在安装时应将软带位置置于非载荷区。安装时应先将轴承径向定位，螺栓预紧时应采用星形对角多次紧固，并检查轴承的旋转情况。为保证轴承传动平稳，应在螺栓完全拧紧之前，对齿轮进行啮合检查。拧紧螺栓时的预紧力，应为螺栓材料屈服极限的70%。安装螺栓时应配备调质平垫圈，不允许使用弹簧垫圈。

A.3 安装螺栓预载荷

轴承在安装时其连接螺栓应达到一定的预载荷。常用螺栓的预载荷可参考表A.2的规定。

表 A.2 各种螺栓的预载荷

螺栓直径 mm	螺栓强度等级					
	8.8		10.9		12.9	
	螺栓安装预紧载荷 N	拧紧力矩 N·m	螺栓安装预紧载荷 N	拧紧力矩 N·m	螺栓安装预紧载荷 N	拧紧力矩 N·m
M12	38 500	78	56 000	117	66 000	135
M14	53 000	126	77 000	184	90 000	216
M16	72 000	193	106 000	297	124 000	333
M18	91 000	270	129 000	387	151 000	459
M20	117 000	387	166 000	558	194 000	648
M22	146 000	522	208 000	747	243 000	873
M24	168 000	666	239 000	954	280 000	1 116
M27	221 000	990	315 000	1 395	370 000	1 665
M30	270 000	1 350	385 000	1 890	450 000	2 250
M33	335 000	需要采用螺栓液压拉紧装置	480 000	需要采用螺栓液压拉紧装置	560 000	需要采用螺栓液压拉紧装置
M36	395 000		560 000		660 000	
M39	475 000		670 000		790 000	
M42	542 000		772 000		904 000	
M45	635 000		905 000		1 059 000	
M48	714 000		1 018 000		1 191 000	
M52	857 000		1 221 000		1 429 000	
M56	989 000		1 408 000		1 648 000	
M60	1 156 000		1 647 000		1 927 000	

A.4 轴承的保养

轴承应填充专用润滑脂。在填充润滑脂时，应边填充边转动轴承，使润滑脂不受钢球阻隔，均匀分布，直至新润滑脂挤出油孔或密封唇为止。一般情况下，润滑脂每半年应填充新的润滑脂。在较恶劣的环境条件下，可适当缩短注脂周期；轴承停用半年以上应加注新的润滑脂。

ICS 21.100.20
J 11

中华人民共和国国家标准

GB/T 29718—2013

滚动轴承　风力发电机组主轴轴承

Rolling bearings—Wind power generators main bearings

2013-09-18 发布　　2014-06-01 实施

中华人民共和国国家质量监督检验检疫总局
中国国家标准化管理委员会　发布

前　言

本标准按照 GB/T 1.1—2009 给出的规则起草。

本标准由中国机械工业联合会提出。

本标准由全国滚动轴承标准化技术委员会(SAC/TC 98)归口。

本标准主要起草单位：洛阳 LYC 轴承有限公司。

本标准主要起草人：庞碧涛、董汉杰、杨德胜、周琳、徐玲玲、王荆鄂。

本标准参加起草单位：洛阳轴承研究所有限公司、大连冶金轴承股份有限公司、西北轴承股份有限公司、成都天马铁路轴承有限公司、北京京冶轧机轴承制造有限公司、上海斐赛轴承科技有限公司、国电联合动力技术有限公司。

本标准参加起草人：张闽、王德惠、许云、汪文革、罗虹、祝端峰、赵联春、杨怀宇、刘卫。

滚动轴承 风力发电机组主轴轴承

1 范围

本标准规定了风力发电机组主轴轴承的结构型式、代号方法、外形尺寸、技术要求、检测方法、检验规则、标志和包装。

本标准适用于风力发电机组主轴轴承(以下简称轴承)的生产检验和用户选型、验收。

2 规范性引用文件

下列文件对于本文件的应用是必不可少的。凡是注日期的引用文件,仅注日期的版本适用于本文件。凡是不注日期的引用文件,其最新版本(包括所有的修改单)适用于本文件。

GB/T 230.1—2009 金属材料 洛氏硬度试验 第1部分:试验方法(A、B、C、D、E、F、G、H、K、N、T标尺)

GB/T 231.1—2009 金属材料 布氏硬度试验 第1部分:试验方法

GB/T 272—1993 滚动轴承 代号方法

GB/T 273.3—1999 滚动轴承 向心轴承 外形尺寸总方案

GB/T 307.2—2005 滚动轴承 测量和检验的原则及方法

GB/T 307.3—2005 滚动轴承 通用技术规则

GB/T 1979—2001 结构钢低倍组织缺陷评级图

GB/T 3203—1982 渗碳轴承钢技术条件

GB/T 4199—2003 滚动轴承 公差 定义

GB/T 5617—2005 钢的感应淬火或火焰淬火后有效硬化层深度的测定

GB/T 6930—2002 滚动轴承 词汇

GB/T 7811—2007 滚动轴承 参数符号

GB/T 8597—2013 滚动轴承 防锈包装

GB/T 10561—2005 钢中非金属夹杂物含量的测定 标准评级图显微检验法

GB/T 18254—2002 高碳铬轴承钢

GB/T 24605—2009 滚动轴承 产品标志

GB/T 24606—2009 滚动轴承 无损检测 磁粉检测

GB/T 24608—2009 滚动轴承及其商品零件检验规则

GB/T 25769—2010 滚动轴承 径向游隙的测量方法

GB/T 29717—2013 滚动轴承 风力发电机组偏航、变桨轴承

JB/T 1255—2001 高碳铬轴承钢滚动轴承零件热处理技术条件

JB/T 2974—2004 滚动轴承 代号方法的补充规定

JB/T 5000.15—2007 重型机械通用技术条件 第15部分:锻钢件无损检测

JB/T 6641—2007 滚动轴承 残磁及其评定方法

JB/T 7051—2006 滚动轴承零件 表面粗糙度测量和评定方法

JB/T 8236—2010　滚动轴承　双列和四列圆锥滚子轴承游隙及调整方法
JB/T 8881—2001　滚动轴承零件渗碳热处理技术条件
JB/T 10336—2002　滚动轴承及其零件　补充技术条件
JB/T 10471—2004　滚动轴承　转盘轴承
HG/T 2811—1996　旋转轴唇形密封圈橡胶材料

3　术语和定义

GB/T 4199—2003、GB/T 6930—2002 界定的术语和定义适用于本文件。

4　符号

GB/T 7811—2007 和 GB/T 4199—2003 确立的以及下列符号适用于本文件。

$D_{1mpmax}-D_{2mpmin}$：同一轴承双外圈最大平均外径与最小平均外径之差

$d_{1mpmax}-d_{2mpmin}$：同一轴承双内圈最大平均内径与最小平均内径之差

h：内圈上端面与外圈上端面的高度差

L_a：外圈安装孔中心圆直径

L_i：内圈安装孔中心圆直径

5　代号方法

轴承代号由前置代号、基本代号和后置代号构成，其排列顺序如下：

前置代号	基本代号	后置代号

5.1　前置代号

前置代号为“FD”，为“风电”两字汉字拼音首个大写字母组合，前置代号与基本代号间用“—”隔开。

5.2　基本代号

调心滚子轴承、圆柱滚子轴承和双列圆锥滚子轴承（包括 45°接触角）的基本代号应符合 GB/T 272—1993 和 JB/T 2974—2004 中的规定。

三排圆柱滚子轴承的的基本代号应符合 JB/T 10471—2004 中的规定。

5.3　后置代号

调心滚子轴承、圆柱滚子轴承和双列圆锥滚子轴承（包括 45°接触角）的后置代号应符合 GB/T 272—1993 和 JB/T 2974—2004 中的规定。

三排圆柱滚子轴承的的后置代号应符合 JB/T 10471—2004 中的规定。

5.4　代号示例

示例：风力发电机组主轴轴承　圆柱滚子轴承

表 1 化学成分(熔炼分析)

牌号	化学成分(质量分数)/%								
	C	Si	Mn	Cr	Mo	P	S	Ni	Cu
GCr15SiMn	0.95～1.05	0.45～0.75	0.95～1.25	1.4～1.65	≤0.08	≤0.025	≤0.012	≤0.2	≤0.2
	Sn	As	Ti	Sb	Pb	Ca	O	H	
	≤0.03	≤0.04	≤0.003	≤0.005	≤0.002	≤0.001	≤0.002	≤0.000 2	

表 2 低倍组织合格级别

低倍组织类型	评级图	圆钢直径≤150 mm	150 mm<圆钢直径≤200 mm	圆钢直径>200 mm
		max		
中心疏松	第 1 级别图	1.0 级	1.5 级	2.0 级
一般疏松	第 2 级别图	1.0 级	1.0 级	1.5 级
偏析	第 3 级别图	1.0 级	1.0 级	1.5 级

表 3 非金属夹杂物合格级别

非金属夹杂物类型	细系	粗系
	max	
A	2.0 级	1.5 级
B	1.5 级	0.5 级
C	0 级	0 级
D	1.0 级	0.5 级

8.1.1.4 电渣重熔 GCr15SiMn 钢的显微组织(退火组织)按 GB/T 18254—2002 中第 6 级别图评定,合格级别为 2～4 级。

8.1.1.5 电渣重熔 GCr15SiMn 钢的其他要求应符合 GB/T 18254—2002 的规定。

8.1.2 电渣重熔 G20Cr2Ni4A 钢

8.1.2.1 电渣重熔 G20Cr2Ni4A 钢的材料化学成分按表 4 的规定。

8.1.2.2 电渣重熔 G20Cr2Ni4A 钢的低倍组织的中心疏松、一般疏松和锭型偏析按 GB/T 1979—2001 中的第 1、2 和 3 级别图评定,其合格级别应符合表 5 规定。

8.1.2.3 电渣重熔 G20Cr2Ni4A 钢的非金属夹杂物按 GB/T 10561—2005 中规定的 A 法评定,其合格级别不应超过表 6 规定。

8.1.2.4 电渣重熔 G20Cr2Ni4A 钢的其他要求应符合 GB/T 3203—2002 的规定。

表 4 化学成分(熔炼分析)

牌号	化学成分(质量分数)/%											
	C	Mn	Si	Cr	Mo	Ni	Cu	S	P	H	Ti	O
G20Cr2Ni4A	0.17～0.23	0.3～0.60	0.15～0.40	1.25～1.75	≤0.08	3.25～3.75	≤0.25	≤0.02	≤0.02	≤0.000 2	≤0.003 0	≤0.002 5

表 5 低倍组织合格级别

低倍组织类型	评级图	圆钢直径≤200 mm	200 mm<圆钢直径≤400 mm	圆钢直径>400 mm
		max		
中心疏松	第 1 级别图	1.0 级	1.5 级	1.5 级
一般疏松	第 2 级别图	1.0 级	1.0 级	1.5 级
偏析	第 3 级别图	1.0 级	1.0 级	1.0 级

表 6 非金属夹杂物合格级别

非金属夹杂物类型	细系	粗系
	max	
A	2.5 级	1.5 级
B	2.0 级	1.0 级
C	0.5 级	0.5 级
D	1.0 级	1.0 级

8.1.3 材料缺陷和裂纹

材料不允许有宏观缺陷和裂纹，其质量等级不应大于 JB/T 5000.15—2007 中Ⅱ级的规定。

8.2 热处理

8.2.1 采用电渣重熔 GCr15SiMn 钢制造的轴承套圈及滚动体，应采用高温回火，其热处理质量应符合 JB/T 1255—2001 的规定。

8.2.2 采用电渣重熔 G20Cr2Ni4A 钢制造的轴承套圈及滚动体，其热处理质量应符合 JB/T 8881—2001 的规定。

8.2.3 采用 GCr18Mo 钢和 GCr15SiMo 钢制造的轴承套圈及滚动体，其热处理质量应符合 JB/T 1255—2001 的规定。

8.2.4 采用 42CrMo 钢制造的轴承套圈，其热处理质量应符合 GB/T 29717—2013 的规定。

8.3 公差

8.3.1 调心滚子轴承和圆柱滚子轴承的套圈公差按表 7、表 8 的规定。

8.3.2 双列圆锥滚子轴承(包括 45°接触角)套圈公差按表 9、表 10 的规定。

8.3.3　双列圆锥滚子轴承(包括45°接触角)宽度偏差按JB/T 10336—2002中6级的规定。

8.3.4　三排圆柱滚子轴承的公差按JB/T 10471—2004中6级的规定。

表7　内圈公差

单位为微米

d mm		Δ_{dmp}		V_{dsp}			V_{dmp}	K_{ia}	Δ_{Bs}		V_{Bs}
				直径系列							
				9	0、1	2、3、4					
>	≤	上极限	下极限	max			max		上极限	下极限	max
400	500	0	−35	44	44	26	26	35	0	−450	45
500	630	0	−40	50	50	30	30	40	0	−500	50
630	800	0	−50	63	63	38	38	45	0	−750	55
800	1 000	0	−65	75	75	45	45	50	0	−1 000	60
1 000	1 250	0	−80	94	94	56	56	60	0	−1 250	70
1 250	1 600	0	−100	120	120	70	70	73	0	−1 600	80
1 600	2 000	0	−130	150	150	90	90	90	0	−2 000	100

表8　外圈公差

单位为微米

D mm		Δ_{Dmp}		V_{Dsp}			V_{Dmp}	K_{ea}	Δ_{Cs}		V_{Cs}
				直径系列							
				9	0、1	2、3、4					
>	≤	上极限偏差	下极限偏差	max			max		上极限偏差	下极限偏差	max
500	630	0	−38	48	48	29	29	50	与同一轴承内圈的Δ_{Bs}及V_{Bs}相同		
630	800	0	−45	56	56	34	34	60			
800	1 000	0	−60	75	75	45	45	75			
1 000	1 250	0	−80	94	94	56	56	85			
1 250	1 600	0	−100	113	113	68	68	100			
1 600	2 000	0	−130	150	150	90	90	100			
2 000	2 500	0	−160	180	180	112	112	120			

表9　内圈公差

单位为微米

d mm		Δ_{dmp}		V_{dsp}	V_{dmp}	K_{ia}	$d_{1mpmax}-d_{2mpmin}$
>	≤	上极限偏差	下极限偏差	max			
400	500	0	−35	35	26	36	18
500	630	0	−40	40	30	40	20
630	800	0	−55	55	35	50	28

表 9（续）

单位为微米

d mm		Δ_{dmp}		V_{dsp}	V_{dmp}	K_{ia}	$d_{1mpmax}-d_{2mpmin}$
>	≤	上极限偏差	下极限偏差	max			
800	1 000	0	−75	75	43	60	38
1 000	1 250	0	−95	95	51	70	48
1 250	1 600	0	−120	120	63	80	60
1 600	2 000	0	−150	150	80	100	75

表 10　外圈公差

单位为微米

D mm		Δ_{Dmp}		V_{Dsp}	V_{Dmp}	K_{ea}	$D_{1mpmax}-D_{2mpmin}$
>	≤	上极限偏差	下极限偏差	max			
500	630	0	−38	38	29	50	19
630	800	0	−45	45	34	60	23
800	1 000	0	−60	60	45	75	30
1 000	1 250	0	−80	80	60	90	40
1 250	1 600	0	−100	100	75	100	50
1 600	2 000	0	−140	140	90	110	70
2 000	2 500	0	−180	180	105	120	90

8.4　游隙

双列圆锥滚子轴承(45°接触角)径向游隙应保证安装后不大于零;圆柱滚子轴承、调心滚子轴承和双列圆锥滚子轴承的径向游隙按表 11 的规定;三排圆柱滚子组合轴承游隙按 JB/T 10471—2004 中 6 级的规定。若对游隙有其他要求时,可由制造厂与用户之间协商确定。

表 11　径向游隙

单位为微米

d mm		径向游隙							
		圆柱滚子轴承		调心滚子轴承				双列圆锥滚子轴承	
				C0[a]		C1[b]			
>	≤	min	max	min	max	min	max	min	max
400	450	210	310	240	370	220	310	170	260
450	500	220	330	260	410	240	340	190	290
500	560	240	360	280	440	260	370	210	320
560	630	260	380	310	480	290	410	230	350
630	710	285	425	350	530	310	440	260	400

表 11（续） 单位为微米

d mm		径向游隙							
		圆柱滚子轴承		调心滚子轴承				双列圆锥滚子轴承	
				C0[a]		C1[b]			
>	≤	min	max	min	max	min	max	min	max
710	800	310	470	390	580	340	480	290	450
800	900	350	520	430	650	390	530	330	500
900	1 000	390	580	480	710	430	580	360	540
1 000	1 120	430	640	530	780	470	650	400	600
1 120	1 250	470	710	580	860	530	710	450	670
1 250	1 400	530	790	640	950	580	780	500	750
1 400	1 600	610	890	720	1 060	640	860	550	840
1 600	1 800	700	1 020	810	1 180	700	950	620	930
1 800	2 000	760	1 120	900	1 300	790	1 060	700	1 030

[a] 适用于浮动端轴承；

[b] 适用于固定端轴承。

8.5 密封圈

三排圆柱滚子轴承用密封圈一般采用 HG/T 2811—1996 规定的丁腈橡胶制造，在具有强酸、强碱、强紫外线、臭氧等环境下应采用氢化丁腈橡胶制造，当用户有特殊要求时，也可采用性能相当或更优的其他材料。

8.6 表面粗糙度

调心滚子轴承、圆柱滚子轴承、双列圆锥滚子轴承（包括 45°接触角）配合表面和端面的表面粗糙度应符合 GB/T 307.3—2005 中 6 级的规定。

三排圆柱滚子轴承配合表面和端面的表面粗糙度应符合 JB/T 10471—2004 中 6 级的规定。当轴承表面有防腐要求时，其表面可由制造厂与用户之间协商确定。

8.7 润滑

三排圆柱滚子轴承初润滑时应填装用户指定的润滑脂，注脂量一般为轴承内部有效空间容积的 60%～80%，也可由制造厂与用户之间协商确定。填装的润滑脂应具备使用温度范围 −40 ℃～150 ℃、抗微动磨损、极压性、抗水性、防腐性和良好的泵送性等基本性能要求。

8.8 表面缺陷

轴承成品零件工作表面应进行磁粉探伤，不应有裂纹。

8.9 残磁

轴承的残磁限值应符合 JB/T 6641—2007 的规定。

8.10 寿命

轴承在正确安装、润滑和密封的条件下，使用寿命不应低于20年。

8.11 其他

若对轴承有其他技术要求时，可由制造厂与用户之间协商确定。

9 检测方法

9.1 材料检测

9.1.1 低倍组织的检验

GCr15SiMn钢、GCr18Mo钢和GCr15SiMo钢低倍组织的检验方法应符合GB/T 18254—2002的规定，G20Cr2Ni4A钢低倍组织的检验方法应符合GB/T 1979—2001的规定。

9.1.2 非金属夹杂物的测定

GCr15SiMn钢、GCr18Mo钢和GCr15SiMo钢非金属夹杂物的测定方法应符合GB/T 18254—2002的规定，G20Cr2Ni4A钢的非金属夹杂物按GB/T 10561—2005中规定的A法进行评定。

9.1.3 显微组织的检测

GCr15SiMn钢、GCr18Mo钢和GCr15SiMo钢显微组织的检测应符合GB/T 18254—2002的规定，G20Cr2Ni4A钢显微组织的检测应符合GB/T 3203—1982的规定。

9.2 热处理检测

GCr15SiMn钢、GCr18Mo钢和GCr15SiMo钢轴承零件的热处理质量检测方法按JB/T 1255—2001的规定，G20Cr2Ni4A钢轴承零件的热处理质量检验按JB/T 8881—2001的规定。42CrMo钢轴承滚道淬火后表面硬度的试验应采用里氏硬度计或超声波硬度计，其试验方法符合GB/T 230.1—2009和GB/T 231.1—2009的规定，有效硬化层深度的测定方法应符合GB/T 5617—2005的规定。

9.3 探伤检测

轴承零件超声波探伤检测按JB/T 5000.15—2007的规定。

轴承零件磁粉探伤检测按GB/T 24606—2009的规定。

9.4 尺寸公差和旋转精度的检测

轴承尺寸公差和旋转精度的检测方法按GB/T 307.2—2005和JB/T 10471—2004的规定。

9.5 游隙的测量

轴承游隙的测量方法按GB/T 25769—2010、JB/T 8236—2010和JB/T 10471—2004的规定。

9.6 残磁的评定

轴承残磁的评定方法按JB/T 6641—2007的规定。

9.7 表面粗糙度的测量

轴承零件表面粗糙度的测量方法按 JB/T 7051—2006 的规定。

9.8 寿命试验

轴承寿命试验原理图见图 6 所示。当用户有特殊要求时,也可由制造厂与用户之间协商确定。

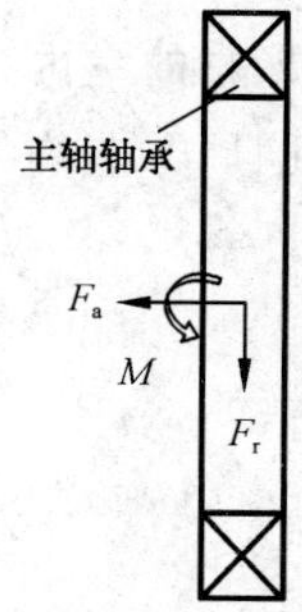

说明:

F_a ——轴承承受的轴向力;

F_r ——轴承承受的径向力;

M ——轴承承受的倾覆力矩。

图 6 试验原理图

10 检验规则

10.1 调心滚子轴承、圆柱滚子轴承和双列圆锥滚子轴承(包括 45°接触角)的检验规则应符合 GB/T 24608—2009 的规定。

10.2 三排圆柱滚子轴承的检验规则应符合 GB/T 29717—2013 的规定。

11 标志

11.1 调心滚子轴承、圆柱滚子轴承和双列圆锥滚子轴承(包括 45°接触角)的标志应符合 GB/T 24605—2009 的规定。

11.2 三排圆柱滚子轴承应采用铭牌进行标志。铭牌安装在轴承软带附近的非安装表面上。标志内容应包含轴承型号、编号、制造厂家和制造日期,当用户有特殊要求时,也可增加由制造厂与用户之间协商的其他标志。

12 防锈包装

12.1 调心滚子轴承、圆柱滚子轴承和双列圆锥滚子轴承(包括 45°接触角)的防锈包装应符合 GB/T 8597—2013 的规定。

12.2 三排圆柱滚子轴承的防锈包装应符合 GB/T 8597—2013 的规定。

13 运输和贮存

13.1 调心滚子轴承、圆柱滚子轴承和双列圆锥滚子轴承(包括 45°接触角)的运输和贮存应符合 GB/T 8597—2013 的规定。

13.2 三排圆柱滚子轴承在运输过程中,应做好防雨预防。轴承应水平放置在交通工具上固定,必要时可加辅助支承。

13.3 三排圆柱滚子轴承贮存时应放于干燥、平整的室内,与化学药品及其他具有腐蚀性物品隔离开;若需多套轴承重叠堆放时,每套轴承之间应沿圆周方向均匀放置三个以上高度相等的木垫块,且上、下层垫块的放置位置应一致。

附　录　A
（资料性附录）
常用主轴轴承的结构类型、外形尺寸

A.1　常用主轴轴承的结构类型、外形尺寸及主机功率见表A.1。

表A.1　常用主轴轴承的结构类型、外形尺寸

轴承型号	结构类型	外形尺寸 $d \times D \times T$ mm	主机功率 MW
FD-NU1964MA	圆柱滚子轴承	320×440×56	3.6
FD-NU18/900MA	圆柱滚子轴承	900×1 090×85	0.85
FD-NU30/1000EM	圆柱滚子轴承	1 000×1 420×308	3.6
FD-N6/1200M-1	圆柱滚子轴承	1 200×1 520×185	1.5
FD-N6/1200M-2	圆柱滚子轴承	1 200×1 520×185	1.5
FD-NU6/1200M/YA	圆柱滚子轴承	1 200×1 520×185	2.0
FD-NU19/1250	圆柱滚子轴承	1 250×1 630×170	1.5
FD-N18/1600M/YA	圆柱滚子轴承	1 600×1 950×155	3.0
FD-240/530CA/W33	调心滚子轴承	530×780×250	1.5
FD-240/530/W33	调心滚子轴承	530×780×250	1.5
FD-240/600CA/W33	调心滚子轴承	600×870×272	2.0
FD-240/600/W33	调心滚子轴承	600×870×272	2.0
FD-240/630CA/W33	调心滚子轴承	630×920×290	1.5
FD-239/670CA/W33	调心滚子轴承	670×900×170	1.5
FD-230/710CA/W33	调心滚子轴承	710×1 030×236	2.0
FD-239/750CA/W33	调心滚子轴承	750×1 000×185	2.0
FD-240/800CA/W33	调心滚子轴承	800×1 150×345	1.5
FD-240/800CA/YA	调心滚子轴承	800×1 150×345	2.0
FD-240/800CA/YA3	调心滚子轴承	800×1 150×345	1.5
FD-230/800CAQ/W26-1	调心滚子轴承	800×1 150×258	1.5
FD-240/900CA/YA	调心滚子轴承	900×1 280×375	3.0
FD-3519/710X2	双列圆锥滚子轴承	710×950×248	1.5
FD-3519/800X2	双列圆锥滚子轴承	800×1 060×285	1.5

ICS 21.100.20
J 11

中华人民共和国国家标准

GB/T 29719—2013/ISO 24393:2008

滚动轴承　直线运动滚动支承　词汇

Rolling bearings—Linear motion rolling bearings—Vocabulary

(ISO 24393:2008,IDT)

2013-09-18 发布　　2014-06-01 实施

中华人民共和国国家质量监督检验检疫总局
中国国家标准化管理委员会　发布

前　言

本标准按照 GB/T 1.1—2009 给出的规则起草。

本标准使用翻译法等同采用 ISO 24393:2008《滚动轴承　直线运动滚动支承　词汇》。

本标准还做了下列编辑性修改：

——删除了国际标准文本中的法语文本；

——增加了章条号和第 3 章、第 4 章的标题；

——增加了中文索引。

本标准由中国机械工业联合会提出。

本标准由全国滚动轴承标准化技术委员会(SAC/TC 98)归口。

本标准起草单位：洛阳轴研科技股份有限公司、洛阳轴承研究所有限公司。

本标准主要起草人：李飞雪、马素青。

引　言

ISO 5593[1]只规定了三个直线运动滚动支承领域的术语。但近些年，许多制造厂都开发并生产了多种类型的直线运动滚动支承和直线引导系统。

因此，制定本标准旨在初期就能统一和明确直线引导系统、直线运动滚动支承、组件、零件、附件及技术方面的名称。

滚动轴承　直线运动滚动支承　词汇

1　范围

本标准规定了直线引导系统、直线运动滚动支承及其相关组件、零件、附件和技术领域的术语。

本标准适用于直线运动滚动支承。

2　原则

2.1　总则

本标准遵循 ISO 10241[2] 的原则和规则，以“词汇的结构”到“字母索引的结构”条款加以详细说明。

2.2　词汇的结构

词汇包括：

a)　术语及其定义，按系统顺序号排列；

b)　图形及相关术语的索引号；

c)　按字母顺序排列的术语表及其索引号。

2.3　术语及定义的结构

术语及定义分成组和子组，按系统顺序号排列。

每组由两位数的顺序号组成，引导系统从 01 开始。

每组又分成子组，每个子组由四位数的顺序号组成，前两位数字是其组号。

每一条目由六位数的索引号组成，前四位数字是其子组号。

2.4　条目的结构

每一条目包括索引号、术语及其定义，还可以包括注和(或)引用的图形号。

索引号和术语印刷成黑体。某些条目中术语后有修饰词，修饰词以正常字体印刷在尖括号〈〉内，表示所定义术语的使用范围或特殊用途。

2.5　黑体的使用

在定义或注中用黑体印刷的术语出现在词汇的其他条目的定义中时，它只在每一词条第一次出现时采用黑体印刷。

字母索引中包含的每一条这样的术语及相应条目的索引号均采用黑体印刷。

2.6　图形的结构

图形原则上按其所表示的术语的顺序排列。

每个图形一般只表示直线运动滚动支承、组件或零件现有多个型式中的一个示例，包括相关术语的索引号。多数情况下，图形被简化，省去不必要的细节。

2.7　字母索引的结构

字母索引包括所有术语以及条目所对应的索引号。

3 术语和定义

01 引导系统

01.01 直线引导系统

01.01.01

直线引导系统 linear guidance system

由两个或两个以上部件或组件组成的成套配置，在部件、组件或其元件间提供相对直线运动。

图 1。

01.01.02

单轨引导系统 monorail guidance system

根据**成形导轨**的设计原则，包含**直线导轨副**的**直线引导系统**。

图 1。

01.01.03

模块化引导系统 modular guidance system

根据**平导轨**的设计原则，包含**直线导轨副**的**直线引导系统**。

图 1。

01.01.04

轴引导系统 shaft guidance system

包含**直线轴引导**的**直线引导系统**。

图 1。

02 直线运动滚动支承

02.01 总则

02.01.01

直线运动滚动支承 linear motion rolling bearing

直线运动支承 linear motion bearing

直线支承 linear bearing

在滚动方向上、滚道间作相对直线运动的滚动轴承。

注：根据 ISO 5593:1997 修改。

图 2～图 16。

02.01.02

循环球直线支承 recirculating linear ball bearing

利用球循环方法的**直线运动滚动支承**。

注 1：根据 ISO 5593:1997 修改。

图 2、图 4、图 5、图 12～图 14。

注 2：由于球可以循环，因此移动长度(行程)不受限制。

02.01.03

循环滚子直线支承 recirculating linear roller bearing

利用滚子循环方法的**直线运动滚动支承**。

注 1：根据 ISO 5593:1997 修改。

图 3、图 4、图 6、图 7 和图 15。

注 2：由于滚子可以循环，因此移动长度(行程)不受限制。

02.01.04

非循环球直线支承 non-recirculating linear ball bearing

不利用球循环方法的**直线运动滚动支承**。

图 8 和图 16。

注：由于球不可以循环，因此移动长度（行程）有限。

02.01.05

非循环滚子直线支承　non-recirculating linear roller bearing

不利用滚子循环方法的**直线运动滚动支承**。

图 9～图 11。

注：由于滚子不可以循环，因此移动长度（行程）有限。

02.02　直线导轨副

02.02.01

直线导轨副〈单轨引导系统〉　linear rail guide

由**成形导轨**和一个或多个**球滑块**或滚子滑块组成的**直线运动滚动支承**单元。

图 2～图 11。

02.02.02

直线导轨副〈模块化引导系统〉　linear rail guide

由两根带**平保持架**组件的**平导轨**或一根**平导轨**和一个或多个**滚子块**组成的**直线运动滚动支承**单元。

图 2～图 11。

02.02.03

球滑块成形导轨副　ball carriage profiled rail guide

由一个或多个**球滑块**和**成形导轨**组成的**直线导轨副**。

图 2。

注：由于球滑块具有循环球特性，因此移动长度（行程）不受限制。

02.02.04

滚子滑块成形导轨副　roller carriage profiled rail guide

由一个或多个**滚子滑块**和**成形导轨**组成的**直线导轨副**。

图 3。

注：由于滚子滑块具有循环滚子特性，因此移动长度（行程）不受限制。

02.02.05

滚轮滑块成形导轨副　track roller carriage profiled rail guide

由一个或多个**滚轮滑块**和**成形导轨**组成的**直线导轨副**。

图 4。

注：由于这种滑块的结构，因此移动长度（行程）不受限制。

02.02.06

半球滑块成形导轨副　ball half-carriage profiled rail guide

由一个或多个**半球滑块**和**成形导轨**组成的**直线导轨副**。

图 5。

注：由于球滑块具有循环球特性，因此移动长度（行程）不受限制。

02.02.07

半滚子滑块成形导轨副　roller half-carriage profiled rail guide

由一个或多个**半滚子滑块**和**成形导轨**组成的**直线导轨副**。

图 6。

注：由于**滚子滑块**具有循环滚子特性，因此移动长度（行程）不受限制。

02.02.08

滚子块平导轨副　roller block flat rail guide

由一个或多个**滚子块**和**平导轨**组成的**直线导轨副**。

图 7。

注：由于**滚子块**具有循环滚子特性，因此移动长度（行程）不受限制。

02.02.09

球平保持架导轨副　ball flat cage rail guide

由一个或多个**球和平保持架组件**及两根**槽型导轨**组成的**直线导轨副**。

图 8。

注 1：由于**球和平保持架组件**不具有循环球特性，因此移动长度（行程）有限。

注 2：此为四点接触式**球平保持架导轨副**，**导轨**可具有哥特式沟槽或 V 型槽截面。

02.02.10

滚针平保持架导轨副　needle roller flat cage rail guide

由一个或多个**滚针和平保持架组件**及一根**平导轨**、一根**平槽导轨**组成的**直线导轨副**。

图 9。

注：由于滚针和平保持架组件不具有循环滚子特性，因此移动长度（行程）有限。

02.02.11

交叉滚子平保持架导轨副　crossed roller flat cage rail guide

由一个或多个**交叉滚子和平保持架组件**及两根 V **型槽导轨**组成的**直线导轨副**。

图 10。

注：由于**交叉滚子**和**平保持架组件**不具有循环滚子特性，因此移动长度（行程）有限。

02.02.12

滚针 V 型平保持架导轨副　needle roller angled flat cage rail guide

由一个或多个**滚针**和 V **型平保持架组件**及一根 V **型槽导轨**、一根 V **型凸导轨**组成的**直线导轨副**。

图 11。

注：由于**滚针**和 V **型平保持架组件**不具有循环滚子特性，因此移动长度（行程）有限。

02.03　直线轴引导

02.03.01

直线轴引导〈轴引导系统〉　linear shaft guide

由**轴**和一个或多个**套筒型直线球轴承**或**滚子链滑块**或**直线—旋转球轴承**组成的**直线运动滚动支承单元**。

图 12～图 16。

02.03.02

直线球轴承轴引导〈闭式〉　linear ball bearing shaft guide

由**轴**和一个或多个**闭式套筒型直线球轴承**组成的**直线轴引导**。

图 12。

注：由于**闭式套筒型直线球轴承**具有循环球特性，因此移动长度（行程）不受限制。

02.03.03

直线球轴承轴引导〈可调整式〉　linear ball bearing shaft guide

由**轴**和一个或多个**可调整套筒型直线球轴承**组成的直线轴引导。

图 13。

注：由于**可调整套筒型直线球轴承**具有循环球特性，因此移动长度（行程）不受限制。

02.03.04

直线球轴承轴引导〈开式〉 linear ball bearing shaft guide

由轴和一个或多个**开口套筒型直线球轴承**组成的**直线轴引导**。

图14。

注：由于**开口套筒型直线球轴承**具有循环球特性，因此移动长度（行程）不受限制。

02.03.05

滚子链滑块轴引导 roller-chain carriage shaft guide

由轴和一个或多个**滚子链滑块**组成的**直线轴引导**。

图15。

注：由于**滚子链滑块**具有循环滚子特性，因此移动长度（行程）不受限制。

02.03.06

直线—旋转球轴承轴引导 linear-rotary ball bearing shaft guide

由轴和一个或多个**直线—旋转球轴承**组成的**直线轴引导**。

图16。

注：由于**直线—旋转球轴承**具有循环球特性，因此移动长度（行程）不受限制。

03 组件

03.01 直线支承组件

03.01.01

直线支承组件 linear bearing subassembly

易于从**直线运动滚动支承单元**中分离的**直线支承零件**（包括滚动体）组合。

图17～图31。

03.01.02

球滑块 ball carriage

为实现沿**成形导轨**作无限运动而设计的由**球滑块体**和若干条循环球封闭滚道组成的**直线支承组件**。

图17。

03.01.03

滚子滑块 roller carriage

为实现沿**成形导轨**作无限运动而设计的由**滚子滑块体**和若干条循环滚子封闭滚道组成的**直线支承组件**。

图18。

03.01.04

滚轮滑块 track roller carriage

为实现沿**成形导轨**作无限运动而设计的由配有若干**滚轮**的**滚轮滑块体**组成的**直线支承组件**。

图19。

03.01.05

半球滑块 ball half-carriage

为实现沿**成形导轨**作无限运动而设计的由**半球滑块体**和若干条循环球封闭滚道组成的**直线支承组件**。

图 20。

03.01.06

半滚子滑块　roller half-carriage

为实现沿**成形导轨**作无限运动而设计的由**半滚子滑块体**和若干条循环滚子封闭滚道组成的**直线支承组件**。

图 21。

03.01.07

滚子块　roller block

直线滚子支承　linear roller bearing

为实现沿**平导轨**作无限运动而设计的由**滚子块体**和若干条循环滚子封闭滚道组成的**直线支承组件**。

图 22。

03.01.08

球和平保持架组件　ball and flat cage assembly

为实现沿两根**槽型导轨**作有限运动而设计的由**平保持架**和球组成的**直线支承组件**。

图 23。

03.01.09

滚针和平保持架组件　needle roller and flat cage assembly

为实现在**平导轨**和**平槽导轨**之间作有限运动而设计的由**平保持架**和滚针组成的**直线支承组件**。

图 24。

03.01.10

交叉滚子和平保持架组件　crossed roller and flat cage assembly

为实现在两根 V **型槽导轨**之间作有限运动而设计的由**平保持架**和滚子组成的**直线支承组件**，其中每个滚子的轴线与其相邻滚子的轴线呈十字交叉设置。

图 25。

注：对于此类型平保持架组件，滚子组的一半（每隔一个滚子）承受一个方向的横向载荷，同时滚子组的另一半承受相反方向的横向载荷。

03.01.11

滚针和 V 型平保持架组件　needle roller and angled flat cage assembly

为实现在 V **型凸导轨**和 V **型槽导轨**之间作有限运动而设计的由 V **型平保持架**和滚针组成的**直线支承组件**。

图 26。

03.01.12

套筒型直线球轴承　sleeve type linear ball bearing

直线球轴承　linear ball bearing

为实现沿**轴**作无限直线运动而设计的包含**套筒**、球和保持架以及若干条循环球封闭滚道的**直线运动球轴承**。

图 27～图 29。

注：套筒型直线球轴承可具有或不具有自调心能力。

03.01.13

闭式套筒型直线球轴承　closed sleeve type linear ball bearing

闭式直线球轴承　closed linear ball bearing

套筒是连续的或实质上是连续的**套筒型直线球轴承**。

图 27。

注 1：多数情况下，可通过选择座的配合、闭式套筒型直线球轴承的轴径和球总体内径得到球总体内径和轴之间的间隙。

注 2：套筒可为连续的整体，也可为分割结构。

03.01.14

可调整套筒型直线球轴承　adjustable sleeve type linear ball bearing

可调整直线球轴承　adjustable linear ball bearing

具有弹性、允许对球总体内径与**轴**之间的间隙作机械调整的**套筒型直线球轴承**。

图 28。

03.01.15

开口套筒型直线球轴承　open sleeve type linear ball bearing

开口直线球轴承　open linear ball bearing

沿轴向截去一部分，用于提供**轴**和**轴支承导轨单元**间隙的**套筒型直线球轴承**。

图 29。

03.01.16

滚子链滑块　roller-chain carriage

为实现沿**轴**作无限运动而设计的包含**滚子链滑块架**的**直线支承组件**，其中**滚子链滑块架**具有一条或两条封闭的凹面滚子链节环和滚道。

图 30。

注：链节起保持架和分离器的作用。

03.01.17

直线—旋转球轴承　linear-rotary ball bearing

为实现沿**轴**作有限直线运动和绕轴作旋转运动而设计的包含**直线—旋转套筒**、球和保持架的**直线支承组件**。

图 31。

04　零件

04.01　直线支承零件

04.01.01

直线运动滚动支承零件　linear motion rolling bearing part

直线运动支承零件　linear motion bearing part

直线支承零件　linear bearing part

组成**直线运动滚动支承**的任意一个单个零件，但不包含**附件**。

04.01.02

球滑块体　ball carriage body

在其相对的两个内表面包含若干条轴向滚道的**球滑块**鞍形零件。

图 17。

04.01.03

滚子滑块体　roller carriage body

在其相对的两个内表面包含若干条轴向滚道的**滚子滑块**鞍形零件。

图 18。

04.01.04

滚轮滑块体　track roller carriage body

包含若干个用于安装**滚动轴承滚轮**的孔的**滚轮滑块**基本长方体零件。

图 19。

04.01.05

半球滑块体　ball half-carriage body

在其一个外表面包含一条或若干条轴向滚道的**半球滑块**基本长方体零件。

图 20。

04.01.06

半滚子滑块体　roller half-carriage body

在其一个外表面包含一条或若干条轴向滚道的**半滚子滑块**基本长方体零件。

图 21。

04.01.07

滚子块体　roller block body

在其一个外表面具有一条或若干条滚道的**滚子块**基本长方体零件。

图 22。

04.01.08

直线支承保持架　linear bearing cage

部分包容所有或若干滚动体并随之运动的**直线支承零件**。

图 23～图 26。

注：它用于隔离滚动体，并且通常还引导滚动体和(或)保持滚动体作为一个组件。

04.01.09

平保持架　flat cage

用于保持滚动体并随之运动且具有大长宽比的**直线支承保持架**。

图 23～图 25。

04.01.10

V 型平保持架　angled flat cage

两翼互成 90°角的**平保持架**。

图 26。

04.01.11

套筒　outer sleeve

在其内表面包含若干条与其轴线平行的轴向滚道的**套筒型直线球轴承**基本圆柱形零件。

图 27～图 29。

注：**套筒**可为整体金属结构，也可为组合结构。为组合结构时，滚道加工在装在组合体上的金属嵌件内。

04.01.12

滚子链滑块架　roller-chain carriage frame

包含两个支架的**滚子链滑块**基本长方形框架，其中支架用于支承一条或两条封闭的凹面滚子链节环的循环装置。

图 30。

04.01.13

直线—旋转套筒　linear-rotary sleeve

在其内表面具有圆柱形滚道的**直线—旋转球轴承**基本圆柱形零件。

图 31。

04.01.14

导轨　rail;guideway

包含一条或若干条轴向滚道、截面为基本长方形的棒材,**直线导轨副**的**直线支承组件**沿其往复移动。

图 32～图 37。

04.01.15

成形导轨　profiled rail;profiled guideway

包含若干条轴向滚道、具有成形截面的导轨,**球滑块**、**滚子滑块**、**滚轮滑块**、**半球滑块**和**半滚子滑块**沿其往复移动。

图 32。

04.01.16

平导轨　flat rail;flat guideway

具有平面滚道的导轨,**滚子和平保持架组件**或**滚子块**沿其往复移动。

图 33。

04.01.17

槽型导轨　grooved rail;grooved guideway

具有截面为圆弧形或哥特式沟道的导轨,**球和平保持架组件**沿其往复移动。

图 34。

04.01.18

平槽导轨　flat-groove rail;flat-groove guideway

滚道在长方形截面凹槽内的导轨,**滚子和平保持架组件**沿其往复移动。

图 35。

04.01.19

V 型槽导轨　V-groove rail;V-groove guideway

两条滚道加工成形在 V 字形两翼的导轨,**交叉滚子和平保持架组件**或**滚针和 V 型平保持架组件**沿其往复移动。

图 36。

04.01.20

V 型凸导轨　V-ridge rail;V-ridge guideway

两条滚道加工成形在 V 形楔两翼的导轨,**滚针和 V 型平保持架组件**沿其往复移动。

图 37。

04.01.21

轴　shaft

基本圆柱体,**套筒型直线球轴承**、**直线一旋转球轴承**和**滚子链滑块**沿其往复移动。

图 38。

05　附件

05.01　直线支承附件

05.01.01

直线支承附件　linear bearing accessory

为便于将**直线支承**单元安装到相邻机件上而附加到直线支承单元上的零件。

图 39～图 41。

05.01.02

直线轴承座 linear bearing housing

环绕套筒型直线球轴承的直线支承附件。

图 39。

注：为与所用的套筒型直线球轴承匹配，直线轴承座可为闭式、可调整或开口结构。

05.01.03

轴支承导轨 shaft support rail

可对轴提供连续支承的轴向基座。

图 40。

注：轴支承导轨可与开口套筒型直线球轴承或滚子链滑块一起使用。

05.01.04

轴支承块 shaft support block

对轴提供支承的块体。

图 41。

注：轴支承块通常用在轴的两端支承轴，且可与闭式、可调整式、开口式套筒型直线球轴承或滚子链滑块一起使用。

4 图形

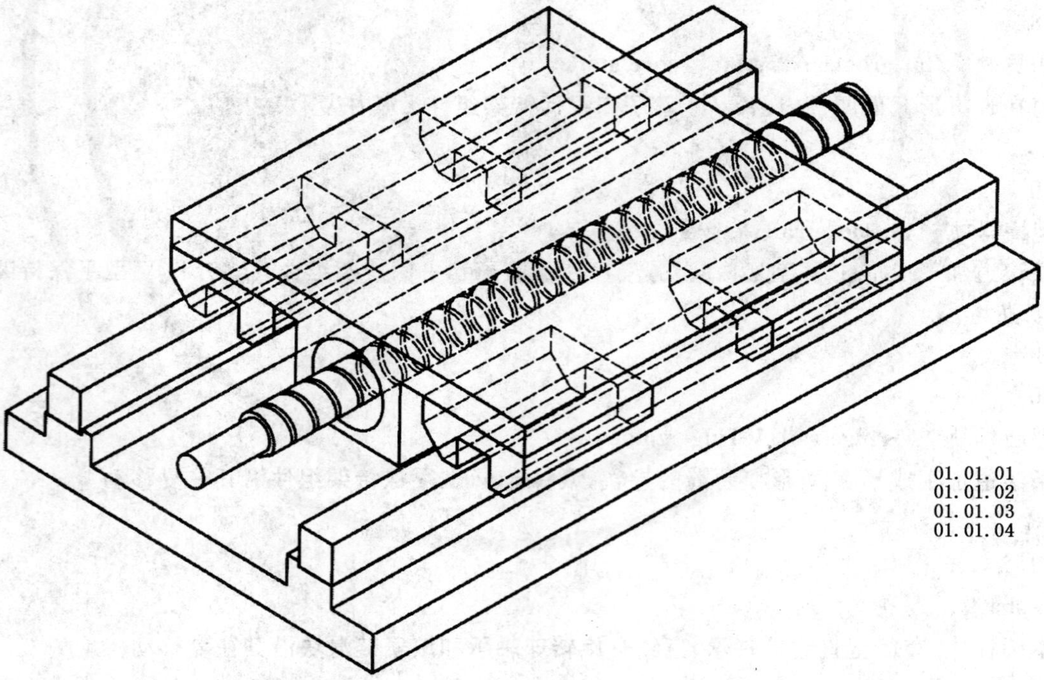

注：图例为具有成形导轨副和球滑块或滚子滑块的直线引导系统。由图 2～图 16 的直线导轨副或直线轴引导可组成其他结构的直线引导系统。

图 1

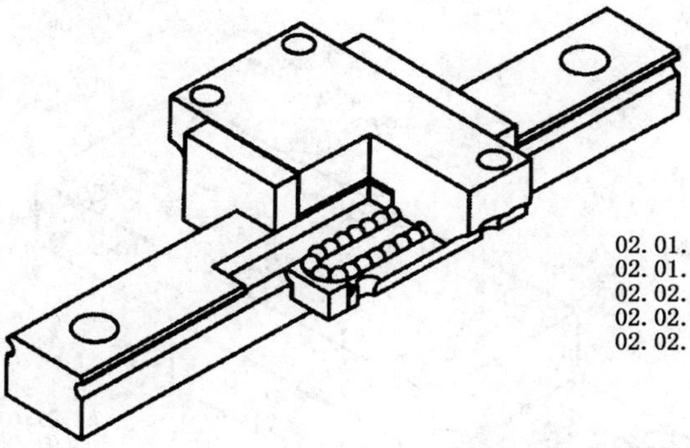

02.01.01
02.01.02
02.02.01
02.02.02
02.02.03

图 2

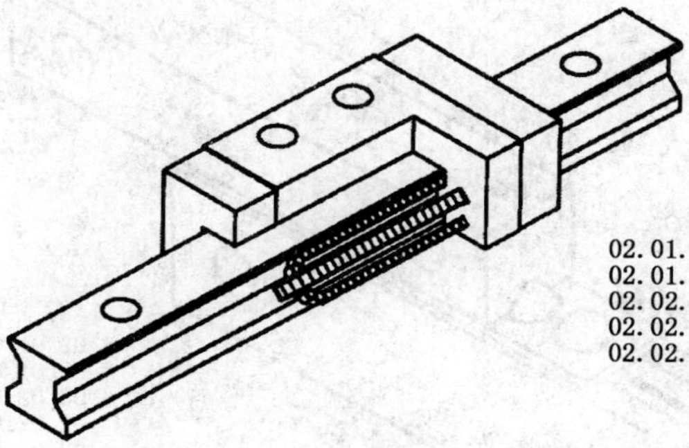

02.01.01
02.01.03
02.02.01
02.02.02
02.02.04

图 3

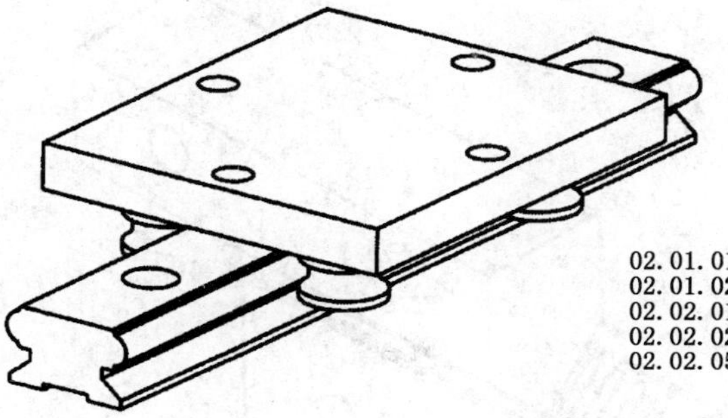

02.01.01
02.01.02
02.02.01
02.02.02
02.02.05

图 4

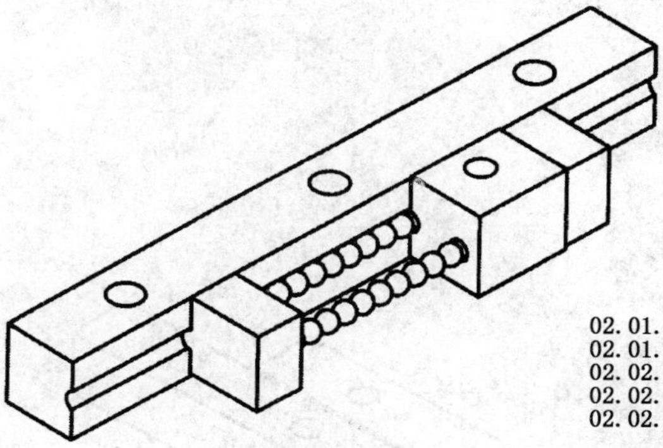

02.01.01
02.01.02
02.02.01
02.02.02
02.02.06

图 5

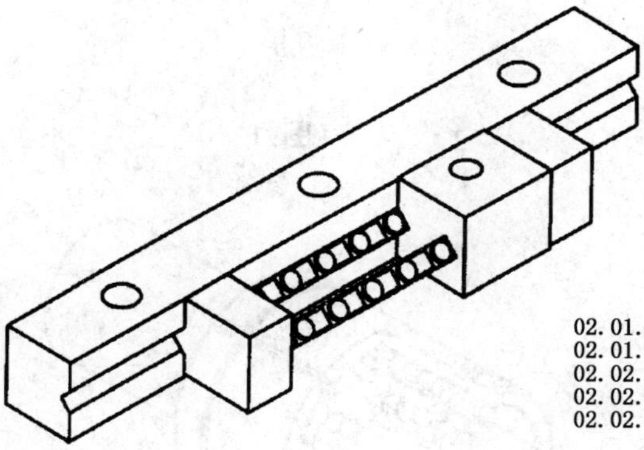

02.01.01
02.01.03
02.02.01
02.02.02
02.02.07

图 6

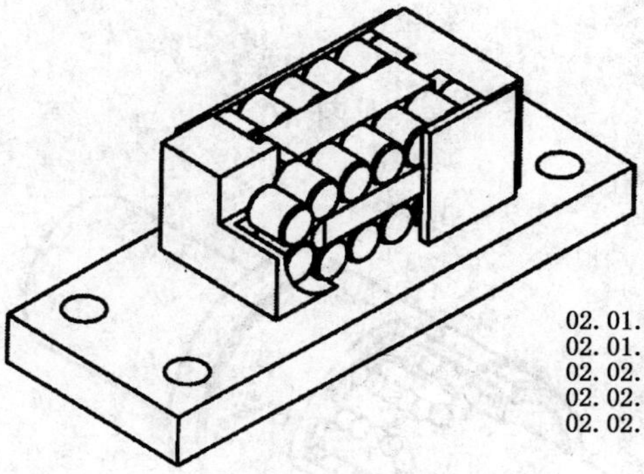

02.01.01
02.01.03
02.02.01
02.02.02
02.02.08

图 7

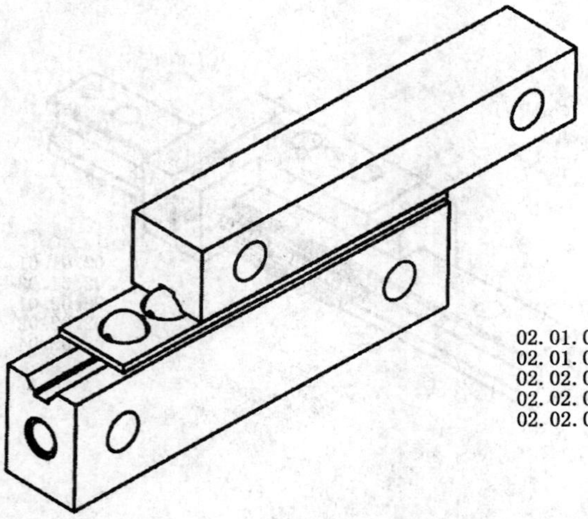

02.01.01
02.01.04
02.02.01
02.02.02
02.02.09

图 8

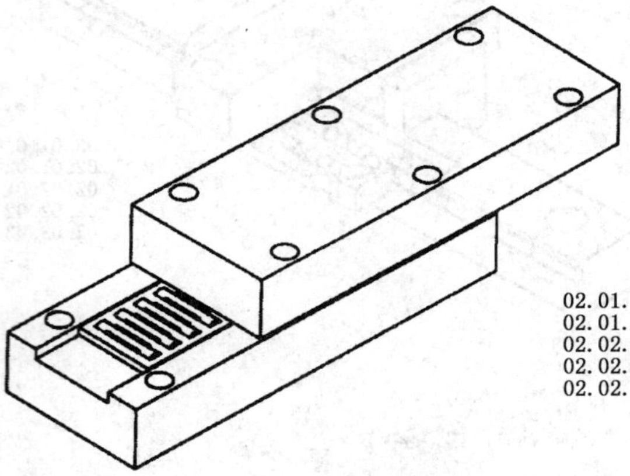

02.01.01
02.01.05
02.02.01
02.02.02
02.02.10

图 9

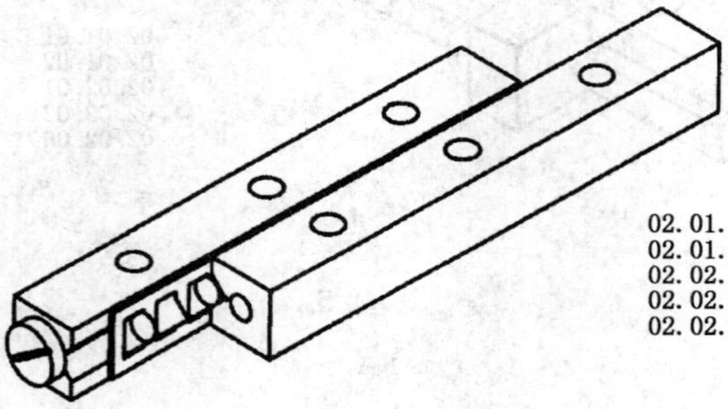

02.01.01
02.01.05
02.02.01
02.02.02
02.02.11

图 10

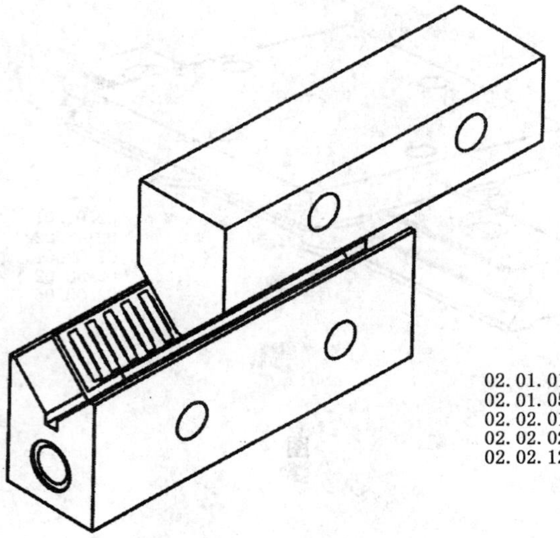

02.01.01
02.01.05
02.02.01
02.02.02
02.02.12

图 11

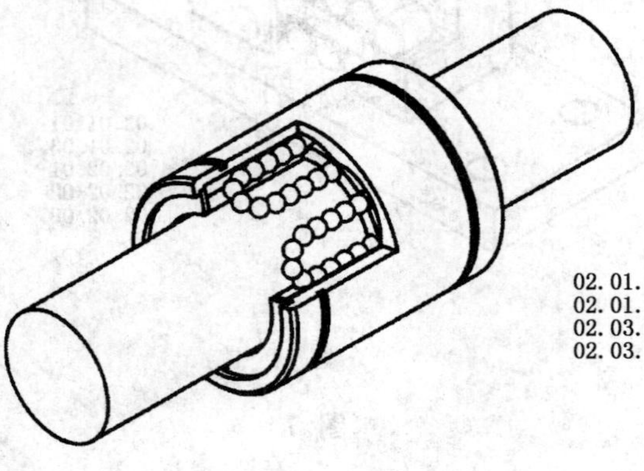

02.01.01
02.01.02
02.03.01
02.03.02

图 12

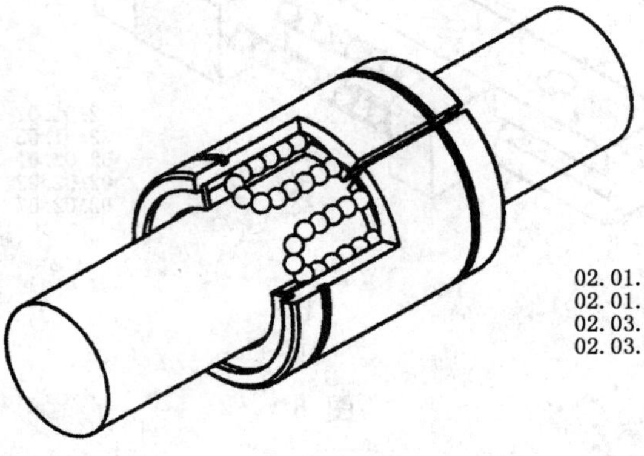

02.01.01
02.01.02
02.03.01
02.03.03

图 13

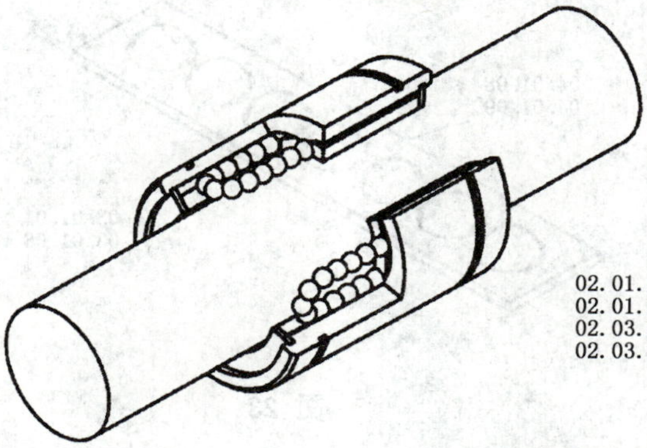

图 14

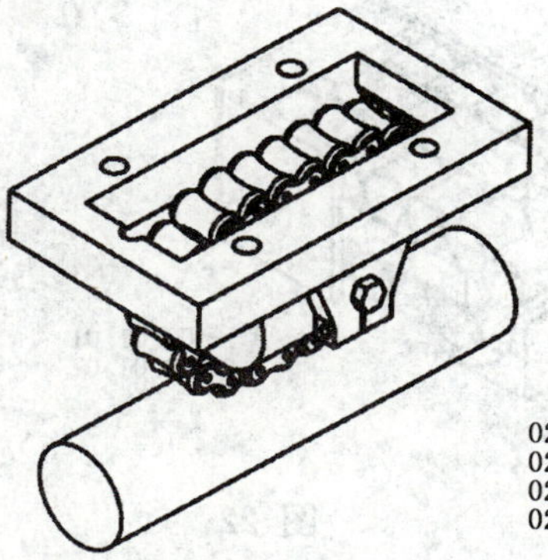

图 15

图 16

图 17

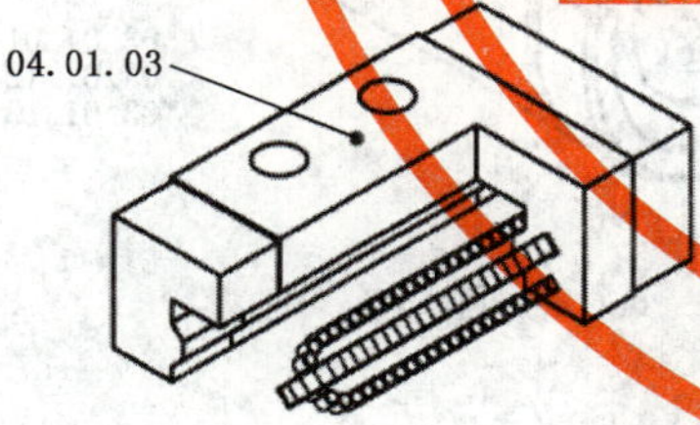

图 18

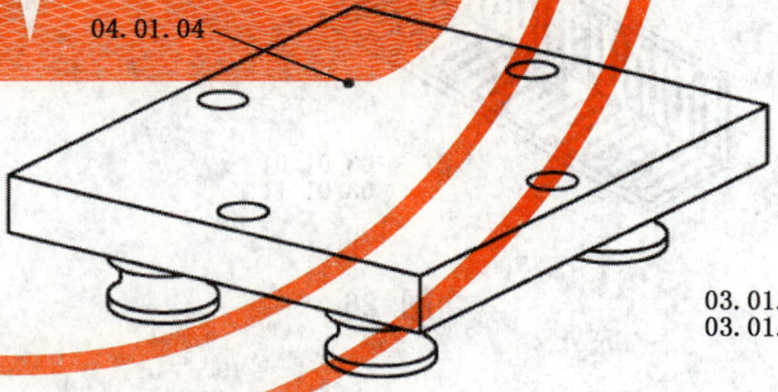

图 19

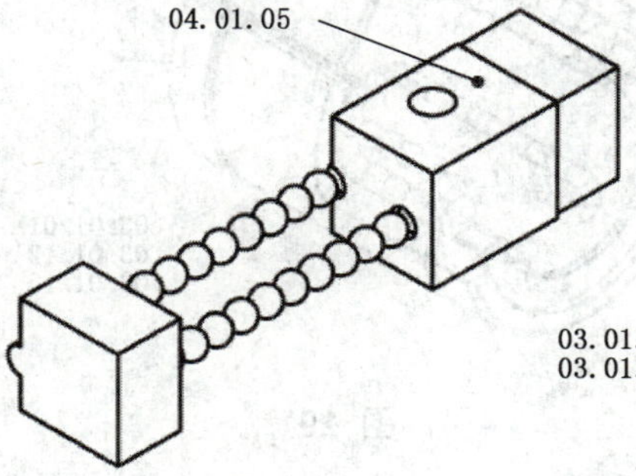

图 20

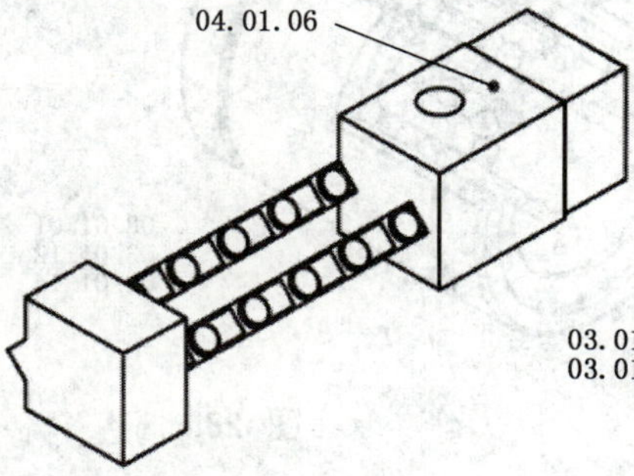

图 21

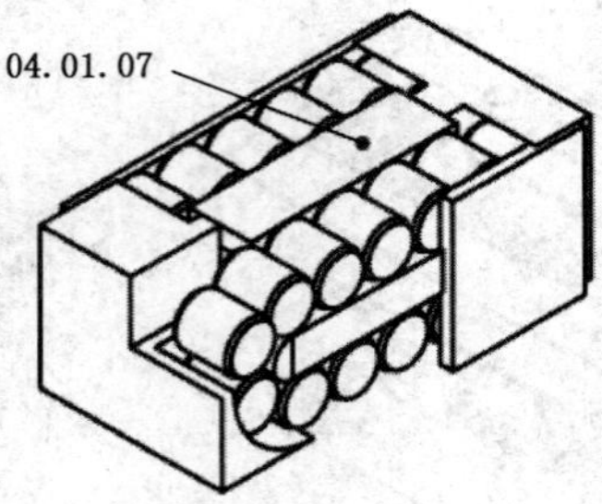

03.01.01
03.01.07

图 22

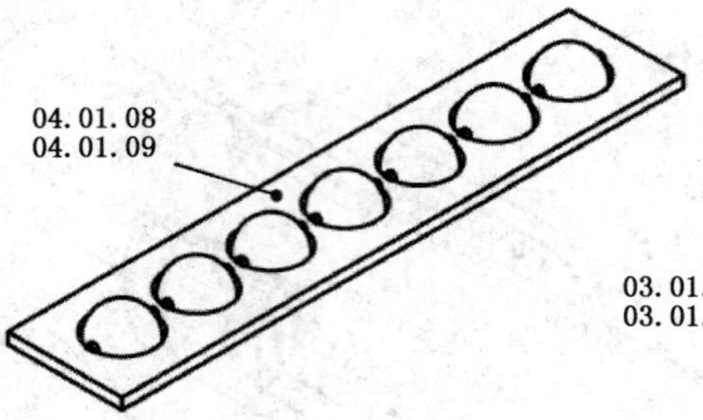

03.01.01
03.01.08

图 23

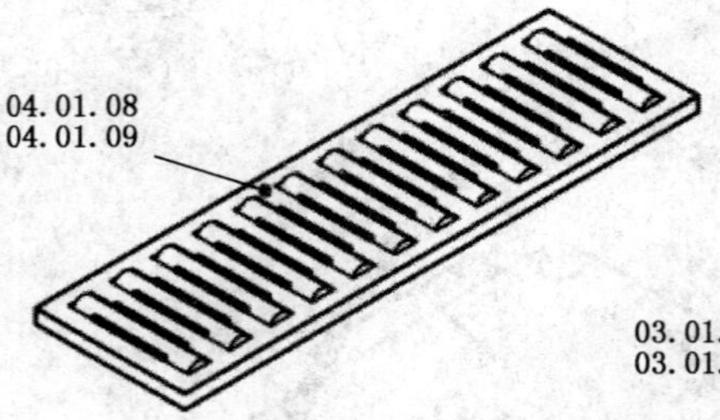

03.01.01
03.01.09

图 24

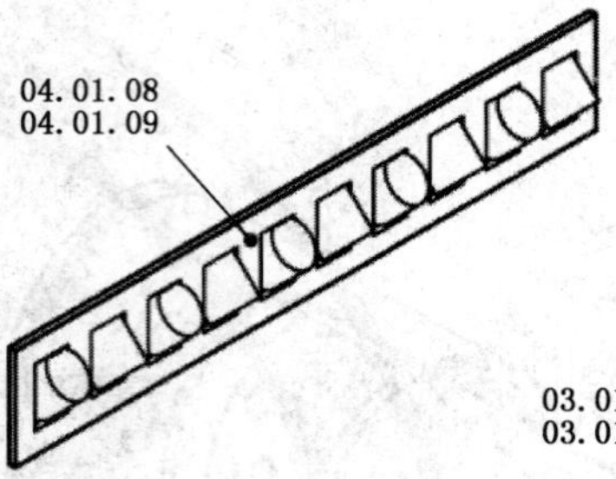

03.01.01
03.01.10

图 25

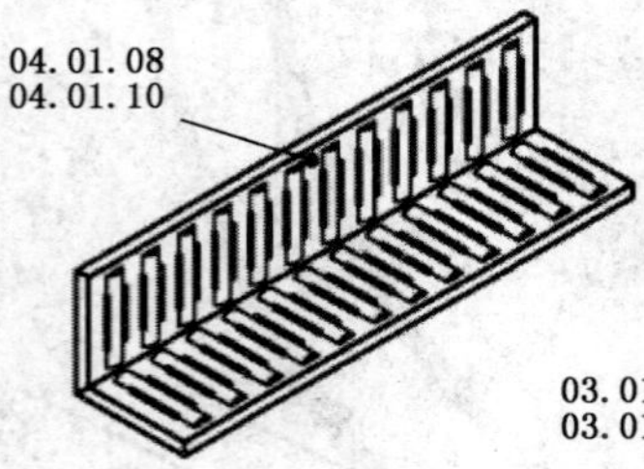

03.01.01
03.01.11

图 26

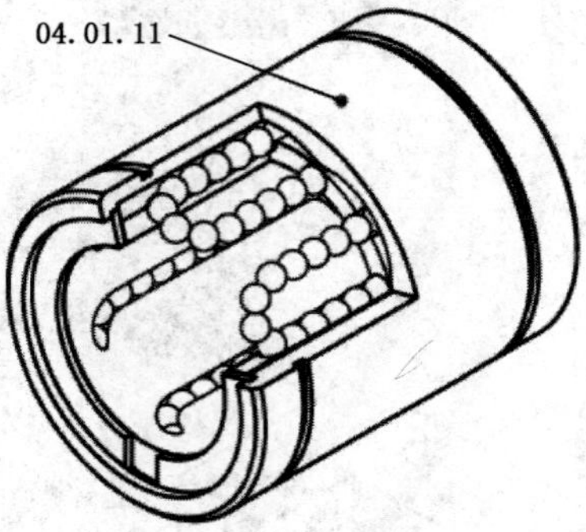

03.01.01
03.01.12
03.01.13

图 27

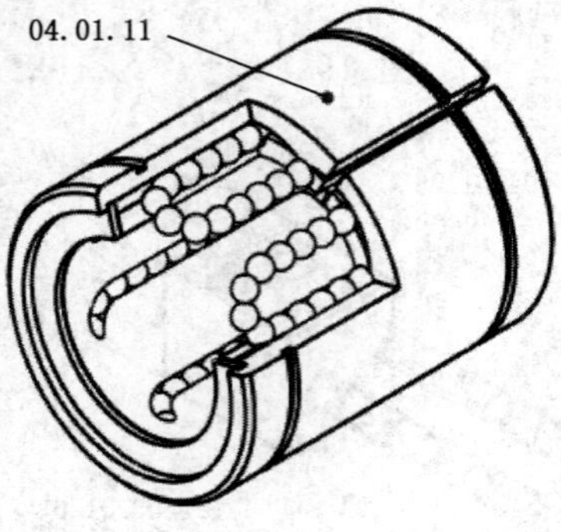

03.01.01
03.01.12
03.01.14

图 28

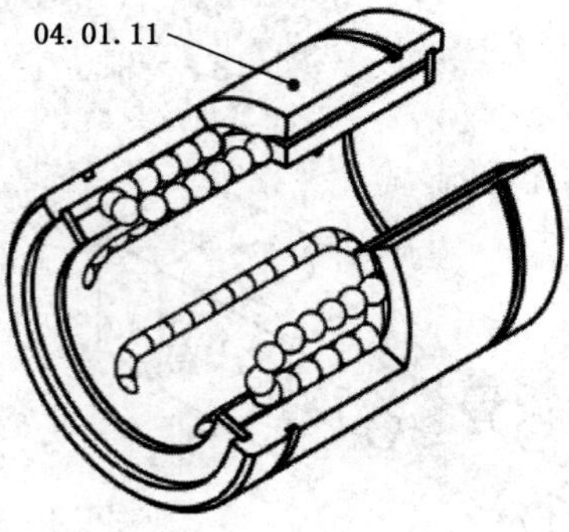

03.01.01
03.01.12
03.01.15

图 29

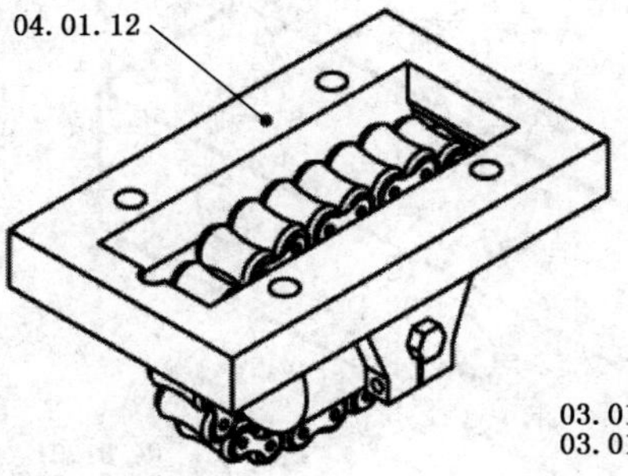

03.01.01
03.01.16

图 30

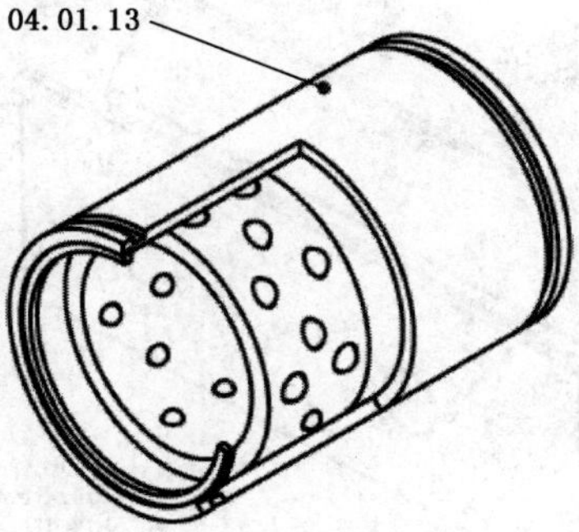

03.01.01
03.01.17

图 31

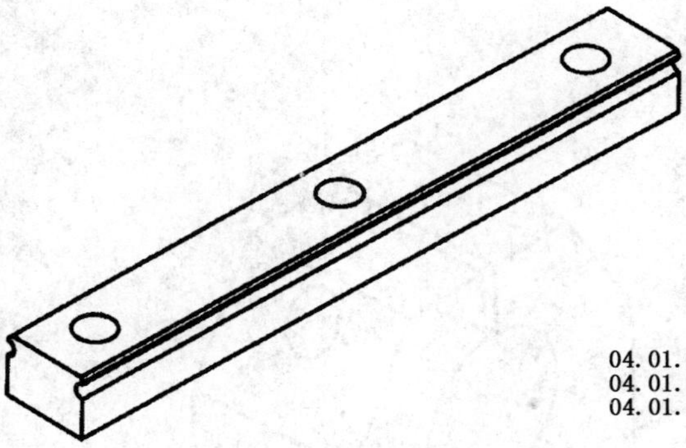

04.01.01
04.01.14
04.01.15

图 32

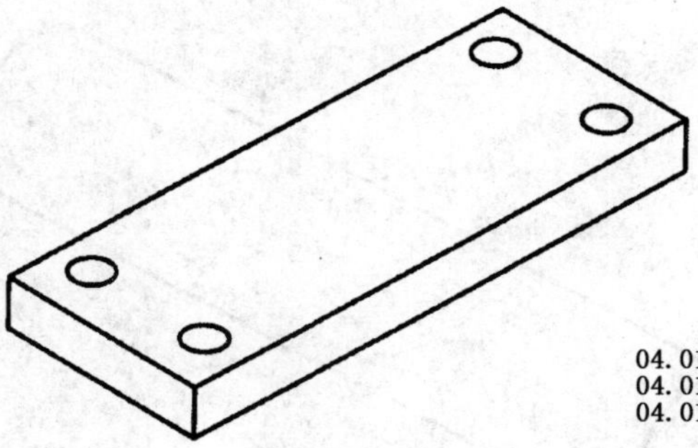

04.01.01
04.01.14
04.01.16

图 33

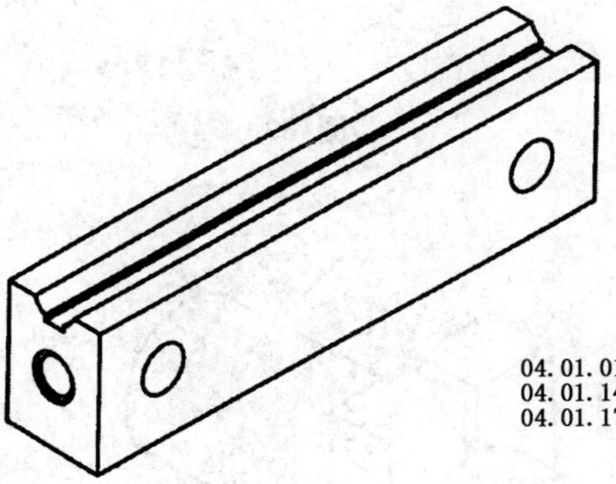

04.01.01
04.01.14
04.01.17

图 34

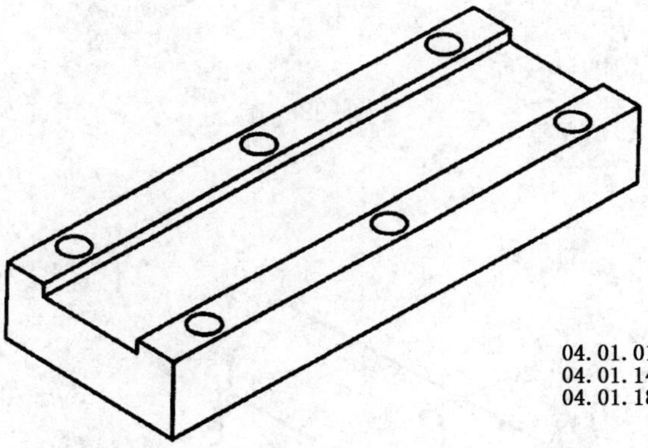

04.01.01
04.01.14
04.01.18

图 35

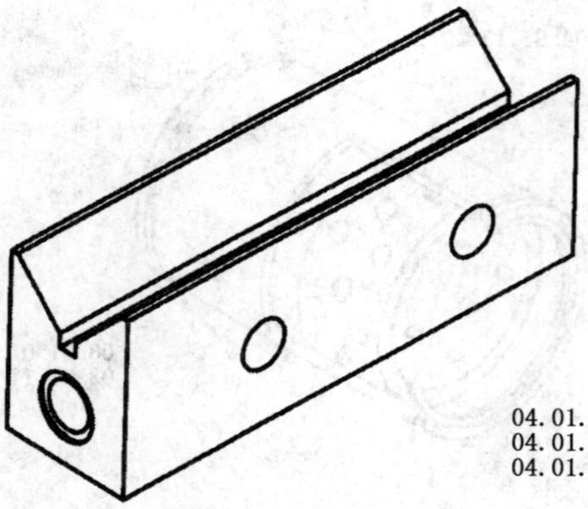

图 36

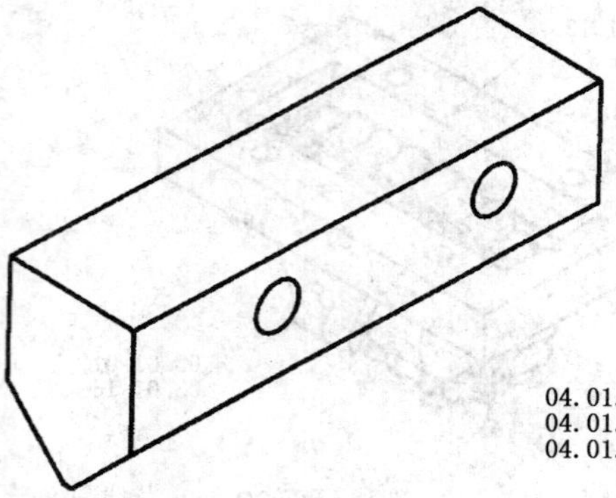

图 37

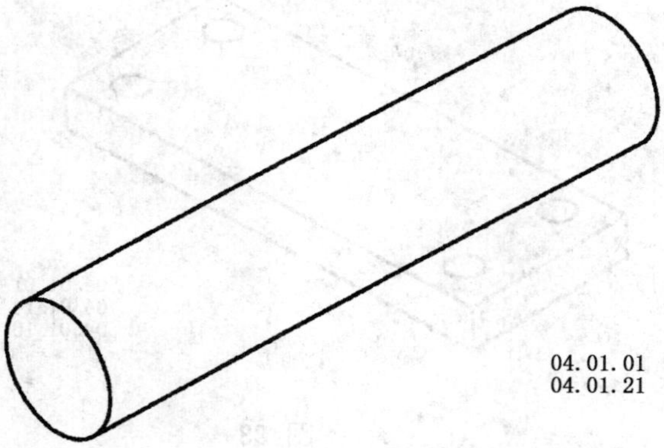

图 38

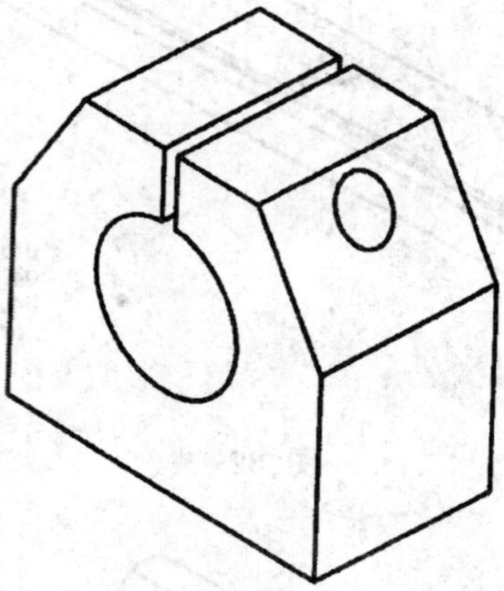

图 39

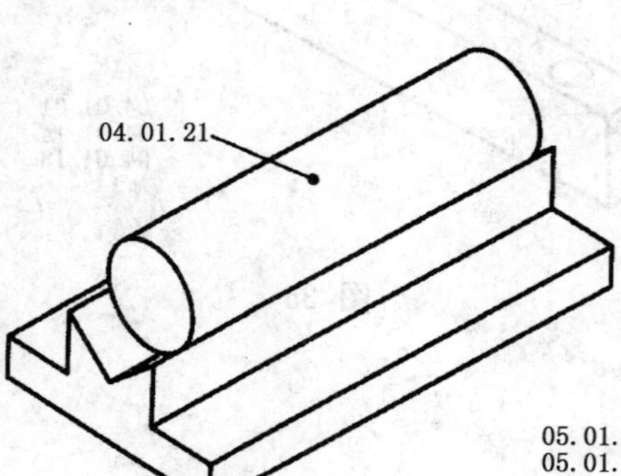

图 40

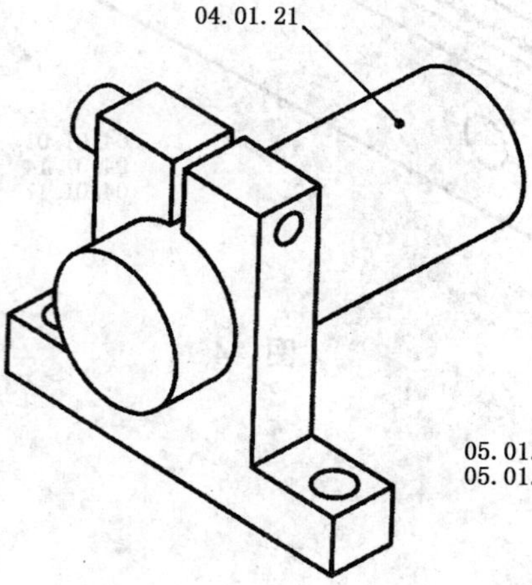

图 41

附 录 A
（资料性附录）
直线运动滚动支承分类

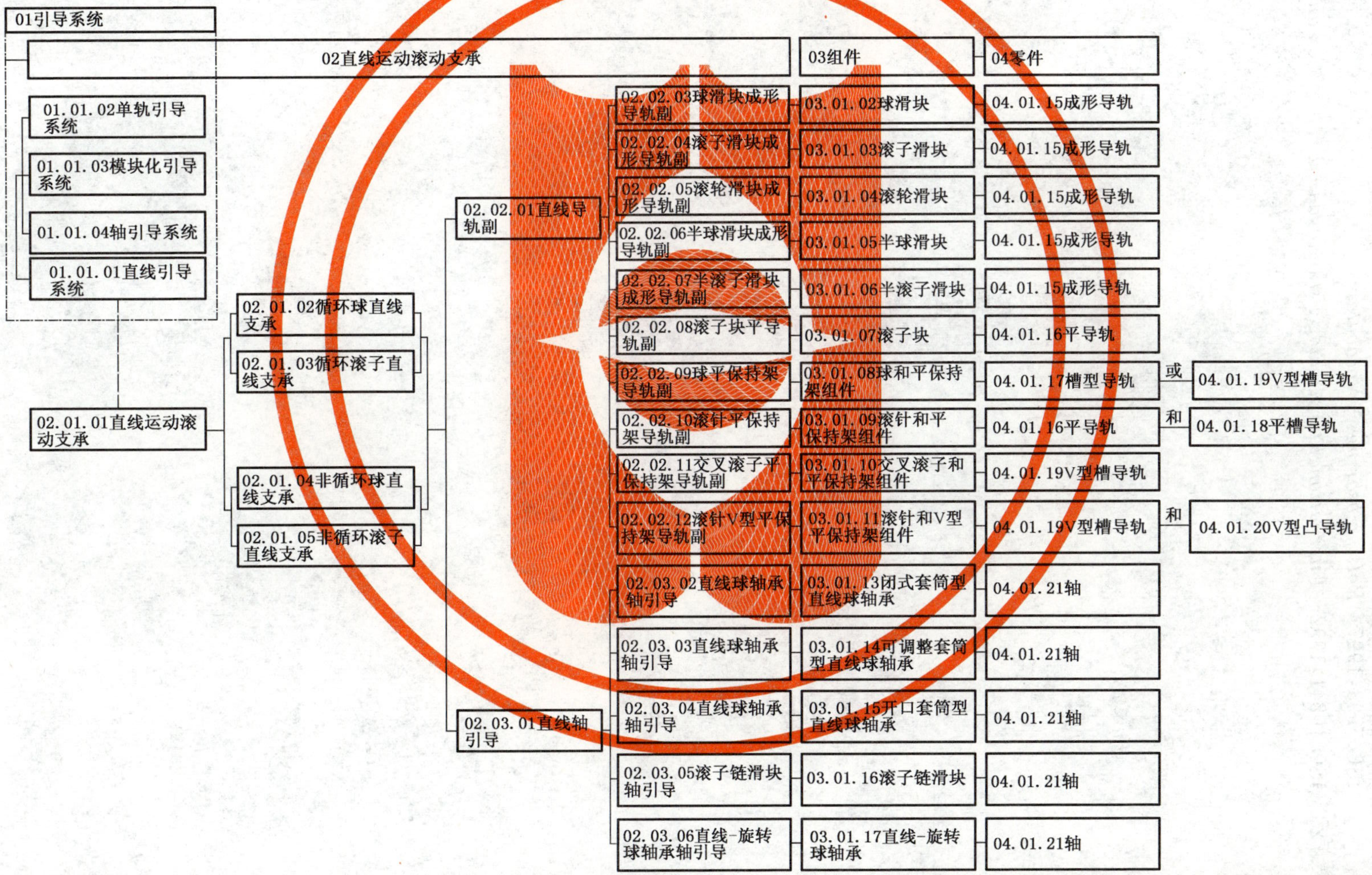

参 考 文 献

[1] ISO 5593:1997 *Rolling bearings—Vocabulary*

[2] ISO 10241:1992 *International terminology standards—Preparation and layout*

索 引

汉语拼音索引

英文对应词索引

ICS 75.160.20
E 31

中华人民共和国国家标准

GB/T 29720—2013

煤基费托合成　柴油组分油

Coal based fischer—Tropsch synthetic diesel component oil

2013-09-18 发布　　2014-01-01 实施

中华人民共和国国家质量监督检验检疫总局
中国国家标准化管理委员会　发布

前　言

本标准按照 GB/T 1.1—2009 给出的规则起草。

本标准由中国煤炭工业协会提出。

本标准由全国煤炭标准化技术委员会(SAC/TC 42)归口。

本标准起草单位:中科合成油技术有限公司、煤炭科学研究总院北京煤化工研究分院、神华集团有限责任公司、山西潞安矿业(集团)有限责任公司、内蒙古伊泰集团有限公司、煤液化及煤化工国家重点实验室、中国科学院山西煤炭化学研究所。

本标准起草人:李英、丁华、李永旺、梁仕普、肖亚宁、郝喜柱、孙启文、杨勇、罗陨飞、袁根乐、黄巍、樊国栋、姜英、张惠民、冯永发、张宗森。

煤基费托合成　柴油组分油

1　范围

本标准规定了煤基费托合成柴油组分油的产品分类、技术要求和试验方法、检验规则及标志、包装、运输与贮存。

本标准适用于煤炭间接液化-费托合成工艺生产的柴油组分油。

2　规范性引用文件

下列文件对于本文件的应用是必不可少的。凡是注日期的引用文件，仅注日期的版本适用于本文件。凡是不注日期的引用文件，其最新版本(包括所有的修改单)适用于本文件。

GB 190　危险货物包装标志

GB/T 258　汽油、煤油、柴油酸度测定法

GB/T 260　石油产品水分测定法

GB/T 261　闪点测定法　宾斯基-马丁闭口杯法

GB/T 265　石油产品运动粘度测定法和动力粘度计算法

GB/T 268　石油产品残炭测定法(康氏法)

GB/T 386　柴油十六烷值测定法

GB/T 508　石油产品灰分测定法

GB/T 510　石油产品凝点测定法

GB/T 511　石油和石油产品及添加剂机械杂质测定法

GB/T 1884　原油和液体石油产品密度实验室测定法(密度计法)

GB/T 1885　石油计量表

GB/T 4756　石油液体手工取样法

GB/T 5096　石油产品铜片腐蚀试验法

GB/T 6536　石油产品常压蒸馏特性测定法

GB/T 6540　石油产品颜色测定法

GB 13690　化学品分类和危险性公示　通则

GB/T 17144　石油产品残炭测定法(微量法)

GB 20581—2006　化学品分类、警示标签和警示性说明安全规范　易燃液体

SH 0164　石油产品包装、贮运及交货验收规则

SH/T 0175　馏分燃料油氧化安定性测定法(加速法)

SH/T 0606　中间馏分烃类组成测定法(质谱法)

SH/T 0689　轻质烃及发动机燃料和其他油品的总硫含量测定法(紫外荧光法)

SH/T 0765　柴油润滑性评定法(高频往复试验机法)

3　产品分类

费托合成柴油组分油按凝点分为五个牌号：

5 号费托合成柴油组分油:适用于风险率为 10%的最低气温在 8 ℃以上的地区使用;
0 号费托合成柴油组分油:适用于风险率为 10%的最低气温在 4 ℃以上的地区使用;
—10 号费托合成柴油组分油:适用于风险率为 10%的最低气温在—5 ℃以上的地区使用;
—20 号费托合成柴油组分油:适用于风险率为 10%的最低气温在—14 ℃以上的地区使用;
—35 号费托合成柴油组分油:适用于风险率为 10%的最低气温在—29 ℃以上的地区使用;

4 技术要求和试验方法

费托合成柴油组分油技术要求及试验方法应符合表 1 的规定。

表 1 费托合成柴油组分油技术要求及试验方法

项　目	技术指标					试验方法
	5 号	0 号	—10 号	—20 号	—35 号	
色度/号	≤1.5					GB/T 6540
氧化安定性(以总不溶物计)/(mg/100 mL)	≤1.0					SH/T 0175
硫含量/(mg/kg)	Ⅰ级 ≤5.0 Ⅱ级 5.1~8.0					SH/T 0689
酸度(以 KOH 计)/(mg/100 mL)	≤7					GB/T 258
10%蒸余物残炭[a](质量分数)/%	≤0.1					GB/T 268
灰分(质量分数)/%	≤0.01					GB/T 508
铜片腐蚀(50 ℃,3 h)/级	≤1					GB/T 5096
水分[b](体积分数)/%	≤痕迹					GB/T 260
机械杂质[b]	无					GB/T 511
润滑性 磨痕直径(60 ℃)/μm	≤680					SH/T 0765
运动黏度(20 ℃)/(mm^2/s)	1.8~8.0				1.2~7.0	GB/T 265
凝点/℃	≤5	≤0	≤—10	≤—20	≤—35	GB/T 510
闪点(闭口)/℃	≥55			≥50	≥45	GB/T 261
十六烷值	≥60					GB/T 386
馏程: 50%回收温度/℃ 90%回收温度/℃ 95%回收温度/℃	 ≤300 ≤355 ≤365					GB/T 6536
多环芳烃含量(质量分数)/%	≤1					SH/T 0606
密度(20 ℃)/(kg/m^3)	≥750					GB/T 1884 和 GB/T 1885

[a] 可用 GB/T 17144 方法测定。结果有争议时,以 GB/T 268 方法为准。

[b] 可用目测法,即将试样注入 100 mL 玻璃量筒中,在室温 20 ℃±5 ℃下观察,应透明,没有悬浮和沉降的水分及机械杂质。结果有争议时,按 GB/T 260 或 GB/T 511 测定。

5 检验规则

5.1 组批

在加工工艺不变的条件下，产品每一罐为一批。

5.2 取样

取样按 GB/T 4756 执行，取 4 L 作为检验和留样用。

5.3 出厂检验

5.3.1 出厂批次检验项目：硫含量、酸度、10%蒸余物残炭、灰分、铜片腐蚀、水分、机械杂质、运动黏度、凝点、闪点、十六烷值、馏程、密度、多环芳烃含量。

5.3.2 出厂周期检验项目：色度、氧化安定性和润滑性检验周期为一个月。

5.4 型式检验

5.4.1 型式检验项目为第 4 章表 1 中技术要求和试验方法规定的所有检验项目。

5.4.2 在下列情况下进行型式检验：

a) 加工工艺条件改变及检修开工后情况；

b) 出厂检验结果与上次型式检验结果有较大差异时。

5.5 判定规则

出厂检验的结果全部符合表 1 的技术要求时，则判定该批产品合格。

5.6 复检规则

如出厂检验结果中有不符合表 1 技术指标的规定时，按 GB/T 4756 的规定重新抽取双倍样品进行复检，复检结果如仍有一项不符合本标准规定的技术指标时，则判定该产品为不合格。

6 标志、包装、运输和贮存

6.1 向用户销售的符合本标准表 1 要求的费托合成柴油组分油所使用的加油机和容器都应标明下列标志：5 号费托合成柴油组分油、0 号费托合成柴油组分油、−10 号费托合成柴油组分油、−20 号费托合成柴油组分油、−35 号费托合成柴油组分油。

6.2 按 GB 13690，费托合成柴油组分油属于易燃液体，产品的标志、包装、运输和贮存及交货验收按 SH 0164、GB 13690 和 GB 190 进行。

7 安全

根据 GB 13690，费托合成柴油组分油属于易燃液体，其危险性警示见 GB 20581—2006 中第 8 章的警示说明。

ICS 73.040
D 23

GB

中华人民共和国国家标准

GB/T 29721—2013

流化床气化用原料煤技术条件

Specifications of coal for fluidized bed gasifier

2013-09-18 发布　　2014-01-01 实施

中华人民共和国国家质量监督检验检疫总局
中国国家标准化管理委员会　发布

前　　言

本标准按照 GB/T 1.1—2009 给出的规则起草。

本标准由中国煤炭工业协会提出。

本标准由全国煤炭标准化技术委员会(SAC/TC 42)归口。

本标准起草单位：煤炭科学研究总院北京煤化工研究分院、神华销售集团有限公司、北京神华昌运高技术配煤有限公司。

本标准主要起草人：陈洪博、邢秀云、王万耀、梁建兵、丁华、王东升、谷红伟、薛斌、刘明锐。

流化床气化用原料煤技术条件

1 范围

本标准规定了流化床气化用原料煤的技术要求、测定方法和质量检验及验收。

本标准适用于各类流化床气化用原料煤。

2 规范性引用文件

下列文件对于本文件的应用是必不可少的。凡是注日期的引用文件，仅注日期的版本适用于本文件。凡是不注日期的引用文件，其最新版本(包括所有的修改单)适用于本文件。

GB/T 211 煤中全水分的测定方法

GB/T 212 煤的工业分析方法

GB/T 214 煤中全硫的测定方法

GB/T 219 煤灰熔融性的测定方法

GB/T 220 煤对二氧化碳反应性的测定方法

GB 474 煤样的制备方法

GB 475 商品煤样的人工采取方法

GB/T 5447 烟煤黏结指数测定方法

GB/T 18666 商品煤质量检查和验收方法

GB/T 19494.1 煤炭机械化采样 第1部分:采样方法

GB/T 19494.2 煤炭机械化采样 第2部分:煤样的制备

GB/T 25214 煤中全硫测定 红外光谱法

3 技术要求和测定方法

流化床气化用原料煤的技术要求和测定方法见表1。

表1 流化床气化用原料煤的技术要求和测定方法

项目	级别	技术要求	测定方法
全水分 M_t/%	Ⅰ级	≤10.0	GB/T 211
	Ⅱ级	>10.0~20.0	
	Ⅲ级	>20.0~40.0	
灰分 A_d/%	Ⅰ级	≤10.00	GB/T 212
	Ⅱ级	>10.00~20.00	
	Ⅲ级	>20.00~30.00	
	Ⅳ级	>30.00~40.00	
全硫 $S_{t,d}$/%	Ⅰ级	≤1.00	GB/T 214 GB/T 25214
	Ⅱ级	>1.00~2.00	
	Ⅲ级	>2.00~3.00[a]	

表 1（续）

项目	级别	技术要求	测定方法
煤灰熔融性软化温度 ST/℃	—	≥1 050	GB/T 219
950 ℃下，煤对 CO_2 反应性 α/%	Ⅰ级 Ⅱ级	>80.0 >60.0[b]～80.0	GB/T 220
黏结指数 G	Ⅰ级 Ⅱ级	≤20 >20～50	GB/T 5447

[a] 全硫大于 3.00%的煤也可用于流化床气化。

[b] 950 ℃下，煤对 CO_2 反应性小于 60.0%可适用于灰熔聚流化床气化。

4 质量检验和验收

4.1 煤样的采取和制备

煤样采取应符合 GB 475 或 GB/T 19494.1 规定，煤样制备应符合 GB 474 或 GB/T 19494.2 规定。

4.2 煤炭发送应附有质量证明书。

4.3 产品质量的检验和验收应按 GB/T 18666 的规定执行。

ICS 73.040
D 23

中华人民共和国国家标准

GB/T 29722—2013

气流床气化用原料煤技术条件

Specifications of coal for entrained-flow gasifier

2013-09-18 发布 2014-01-01 实施

中华人民共和国国家质量监督检验检疫总局
中国国家标准化管理委员会 发布

前　言

本标准按照 GB/T 1.1—2009 给出的规则起草。

本标准由中国煤炭工业协会提出。

本标准由全国煤炭标准化技术委员会(SAC/TC 42)归口。

本标准起草单位:煤炭科学研究总院北京煤化工研究分院、航天长征化学工程股份有限公司、神华销售集团有限公司、北京神华昌运高技术配煤有限公司。

本标准主要起草人:连进京、姜从斌、邢秀云、王万耀、梁建兵、丁华、罗陨飞、信伟、谷红伟、邵徇、刘建国。

气流床气化用原料煤技术条件

1 范围

本标准规定了气流床气化用原料煤的技术要求、试验方法、质量检验及验收。

本标准适用于水煤浆气流床和干煤粉气流床气化炉用原料煤。

2 规范性引用文件

下列文件对于本文件的应用是必不可少的。凡是注日期的引用文件,仅注日期的版本适用于本文件。凡是不注日期的引用文件,其最新版本(包括所有的修改单)适用于本文件。

GB/T 211 煤中全水分的测定方法

GB/T 212 煤的工业分析方法

GB/T 214 煤中全硫的测定方法

GB/T 219 煤灰熔融性的测定方法

GB 474 煤样的制备方法

GB 475 商品煤样人工采取方法

GB/T 2565 煤的可磨性指数测定方法(哈德格罗夫法)

GB/T 18856.2 水煤浆试验方法 第2部分:浓度测定

GB/T 18666 商品煤质量抽查和验收方法

GB/T 19494.1 煤炭机械化采样 第1部分:采样方法

GB/T 19494.2 煤炭机械化采样 第2部分:煤样的制备

GB/T 25214 煤中全硫测定 红外光谱法

3 水煤浆气流床气化用原料煤技术要求和测定方法

水煤浆气流床气化所用原料煤的技术要求和试验方法应符合表1的规定。

表1 水煤浆气流床气化所用原料煤的技术要求和试验方法

项目	级别	技术要求	测定方法
灰分 A_d/%	Ⅰ级	≤10.00	GB/T 212
	Ⅱ级	>10.00~20.00	
	Ⅲ级	>20.00~25.00	
全硫 $S_{t,d}$/%	Ⅰ级	≤1.00	GB/T 214 GB/T 25214
	Ⅱ级	>1.00~2.00	
	Ⅲ级	>2.00~3.00[a]	
成浆浓度 C/%	Ⅰ级	≥65	GB/T 18856.2
	Ⅱ级	≥60~65	
	Ⅲ级	≥55~60	

表 1（续）

项目	级别	技术要求	测定方法
煤灰熔融性流动温度 FT/℃	—	≥1 100～1 350(热壁炉) ≥1 100～1 450(冷壁炉)	GB/T 219
哈氏可磨性指数 HGI	Ⅰ级 Ⅱ级	>65 ≥40～65	GB/T 2565
[a] 原料煤全硫含量大于 3%时，也可用于水煤浆气流床气化。			

4 干煤粉气流床气化用原料煤技术条件和测定方法

干煤粉气流床气化用原料煤的技术要求和试验方法应符合表 2 的规定。

表 2 干煤粉气流床气化用煤的技术要求和测定方法

项目	级别	技术要求	测定方法
全水分 M_t/%	Ⅰ级 Ⅱ级	≤15.00 >15.00～40.00	GB/T 211
灰分 A_d/%	Ⅰ级 Ⅱ级 Ⅲ级	≤10.00 >10.00～20.00 >20.00～25.00	GB/T 212 GB/T 25214
全硫 $S_{t,d}$/%	Ⅰ级 Ⅱ级 Ⅲ级	≤1.00 >1.00～2.00 >2.00～3.00[a]	GB/T 214
煤灰熔融性流动温度 FT/℃	—	≥1 100～1 450	GB/T 219
哈氏可磨性指数 HGI	Ⅰ级 Ⅱ级	>65 ≥40～65	GB/T 2565
[a] 原料煤全硫含量大于 3%时，也可用于干煤粉气流床气化。			

5 质量检验和验收

5.1 煤样的采取和制备

煤样采取应符合 GB 475 或 GB/T 19494.1 规定，煤样制备应符合 GB 474 或 GB/T 19494.2 规定。

5.2 煤炭发送应附有质量证明书。

5.3 产品质量的检验和验收应按 GB/T 18666 规定执行。

ICS 73.040
D 98

GB

中华人民共和国国家标准

GB/T 29723.1—2013

煤矿主要工序能耗等级和限值 第1部分:主要通风系统

Grade and limit of major process energy consumption for coal mine—
Part 1:primary fan system

2013-09-18 发布 2014-01-01 实施

中华人民共和国国家质量监督检验检疫总局
中国国家标准化管理委员会 发布

前言

GB/T 29723《煤矿主要工序能耗等级和限值》分为如下几部分：

——第1部分：主要通风系统；

——第2部分：主排水系统；

——第3部分：空气压缩系统；

——第4部分：主提升带式输送系统；

——第5部分：主提升系统。

本部分为GB/T 29723的第1部分。

本标准按照GB/T 1.1—2009给出的规则起草。

本部分由中国煤炭工业协会提出。

本部分由全国煤炭标准化技术委员会(SAC/TC 42)归口。

本部分起草单位：煤炭工业节能技术服务中心、龙口矿业集团有限公司、煤炭科学研究总院北京煤化工研究分院。

本部分主要起草人：盛明、常颖、张国光、连进京、丁秀凯、蒋翠蓉。

煤矿主要工序能耗等级和限值
第1部分:主要通风系统

1 范围

GB/T 29723的本部分规定了煤矿在用主要通风系统工序的基本要求、能耗指标的计算方法、能耗指标的等级划分和限值。

本部分适用于煤矿在用主要通风系统工序。

2 规范性引用文件

下列文件对于本文件的应用是必不可少的。凡是注日期的引用文件,仅注日期的版本适用于本文件。凡是不注日期的引用文件,其最新版本(包括所有的修改单)适用于本文件。

GB/T 15259 矿山安全术语

GB 17167 用能单位能源计量器具配备和管理通则

MT/T 1071 煤矿在用主通风机装置节能监测方法和判定规则

3 术语和定义

GB/T 15259界定的术语和定义适用于本文件。

3.1

主要通风机 primary fan;primary mine ventilating fan

主风机 primary fan

安装在地面向全矿井、一翼或一个分区供风的通风机。

3.2

主要通风系统工序能耗 process energy consumption of primary fan system

指在统计期内主要通风系统抽出(或压入)1 Mm^3 风量时,压力降低(或升高)1 Pa所消耗的电能。

注:主要通风系统工序能耗以统计数据为基础,统计期宜为一年。

4 基本要求

4.1 主要通风机及其配用的电动机不应是淘汰产品。

4.2 主要通风机与电动机应匹配合理、运行正常。

4.3 主要通风系统能源计量器具安装配备应按GB 17167要求执行,且应按有关规定进行检定或校准。

4.4 主要通风系统的控制装置和仪表应完好,且其仪表应按有关规定进行检定或校准。

4.5 主要通风系统的地面风道、反风装置及防爆门等附属设施的漏风率应符合有关规定。

4.6 主要通风系统的运行记录应完整、准确;技术档案齐全。

5 工序能耗指标计算方法

5.1 用能边界

以控制主要通风机的电动机启动、停止及运行的开关柜作为系统电能计量始点，以风机出风口为能量终端。

5.2 参数及范围

5.2.1 耗电量

指统计期内主要通风系统所消耗的电能，包括主要通风机电动机和该电动机至开关柜之间线损的电量。用电度表进行计量，电度表应安装在控制主要通风机运行的开关柜上。

5.2.2 风量

指统计期内主要通风系统的风量，以统计数据为准；无统计数据时，可采用测试平均风量与主要通风机统计期内运行时间乘积进行计算，测试风量要求每月至少测试三次，取算术平均值。风量测试方法参照 MT/T 1071 要求执行。

5.2.3 全压

指统计期内单个主要通风系统的平均全压，以主要通风机的实际测试数据为准。全压测试要求每月至少三次，取算术平均值；主要通风机的全压测试计算方法参照 MT/T 1071 要求执行。

5.3 计算方法

5.3.1 单个主要通风系统工序能耗按式(1)计算：

$$E_{\mathrm{f}} = \frac{W}{Q \cdot p} \times 10^{6} \qquad \cdots\cdots(1)$$

式中：

E_{f} ——单个主要通风系统工序能耗，单位为千瓦时每兆立方米·帕[kWh/(Mm³·Pa)]；

W ——统计期内单个主要通风系统的耗电量，单位为千瓦时(kWh)；

Q ——统计期内单个主要通风系统的风量，单位为立方米(m^3)；

p ——统计期内单个主要通风系统的平均全压，单位为帕(Pa)。

5.3.2 多个主要通风系统工序能耗按式(2)计算：

$$E_{\mathrm{f}} = \frac{\sum_{i=1}^{n} W_i}{\sum_{i=1}^{n} \frac{W_i}{E_{\mathrm{f}i}}} \qquad \cdots\cdots(2)$$

式中：

W_i ——第 i 个主要通风系统的耗电量，单位为千瓦时(kWh)；

$E_{\mathrm{f}i}$ ——第 i 个主要通风系统的工序能耗，单位为千瓦时每兆立方米·帕[kWh/(Mm³·Pa)]；

n ——主要通风系统的个数。

5.4 工序能耗值修约间隔 0.001。

6 工序能耗指标等级划分和限值

6.1 主要通风系统工序能耗指标等级按表 1 进行等级划分。

表 1　主要通风系统工序能耗指标等级

主要通风机类型	能耗指标[kWh/(Mm³ · Pa)]		
	一级	二级	三级
轴流式	≤0.360	0.361～0.400	0.401～0.550
离心式	≤0.360	0.361～0.380	0.381～0.520

6.2　主要通风系统工序能耗指标等级不应低于三级。

ICS 27.010
D 98

中华人民共和国国家标准

GB/T 29723.2—2013

煤矿主要工序能耗等级和限值 第2部分:主排水系统

Grade and limit of major process energy consumption for coal mine—
Part 2:Main drainage system

2013-09-18 发布　　2014-01-01 实施

中华人民共和国国家质量监督检验检疫总局
中国国家标准化管理委员会　发布

前　言

GB/T 29723《煤矿主要工序能耗等级和限值》分为如下几部分：

——第1部分：主要通风系统；

——第2部分：主排水系统；

——第3部分：空气压缩系统；

——第4部分：主提升带式输送系统；

——第5部分：主提升系统。

本部分为 GB/T 29723 的第2部分。

本标准按照 GB/T 1.1—2009 给出的规则起草。

本部分由中国煤炭工业协会提出。

本部分由全国煤炭标准化技术委员会(SAC/TC 42)归口。

本部分起草单位：煤炭工业节能技术服务中心、煤炭科学研究总院北京煤化工研究分院。

本部分主要起草人：张国光、罗陨飞、盛明、蒋翠蓉、连进京。

煤矿主要工序能耗等级和限值 第2部分:主排水系统

1 范围

GB/T 29723的本部分规定了煤矿在用主排水系统工序的基本要求、能耗指标的计算方法、能耗指标的等级划分和限值。

本部分适用于煤矿在用主排水系统工序。

2 规范性引用文件

下列文件对于本文件的应用是必不可少的。凡是注日期的引用文件,仅注日期的版本适用于本文件。凡是不注日期的引用文件,其最新版本(包括所有的修改单)适用于本文件。

GB 17167 用能单位能源计量器具配备和管理通则

MT/T 1002 煤矿在用主排水系统节能监测方法和判定规则

3 术语和定义

下列术语和定义适用于本文件。

3.1

主排水系统工序能耗 process energy consumption of main drainage system

指在统计期内主排水系统将1 t矿井水提升100 m所需要消耗的电能。

注:主排水系统工序能耗以统计数据为基础,统计期宜为一年。

4 基本要求

4.1 主排水泵及其配用的电动机不应是淘汰产品。

4.2 主排水泵与电动机、排水管路应匹配合理,运行正常;主排水泵及其排水管路应无泄漏。

4.3 主排水系统能源计量器具安装配备应按GB 17167要求执行,且应按有关规定进行检定或校准。

4.4 主排水系统的控制装置和仪表应完好,且其仪表应按有关规定进行检定或校准。

4.5 主排水系统运行记录应完整、准确;技术档案齐全。多年运行的排水管路应有清理管路的记录。

5 工序能耗指标计算方法

5.1 用能边界

以控制主排水泵的电动机启动、停止及运行的开关柜作为系统电能计量始点,以排水管路出口处为主排水系统终端。主排水系统包括电动机、传动装置、主排水泵、进水管、排水管和管路上其他附件。

5.2 参数及范围

5.2.1 耗电量

指统计期内主排水系统的耗电量,包括主排水泵电动机和该电动机至开关柜之间线损的电量。用电度表进行计量，电度表应安装在控制水泵运行的开关柜上。

5.2.2 排水量

指统计期内主排水系统的排水量。用累计流量表进行测量；无累计流量表，可采用流量计测试平均流量与水泵统计期内运行时间乘积进行计算，测试流量要求至少每季度测定一次，取算术平均值。流量测试方法参照 MT/T 1002 要求执行。

5.2.3 排水垂高

指吸水井平均水面至排水管出口中心线处的垂直高度。可查水泵房设计图样或矿井设计资料。

5.2.4 排水管路倾角

倾斜排水管路与水平面的夹角。可查水泵房设计图纸。

5.3 计算方法

主排水系统工序能耗应按式(1)计算，斜井排水修正系数参见附录 A。

$$E_s=\frac{\sum_{i=1}^{n}W_i}{\sum_{i=1}^{n}Q_iH_{ci}\gamma_i}\times 10^2 \qquad \cdots\cdots(1)$$

式中：

E_s ——主排水系统工序能耗，单位为千瓦时/吨·百米[kWh/(t·hm)]；

W_i ——第 i 个主排水系统的耗电量，单位为千瓦时(kWh)；

Q_i ——第 i 个主排水系统的排水量，单位为吨(t)；

γ_i ——第 i 个主排水系统的斜井排水修正系数，竖井 $\gamma=1$；

H_{ci}——第 i 个主排水系统的排水垂直高度，单位为米(m)，按式(2)计算：

$$H_{ci}=H_{xi}+H_{pi} \qquad \cdots\cdots(2)$$

式中：

H_{xi}——第 i 个主排水系统的吸水高度，即测定时水泵轴心线到吸水井水面之间的平均垂直高度，单位为米(m)；

H_{pi}——第 i 个主排水系统的排水高度，即水泵轴心线到排水管出口中心之间的平均垂直高度，单位为米(m)。

对于倾斜管路，H_{pi}按式(3)计算：

$$H_{pi}=L_{pi}\cdot\sin\alpha_i+H_{p1i} \qquad \cdots\cdots(3)$$

式中：

L_{pi} ——第 i 个主排水系统的倾斜排水管路斜长，单位为米(m)；

α_i ——第 i 个主排水系统的倾斜排水管路倾角，单位为度(°)；

H_{p1i}——第 i 个主排水系统的倾斜排水管路与水泵轴心线之间的平均高差，单位为米(m)；

n ——主排水系统的个数；

5.4 修约原则

间隔为 0.001。

6 工序能耗指标等级划分和限值

6.1 主排水系统工序能耗指标按表 1 进行等级划分。

表 1 主排水系统工序能耗指标等级

指标等级	一级	二级	三级
能耗值/[kWh/(t·hm)]	≤0.390	0.391～0.440	0.441～0.500

6.2 主排水系统工序能耗指标等级不应低于三级。

附　录　A
（资料性附录）
斜井主排水系统工序能耗修正系数 γ 值

表 A.1 给出了斜井主排水系统工序能耗修正系数 γ 值。

表 A.1　斜井主排水系统工序能耗修正系数 γ 值

倾斜角 α/(°)	排水垂直高度 H_c/m					
	100	200	300	400	500	600
10	1.18	1.25	1.29	1.32	1.34	1.35
15	1.11	1.15	1.18	1.19	1.21	1.21
20	1.07	1.10	1.12	1.13	1.14	1.14
25	1.05	1.07	1.08	1.09	1.10	1.10
30	1.04	1.05	1.06	1.07	1.07	1.07
35	1.03	1.04	1.05	1.05	1.07	1.07
40	1.02	1.03	1.03	1.04	1.05	1.05
45	1.02	1.02	1.03	1.03	1.03	1.03
50	1.01	1.02	1.02	1.02	1.02	1.02
55	1.01	1.01	1.01	1.01	1.02	1.02
60	1.01	1.01	1.01	1.01	1.01	1.01

ICS 27.010
D 98

中华人民共和国国家标准

GB/T 29723.3—2013

煤矿主要工序能耗等级和限值
第3部分:空气压缩系统

Grade and limit of major process energy consumption for coal mine—
Part 3: Air compressor system

2013-09-18 发布　　2014-01-01 实施

中华人民共和国国家质量监督检验检疫总局
中国国家标准化管理委员会　发布

前　言

GB/T 29723《煤矿主要工序能耗等级和限值》分为如下几部分：

——第1部分：主要通风系统；

——第2部分：主排水系统；

——第3部分：空气压缩系统；

——第4部分：主提升带式输送系统；

——第5部分：主提升系统。

本部分为GB/T 29723的第3部分。

本标准按照GB/T 1.1—2009给出的规则起草。

本部分由中国煤炭工业协会提出。

本部分由全国煤炭标准化技术委员会(SAC/TC 42)归口。

本部分起草单位：煤炭工业节能技术服务中心、煤炭科学研究总院北京煤化工研究分院。

本部分主要起草人：张国光、盛明、罗陨飞、蒋翠蓉、连进京。

煤矿主要工序能耗等级和限值
第3部分：空气压缩系统

1 范围

GB/T 29723 的本部分规定了煤矿在用空气压缩系统工序的基本要求、能耗指标的计算方法、能耗指标的等级划分和限值。

本部分适用于煤矿在用额定排气压力不超过 1.25 MPa(表压)、公称容积流量不小于 6 m^3/min 的空气压缩机组及供气系统。

2 规范性引用文件

下列文件对于本文件的应用是必不可少的。凡是注日期的引用文件，仅注日期的版本适用于本文件。凡是不注日期的引用文件，其最新版本(包括所有的修改单)适用于本文件。

GB 17167　用能单位能源计量器具配备和管理通则

GB 3853　容积式压缩机验收试验

3 术语和定义

下列术语和定义适用于本文件。

3.1

空气压缩系统工序能耗　process energy consumption of air compressor system

指在统计期内空气压缩系统每压缩 1 m^3 公称排气量，压力升高 1.0 MPa 所消耗的电能。

注：空气压缩系统工序能耗以统计数据为基础，统计期宜为一年。

4 基本要求

4.1　空气压缩机及其配用的电动机不应是淘汰产品。

4.2　空气压缩机与电动机、排气管路应匹配合理，运行正常；空气压缩机及其排气管路应无泄漏。

4.3　空气压缩系统能源计量器具安装配备应按 GB 17167 要求执行，且应按有关规定进行检定或校准。

4.4　空气压缩系统的控制装置和仪表应完好，且其仪表应按有关规定进行检定或校准。

4.5　空气压缩系统运行记录应完整、准确；技术档案齐全。

5 工序能耗指标计算方法

5.1 用能边界

以控制空气压缩机的电动机启动、停止及运行的开关柜作为系统电能计量始点，以空气压缩机的排气口为终点。

5.2 参数及范围

5.2.1 耗电量指统计期内空气压缩系统的耗电量，包括空气压缩机电动机用电、循环或复用水用电以及空气压缩机电动机至开关柜之间线损电量。

5.2.2 压缩空气量为统计期内空气压缩系统的排气总量，可采用平均容积流量与空气压缩机统计期内负载运行时间乘积进行计算，容积流量测试要求至少每季度测定一次，取算术平均值；容积流量测试参照GB 3853要求执行。

5.2.3 空气压缩系统统计期内平均吸气温度和平均吸气压力是指在空气进口管路上测得数据的平均值；平均排气温度和平均排气压力是指在压缩空气出口管路上测得数据的平均值。

5.2.4 空气压缩系统工序能耗统计计算有困难时，可采用测试方法；测试要求至少每季度测定一次，取算术平均值。

5.3 计算方法

5.3.1 单个空气压缩系统工序能耗计算公式。

5.3.1.1 按式(1)进行统计计算：

$$E_k = \frac{2.398W}{\ln(10p_2) \cdot Q} \quad \cdots\cdots (1)$$

式中：

E_k ——空气压缩系统工序能耗，单位为千瓦时每立方米·兆帕[kWh/(m^3·MPa)]；

W ——空气压缩系统的耗电量，单位为千瓦时(kWh)；

p_2 ——空气压缩系统的平均排气压力，单位为兆帕(MPa)；

Q ——空气压缩系统的公称排气量，指压缩空气量换算到吸气状态下的排气量。单位为立方米(m^3)。按式(2)进行换算：

$$Q = \frac{T_1 \cdot p_2}{p_1 \cdot T_2} \cdot Q_2 \quad \cdots\cdots (2)$$

式中：

T_1——空气压缩系统的平均吸气温度，单位为开(K)；

T_2——空气压缩系统的平均排气温度，单位为开(K)；

p_1——空气压缩系统的平均吸气压力，单位为兆帕(MPa)；

p_2——空气压缩系统的平均排气压力，单位为兆帕(MPa)；

Q_2——空气压缩系统的压缩空气量，单位为立方米(m^3)。

5.3.1.2 按式(3)进行测试计算：

$$E_k = \left(\frac{N_0}{N_e} \cdot \frac{\sum t_0}{\sum t_e} + 1\right) \frac{0.040 \cdot N_e}{q_i \ln(10p_2)} \cdot K \quad \cdots\cdots (3)$$

式中：

N_0 ——空气压缩机空载时电动机平均输入功率，单位为千瓦(kW)；

N_e ——空气压缩机负载时电动机平均输入功率，单位为千瓦(kW)；

$\sum t_0$——某一测试期内空载运转时间之和，单位为小时(h)；

$\sum t_e$——某一测试期内负载运转时间之和，单位为小时(h)；

q ——空气压缩系统的公称排气流量，单位为立方米每分(m^3/min)；

K ——附加电耗修正系数，K=1.04。

5.3.2 多个空气压缩系统工序能耗应按式(4)计算：

$$E_p = \frac{\sum_{i=1}^{n} W_i}{\sum_{i=1}^{n} \frac{W_i}{E_{ki}}} \qquad \cdots\cdots(4)$$

式中：

W_i ——第 i 个空气压缩系统的耗电量，单位为千瓦时(kWh)；

E_{ki} ——第 i 个空气压缩系统的工序能耗，单位为千瓦时每立方米·兆帕[kWh/(m^3·MPa)]；

n ——空气压缩系统的个数。

5.4 修约原则

间隔为 0.001。

6 工序能耗指标等级划分和限值

6.1 空气压缩系统工序能耗指标按表 1 进行等级划分。

表 1 空气压缩系统工序能耗指标等级

指标等级	一级	二级	三级
能耗值/[kWh/(m^3·MPa)]	≤0.107	0.108～0.114	0.115～0.130

6.2 空气压缩系统工序能耗指标等级不应低于三级。

ICS 27.010
D 98

中华人民共和国国家标准

GB/T 29723.4—2013

煤矿主要工序能耗等级和限值 第4部分：主提升带式输送系统

Grade and limit of major process energy consumption for coal mine—Part 4: Main elevating belt conveyor system

2013-09-18 发布　　2014-01-01 实施

中华人民共和国国家质量监督检验检疫总局
中国国家标准化管理委员会　发布

前　言

GB/T 29723《煤矿主要工序能耗等级和限值》分为如下几部分：

——第1部分：主要通风系统；

——第2部分：主排水系统；

——第3部分：空气压缩系统；

——第4部分：主提升带式输送系统；

——第5部分：主提升系统。

本部分为GB/T 29723的第4部分。

本标准按照GB/T 1.1—2009给出的规则起草。

本部分由中国煤炭工业协会提出。

本部分由全国煤炭标准化技术委员会(SAC/TC 42)归口。

本部分起草单位：煤炭工业节能技术服务中心、煤炭科学研究总院北京煤化工研究分院。

本部分主要起草人：张国光、盛明、罗陨飞、蒋翠蓉、连进京。

煤矿主要工序能耗等级和限值 第4部分:主提升带式输送系统

1 范围

GB/T 29723的本部分规定了煤矿在用主提升带式输送系统工序的基本要求、能耗指标的计算方法、能耗指标的等级划分和限值。

本部分适用于煤矿在用主提升带式输送系统工序和暗斜井主提升带式输送系统工序,其他提升用带式输送系统工序也可参照使用。

2 规范性引用文件

下列文件对于本文件的应用是必不可少的。凡是注日期的引用文件,仅注日期的版本适用于本文件。凡是不注日期的引用文件,其最新版本(包括所有的修改单)适用于本文件。

GB 17167 用能单位能源计量器具配备和管理通则

MT/T 1070 煤矿在用主提升带式输送机节能监测方法和判定规则

3 术语和定义

下列术语和定义适用于本文件。

3.1

主提升带式输送系统工序能耗 process energy consumption of main elevating belt conveyor system

指在统计期内主提升带式输送系统将1 t物料提升100 m(可比高度)所需要消耗的电能。

注:主提升带式输送系统工序能耗以统计数据为基础,统计期宜为一年。

4 基本要求

4.1 主提升带式输送机及其配用的电动机不应是淘汰产品。

4.2 主提升带式输送系统能源计量器具安装配备应按GB 17167要求执行,且应按有关规定进行检定或校准。

4.3 主提升带式输送系统的控制装置和仪表应完好,且其仪表应按有关规定进行检定或校准。

4.4 主提升带式输送系统应有软启动装置。

4.5 主提升带式输送系统应运行平稳,给料均匀。

4.6 主提升带式输送系统运行记录应完整、准确;技术档案齐全。

5 工序能耗指标计算方法

5.1 用能边界

5.1.1 边界

以控制主提升的第一部带式输送机电动机启动、停止及运行的开关柜作为系统电能计量始点。整个系统包括所有主提升带式输送机的电动机、皮带、传动装置、控制装置、调速装置。

5.1.2　位移基准点

从主提升的第一部带式输送机的第一个给料点的空间三位点作为计算垂直位移量和水平位移量的基准点。

5.2　参数及范围

5.2.1　耗电量(W)

指统计期内主提升带式输送系统的耗电量,包括主提升带式输送机所有配用电动机和该电动机至开关柜之间线损的电量。用电度表进行计量,电度表安装在控制主提升带式输送机运行的开关柜上。

5.2.2　物料量(Q、Q_t)

用电子或核子皮带秤记录统计期内总提升物料量和各给料点进入主提升带式输送工序的物料量。测试方法可参照 MT/T 1070 要求执行。

5.2.3　垂直位移量(H、H_t)

要求实测物料输出端或第 t 个给料点与基准点的高差作为物料输送垂直位移量或第 t 个给料点与基准点间的垂直位移量;实测有困难可查施工设计图。

5.2.4　水平位移量(L)

要求实测出料端或第 t 个给料点与基准点的水平间距;实测有困难时,可查施工设计图出料端与基准点的水平投影长度作为水平位移量。

5.3　计算方法

5.3.1　单个主提升带式输送系统工序能耗按式(1)计算,不同类型皮带折算系数参见附录 A。

$$E_p = \frac{W}{Q(H + K_d L) - \sum_{t=1}^{m} Q_t (H_t + K_d L_t)} \times 10^2 \qquad \cdots\cdots(1)$$

式中:

E_p——主提升带式输送系统工序能耗,单位为千瓦时每吨百米[kWh/(t·hm)];

W——单个主提升带式输送系统的耗电量,单位为千瓦时(kWh);

Q——单个主提升带式输送系统的输送物料量,单位为吨(t);

H——单个主提升带式输送系统输送物料的垂直位移量,单位为米(m);

K_d——不同皮带类型折算系数;

L——单个主提升带式输送系统输送物料的水平位移量,单位为米(m);

Q_t——单个主提升带式输送系统第 t 个给料点的给料量,单位为吨(t);

H_t——单个主提升带式输送系统第 t 个给料点与基准点间的垂直位移量,单位为米(m);

L_t——单个主提升带式输送系统第 t 个给料点与基准点间的水平位移量,单位为米(m);

m——单个主提升带式输送系统给料点的个数。

5.3.2　多个主提升带式输送系统工序能耗按式(2)计算

$$E_p = \frac{\sum_{i=1}^{n} W_i}{\sum_{i=1}^{n} \frac{W_i}{E_{pi}}} \quad \cdots\cdots (2)$$

式中：

W_i ——第 i 个主提升带式输送系统的耗电量，单位为千瓦时（kWh）；

E_{pi} ——第 i 个主提升带式输送系统工序能耗，单位为千瓦时每吨百米[kWh/(t·hm)]；

n ——主提升带式输送系统的个数。

5.4 修约原则

间隔为 0.001。

6 工序能耗指标等级划分和限值

6.1 主提升带式输送系统工序能耗指标按表 1 进行等级划分。

表 1 主提升带式输送系统工序能耗指标等级

指标等级	一级	二级	三级
能耗值/[kWh/(t·hm)]	≤0.380	0.381～0.450	0.451～0.550

6.2 主提升带式输送系统工序能耗指标等级不应低于三级。

附 录 A
（资料性附录）
不同种类皮带折算系数 K_d

A.1 不同类型皮带折算系数 K_d 的值见表 A.1～表 A.3。

表 A.1 普通皮带折算系数

带宽/m	0.5	0.65	0.8	1.0	1.2	1.4
K_d	0.037 2	0.030 8	0.027 4	0.026 8	0.026 3	0.024 5

表 A.2 钢绳牵引皮带折算系数

带宽/m	0.8	1.0	1.2
K_d	0.021 2	0.019 2	0.017 9

表 A.3 钢绳芯皮带折算系数

带厚/mm	带宽/m						
	0.8	1.0	1.2	1.4	1.6	1.8	2.0
19	0.019 8	0.018 3	0.016 9	0.017 4	—	—	—
23	0.022 1	0.020 1	0.018 4	0.018 6	0.017 3	0.017 2	0.016 4
27	0.024 2	0.021 8	0.019 8	0.019 8	0.018 4	0.018 1	0.017 2
28	0.024 9	0.022 4	0.020 3	0.020 2	0.018 7	0.018 4	0.017 5
29	0.026 1	0.023 3	0.021 0	0.020 8	0.019 3	0.018 8	0.017 9
30	0.027 2	0.024 3	0.021 8	0.021 5	0.019 9	0.019 4	0.018 4
32	0.028 1	0.025 7	0.023 0	0.022 5	0.020 8	0.020 2	0.019 1

ICS 27.010;27.160
F 12

GB

中华人民共和国国家标准

GB/T 29724—2013

太阳能热水系统能量监测

Energy monitoring for solar water heating system

2013-09-18 发布　　2014-01-01 实施

中华人民共和国国家质量监督检验检疫总局
中国国家标准化管理委员会　发布

前　言

本标准按照GB/T 1.1—2009给出的规则起草。

本标准由全国太阳能标准化技术委员会(SAC/TC 402)提出并归口。

本标准负责起草单位:北京创意博能源科技有限公司、深圳市鹏桑普太阳能股份有限公司、中国农村能源行业协会太阳能热利用专业委员会、中国标准化研究院、桑夏太阳能股份有限公司、北京清华阳光能源开发有限责任公司、北京天普太阳能工业有限公司、皇明太阳能股份有限公司、太阳雨太阳能有限公司、山东力诺瑞特新能源有限公司、北京四季沐歌太阳能技术集团有限公司、江苏省华扬太阳能有限公司、北京市太阳能研究所集团有限公司、江苏元升太阳能集团有限公司、江苏辉煌太阳能股份有限公司、合肥美菱太阳能科技有限责任公司、青岛经济技术开发区海尔热水器有限公司、浙江比华丽电子科技有限公司、河北光源太阳能有限公司、沈阳金百乐太阳能热水器制造有限公司、国家太阳能热水器质量监督检验中心(北京)、国家太阳能热水器产品质量监督检验中心(武汉)、国家太阳能热水器质量监督检验中心(昆明)。

本标准主要起草人:唐轩、邱仁政、罗振涛、贾铁鹰、赵峰、霍志臣、黄哲林、程翠英、张立峰、徐友成、马光柏、窦建清、黄永伟、赵文智、吴道元、汤毅军、任社明、姜立军、付存谓、李成彬、郭保安、何涛、程欣、谌学先。

太阳能热水系统能量监测

1 范围

本标准规定了对太阳能热水系统中的供热量及其他参数进行能量计量和监测方法的要求。

本标准适用于单个贮水箱有效容积大于 0.6 m^3，正常工作时传热工质呈液态的太阳能热水系统。不适用于由多台紧凑式太阳能热水器组成的热水系统。

2 规范性引用文件

下列文件对于本文件的应用是必不可少的。凡是注日期的引用文件，仅注日期的版本适用于本文件。凡是不注日期的引用文件，其最新版本（包括所有的修改单）适用于本文件。

GB/T 7665—2005 传感器通用术语

GB/T 12936—2007 太阳能热利用术语

GB 17167 用能单位能源计量器具配备和管理通则

GB/T 19582 基于 Modbus 协议的工业自动化网络规范

GB/T 19565 总辐射表

GB/T 20095—2006 太阳热水系统性能评定规范

CJ 128—2007 热量表

CJ/T 188 户用计量仪表数据传输技术条件

DL/T 645 多功能电表通信协议

ISO 9488:1999 太阳能 词汇（Solar energy-Vocabulary）

3 术语和定义

GB/T 7665—2005、GB/T 12936—2007 和 ISO 9488:1999 界定的以及下列术语和定义适用于本文件。为了便于使用，以下重复列出了 GB/T 12936—2007 中的某些术语和定义。

3.1

太阳能热水系统 solar water heating system

以太阳能作为热源加热水的系统。

3.2

同时进出水系统 synchronous system with cold water feed-in and hot water output

冷水进水与用户热水出水同时发生的太阳能热水系统，如承压出水系统，或者通过换热器与贮水箱换热出水的系统。

3.3

非同时进出水系统 asynchronous system with cold water feed-in and hot water output

冷水进水与用户热水出水不是同时发生的太阳能热水系统，如敞开系统非承压出水。

3.4

用户管路循环 hot water recirculation

贮水箱和用户用水管路之间形成可循环回路，热水可以在贮水箱和用户用水管路之间循环的系统。

3.5

太阳能集热量　heat contributed by solar collectors

由太阳能集热回路提供的热量。

3.6

太阳能热水系统供热量　heat contributed by solar water heating system

太阳能热水系统输出的热量。

3.7

集热回路　collecting loop

将集热器的热量传递到贮水箱的回路。包括集热器、泵、管道或换热器。

4　符号和单位

A_c　太阳能热水系统中所有太阳集热器的轮廓采光面积，单位为平方米(m^2)；

A_{ci}　太阳能热水系统第 i 个采光平面中所有太阳集热器的轮廓采光面积，单位为平方米(m^2)；

c_f　对应于工质平均温度的传热工质比热容，单位为焦耳每千克摄氏度[J/(kg·℃)]；

G　太阳集热器采光面所在平面的太阳总辐照度，单位为瓦每平方米（W/m^2）；

G_i　太阳集热器第 i 个采光面所在平面的太阳总辐照度，单位为瓦每平方米（W/m^2）；

h_{tank}　贮水箱的水位高度，单位为米(m)；

h_{tank0}　开始测试时，贮水箱的初始水位高度，单位为米(m)；

h_{tmax}　贮水箱的最大水位高度，单位为米(m)；

m_{tank}　贮水箱最大有效水量，单位为吨(t)；

$\dot{m}_c$　进入系统的冷水质量流量，单位为吨每小时(t/h)；

$\dot{m}_f$　传热工质质量流量，单位为吨每小时(t/h)；

$\dot{m}_{use}$　用户供水质量流量，单位为吨每小时(t/h)；

$\dot{m}_{tc}$　用户管路循环回水质量流量，单位为吨每小时(t/h)；

Q　测量或计算的热量，单位为吉焦(GJ)；

Q_{aux}　辅助热源供热量，单位为吉焦(GJ)；

Q_c　太阳能集热量，单位为吉焦(GJ)；

Q_p　太阳能热水系统耗电量，单位为千瓦时(kW·h)；

Q_s　太阳集热器轮廓采光面内接收的太阳辐射能，单位为吉焦(GJ)；

Q_{sh}　太阳能热水系统供热量，单位为吉焦(GJ)；

Q_{ss}　常规能源替代量(节能量)，单位为吨标准煤(tce)；

Q_{tc}　用户管路循环热损失量，单位为吉焦(GJ)；

Q_{use}　用户供水的热量，单位为吉焦(GJ)；

t_1　热量测量高温度点水温，单位为摄氏度(℃)；

t_2　热量测量低温度点水温，单位为摄氏度(℃)；

$t_{a(av)}$　监测期间太阳集热器周围的环境空气平均温度，单位为摄氏度(℃)；

t_c　进入系统的冷水温度，单位为摄氏度(℃)；

t_{tank}　贮水箱中水的温度，单位为摄氏度(℃)；

t_{tank0}　开始测试时，贮水箱中水的初始温度，单位为摄氏度(℃)；

t_{use}　用户供水温度，单位为摄氏度(℃)；

$v_{a(av)}$　测试期间太阳集热器周围环境平均风速，单位为米每秒(m/s)；

W　标准煤折算系数，单位为吉焦每吨标准煤(GJ/tce)；

τ 积分采集时间间隔,单位为秒(s)。

5 监测项目

5.1 气象参数

下列气象参数可根据实际情况,自行选择测量:

a) 集热器面接收的太阳辐照能;

b) 集热器周围环境空气平均温度;

c) 集热器周围平均风速。

5.2 太阳能热水系统耗电量

应包括安装在贮水箱上的电辅助加热器、防冻伴热带、水泵、电磁阀、电动阀、控制器等所有用电设备的耗电量,不包括与贮水箱分离的辅助热源(如电锅炉、热泵等)的耗电量。

5.3 贮水箱水位

对于非承压敞开式系统,应对每个水箱测量水位。

5.4 贮水箱水温

应测量每个贮水箱内的水温。

5.5 太阳能集热量

应测量集热回路的得热量作为太阳能集热量。

5.6 与贮水箱分离的辅助热源供热量

对带有与贮水箱分离的辅助热源的太阳能热水系统,应测量辅助热源供热量。

5.7 用户管路循环热损失量

对有用户管路循环的太阳能热水系统,应测量用户管路循环热损失量。

5.8 太阳能热水系统供热量

应包括用户管路的热损失和用户最终的得热量。

5.9 常规能源替代量(节能量)

常规能源替代量即太阳能热水系统供热量中由太阳能所提供以替代常规能源的那部分能量。

6 监测方法

6.1 气象参数

6.1.1 集热器面接收的太阳辐射能测量

采用总辐射表测量,总辐射表安装要求应符合 GB/T 20095—2006 中 7.3 的规定。当太阳集热器不在同一采光平面时,则需要在每个采光面安装总辐射表测量不同采光面的太阳总辐照度。

当测量的太阳总辐照度 $G \geqslant 50\ W/m^2$ 时,将太阳总辐照度乘以所有集热器轮廓采光面积和采样时间间隔并进行累计得到集热器面接收到的太阳辐射能。公式如下：

$$Q_s = \sum G A_c \tau \times 10^{-9} \qquad (G \geqslant 50\ \mathrm{W/m^2}) \qquad \cdots\cdots(1)$$

当太阳集热器不在同一采光平面时，则需要分别计算每个采光面的太阳辐射能，再相加求和，公式如下：

$$Q_s = \sum G_i A_{ci} \tau \times 10^{-9} \qquad (G_i \geqslant 50\ \mathrm{W/m^2}) \qquad \cdots\cdots(2)$$

6.1.2 集热器周围环境空气平均温度测量

温度传感器安装要求应符合 GB/T 20095—2006 中 7.5 的规定。集热器周围环境空气平均温度 $t_{a(av)}$ 取测量期间所有集热器周围环境空气温度采集值的算术平均值。

6.1.3 集热器周围平均风速测量

风速传感器安装要求应符合 GB/T 20095—2006 中 7.4 的规定。平均风速 $v_{a(av)}$ 取测量期间所有风速采集值的算术平均值。

6.2 太阳能热水系统耗电量测量

宜采用远传电能表测量监测期间的耗电量，并记为 Q_p。

6.3 贮水箱水位测量

采用水位传感器测量水位的高度。

6.4 贮水箱水温测量

贮水箱水温测量点应不低于贮水箱与集热器管路接口最低处，同时也不低于贮水箱与辅助热源循环管路接口最低处和电辅助加热器。并确保正常情况下温度测量点置于水中。对有多个均匀分布的温度测量点，则取这些温度测量值的算术平均值。

6.5 太阳能集热量测量

6.5.1 集热回路与水箱之间的传热工质是水的太阳能热水系统

可采用热量表进行测量，热量表的温度和流量传感器应安装在集热器阵列的主管道上。也可采用分别测量水温 t_1、t_2 和流量的方法，采用热量计算公式(3)计算得出，并将计算得出的热量 Q 记为 Q_c。

$$Q = \frac{\sum \dot{m}_f c_f (t_1 - t_2) \tau}{3.6} \times 10^{-9} \qquad \cdots\cdots(3)$$

当集热器进水或出水主管道与贮水箱或辅助热源直接连接时，温度传感器应按照 CJ 128—2007 附录 C 的安装方法安装在距测量管道与贮水箱或与辅助热源连接处沿管道长度 2.5 m 以内，t_1 安装在集热器出水管道上，t_2 安装在集热器进水管道上。

6.5.2 集热回路与水箱之间的传热工质是水以外的工质或与水的混合物的太阳能热水系统

不应使用热量表进行热量测量，而应采用相应的比热容，分别测量集热器进出口的温度和对应工质的质量流量，用公式(3)进行计算得到，并将计算得出的热量 Q 记为 Q_c。

6.5.3 集热器有排空防冻功能的太阳能热水系统

热量计或流量计的流量测量点应安装在热水出水主管道上。

6.6 与贮水箱分离的辅助热源供热量测量

6.6.1 辅助热源与水箱之间为水循环的太阳能热水系统

可采用热量表进行测量，也可采用分别测量水温 t_1、t_2 和流量的方法，采用公式(3)计算得出，并将计算得出的热量 Q 记为 Q_{aux}。热量测量的温度和流量传感器应安装在辅助热源的进出主管道上，辅助热源进口或出口主管道与贮水箱直接连接时，温度传感器应安装在距测量管道与贮水箱连接处沿管道长度 2.5 m 以内；当辅助热源进水或出水主管道与集热器直接连接时，温度传感器应安装在距测量管道与辅助热源连接处沿管道长度 2.5 m 以内，t_1 安装在辅助热源出水管道上，t_2 安装在辅助热源进水管道上，应按照 CJ 128—2007 附录 C 的安装方法安装。

6.6.2 采用工业蒸汽直接进入水箱作为辅助热源的太阳能热水系统

应采用蒸汽热量计量表测量，也可以分别测量蒸汽流量、温度和压力的方法获取蒸汽的热量作为辅助热源供热量。

6.7 用户管路循环热损失量测量

可采用热量表进行测量，也可采用分别测量水温 t_1、t_2 和流量的方法，采用公式(3)计算得出，并将计算得出的热量 Q 记为 Q_{tc}。热量测量的 t_1 安装在贮水箱热水出口主管路上，t_2 和流量传感器应安装在管路循环回水主管路上，温度传感器应按照 CJ 128—2007 附录 C 的安装方法安装在距测量管道与贮水箱连接处沿管道长度 2.5 m 以内。

6.8 太阳能热水系统供热量测量

6.8.1 同时进出水系统

先测量用户供水的热量 Q_{use}，用户供水的热量可采用热量表进行测量，也可采用分别测量水温 t_1、t_2 和流量的方法，采用公式(3)计算得出，并将计算得出的热量 Q 记为 Q_{use}。热量测量的温度和流量传感器应安装在冷水进水和用户用水主管道上。温度测量点位置应按照 CJ 128—2007 附录 C 的安装方法安装在距测量管道与贮水箱、辅助热源或换热器连接处沿管道长度 2.5 m 以内，t_1 安装在用户用水管道上，t_2 和流量传感器安装在冷水进水管道上。太阳能热水系统供热量用公式(4)计算。

$$Q_{sh}=Q_{use}+Q_{tc} \qquad \cdots\cdots(4)$$

6.8.2 非同时进出水系统

应分别测量冷水进水的温度和流量、用户供热水的温度和流量、贮水箱温度和水位，按公式(5)计算太阳能热水系统供热量。其中进出水温度和流量传感器应安装在进出水主管道上。温度传感器位置应按照 CJ 128—2007 附录 C 的安装方法安装在距测量管道与贮水箱或与辅助热源连接处沿管道长度 2.5 m以内。

$$Q_{sh}=\left(\frac{\sum(\dot{m}_{use}-\dot{m}_{tc})c_f t_{use}\tau-\sum\dot{m}_c c_f t_c\tau}{3\ 600}+m_{tank}\frac{h_{tank}}{h_{tmax}}c_f t_{tank}-m_{tank}\frac{h_{tank0}}{h_{tmax}}c_f t_{tank0}\right)\times10^{-6}+Q_{tc} \qquad \cdots(5)$$

6.9 常规能源替代量(节能量)计算

按公式(6)计算常规能源替代量。标准煤折算系数 W 取值为 29.307 GJ/tce。

$$Q_{ss}=(Q_{sh}-Q_{aux}-3.6\times10^{-3}\times Q_p)/W \qquad \cdots\cdots(6)$$

7 监测系统

7.1 监测系统组成

为了实现监测,需要一个监测系统,该监测系统由测量仪器和自动数据采集器组成。当需要远程监测时,还应包换数据传输系统和远程监测中心。

7.2 测量仪器

测量仪器应达到以下要求:

——太阳总辐射表应符合 GB/T 19565 的要求;

——热量表的准确度等级应达到 CJ 128—2007 规定的二级,应选用高温型热量表;

——管道内循环工质的温度测量仪器的准确度为±0.2 ℃;

——管道内循环工质流量测量仪器的准确度应在±2%以内,流量传感器的选用应与其所安装的管道管径和流量相匹配,并能耐受工质的温度;

——环境温度测量仪器的准确度为±0.5 ℃;

——贮水箱水温测量仪器的准确度为±0.2 ℃;

——风速测量仪器的准确度为±0.5 m/s;

——电能表应不低于 2.0 级,应采用不低于 0.5 级的互感器;

——水位测量仪器的准确度为±2%;

——蒸汽计量表或蒸汽流量、温度和压力表的准确度等级应符合 GB 17167 的要求;

——测量仪器的最小分度不应超出各被测参数规定准确度的两倍;

——使用的数字处理技术或电子积分仪的准确度应等于或优于测量值的±1.0%;

——模拟和数字记录仪的准确度应等于或优于总量程的±0.5%,时间常数应等于或小于 1 s。峰值信号指示应在满量程的 50%～100%之间;

——对太阳辐照度和用于积分计算热量的温度、流量的采样周期应小于或等于 5 s;

——时间间隔测量的准确度应为±0.2%;

——在规定的监测时段内,所有参数应连续测量。

7.3 数据采集器

数据采集器应具备以下功能要求:

——具有数据采集、数据存储、显示、操作、时钟、与上位机通信和上电自动运行功能;

——存储容量应保证在最小记录时间间隔时能够存储 3 个月以上的数据、状态和报警信息;

——数据采集和记录的时间间隔可以在 1 min 到 10 min 之间任意确定;

——存储器应掉电不丢失;

——具备与下位机通信功能,应支持 Modbus 通信协议和 CJ/T 188、DL/T 645 通信规约,可与远传电能表、热量表和控制器等设备通信;

——采集器时钟、采集时间间隔、数据存储时间间隔和上传数据时间间隔应可以设置。

7.4 数据传输系统

当需要远程监测时,则需要数据传输系统,根据数据传输的方式不同,采用不同的数据传输设备,数据传输系统包括与现场采集器的通信接口、信号调制设备、发送设备、传输线路(无线或有线)、接收设备、解调设备和与远程监测计算机的通信接口。数据传输系统的通信协议应支持 GB/T 19582。

7.5 远程监测中心

当需要远程监测时，则需要远程监测中心负责接收现场采集器传来的数据，对太阳能热水系统进行远程监测。远程监测中心布置在远端的主控室或计算机室，一般包括监测主机或服务器、操作员站、公用接口设备、打印输出设备、UPS电源设备和系统软件等，其中主要设备如下：

——监测主机：具有系统主处理器及服务器的功能，负责数据收集、处理、存储、发送和输出；

——操作员站：监测系统的主要人机界面，用于数据、图形、报表、事件记录及报警状态的显示和查询，设备状态和参数的显示和查询；

——系统软件。

远程监测中心应具有以下主要功能：

a) 远程数据采集功能，定时自动和随时手动采集各子站的监测数据、设备工作状态等参数。

b) 数据处理、分析、显示功能，对数据进行比较判定是否合格。

c) 数据存储功能，应能自动生成并储存为通用数据文件，按不同项目存储在数据库中以便随时查询和调用。

d) 生成监测报告，可按月进行统计生成监测报告并存储。

e) 自动报警功能，可根据数据处理结果自动判定是否存在故障，并进行报警显示。

8 太阳能热水系统监测报告

监测数据宜按月进行统计计算，并生成太阳能热水系统监测报告，监测报告格式见附录A。

附　录　A
（资料性附录）
太阳能热水系统监测报告示例

××××××项目监测报告

报告编号：

监测时间：	起始日期		截止日期	
项目名称				
项目地点				
项目状况				
集热器参数	集热器类型	□平板型	真空管型	
			□水在玻璃中	□水在金属中
	集热器倾角（不同倾角分开填写）			
	集热器轮廓面积（不同倾角分开填写）			
	集热器循环工质主要成分			
水箱参数	水箱数量			
	水箱有效容积（多个水箱分开填写）			
	水箱有效水位最大高度			
防冻功能	□循环防冻	□排空防冻	□伴热带防冻	□防冻液
出水形式	进水与用户出水同时性	□同时	□非同时	
	是否有用户管路循环功能	□是	□无	

监测数据										
监测站名称：							数据记录间隔：			
参数		Q_s	Q_c	Q_{aux}	Q_p	Q_{tc}	Q_{sh}	Q_{ss}	$t_{a(av)}$	$v_{a(av)}$
单位		GJ	GJ	GJ	kW·h	GJ	GJ	tce	℃	m/s
第一季度	1月									
	2月									
	3月									
第二季度	4月									
	5月									
	6月									

表（续）

<table>
<tr><td colspan="11">监测数据</td></tr>
<tr><td colspan="8">监测站名称：</td><td colspan="3">数据记录间隔：</td></tr>
<tr><td colspan="2">参数</td><td>Q_s</td><td>Q_c</td><td>Q_{aux}</td><td>Q_p</td><td>Q_{tc}</td><td>Q_{sh}</td><td>Q_{ss}</td><td>$t_{a(av)}$</td><td>$v_{a(av)}$</td></tr>
<tr><td colspan="2">单位</td><td>GJ</td><td>GJ</td><td>GJ</td><td>kW·h</td><td>GJ</td><td>GJ</td><td>tce</td><td>℃</td><td>m/s</td></tr>
<tr><td rowspan="3">第三季度</td><td>7 月</td><td></td><td></td><td></td><td></td><td></td><td></td><td></td><td></td><td></td></tr>
<tr><td>8 月</td><td></td><td></td><td></td><td></td><td></td><td></td><td></td><td></td><td></td></tr>
<tr><td>9 月</td><td></td><td></td><td></td><td></td><td></td><td></td><td></td><td></td><td></td></tr>
<tr><td rowspan="3">第四季度</td><td>10 月</td><td></td><td></td><td></td><td></td><td></td><td></td><td></td><td></td><td></td></tr>
<tr><td>11 月</td><td></td><td></td><td></td><td></td><td></td><td></td><td></td><td></td><td></td></tr>
<tr><td>12 月</td><td></td><td></td><td></td><td></td><td></td><td></td><td></td><td></td><td></td></tr>
<tr><td>全年</td><td>总计/平均</td><td></td><td></td><td></td><td></td><td></td><td></td><td></td><td></td><td></td></tr>
<tr><td colspan="11">报告单位：　　　　测试人：　　　　填表人：　　　　报告日期：</td></tr>
</table>

ICS 27.010
F 01

中华人民共和国国家标准

GB/T 29725—2013

节约型企业评价通则

General principles for evaluation of resource conserving enterprises

2013-09-18 发布

2014-02-01 实施

中华人民共和国国家质量监督检验检疫总局
中国国家标准化管理委员会 发布

前　言

本标准按照 GB/T 1.1—2009 给出的规则起草。

本标准由国家发展和改革委员会提出。

本标准由全国能源基础与管理标准化技术委员会(SAC/TC 20)归口。

本标准起草单位：中国标准化研究院、淮北矿业集团、中国质量认证中心、南京钢铁股份有限公司、大唐国际发电股份有限公司。

本标准主要起草人：白雪、朱春雁、刘尹、王赓、王晓涛、高东峰、贺红梅、祝宪。

节约型企业评价通则

1 范围

本标准规定了节约型企业的相关术语和定义、基本要求、管理要求、资源消耗和利用水平指标以及评价方法。

本标准适用于工业企业,其他企业可参照使用。

2 规范性引用文件

下列文件对于本文件的应用是必不可少的。凡是注日期的引用文件,仅注日期的版本适用于本文件。凡是不注日期的引用文件,其最新版本(包括所有的修改单)适用于本文件。

GB/T 4754 国民经济行业分类

GB 17167 用能单位能源计量器具配备和管理通则

GB 24789 用水单位水计量器具配备和管理通则

3 术语和定义

下列术语和定义适用于本文件。

3.1

节约型企业 resource-conserving enterprises

在生产、建设和服务过程中,严格遵守相关法律、法规、政策和标准要求,通过建立和实施资源节约管理制度,有效采用管理手段和技术措施,不断提高资源利用效率,达到评价要求的企业。

3.2

节约型企业评价值 evaluating values of resource-conserving enterprises

评价节约型企业的各项资源消耗和利用水平指标所允许的最大(或最小)值。

3.3

节约原材料 raw material conserving

通过技术进步和加强科学管理等各种途径,直接或间接地降低单位产品的原材料消耗。

注:本标准中的原材料是指生产经营型企业在生产、建设过程中所消耗的钢材、有色金属、木材、化工原料和纺织原料等。

4 基本要求

4.1 企业在建设和生产过程中应遵守有关法律、法规、政策和标准,近三年无重大安全、环保、质量等事故。

4.2 企业应有主管领导具体负责节约工作,并设有相应的机构,负责有关节约的制度建设、实施、考核及奖励工作,建立目标责任制。

4.3 企业应有开展节约型企业建设的中长期规划及年度目标和实施方案。

5 管理要求

5.1 体系和目标

企业应依据国家有关法律、法规、政策和标准，将节能、节水、节地、节材和资源综合利用纳入管理体系，制定明确的节约目标和可量化的节约指标。

5.2 宣传和培训

企业应传播资源节约的概念和知识，鼓励倡导全员节约，将节约理念融入企业文化。定期为员工提供节约型企业相关知识的教育、培训，并对教育和培训的结果进行考评。

5.3 规划和设计

5.3.1 企业在建设前期应科学规划用能、用水、用地以及资源综合利用，在生产过程中应及时根据国家有关方针和政策调整相应的使用计划和方案。

5.3.2 企业新建、改建和扩建项目时，应遵守国家"固定资产投资项目节能评估审查制度"、"节水三同时"、"工业项目建设用地控制指标"等产业政策和有关要求。

注："节水三同时"即节水设施必须与主体工程同时设计、同时施工、同时投入运行。

5.3.3 企业在规划、设计以及制定节约方案时应按照科学合理的原则采用先进适用的工艺技术和设备，实现资源能源的高效利用。

5.4 计量、统计和分析

5.4.1 企业应依据 GB 17167、GB 24789 等要求配备、使用和管理能源、水以及其他资源的计量器具和装置。

5.4.2 企业应依据有关统计制度、规范和标准要求定期对能源、水以及其他资源利用情况进行统计分析。

5.4.3 企业应定期依据资源利用情况的分析结果并结合设备运行情况，针对节约目标和指标，制定并实施节约改进方案。

5.5 运行和控制

5.5.1 企业应针对主要产品、工艺和设备制定先进合理的用能、用水、主要原材料消耗定额标准，并在生产过程中按标准和规范要求进行控制。

5.5.2 企业应针对主要的用能、用水工序和设备制定明确的操作规程，并在生产过程中按规范进行操作，严格控制用能、用水过程。

5.5.3 企业应结合其产品和工艺的特点，制定科学合理的资源综合利用规范并在生产中严格执行。

6 资源消耗和利用水平指标

6.1 资源消耗和利用水平指标包括单位产品综合能耗、单位产品取水量、单位产品主要原材料消耗量、工业固体废物综合利用率、废水处理回用率，计算方法见附录 A。

6.2 节约型企业评价值按照行业或区域能达到的先进水平确定。

7 评价方法

7.1 制定评价工作制度，开展节约型企业的评价工作。

7.2 工业企业按行业进行节约型企业评价工作；对工业企业的行业分类依据 GB/T 4754。

7.3 根据各行业不同特点，确定企业的主要产品、主要原材料、工艺和设备范围，依据本标准的第 5 章和第 6 章，确定各行业的评价指标要求。

7.4 查看报告文件、统计报表、原始记录；根据实际情况，开展对相关人员的座谈、实地调查、抽样调查等工作，确保数据完整和准确。

7.5 对资料进行分析，评价企业是否满足以下要求：

a) 基本要求；

b) 管理要求；

c) 资源消耗和利用水平指标要求。

7.6 综合评价企业是否满足评价要求，当企业满足所有评价要求，即可判定为节约型企业。

附 录 A
(资料性附录)
资源消耗和利用水平指标的计算方法

本标准的各项指标的采样和监测按照国家标准监测方法执行。

A.1 单位产品综合能耗

单位产品综合能耗按式(A.1)计算：

$$E_{ui}=\frac{E_i}{Q} \quad \cdots\cdots(A.1)$$

式中：

E_{ui}——单位产品综合能耗,单位为吨标准煤/产品单位；

E_i ——统计期内,企业消耗全部能源数量,单位为吨标准煤；

Q ——统计期内的合格产品产量,单位为产品单位。

A.2 单位产品取水量

单位产品取水量按式(A.2)计算：

$$V_{ui}=\frac{V_i}{Q} \quad \cdots\cdots(A.2)$$

式中：

V_{ui}——单位产品取水量,单位为立方米/产品单位；

V_i ——统计期内,生产过程中常规水资源的取水量总和,单位为立方米；

Q ——统计期内合格产品产量,单位为产品单位。

A.3 单位产品主要原材料消耗量

单位产品主要原材料消耗量按式(A.3)计算：

$$M_{ui}=\frac{M_i}{Q} \quad \cdots\cdots(A.3)$$

式中：

M_{ui}——单位产品主要原材料消耗量；

M_i ——统计期内,生产某种产品的某种主要原材料消耗总量；

Q ——统计期内合格产品产量。

A.4 工业固体废物综合利用率

工业固体废物综合利用率按式(A.4)计算：

$$K_r=\frac{Z_r}{Z}\times 100\% \quad \cdots\cdots(A.4)$$

式中：

K_r ——工业固体废物综合利用率，%；

Z_r ——统计期内，工业固体废物综合利用量，单位为吨(t)；

Z ——统计期内，工业固体废物产生量，单位为吨(t)。

A.5 废水处理回用率

废水处理回用率按式(A.5)计算：

$$K_w = \frac{V_w}{V_d + V_w} \times 100\% \quad \cdots\cdots (A.5)$$

式中：

K_w ——废水处理回用率，%；

V_w ——统计期内，企业对外排废水处理后的回用水量，单位为立方米(m^3)；

V_d ——统计期内，企业向外排放的废水量，单位为立方米(m^3)。

ICS 07.060;13.020.30
Z 04

中华人民共和国国家标准

GB/T 29726—2013

海湾围填海规划环境影响评价技术导则

Directives of strategic environmental assessment for the reclamation planning in bays

2013-09-18 发布　　　　2014-01-01 实施

中华人民共和国国家质量监督检验检疫总局
中国国家标准化管理委员会　发布

前　言

本标准按照 GB/T 1.1—2009 给出的规则起草。

本标准由国家海洋局提出。

本标准由全国海洋标准化技术委员会(SAC/TC 283)归口。

本标准起草单位：福建省海洋与渔业厅、厦门大学、国家海洋局第三海洋研究所、国家海洋局海洋战略研究所、中国海洋大学、福建海洋研究所、国家海洋局第一海洋研究所、福建省海洋环境与渔业资源监测中心、河海大学。

本标准主要起草人：刘修德、李涛、张珞平、余兴光、刘容子、鲍献文、杨顺良、陈尚、陈伟琪、万艳、王义刚、乔璐璐、罗美雪、林志兰、孔俊、吴姗姗、叶剑平、杨琳、柯淑云、张俊安、李荣欣、王萱、于华明。

引　言

为贯彻《中华人民共和国海洋环境保护法》、《中华人民共和国环境影响评价法》，指导海湾围填海规划环境影响评价的实施，制定本标准。

本标准主要参考国际上相关的战略环境评价指令，采取多学科综合评价方法，除了包括常规的水动力、环境化学、生态以及我国《环境影响评价法》要求的公众参与等内容外，增加了战略环境评价对海洋资源、社会经济和风险评价的内容；评价方法注重回顾性评价和累积效应的评价。

海湾围填海规划环境影响评价技术导则

1 范围

本标准规定了海湾围填海规划环境影响评价的内容、方法、程序和评价报告的编写要求。

本标准适用于海湾围填海规划的环境影响综合评价;海湾外的围填海规划环境影响评价和围填海建设项目的环境影响评价可参照使用。

2 规范性引用文件

下列文件对于本文件的应用是必不可少的。凡是注日期的引用文件,仅注日期的版本适用于本文件。凡是不注日期的引用文件,其最新版本(包括所有的修改单)适用于本文件。

GB 3097 海水水质标准

GB/T 12763(所有部分) 海洋调查规范

GB/T 14914 海滨观测规范

GB 17378(所有部分) 海洋监测规范

GB/T 18190—2000 海洋学术语 海洋地质学

GB 18421 海洋生物质量

GB 18668 海洋沉积物质量

HJ/T 2.1—1993 环境影响评价技术导则 总纲

HJ/T 130—2003 规划环境影响评价技术导则(试行)

HJ/T 169—2004 建设项目环境风险评价技术导则

JTJ/T 233 海岸与河口潮流泥沙模拟技术规程

JTS 149-1 港口工程环境保护设计规范

3 术语和定义

GB/T 18190—2000、HJ/T 2.1—1993 以及 HJ/T 130—2003 界定的以及下列术语和定义适用于本文件。

3.1

海湾 bay;gulf

被陆地环绕且面积不小于以口门宽度为直径的半圆面积的海域。

3.2

围海 sea enclosure

通过筑堤或其他手段,以全部或部分闭合形成围割海域,改变海域自然属性的行为。

3.3

填海 sea reclamation

筑堤围割海域形成陆域,完全改变海域自然属性的行为。

3.4

围填海 sea enclosure and reclamation

围海和填海的总称。

3.5

围填海规划　planning of sea reclamation

在一定时期内对某一海域统筹拟订的围填海规模和空间布局。

3.6

围填海工况　scheme of sea reclamation

对拟实施围填海规划所进行的各种围填海方案的设计组合。

3.7

海洋环境容量　marine environmental capacity

海洋环境容纳某种特定的活动或活动速率(如单位时间的排污量、倾废量或采矿量等),而不造成无法接受的影响的能力。

注：本定义引自联合国海洋环境保护科学问题联合专家组(GESAMP,1986)。

3.8

回顾评价　retrospective assessment

评价特定范围内的人类活动(或某一类型的开发活动)对该区域已经造成的环境、生态、社会和经济的影响,包括累积性影响。

3.9

生态敏感区　ecological sensitive area

具有典型生态环境意义的海洋生态要素或实体,在人为干扰下自我恢复能力较差,其改变将对海域生态环境产生影响,需要加以控制或保护的区域。

4　一般要求

4.1　评价内容

4.1.1　海湾围填海规划分析

分析海湾围填海规划的方案和类型,进行相关规划的协调性分析;根据规划方案和海洋功能区划设计评价工况。

4.1.2　海湾环境现状评价

环境现状评价内容包括:海洋水动力(含冲淤变化)、环境化学、生态、资源和社会经济等。

4.1.3　海湾围填海环境影响回顾评价

海湾围填海环境影响回顾评价的内容同4.1.2,重点考虑海湾历史围填海活动的累积性环境影响。

4.1.4　海湾围填海规划环境影响预测评价

在海湾环境现状评价和回顾评价的基础上进行环境影响识别和评价方案制定,开展海湾围填海规划方案(工况)对海洋水动力、环境化学、生态、资源和社会经济等影响的预测评价。

4.1.5　综合评价

综合考虑海湾围填海规划对海洋水动力、环境化学、生态、资源和社会经济的影响(特别是累积性影响),对围填海规划方案进行综合评价,并开展公众参与和环境风险评价,筛选可行的规划方案,优化空间布局,确定可接受的围填海规模和范围,提出减缓环境影响的措施,拟订监测和跟踪评价计划。

4.2 评价程序

评价的工作流程见图 1。

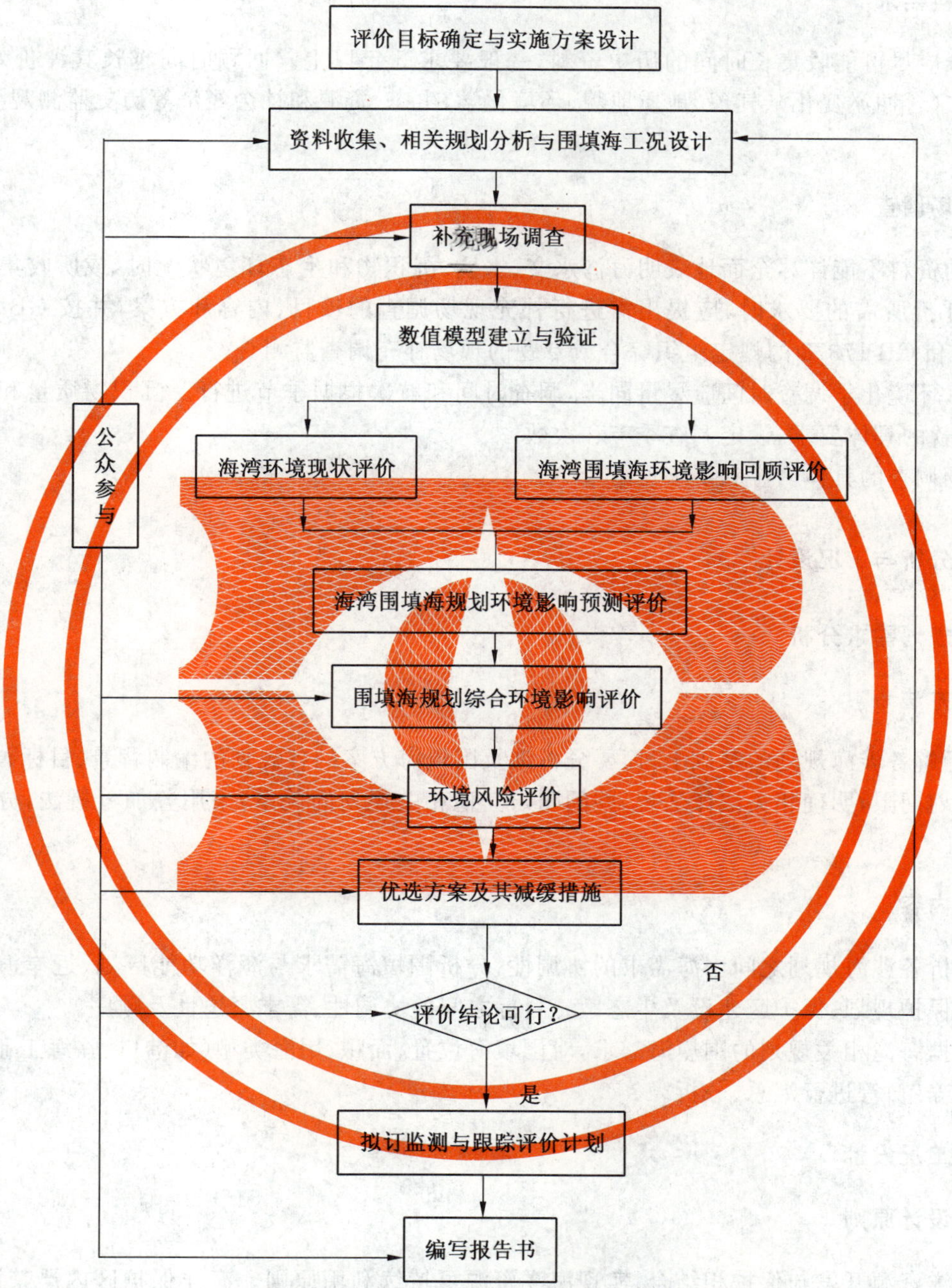

图 1　海湾围填海规划环境影响评价工作流程图

5　基础资料

5.1　现状资料要求

现状基准年一般规定为开展评价工作最近(当年或前一年)的海洋环境化学、生态调查和社会经济调查年份。对于没有趋势监测的海湾，3 年内的环境化学、污染源、生态资料，5 年内的海洋水文、气象和海底与海岸地形地貌资料和 10 年内的工程地质资料可认定为现状资料；对于资料欠缺的海湾应开展补充调查和监测。

5.2 历史资料要求

回顾评价应尽可能收集长时间的历史资料，一般要求 5 年以上。回顾时间越长其评价效果越好。包括海洋水文(含冲淤变化)、气象、地质地貌、环境化学、生态、资源和社会经济等历史监测观测资料，并注明资料来源。

5.3 补充现场调查

当现有的资料不能详尽全面地表明海湾水文、水质、沉积物和生态环境状况时，或所收集的历史资料不能满足评价所需的要求时，应提出需进行补充现场调查的项目、内容和方案，并按 GB/T 12763、GB/T 14914 和 GB 17378 的规定组织综合或专题的现场补充调查监测。

生态和水环境化学调查时间应尽量同步，调查时间和航次根据季节进行。沉积物质量和生物质量调查根据条、款的具体要求，设定调查季节和次数。

补充现场调查的具体内容和要求见附录 A。

6 规划需求分析与工况设计

6.1 围填海规划需求分析

6.1.1 分析方法

在充分理解各涉海规划的基础上，简要分析涉及围填海方案的各规划的编制背景、目标、规划对象、规划内容、规划期限，明确相关法律法规，并阐明与其他相关规划的关系，采用叠加分析法，分析各规划之间的协调性。

6.1.2 分析内容

6.1.2.1 分析各涉海规划之间用海需求的协调性，分析围填海需求与海洋功能区划、近岸海域环境功能区划、环境保护规划、保护区建设及生态敏感目标之间的协调性、需求紧迫性及顺序。

6.1.2.2 根据海湾相关规划的围填海需求，对围填海位置、面积、用海类型(如港口、临海工业、道路、围海造地、围海养殖)等进行汇总、分析。

6.2 围填海工况设计

6.2.1 工况设计原则

6.2.1.1 海洋资源开发与保护相结合、实现海洋资源可持续利用原则。海洋保护区内严禁围填海；滨海旅游区、重要水产增养殖区、具有重要经济价值和遗传育种价值以及重要科研价值的渔业品种产卵场、越冬场、索饵场和洄游路线等栖息繁衍生境等海洋生态敏感区应严格控制围填海。

6.2.1.2 优势资源优先与统筹兼顾、重点突出相结合原则。根据海域的特征，保障海湾优势海洋资源的优选利用。

6.2.1.3 统筹规划和保障海洋经济持续发展原则。以海洋开发的整体利益和长远利益为目标，以海洋功能区划和海洋经济发展规划为依据，协调好各行业和地区社会、经济发展的需求，促进海洋经济持续发展。

6.2.1.4 可行性与必要性相结合原则。海域自然环境条件适宜，且围填海后对港湾环境和海洋资源影响不大，使用功能明确，对当地社会经济发展具有明显促进作用，在工况设计中应予以考虑。

6.2.1.5 前瞻性原则。从今后较长时间的用海要求、海湾环境压力等方面分析，围填海应为海湾将来的海洋产业、社会经济发展和重大项目用海需求留有足够的发展空间。

6.2.2 工况设计依据

工况设计依据应包括与海洋环境保护与开发有关的法律、法规，技术标准、规范、规程，已批准的海洋功能区划、海洋环境保护规划、海洋经济规划、保护区建设规划、土地利用总体规划、港口规划、城市规划、渔业养殖规划、旅游发展规划和海水综合利用规划等文件。

6.2.3 工况设计方法

海湾围填海工况设计宜采用叠加方法，设计如下：

——按照工况设计原则和设计依据，结合用海需求与围填海方案，初步判别各围填海需求的轻重缓急程度，围填海的类型和用途，以及对海洋环境可能产生的影响及其对社会经济可能带来的作用，并根据围填海区块需求强烈程度及对区域发展的作用依次叠加；

——在现有围填海工况的基础上依次叠加海洋功能区划、港口规划、临港工业规划等围填海需求，依次组合成不同围填海工况，并完成各围填海工况图、表，说明各工况所包含的围填海区块的位置、区块形状、面积等属性。

6.2.4 工况设计内容

工况设计内容与顺序要求如下：

a) 应以现有海岸线(围海区以海堤外缘线)作为工况 0 边界线；

b) 在工况 0 基础上叠加在建或已批围填海(包括重力式码头)项目作为工况 1；

c) 在工况 1 基础上根据海洋功能区划中涉及围填海的功能区(如港口区、围海造地区、其他工程用海区、围海养殖区等)可能实施的时序，依次叠加组成不同工况；

d) 在上述工况的基础上再根据港口规划中可能实施的围填海需求时序，依次叠加组成不同工况；

e) 在上述工况的基础上再根据临港工业规划、围海规划等其他规划可能实施的围填海需求时序，依次叠加组成不同工况。

7 评价内容与方法

7.1 评价时间与空间界定

7.1.1 现状评价时间界定

现状评价应以现状基准年进行，现状基准年一般规定在开展评价工作最近的年份(当年或前一年)。现状评价资料的收集要求见 5.1。

7.1.2 回顾评价时间界定

根据所收集的海洋水文、环境化学、生态、地质地貌、资源和社会经济的历史资料确定，依从海湾围填海的典型性和资料可获性原则，确定回顾评价的时间节点(年)。回顾评价基准年应能较好体现海域的环境效应，一般要求回溯 5 年(含)以上，时间越长越好。

7.1.3 预测评价时间界定

预测的评价年限应以海洋功能区划和含有围填海需求的相关海湾规划的最长年限确定，以海洋开发的整体利益和长远利益为目标。

7.1.4 评价空间范围界定

评价空间应包含整个海湾范围，且现状、回顾和预测评价工作在同一空间范围内进行。为了使评价工作更客观，数值计算海域一般需要延伸到湾口以外，尽可能减少数值计算结果受开边界位置选取的影响。鉴于资源和社会经济的评价涉及周边区域，评价空间范围应涉及与海湾社会经济开发以及环境密切相关的相邻海洋和海岸带陆域区域（包括输入海湾的流域）。

7.2 历史围填海状况评价

收集海湾历史围填海资料，包括各围填海工程的地点、面积、类型（港口、临海工业、道路、其他围填海等）、建设年份和周期、投资规模、使用年限、获得的效益等，分析和评价海湾历史围填海状况和已产生的影响，包括占用的空间、深水岸线、滩涂、浅海、生物及其他资源等。

7.3 水动力评价内容与方法

7.3.1 评价内容

7.3.1.1 现状评价

在工况0条件下，采用实测资料验证数值模型，再分别进行以下评价：

——系统评价海湾现状水动力特征、悬沙分布及海底冲淤特征；

——系统分析大、中、小潮海湾水交换特征和海湾纳潮量；

——选用染色数值实验、粒子追踪或半交换周期等方法，评价海湾物理自净能力。

7.3.1.2 回顾评价

通过回顾工况的数值模拟，系统分析回顾工况下的水动力及泥沙分布特征。重点进行现状和回顾工况结果的对比、定量分析与评价，内容包括：

——分析海湾潮位变化；

——大、中、小潮海湾纳潮量的变化；

——流场的变化：包括大、中、小潮涨、落急流速和涨、落潮平均流速变化；

——大、中、小潮海湾水交换量变化；

——海湾物理自净能力变化；

——悬沙场分布及岸滩和海床冲淤变化。

7.3.1.3 预测评价

通过各规划设计工况的数值模拟，系统分析规划工况实施后的水动力及泥沙分布特征。重点进行现状和规划工况结果的对比、定量分析与评价。水动力预测评价内容包括：

——与现状比，规划设计工况实施后海湾潮位的改变；

——与现状比，规划设计工况实施后海湾纳潮量的变化（大、中、小潮）；

——与现状比，规划设计工况实施后流场的变化；

——与现状比，规划设计工况实施后海湾水交换量的变化；

——与现状比，规划设计工况实施后海湾自净能力的变化；

——与现状比，规划设计工况实施后悬沙场分布及岸滩和海床冲淤的变化；

——规划优选工况实施后，五十年或百年一遇台风造成的风、浪、潮、流联合作用下泥沙的运移和冲淤结果。

7.3.1.4 极端事件评价

对于泥沙来源丰富、台风灾害多发的海湾，应开展极端事件评价。评价内容应包括：

——五十年或百年一遇台风极端增水的推算；

——五十年或百年一遇台风浪条件下泥沙运移规律分析；

——五十年或百年一遇台风浪条件下冲淤变化量分析；

——洪水期最大悬浮泥沙输入对岸滩和海床冲淤变化分析。

7.3.2 评价方法

7.3.2.1 技术方法

水动力环境评价采用数值模型方法，包括水动力模型、悬沙模型和水质模型。模型可以采用有限差分法、有限元法、有限体积法等方法求解，计算网格可以采用矩形网格、三角网格、正交曲线网格等。推荐方法可参见附录B的B.1。

7.3.2.2 技术要求

针对海湾特点，拟建立的数值模拟技术要求如下：

a) 水动力模型：
   1) 宜采用三维水动力模型，对于平均水深小于10 m的海湾，也可采用二维模型，连续模拟大、中、小潮；
   2) 海湾内模式的空间分辨率不大于100 m，工程区的空间分辨率应不大于50 m；
   3) 水陆边界宜采用动边界，能够模拟海水的“漫滩”和“露滩”，如果滩涂面积超过海湾总面积的10%，水陆边界应采用动边界；
   4) 开边界的潮位边界条件，一般采用已知潮位或采用潮汐调和常数形式给出，在采用潮汐调和常数形式给出时至少取K_1、O_1、M_2、S_2、M_4和MS_4 6个分潮；
   5) 模型应经不少于两个站位的潮汐、三个站位潮流实测资料验证。

b) 悬沙模型：
   1) 宜采用三维悬沙输运扩散模型，对于平均水深小于10 m的海湾，也可采用二维模型，连续模拟大、中、小潮；
   2) 海湾内模式的空间分辨率不大于100 m，工程区的空间分辨率应不大于50 m；
   3) 悬沙模型应考虑浪、潮、流的共同作用；
   4) 模型应经不少于三个站位的悬沙浓度实测资料验证。

注：也可以参照JTJ/T 233—1998执行。

c) 水质模型：
   1) 宜采用三维污染物输运扩散模型，对于平均水深小于10 m的海湾，也可采用二维模型，连续模拟大、中、小潮；
   2) 海湾内模式的空间分辨率不大于100 m，工程区的空间分辨率应不大于50 m；
   3) 污染物排放口应采用近区模型或高分辨率模式计算，保证初始稀释度不大于100倍；
   4) 应利用模型进行海湾内水交换模拟，并给出交换50%所需时间或一个月海湾水交换率；
   5) 污染物种类选择应与环境容量评价一致；
   6) 模型应经不少于三个站位的主要污染物浓度实测资料验证。

d) 数值模型最大允许误差：

1）潮位最大误差不超过最大潮差的10%；

2）潮流流速平均绝对误差不超过潮流振幅的30%，流向平均绝对误差不超过20°(不计转流时刻流向偏差)；

3）悬沙与污染物浓度分布模拟结果与连续站观测悬沙与污染物浓度趋势吻合，或与卫星遥感结果有定性的一致性。

7.4 环境化学评价内容与方法

7.4.1 评价内容

7.4.1.1 现状评价

环境化学现状评价内容包括：

a) 评价海湾水环境质量状况，明确海湾主要水环境质量问题；

b) 评价海湾沉积物质量状况，明确海湾沉积物污染主要问题；

c) 评价海湾生物质量状况，查明评价海区生物体受污染的程度；

d) 开展污染源调查和评价，确定输入海湾的污染源类型和负荷；

e) 根据海湾的主导功能、水质现状和水质管理目标，建立计算模型，计算海湾水环境容量，分析海湾纳污能力和对污染物的净化能力。

7.4.1.2 回顾评价

环境化学回顾评价内容包括：

a) 通过历史资料收集，对比分析不同时期评价海湾水环境质量、沉积物质量及海洋生物质量历史变化趋势；

b) 根据评价海区历史围填海的状况，分析评价围填海造成的海湾环境化学指标的累积性影响；

c) 估算海湾水环境容量和纳污能力的变化，并分析与历史围填海的关系。

7.4.1.3 预测评价

环境化学预测评价内容包括：

a) 根据各海湾的污染特征(特征污染指标)，确定预测评价所涉及的主要污染物，评价指标(计算因子)的选择不少于2个；

b) 根据设定的工况，计算两种压力(围填海、污染源强增加)下的环境容量变化，预测水体环境质量(选定的计算因子)的变化。

7.4.2 环境质量评价方法

7.4.2.1 环境质量评价标准

海水水质采用GB 3097进行评价，海洋沉积物质量采用GB 18668进行评价，海洋生物质量采用GB 18421进行评价。

7.4.2.2 环境质量评价因子

海湾环境质量评价因子见表1。根据各海湾的特征污染情况酌情增减评价因子。

表1 海湾环境质量评价因子表

环境要素	评价因子
海水水质	pH值、溶解氧、化学耗氧量、无机氮、活性磷酸盐、石油类、铜、铅、锌、镉、汞、铬、砷、悬浮物等，以及海湾特征污染物
海洋沉积物质量	有机碳、硫化物、石油类、铜、铅、锌、镉、汞、铬、砷等，以及海湾特征污染物
海洋生物质量	石油烃、铜、铅、锌、镉、汞、铬、砷等，以及海湾特征污染物

7.4.2.3 环境质量评价方法

7.4.2.3.1 评价方法

海湾水环境质量评价按照海域不同的使用功能和保护目标，采用单因子评价法进行评价，也可加上“水质综合指数法”（WQI）评价。

海湾沉积物环境质量和生物质量评价方法均采用单因子评价法进行评价。

评价结果应给出样品超标率。

7.4.2.3.2 单因子评价法

单因子评价法按式（1）计算：

$$P_{i,j}=\frac{c_{i,j}}{S_i} \quad \cdots\cdots(1)$$

式中：

$P_{i,j}$——因子 i 在 j 点的环境质量指数；

$c_{i,j}$——因子 i 在 j 点的实测浓度值，单位为毫克每升（mg/L）；

S_i——因子 i 的环境质量标准值限值，单位为毫克每升（mg/L）。

其中溶解氧及pH单因子质量评价公式见式（2）～式（4）：

溶解氧的环境质量指数为：

$$P_{DO,j}=\frac{|DO_f-DO_j|}{DO_f-DO_s}(DO_j \geqslant DO_s) \quad \cdots\cdots(2)$$

$$P_{DO,j}=10-9\times\frac{DO_j}{DO_s}(DO_j < DO_s) \quad \cdots\cdots(3)$$

式中：

$P_{DO,j}$——j 点的DO环境质量指数；

DO_f——饱和DO浓度，单位为毫克每升（mg/L）。计算方法见GB/T 12763.4；

DO_j——j 点的DO实测浓度，单位为毫克每升（mg/L）；

DO_s——DO的评价标准限值，单位为毫克每升（mg/L）。

pH的环境质量指数为：

$$P_{\mathrm{pH},j}=\frac{|\mathrm{pH}_j-\mathrm{pH}_s|}{\mathrm{pH}_h-\mathrm{pH}_s} \quad \cdots\cdots(4)$$

式中：

$P_{\mathrm{pH},j}$——j 点的pH环境质量指数；

pH_j——j 点的pH实测值；

pH_s——海水pH标准的上限值和下限值的平均值；

pH_h——海水pH标准的上限值。

当 $P_{i,j}\leqslant 1$，表示未超标；当 $P_{i,j}>1$，表明已超标，而此时（$P_{i,j}-1$）可以表示超标倍数。

7.4.2.3.3 水质综合指数(WQI)评价法

水质综合指数(WQI)计算方法见式(5):

$$WQI=\frac{1}{n}\sum_{i=1}^{n}P_i \qquad \cdots\cdots(5)$$

式中:

P_i ——第 i 种因子的单因子环境质量指数;

n ——所有参评水质的项数;

WQI——水质综合指数。

WQI<0.75,表示水质清洁;0.75≤WQI<1.0,表示轻度污染;1.0≤WQI<1.25,表示水质中度污染;WQI≥1.25,表示水质严重污染。

7.4.3 污染源调查与评价

7.4.3.1 污染源调查内容

现状污染源调查应包括陆地点源和非点源(面源)污染源两部分以及海上污染源。

点源污染源主要包括城镇集中入海排污口、工矿企业直接入海排污口、流域入海河口等集中入海污染源。

非点源(面源)污染源主要包括直接入海的城镇地表径流、农村地表径流。对小型且分散的点源污染源(如分散的小型企业、集中式畜禽养殖企业等)以及非直接入海的集中式排污口等可归为非点源污染源。

海上污染源包括船舶污染源、海上水产养殖污染源、海上油气勘探开发和海洋倾废活动污染源。

污染源调查的因子应包括化学需氧量(或 BOD)、总氮、总磷以及根据环境质量现状评价所得出的海湾主要的特征污染物(如石油类、重金属、农药、持久性有机污染物等)。

7.4.3.2 现状污染源评价方法

7.4.3.2.1 点源污染源

直接收集已开展监测所得的资料整理,直接得到进入海湾的点源污染源的污染源总量和负荷及其分布状况。必要时可应用 HJ/T 2.1—1993 规定的等标污染负荷法开展污染源评价,确定海湾的主要污染源和主要污染物。

7.4.3.2.2 非点源(面源)污染源

采用实测法、经验系数法、排污系数法、非点源模型等计算方法。计算时应注意污染物的降解或衰减作用,宜应用当地入海河口的监测资料(或补充监测)来验证估算结果。推荐方法参见 B.2.1~ B.2.3。

7.4.3.2.3 海上污染源

船舶污染源可参考 JTS 149-1 计算。

海上水产养殖污染源可根据养殖面积、类型、品种、布局、产量或产值,养殖污染源估算的基本参数(如饵料量、残饵率和利用率等)采用实测法、物料衡算法、经验系数法、排污系数法或根据文献研究结果计算。推荐方法参见 B.2.4。

海上油气勘探开发和倾废活动污染源可根据实际调查结果计算,或根据(或类比)项目环境影响报告书的结论得出。

7.4.3.3 污染源预测

根据区域社会经济发展规划预测估算进入海湾的主要点源污染源的分布和变化。

根据区域社会经济发展规划预测估算进入海湾的非点源污染源的分布和变化情况。

估算方法同7.4.3.2。

7.4.4 水环境容量评价方法

应用已建立的海湾数值模拟的水质模型，根据海湾的主导功能、水质现状和水质管理目标计算海湾水环境容量，并评价围填海活动对水环境容量的影响。

环境容量的计算因子同7.4.1.3确定的预测因子。

7.5 生态评价内容与方法

7.5.1 评价内容

7.5.1.1 现状评价

生态现状评价内容包括三个方面：

——分析海湾叶绿素、初级生产力、浮游植物、浮游动物、底栖生物、潮间带生物、鱼卵及仔稚鱼的种类组成及其空间分布格局；

——生态敏感区评价：包括海湾内的产卵场、索饵场、越冬场、洄游通道、增养殖区、海洋自然保护区、海洋特别保护区、水产种质资源养护区与保护区、珍稀濒危物种分布区、滨海草滩湿地、珊瑚礁、红树林、海草(藻)床等。位于评价海湾外可能受围填海影响的生态敏感区也应评价；

——珍稀濒危物种和渔业生物评价：珍稀濒危物种包括已列入红色物种目录的国家一、二类保护的海洋物种；以及尚未列入保护清单，但是有重要科学、经济、人文价值的物种。渔业生物包括海湾养殖、增殖以及天然具有经济价值的生物。

7.5.1.2 回顾评价

生态回顾评价包括四个方面：

——评价叶绿素、初级生产力、浮游植物、浮游动物、底栖生物、潮间带生物、鱼卵及仔稚鱼的种类组成及其时空格局的变化趋势，识别支配这种变化趋势的影响因素，分析其与围填海活动的关系；

——评价生态敏感区的结构和重要功能的时间和空间格局变化趋势，分析产生这种变化趋势的原因，分析其与围填海活动的关系；

——分析珍稀濒危物种和渔业生物的数量和栖息地面积的时间和空间格局变化趋势，分析产生这种变化趋势的原因，分析其与围填海活动的关系；

——评价历史围填海建设项目的施工期和运营期的环境保护措施、生态补偿措施落实情况。

7.5.1.3 预测评价

生态预测评价包括三个方面：

——基于回顾评价结论和现状评价结果，结合水动力和环境化学的预测结果，分析围填海规划(各工况)实施对叶绿素、初级生产力、浮游植物、浮游动物、底栖生物、潮间带生物、鱼卵及仔稚鱼的影响；对围填海区的底栖生物损失量应进行定量估算；

——基于回顾评价结论和现状评价结果，结合水动力和环境化学的预测结果，分析围填海规划(各

工况)实施对生态敏感区的结构和功能的影响;

——基于回顾评价结论和现状评价结果,结合水动力和环境化学的预测结果,分析围填海规划(各工况)实施对珍稀濒危物种和渔业生物的影响。

7.5.2 评价方法

7.5.2.1 浮游植物、浮游动物、底栖生物和潮间带生物、鱼卵及仔稚鱼

评价指标包括生物群落的生物量、丰度、密度、优势种、指示种、关键种、物种多样性、均匀度、生物群落演变速率。其中优势种、物种多样性、均匀度、生物群落演变速率的计算按 GB/T 12763.9 的规定执行。

7.5.2.2 生态敏感区

评价指标包括生态敏感区的结构指标和功能指标。

生态敏感区的结构指标包括:面积、生物量、优势种、关键种、物种多样性等,按 GB/T 12763.9 的规定计算。

生态敏感区的功能指标包括:初级生产力(按 GB/T 12763.9 的规定计算)、产卵场功能、洄游通道、苗种采集、养殖功能、生物多样性维持功能等。

分析围填海规划工况直接占用的生态敏感区的面积及其百分率,分析受围填海影响的生态敏感区的结构改变、重要功能下降和丧失。

7.5.2.3 珍稀濒危物种和渔业生物

评价指标包括珍稀濒危物种和渔业生物的数量变化、栖息地面积变化、受破坏(受污染)的栖息地面积。

分析围填海规划工况引起的珍稀濒危物种和渔业生物的数量和栖息地损失。

7.6 海洋资源评价内容与方法

7.6.1 评价范围

评价范围应包括海湾及与海湾社会经济开发、环境密切相关的相邻海域和海岸带陆域。

7.6.2 评价原则

7.6.2.1 保守性原则。对海洋资源价值量进行货币化评估时一般作保守性调整。如折现率、还原利率的选择应遵循保守性原则。

7.6.2.2 定性和定量相结合原则。海洋资源的实物量和价值量评价采取定性分析和定量估算相结合的原则。

7.6.2.3 避免重复核算原则。在同一海湾自然立体空间内,有些资源类型在功能上存在一定程度的交叉重叠,应通过剔除同类或类似部分,避免重复核算。

7.6.3 评价内容

7.6.3.1 评价内容及其类别

海洋资源评价应进行资源实物量和价值量的现状评估,对历史围填海活动以及围填海需求方案实施后可能造成的海洋资源损耗进行实物量和价值量变化评估,作为海湾围填海活动社会经济综合影响

评价的重要因子。

海洋资源评价主要包括以下类别：港口及航道资源、浅海和滩涂资源、滨海旅游资源、海洋生物及渔业资源、滨海矿产资源、海洋能源等。对上述资源无法涵盖的海湾生态系统服务（如：环境容量等调节服务、生物多样性等）的价值尽可能进行评估。受资料数据获取及其他条件限制的海湾，至少应对海湾特征环境（污染）因子的环境容量（见7.4.4）价值的损失和变化进行评估。

7.6.3.2 现状评价

对海洋资源现存的实物量和价值量进行核算。资源的实物量和价值量的评价内容参见B.3.1和B.3.2。

7.6.3.3 回顾评价

对过去一个时段围填海活动造成的海洋资源实物量和价值量以及海湾生态系统服务价值的损耗进行评价，对各类海洋资源（包括生态系统服务）价值的累计损失额和全海湾的总损失额进行综合评估。海湾生态系统服务价值的评价内容参见B.3.2。

7.6.3.4 预测评价

对围填海规划方案实施后在未来一个时段可能造成的海洋资源实物量和价值量以及海湾生态系统服务价值的变化进行评价，并对未来一个时段各类海洋资源（生态系统服务）价值的累计变化量和全海湾的总变化量进行测算和综合评估。

7.6.4 评价方法

海洋资源评价应基于多年相关调查的基础资料及必要的补充调查资料。补充调查方法按GB/T 12763规定的相关内容执行。

海洋资源和生态系统服务价值的评价方法包括直接市场法、替代市场法、意愿评价法以及成果参照法。不同海洋资源（生态系统服务）价值估算或价值量损失评估的推荐方法参见B.3.2。

7.7 社会经济影响综合评价内容与方法

7.7.1 评价范围

评价范围应涉及与海湾社会经济开发以及环境密切相关的相邻海洋和海岸带陆域区域（包括输入海湾的流域）。具体评价范围视各海湾围填海规划的内容以及隶属关系确定一级或两级的行政区范围。

7.7.2 评价内容

7.7.2.1 现状评价

社会经济影响现状评价内容包括以下两个方面：

——对评价区域范围内的社会经济发展现状进行分析，评价因子包括：国内生产总值（GDP）、地方财政收入、产业结构、人口、就业、收入、公共服务条件（如学校、医疗）等；

——结合评价区域范围内社会经济的发展对海洋环境与资源（生态系统服务）的需求，基于海洋资源实物量和价值量的现状评价结果，对海湾资源的开发利用现状、开发潜力和应着重关注的海湾环境与资源保护问题进行综合分析评价。

7.7.2.2 回顾评价

社会经济影响回顾评价内容包括以下五个方面：

——历史围填海活动（工程）直接成本，即围填海工程的投入及其相关费用的估算；

——历史围填海活动（工程）间接成本，即围填海工程造成的海洋资源（生态系统服务）的损失以及其他社会费用（如当地的就业和收入的损失、公众利益冲突等）的估算或分析；

——围填海活动（工程）带来的直接经济效益估算；

——围填海活动（工程）带来的间接社会经济效益（如GDP、地方财政收入、产业结构、人口、就业、收入、公共服务条件）的估算或分析；

——基于上述的估算结果计算益损比，从资源环境和社会经济的角度对海湾历史围填海活动（工程）进行综合评价。

直接成本和直接经济效益应进行货币化估算，间接成本中的海洋资源（生态系统服务）损失应用7.6.3的结果，其他的社会费用和间接社会经济效益可以定性分析为主。

7.7.2.3 预测评价

社会经济影响预测评价内容包括以下五个方面：

——估算实施围填海规划（工况）预计的直接成本，即工程投资及其相关费用；

——估算或分析围填海规划（工况）实施后的间接成本，即围填海活动可能造成的海洋资源以及生态系统服务的损失以及其他社会费用；

——估算围填海规划（工况）实施后预期的直接经济效益；

——估算或分析围填海规划（工况）实施后可能带来的间接社会经济效益；

——基于上述的估算结果计算益损比，从资源环境和社会经济的角度对围填海规划（工况）进行综合评价。

直接成本和直接经济效益应进行货币化估算，间接成本中的海洋资源（生态系统服务）损失应用7.6.3的结果，其他的社会费用和间接社会经济效益可以定性分析为主。

7.7.3 评价方法

7.7.3.1 现状评价：收集评价区域社会经济发展现状的相关数据资料，进行归纳总结与分析，辅以现场勘查。

7.7.3.2 回顾评价：收集历史围填海活动的相关资料数据，着重进行围填海前后的对比分析。货币化估算方法通常包括直接市场法、替代市场法、意愿评价法以及成果参照法。不同类型海洋资源（生态系统服务）价值估算或价值量损失评估的推荐方法参见B.3。益损比的计算公式见表6。

7.7.3.3 预测评价：收集海湾围填海规划的相关信息，对海湾周边地区的围填海需求按近、中、远期进行整理归类，辅以现场勘查，确定拟评价的围填海工况。按照不变价格，根据围填海面积、投资规模、建设年限、使用年限、使用方式等，采用直接成本和收益法估算直接经济效益和费用。围填海工况可能造成的海洋资源以及生态系统服务损失的货币化估算方法参见B.3，益损比的计算公式见表6。

7.8 综合评估

7.8.1 指标体系

评价指标体系包括海洋水动力、环境容量、生态、资源、经济损益等五类指标，各类评价指标的评价标准及对应的指数值权重参见表2～表6。

表 2　水动力评价指标与标准

<table>
<tr><th>评价指标</th><th>评价标准</th><th>评价指数值</th><th>计算方法及说明</th></tr>
<tr><td rowspan="3">特征点最大流速平均改变量
v_c/(cm/s)</td><td>≤5</td><td>26</td><td rowspan="3">$$v_c = \frac{\sum_{i=1}^{n} \mid v_i \mid}{n}$$
式中：
v_i——与现状相比，第 i 个特征点最大流速改变量(cm/s)；
n—— 特征点数量，要求特征点选在工程区、敏感区、变化大的区域。</td></tr>
<tr><td>10</td><td>13</td></tr>
<tr><td>20</td><td>6</td></tr>
<tr><td rowspan="3">特征点冲淤速率平均改变量
S_e(cm/a)</td><td>≤5</td><td>26</td><td rowspan="3">$$S_e = \frac{\sum_{i=1}^{n} \mid S_i \mid}{n}$$
式中：
S_i——与现状相比，第 i 个特征点冲淤速率的改变量(cm/a)；
n—— 特征点数量，要求特征点选在工程区、敏感区、变化大的区域。</td></tr>
<tr><td>10</td><td>13</td></tr>
<tr><td>20</td><td>6</td></tr>
<tr><td rowspan="3">海湾纳潮量减少百分比 T_e/%</td><td>≤2</td><td>26</td><td rowspan="3">$$T_e = \frac{T_a - T_b}{T_b} \times 100\%$$
式中：
T_a——围海后海湾纳潮量；
T_b——围海前海湾纳潮量。</td></tr>
<tr><td>5</td><td>13</td></tr>
<tr><td>10</td><td>6</td></tr>
<tr><td rowspan="3">水交换率减少百分比 W_e/%</td><td>≤2</td><td>26</td><td rowspan="3">$$W_e = \frac{W_a - W_b}{W_b} \times 100\%$$
式中：
W_a——围海后海湾水交换率；
W_b——围海前海湾水交换率。以模拟 30 天为时段，计算海湾水交率。</td></tr>
<tr><td>5</td><td>13</td></tr>
<tr><td>10</td><td>6</td></tr>
<tr><td>水动力综合评价指数 H_{ye}</td><td colspan="3">$$H_{ye} = \frac{H_V + H_S + H_T + H_W}{4}$$
式中：
H_V——特征点流速平均改变量评价指数；
H_S——冲淤评价指数；
H_T——纳潮减少量评价指数；
H_W——水交换率评价指数。
分层次评价时，可参考水动力综合评价指数予以评价：当 $H_{ye} \geqslant 19$ 时，可作为拟选工况，应用其他指标进一步筛选；当 $19 > H_{ye} \geqslant 10$ 时，可作为慎重选择工况，应用其他指标进一步筛选；当 $H_{ye} < 10$ 时，应考虑放弃该工况</td></tr>
</table>

表 3　环境容量评价指标与标准

<table>
<tr><th>评价指标</th><th>评价标准</th><th>评价指数值</th><th>计算方法及说明</th></tr>
<tr><td rowspan="3">COD_{Mn} 或其他特征污染物环境容量减少百分比
C_{ei}/%</td><td>≤2</td><td>18</td><td rowspan="3">围填海造成环境容量损失的比例
表中评价标准仅供参考，可依据各海湾生态环境敏感特征及环境容量的大小，在此基础上适当上下浮动</td></tr>
<tr><td>5</td><td>9</td></tr>
<tr><td>8</td><td>5</td></tr>
</table>

表 4　生态评价指标与标准

评价指标	评价标准	评价指数值	计算方法及说明
底栖生物量损失百分率 B_{di}/%	≤2	25	围填海造成底栖生物量损失占整个海湾底栖生物量的比例
	5	13	
	10	7	
底栖生物物种多样性指数 H_i	≤1	25	采用 Shannon 指数计算。按围填海区内最高站位计算
	2	13	
	3	7	
生态敏感指数(生态敏感区及珍稀濒危物种分布指数) D_{di}	非下列保护区或重要经济价值区	25	采用专家评判法
	具有重要经济(科学、人文)价值的海洋生物的集中分布区、产卵区、育幼区,重要生态敏感区	13	
	国家级保护生物分布区,红树林、海草(藻)床、造礁珊瑚的集中分布区	7	
生态综合评价指数 E_n	$E_n=(E_B+E_H+E_D)/3$ 式中: E_B——底栖生物量损失率评价指数; E_H——底栖生物物种多样性指数的评价指数; E_D——生态敏感指数的评价指数。 当拟围填海区为国家级自然保护区时,应放弃该工况。拟围填海区为重要经济(或科学、人文)价值的生物的集中分布区、产卵区、育幼区和其他重要生态敏感区时,作为慎重选择工况,并用其他指标进一步筛选		

表 5　海洋资源评价指标与标准

评价指标	评价标准	评价指数值	计算方法与依据
渔业资源	较少	17	采用专家评判法
	中等	9	
	丰富	5	
港航资源	较少	17	
	中等	9	
	丰富	5	
风景旅游资源	较少	17	
	中等	9	
	丰富	5	
其他资源(浅海和滩涂资源、矿产资源、能源、具有保护价值的自然和历史遗迹等)	较少	17	
	中等	9	
	丰富	5	

表 5（续）

评价指标	评价标准	评价指数值	计算方法与依据
资源综合评价指数 R_{indx}	$$R_{indx}=\frac{R_f+R_h+R_t+R_o}{4}$$ 式中： R_f——渔业资源评价指数； R_h——港航资源评价指数； R_t——风景旅游资源评价指数； R_o——其他资源评价指数。 分层次评价时，当拟围填海区有港口资源、具有保护价值的自然和历史遗迹等资源时应考虑放弃该工况；拟围填海区具有浴场、矿产资源、能源时可作为慎重选择工况，并用其他指标进一步筛选。各海湾可根据优势资源和主导功能，在计算资源综合评价指数(R_{indx})时适当调整权重		

表 6　经济损益评价指标与标准

评价指标	评价标准	评价指数值	计算方法与依据
围填海益损比 B_{eni}	>1	14	围填海效益按土地收益计算，采用当地基准地价；围填海成本包括当地围填海成本（并增加2%维护费）以及资源与环境（包括生态系统服务）的损失。 (1)单位面积围填海效益 P： $$P=P_0+\sum_{t=1}^{50}\frac{P_x}{(1+i)^t}$$ 式中： P_0——当地基准地价，单位为元每平方米（元/m²）； P_x——每年土地对经济的贡献，单位为元每年平方米[元/(a·m²)]，通常取$P_0\times10\%$； i——折现率，统一按4.5%计算； $t(=1,2,\cdots,50)$——土地使用年限，取50年。 (2)单位面积围填海成本 C： $$C=C_0+\sum_{t=1}^{50}\frac{C_0\times2\%}{(1+i)^t}+\sum_{j=1}^{m}C_{roj}+\sum_{k=1}^{n}C_{eok}+\sum_{t=1}^{50}\left[\sum_{j=1}^{m}\frac{C_{roj}}{(1+i)^t}+\sum_{k=1}^{n}\frac{C_{eok}}{(1+i)^t}\right]$$ 式中： C_0——单位面积围填海成本，单位为元每平方米（元/m²）； $C_0\times2\%$——每年维护成本，单位为元每年平方米[元/(a·m²)]； i——折现率，统一按4.5%计算； $t(=1,2,\cdots,50)$——土地使用年限，取50年； j,k——分别为所估算的资源与环境（生态系统服务）的类型； m,n——分别为所估算的资源与环境（生态系统服务）的类型数； C_{roj}——单位围填海面积造成的第 j 类资源的年损失额，单位为元每年平方米[元/(a·m²)]； C_{eok}——单位围填海面积造成的第 k 类环境（生态系统服务）的年损失额，单位为元每年平方米[元/(a·m²)]。 (3) $B_{eni}=P/C$
	0.75	8	
	0.5	5	
注： 通常土地使用年限确定为商业用地40年、综合用地50年、住宅用地70年、工业用地50年。围填海是一种永久性占海行为，为了充分考虑围填海带来的损与益，土地使用年限取50年。			

7.8.2 评价方法

7.8.2.1 评价方法

对海洋水动力及生态具有重大影响的围填海工况，采用分层次筛选法进行评价，确定不宜围填的工况；对难以确定围填海影响的方案采用综合评价方法评价围填海工况的综合影响，确定围填海方案的适宜性。

7.8.2.2 分层次筛选法

海洋水动力、生态、环境容量、资源、经济损益的指数权重可分别为26%、25%、18%、17%和14%。依次从权重高的指标，依据表2～表6各类评价指标中的评价标准进行筛选，确定围填海工况适宜程度。指数权重为推荐值，可根据各海湾实际情况采用专家评判法或层次分析法确定，表2～表6的评价指数值可进行相应的调整。

7.8.2.3 综合指数法

依据表2～表6各类评价指标体系中每种评价指标的计算方法，得出每个指标及每类指标体系的评价指数值(可用内插法赋值)，并按式(6)计算围填海影响综合评价指数：

$$E_{recl}=H_{ye}+C_{ei}+E_{n}+R_{indx}+B_{eni} \qquad \cdots\cdots(6)$$

式中：

E_{recl}——围填海影响综合评价指数，范围为0～100。

H_{ye}——水动力综合评价指数值(见表2)；

C_{ei}——环境容量评价指数值(见表3)；

E_{n}——生态综合评价指数值(见表4)；

R_{indx}——海洋资源综合评价指数值(见表5)；

B_{eni}——围填海经济损益评价指数值(见表6)。

当$E_{recl}\geqslant 75$时，表明围填海的影响轻微，可以适当进行；当$75>E_{recl}\geqslant 40$时，表明围填海存在一定的影响，应当慎重；当$E_{recl}<40$时，表明围填海影响严重，应当严格控制。将综合评价结果填入表7，比较各种围填海设计工况的适宜度，推荐对环境影响最小的设计方案。

表2～表6各指标的评价标准为推荐值，可根据各海湾实际情况采用专家评判法或层次分析法确定。

表2～表6中各评价标准值之间的评价指数值可采用线性内插法赋值，超过标准最大赋予值时评价指数值为“0”。

表7 围填海综合评价结果表

	水动力指标	环境容量指标	生态指标	海洋资源指标	经济损益指标	综合得分	结论
工况0							
工况1							
工况2							
工况3							
工况4							
工况5							

表 7（续）

	水动力指标	环境容量指标	生态指标	海洋资源指标	经济损益指标	综合得分	结论
工况 6							
工况 7							
工况 8							
工况 9							

7.9 公众参与

7.9.1 公众参与的内容

公众参与的内容包括海湾围填海规划和环境影响评价两部分内容的环境信息发布，以及跟踪评价及规划实施的监督，即：

a) 海湾围填海规划的目的、内容、方法和结果；

b) 海湾围填海规划环境影响评价的内容、技术路线和评价结果（包括所采取的各项措施）的公示；

c) 跟踪评价及规划实施的监督。

7.9.2 公众参与的对象

公众参与的对象应包括涉海部门高层次管理者、相关专家、普通群众在内的所有利益相关者。

7.9.3 公众参与的方法

公众参与的主要形式有：

a) 新闻和大众传媒；

b) 采用公告栏和意见箱的形式发布；

c) 公众访谈或问卷调查；

d) 公众听证会；

e) 有关专家和相关部门论证会。

对于海湾围填海规划的信息发布采取 a)或 b)的任一种形式，但对于信息传播较差（如农村或偏远）地区应采用在当地（每个自然村）设立公告栏和意见箱的形式。

规划结果以及环境影响评价的内容和结果的公众参与必须采取 c)或 d)的任一种形式，应注重调查或会议的代表性。最后应召开有关专家和相关部门论证会。

7.9.4 公众参与的时段

海湾围填海规划环境影响评价的公众参与时段应覆盖环境影响评价的全过程，包括前期的决策信息发布、可能产生的环境问题的鉴别等；中期征求公众的要求和建议；后期环境影响评价结果的公示，以及规划实施的跟踪评价及监督。

7.10 风险评价

7.10.1 环境风险评价的类型

风险评价类型一般包括：物理风险（如岸线崩塌、风暴潮灾害等）；环境（污染）风险；生态风险（如赤潮、灾害性物种灭绝、外来物种入侵等)。

7.10.2 环境风险评价的内容

具体评价内容包括：

a) 环境风险回顾评价：本海湾因历史围填海已发生的环境事故的回顾评价；

b) 风险识别：在回顾评价的基础上进行决策的环境风险问题鉴别，包括风险类型、风险源、风险载体、风险受体等的鉴别；应特别注意围填海规划的累积性效应以及规划的风险传导效应(如对水动力、环境条件、生态系统、社会和经济系统的传导风险)；

c) 风险分析：在回顾评价和风险识别的基础上进行风险分析，主要包括各种类型风险发生的不确定性分析和概率分析(重点是规划实施后可能的风险概率变化)，以及各种风险压力或风险源强的估算；进行风险等级划分及风险排序；并确定环境风险评价的范围(包括时空范围、评价内容和重点、评价的技术路线和方法等)；应充分考虑极端情况下(如五十年或百年一遇自然灾害)的环境风险；

d) 风险评估：在回顾评价、风险识别和风险分析的基础上进行风险评估，主要包括环境风险的预测评价(包括危害判定和暴露评价)、后果分析和风险表征；

e) 风险管理：包括环境风险替代方案、风险减缓措施、风险防范和管理计划以及风险事故的应急措施。

7.10.3 环境风险评价的方法

环境风险评价的方法如下：

a) 环境风险回顾评价：主要采用统计分析法或类比分析法，也可采用逻辑分析法，如事件树分析法、故障树分析法；若该海湾没有历史围填海引发的环境事故，或历史较短，可类比其他海湾，或引用国际上的统计数据；

b) 风险识别：可采用专家评价法(专家评判法、智暴法、德尔菲法等)、逻辑分析法(如事件树分析法、故障树分析法等)、情景分析法等；

c) 风险分析：可采用统计分析法、类比分析法、层次分析法(AHP)、风险图法等，以确定各种类型风险发生概率(特别是规划实施后可能的风险概率变化)，以及各种风险压力或风险源强，并确定环境风险评价的范围；

d) 风险评估：环境风险的预测评价一般采用模型分析法或经验公式法进行危害判定；若涉及人群健康或生态安全，应开展暴露评价，包括接触有害物质的强度(剂量)、频率、持续时间及其危害效果的评价；风险表征主要应包括“风险水平”及其“社会可接受程度”分析。风险水平的“社会最大可接受水平”和“最大可忽略水平”可检索和参考国际统计结果；

e) 风险管理：应充分利用本海湾针对已发生的环境事故的回顾评价中已采取的措施的经验和教训，以及国际上的经验和教训制订海湾围填海规划的环境风险替代方案、风险减缓措施、风险防范和管理计划以及风险事故的应急计划和措施。

评价方法可参考 HJ/T 169—2004，但应注意项目环境影响评价和规划环境影响评价的本质差别以及海洋的特点。

7.11 监测与跟踪评价

拟订环境监测和跟踪评价计划和实施方案。

监测计划应根据环境影响评价的结果，对可能产生较大的、特别是累积性影响的内容制定跟踪监测计划，并通过专家咨询和公众参与等，监督规划的实施及其对环境的影响。

跟踪评价包括：

——监督环境影响评价所提出的建议和减缓措施是否得到有效的贯彻和实施；
——评价规划实施后的实际环境影响；
——进一步的改进意见。

8 评价成果

评价工作完成后应编写评价报告书和图集，报告书的格式与内容参见附录C。

附 录 A
（规范性附录）
补充现场调查的基础资料

A.1 数值模拟边界基础资料

遵循以下两点：

——应收集评价海域不同时期的和最新的海图、水深图、地形图、遥感影像资料；

——海湾岸线应使用最新海岸线修测成果。

A.2 水文泥沙资料

A.2.1 潮汐潮流历史资料和现状调查

具体要求如下：

a) 海湾内或邻近海域长期验潮站潮位资料不少于1年；

b) 湾口临时潮位观测站1～2个，连续观测时间1个月；

c) 湾内临时潮位观测站不少于2个，连续观测时间1个月；

d) 25 h潮流连续观测站不少于3个，大、小潮各观测一次；

e) 潮汐、潮流观测原则上同步进行。

A.2.2 水温、盐度历史资料和现状调查

具体要求如下：

a) 海湾及其附近海域温度、盐度的历史资料(5年以上)；

b) 温、盐大面站调查设断面不少于3个，每断面设站位不少于3个；连续观测站位与潮流站一致，原则上应进行冬、夏两季调查。

A.2.3 海浪历史资料

具体要求如下：

a) 海湾内部、湾口或湾外深水区逐月的波高、周期、波向统计资料；

b) 一个大风过程的海湾附近海域波高、周期、波向实测资料；

c) 涉海工程项目中的一些短期波浪观测资料及分析报告。

A.3 气象资料

具体要求如下：

a) 资料应包括风速、风向、气温、气压、降水、相对湿度(1个站)，历时不少于一年；

b) 最近三十年台风资料(中心气压、路径、最大风速等)，以及其他灾害性天气资料；

c) 五十年或百年一遇台风场过程资料，历时72 h，包括五十年或百年一遇的台风场、气压场和造成五十年或百年一遇风暴潮的增水场资料。

A.4 海底冲淤变化与底质类型资料

应收集最新和历史的地形图、海图、地貌图、海湾志及关于近岸泥沙来源、沉积物类型和海底冲淤变化相关资料。

A.5 悬浮泥沙资料及调查

具体要求如下：

a) 海湾及其附近海域悬浮泥沙的历史资料；
b) 泥沙连续观测站与潮流站一致，垂直采用标准层次，或六点法，应进行冬、夏两季调查。

A.6 环境化学资料

A.6.1 水环境质量调查资料

具体要求如下：

a) 大面调查要素：pH 值、溶解氧、化学耗氧量、无机氮(硝酸盐氮、亚硝酸盐氮、氨氮)、活性无机磷、总氮、总磷、悬浮物、石油类、铜、铅、锌、镉、汞、砷、六价铬、总铬；注重海湾的特征污染物；
b) 连续站调查要素：溶解氧、化学耗氧量、无机氮、活性无机磷、总氮、总磷；
c) 大面观测站位和观测时次：设断面不少于 3 个，每个断面设站位不少于 3 个。选择有代表性两季小潮各调查一次；
d) 连续观测站和观测时次：不少于 3 个观测站，时间间隔不多于 3 h。选择有代表性两季小潮各调查一次。站位可考虑与水文周日观测站站位相同。

A.6.2 沉积物环境质量现状调查

具体要求如下：

a) 调查要素：硫化物、有机碳、铜、铅、锌、镉、汞、砷、铬、石油类；注重海湾的特征污染物；
b) 潮间带站位：根据具体情况设断面至少 3 个，每断面设站位 3 个(在典型生态区设断面 1 个)；
c) 潮下带站位：同水质化学大面观测站位；
d) 观测时次：选择有代表性的季节观测一次。

A.6.3 生物质量现状调查资料

具体要求如下：

a) 调查要素：总汞、铅、镉、铜、锌、铬、砷，以及粪大肠菌群等指标；注重海湾的特征污染物；
b) 调查方式：采集贝类生物样分析生物质量；
c) 观测时次：选择有代表性两季各观测一次。

A.7 生态资料

A.7.1 生物调查

具体要求如下：

a) 大面站调查要素：叶绿素 a、初级生产力、浮游植物种类和数量(网采样、水采样)、浮游动物种类和数量、底栖生物种类和数量、潮间带生物、鱼卵和仔鱼。

可选调查要素：渔业生物、微生物(细菌总数)、外来海洋生物种类等。

大面站布设：设断面不少于3条，每条断面设站位不少于3个。

b) 连续站调查要素(可选)：叶绿素a、浮游植物种类和数量、浮游动物种类和数量。

连续站调查不少于3个，时间间隔不多于3 h。连续站调查为可选项目，可根据海湾生态特征和评价目的而定。

c) 潮间带调查要素：底栖生物种类和数量。

潮间带调查：设断面不少于3条。其中，每个典型生态区设断面至少1条。每条断面在高潮区、中潮区和低潮区至少各布设2个站位。

大面站调查和潮间带调查的日期一般在春、夏、秋、冬四季中选择有代表性的两季进行，季节选择应考虑敏感生物的繁殖、洄游等特殊要求。

A.7.2 其他生态数据

根据评价海湾的生态特征和评价重点，收集或者补充调查必要的生态数据，包括：

a) 海洋自然保护区、海洋特别保护区、水产种质资源养护区与保护区、珍稀濒危物种分布区的地理位置、分布、保护对象、级别、开发和保护情况等相关信息；

b) 增养殖区的位置、分布、面积、养殖生物种类、产量产值及相关数据等；

c) 滨海湿地、珊瑚礁、红树林、海草(藻)床的位置、分布、面积、开发与保护等相关数据，湿地植物和动物等数量和分布数据；

d) 珍稀濒危海洋物种的种类、数量、分布、保护及其受损情况等相关数据；

e) 重要海洋渔业生物的种类、资源量、捕捞量、产卵场、索饵场、越冬场、洄游通道等相关数据。

A.8 污染源资料

A.8.1 直接入海排污口污染源

排污口应包括市政污水入海排污口、污水处置工程入海排污口、临海工厂企业独立入海排污口和混合入海排污口等。资料应包括调查排污口位置，排放污水入海量(日平均)，主要污染物和特征污染物的平均浓度及排海量，排污口附近海域功能及污染损害情况。

A.8.2 入海河流污染源

应包括主要入海河流名称、长度、流域面积，年径流量，河口区海域功能及环境状况。河口监测断面监测点数，监测频率和参数，主要污染物种类、平均浓度及入海通量。

A.8.3 陆域沿海非点源污染

应包括区域土地利用，农业耕种类型、面积、产量和产值，农田林区使用化肥、农药的品种、数量、及其使用方法和施用强度，水土流失面积和流失强度，畜禽养殖地点和数量，区域常住人口数，城市地表径流的径流量及主要污染物浓度。

A.8.4 海上移动污染源

应包括各类机动船舶的吨位、进港艘次、港内停泊时间等。船舶事故排污的污染物种类、入海量及污染损害情况。

A.8.5　海水养殖污染源

应包括滩涂养殖、浅海养殖、围海养殖及网箱养殖面积、类型、种类、产量和产值，养殖污染源估算的基本参数（如饵料量、残饵率和利用率等）、污染物排放总量，以及养殖水域邻近海域功能及污染损害情况等内容。

A.9　海洋资源资料

应包括以下各类海洋资源的分布、数量、质量、利用现状和历史变化等资料：

——海洋生物及渔业资源：主要包括游泳动物、底栖生物、鱼卵仔鱼等种类及种群数量、分布、捕捞产量产值；养殖区的分布、面积、养殖生物种类、产量产值等年际变化；

——港口及航道资源：主要包括岸线类型（自然、人工）及长度，港口数量和规模，航道和锚地，港航资源历史变化、深水岸线开发情况，围填海对港口航道资源的影响；

——海洋能源：主要包括潮汐能、波浪能、海水温差能、盐梯度能、风能和太阳能等可再生能源的分布、蕴藏量以及开发利用情况等；

——浅海和滩涂资源：主要包括滩涂和浅海海域，以及围填海对浅海和滩涂资源的直接占用量、改变量、变化量面积；

——滨海旅游资源：主要包括沿海的岛屿、海水浴场、沙滩、沿海岸线等自然景观，风景名胜区、滨海公园、滨海大道等人工景观，沿海历史古迹、地质遗迹（址）、文化遗产等的位置、分布、面积及开发利用情况等，以及围填海对这些资源的影响情况；

——滨海矿产资源：主要包括储藏于海滨和浅海的金属矿、非金属矿、油气资源等各类矿产资源的分布、储量和开发利用情况等。

A.10　社会经济资料

A.10.1　社会发展资料

应包括行政区划及其建制沿革，人口变化（数量、密度、结构、受教育程度、迁移、城乡就业等），基础设施建设（铁路、公路、航空等的交通运输情况，邮电通讯，输油管线等），城镇建设（规模、建成面积、规划等），城乡居民人均收入和可支配收入等。

A.10.2　区域经济资料

应包括国内生产总值（GDP），人均 GDP，产业构成比例，土地（耕地）增减（平衡）状态，农业生产情况（总产值，增加值，种植业、水产养殖业、畜牧业、林业等产业的产值、产量和效益等），工业生产情况（总产值，增加值，产业结构，规模以上工业总产值，主要产业部门及其产值和效益），财政收入情况，固定资产投资情况（全社会固定资产投资，更新改造投资），社会消费品零售总额，能源情况（供应、类型特点、市场概况、存在问题等）。

A.10.3　区域涉海规划资料

应包括海洋经济发展规划、港口建设发展规划、交通运输规划、临港工业发展规划、电力发展建设规划、产业集群发展规划、城镇体系建设规划、旅游业发展规划、农业发展规划、林业发展建设规划、渔港建设规划、浅海滩涂水产养殖规划、沿海滩涂围填海规划、环境保护与生态建设规划、红树林保护与发展规划、沿海湿地保护与恢复规划等。

A.10.4 历史围填海资料

应包括已建和在建的围填海项目的工程可行性研究报告、海域使用论证报告、环境影响报告等；围填海位置、面积、堤岸长度、时间；开发利用状况，社会经济效益；围填前后水动力、泥沙、污染物扩散变化情况等。

A.11 环境事故资料

具体要求如下：

a) 本海湾历史（特别是由于围填海活动所引起的）已发生的环境事故的原因、类型、频率、造成的后果、影响范围和程度；包括赤潮等生态事件；

b) 本海湾历史（特别是由于围填海活动所引起的）已发生的环境事故所采取的措施、效果及其经验和教训。

附 录 B
（资料性附录）
评价方法

B.1 数值模拟计算方法

B.1.1 基本方程

潮汐潮流、悬沙输运和污染物输运的计算数值模型基本方程见式(B.1)～式(B.5)。

$$\frac{\partial u}{\partial x}+\frac{\partial v}{\partial y}+\frac{\partial w}{\partial z}=0 \quad\cdots\cdots(B.1)$$

$$\frac{\partial u}{\partial t}+u\frac{\partial u}{\partial x}+v\frac{\partial u}{\partial y}+w\frac{\partial u}{\partial z}-fv=$$
$$-g\frac{\partial \zeta}{\partial x}+\frac{\partial}{\partial z}(K_m\frac{\partial u}{\partial z})+\frac{\partial}{\partial x}(A_m\frac{\partial u}{\partial x})+\frac{\partial}{\partial y}(A_m\frac{\partial u}{\partial y}) \quad\cdots\cdots(B.2)$$

$$\frac{\partial v}{\partial t}+u\frac{\partial v}{\partial x}+v\frac{\partial v}{\partial y}+w\frac{\partial v}{\partial z}+fu=$$
$$-g\frac{\partial \zeta}{\partial y}+\frac{\partial}{\partial z}(K_m\frac{\partial v}{\partial z})+\frac{\partial}{\partial x}(A_m\frac{\partial v}{\partial x})+\frac{\partial}{\partial y}(A_m\frac{\partial v}{\partial y}) \quad\cdots\cdots(B.3)$$

$$\frac{\partial s}{\partial t}+\frac{\partial us}{\partial x}+\frac{\partial vs}{\partial y}+\frac{\partial (w-w_s)s}{\partial z}=$$
$$\frac{\partial}{\partial z}(D_z\frac{\partial s}{\partial z})+\frac{\partial}{\partial x}(D_x\frac{\partial s}{\partial x})+\frac{\partial}{\partial y}(D_y\frac{\partial s}{\partial y}) \quad\cdots\cdots(B.4)$$

$$\frac{\partial c}{\partial t}+\frac{\partial uc}{\partial x}+\frac{\partial vc}{\partial y}+\frac{\partial wc}{\partial z}=$$
$$\frac{\partial}{\partial z}(N_z\frac{\partial c}{\partial z})+\frac{\partial}{\partial x}(N_x\frac{\partial c}{\partial x})+\frac{\partial}{\partial y}(N_y\frac{\partial c}{\partial y})+f_R(c,t) \quad\cdots\cdots(B.5)$$

式中：

x、y、z ——原点 o 置于某一水平基面 x，y 分别为横、纵坐标轴，z 为垂直于直角坐标系向上的轴，单位为米(m)；

u、v、w ——空间流速矢量 $\vec{V}$ 沿 x、y、z 轴的速度分量，单位为米每秒(m/s)；

t ——时间，单位为秒(s)；

f ——科氏参数，单位为弧度每秒(rad/s)；

ζ ——水位，单位为米(m)；

K_m ——垂向湍粘滞系数，单位为平方米每秒(m^2/s)；

A_m ——水平涡动粘性系数，单位为平方米每秒(m^2/s)；

s ——水体含沙量，单位为千克每立方米(kg/m^3)；

w_s ——泥沙沉降速度，单位为米每秒(m/s)；

D_x、D_y、D_z ——分别为泥沙沿 x、y、z 方向的紊动扩散系数，单位为平方米每秒(m^2/s)；

c ——海水中污染物的含量，单位为千克每立方米(kg/m^3)；

N_x、N_y、N_z ——污染物沿 x、y、z 方向的扩散系数，单位为平方米每秒(m^2/s)；

$f_R(c,t)$ ——过程反应项，包括悬浮物质的沉降、对物质不产生影响的水体运动(如蒸发)、通过水面的物质挥发等物理过程，以及其他的过程，如生化转变（氨和氧形成硝酸盐）、藻类的生长（初级生产过程）、其他动物的捕食、化学反应等，单位为千克每立方米秒[kg/(m³·s)]。

B.1.2 初始条件和边界条件

B.1.2.1 初始条件

计算潮汐潮流、悬沙输运和污染物输运的初始条件见式(B.6)～式(B.11)。

$$\zeta(x,y,t)\mid_{t=0}=\zeta_0(x,y) \quad\cdots\cdots(B.6)$$

$$u(x,y,z,t)\mid_{t=0}=u_0(x,y,z) \quad\cdots\cdots(B.7)$$

$$v(x,y,z,t)\mid_{t=0}=v_0(x,y,z) \quad\cdots\cdots(B.8)$$

$$w(x,y,z,t)\mid_{t=0}=w_0(x,y,z) \quad\cdots\cdots(B.9)$$

$$s(x,y,z,t)\mid_{t=0}=s_0(x,y,z) \quad\cdots\cdots(B.10)$$

$$c(x,y,z,t)\mid_{t=0}=c_0(x,y,z) \quad\cdots\cdots(B.11)$$

式中：

ζ_0、u_0、v_0、w_0、s_0、c_0——分别为ζ、u、v、w、s、c初始条件下的已知值，变量定义参见B.1.1。

B.1.2.2 边界条件

B.1.2.2.1 固边界的边界条件

计算潮汐潮流、悬沙输运和污染物输运的边界条件见式(B.12)～式(B.14)：

$$\text{法向流速为零：}\vec{V}\cdot\vec{n}=0 \quad\cdots\cdots(B.12)$$

$$\text{法向泥沙通量为零：}\frac{\partial s}{\partial\vec{n}}=0 \quad\cdots\cdots(B.13)$$

$$\text{法向污染物通量为零：}\frac{\partial c}{\partial\vec{n}}=0 \quad\cdots\cdots(B.14)$$

式中：

$\vec{n}$——固边界长度增量法向矢量。

B.1.2.2.2 水边界的边界条件

水边界条件按式(B.15)～式(B.21)计算：

a) 用已知潮位或分层流速（分量）控制潮流运动的边界条件

$$\zeta(x,y,t)\mid_{\Gamma}=\zeta^*(x,y,t) \quad\cdots\cdots(B.15)$$

或

$$u(x,y,z,t)\mid_{\Gamma}=u^*(x,y,z,t) \quad\cdots\cdots(B.16)$$

$$v(x,y,z,t)\mid_{\Gamma}=v^*(x,y,z,t) \quad\cdots\cdots(B.17)$$

分层含沙量及污染物量按入流、出流两种情况控制：

b) 计算入流、出流的分层含沙量及污染物的边界条件

1) 入流时

$$s(x,y,z,t)\mid_{\Gamma}=s^*(x,y,z,t) \quad\cdots\cdots(B.18)$$

$$c(x,y,z,t)\mid_{\Gamma}=c^*(x,y,z,t) \quad\cdots\cdots(B.19)$$

2) 出流时

$$\frac{\partial s}{\partial t}+u_{\vec{n}}\frac{\partial s}{\partial\vec{n}}=0 \quad\cdots\cdots(B.20)$$

$$\frac{\partial c}{\partial t}+u_{\vec{n}}\frac{\partial c}{\partial \vec{n}}=0 \qquad \text{(B. 21)}$$

式中：

Γ ——入流边界；

ζ ——相对于 xoy 坐标平面的潮位；

ζ^* ——ζ 的已知值；

u^*、v^*——u、v 的已知值；

s^* ——s 的已知值；

c^* ——c 的已知值；

$u_{\vec{n}}$ ——边界法向流速；

$\vec{n}$ ——开边界长度增量法向矢量。

B.1.2.2.3 水面边界的边界条件

水面边界的边界条件见式(B.22)～式(B.26)：

$$\frac{\partial u}{\partial z}=0 \qquad \text{(B. 22)}$$

$$\frac{\partial v}{\partial z}=0 \qquad \text{(B. 23)}$$

$$w=\frac{\partial \zeta}{\partial t}+u\frac{\partial \zeta}{\partial x}+v\frac{\partial \zeta}{\partial y} \qquad \text{(B. 24)}$$

$$w_s s+D_z\frac{\partial s}{\partial z}=0 \qquad \text{(B. 25)}$$

$$N_z\frac{\partial c}{\partial z}=0 \qquad \text{(B. 26)}$$

B.1.2.2.4 底面边界的边界条件

底面边界的边界条件见式(B.27)～式(B.31)：

$$\frac{\partial u}{\partial z}=\frac{\tau_x}{\rho K_m} \qquad \text{(B. 27)}$$

$$\frac{\partial v}{\partial z}=\frac{\tau_y}{\rho K_m} \qquad \text{(B. 28)}$$

$$w=-u\frac{\partial h}{\partial x}-v\frac{\partial h}{\partial y} \qquad \text{(B. 29)}$$

$$-w_s s-D_z\frac{\partial s}{\partial z}=\begin{cases} m(\frac{\tau}{\tau_e}-1) & \tau\geqslant\tau_e \\ 0 & \tau_d<\tau<\tau_e \\ w_s s(\frac{\tau}{\tau_d}-1) & \tau\leqslant\tau_d \end{cases} \qquad \text{(B. 30)}$$

$$N_z\frac{\partial c}{\partial z}=0 \qquad \text{(B. 31)}$$

式中：

τ_x、τ_y——分别为水体剪切应力沿 x、y 向的分量，单位为牛顿每平方米($\mathrm{N/m^2}$)；

ρ ——海水密度，单位为千克每立方米($\mathrm{kg/m^3}$)；

m ——冲刷系数，单位为千克每平方米秒[$\mathrm{kg/(m^2 \cdot s)}$]；

h ——相对于 xoy 坐标平面的水深，单位为米(m)；

τ ——水体剪切应力，单位为牛顿每平方米（N/m^2）；

τ_e ——临界侵蚀切应力，单位为牛顿每平方米（N/m^2）；

τ_d ——临界沉积切应力，单位为牛顿每平方米（N/m^2）。

B.1.3　基本参数的确定

B.1.3.1　水平涡动粘性系数和垂向湍粘滞系数 A_m、K_m 宜由试验确定，也可通过经验公式或验证计算确定。

B.1.3.2　泥沙紊动扩散系数 D_x、D_y 可取与相应的水流涡动粘性系数相同。

B.1.3.3　污染物扩散系数 N_x、N_y 可取与相应的水流涡动粘性系数相同。

B.1.3.4　波浪、潮流共同作用下的底部剪切应力分量：可采用 SWAN 等波浪模型计算波浪参数或实际观测资料。

B.1.3.5　泥沙沉降速度

泥沙沉降速度按以下两种类型确定，见式(B.32)～式(B.35)：

a)　粘性泥沙：

$$w_{s,1}=\alpha(c_1G)^{\beta} \qquad \text{(B.32)}$$

$$G=\rho_1 D_z\left[(\frac{\partial u}{\partial z})^2+(\frac{\partial v}{\partial z})^2\right]^{1/2} \qquad \text{(B.33)}$$

式中：

$w_{s,1}$——泥沙沉降速度，单位为米每秒（m/s）；

c_1 ——粘性泥沙在水体中的浓度，单位为千克每立方米（kg/m^3）；

G ——水体内部的切应力，单位为牛顿每平方米（N/m^2）；

α,β——实验测得的常数，分别取值 2.42 和 0.22；

ρ_1 ——粘性泥沙的密度，单位为千克每立方米（kg/m^3）；

D_z ——泥沙沿 z 方向的紊动扩散系数，单位为平方米每秒（m^2/s）。

b)　悬浮粉沙：

$$w_{s,2}=\frac{v}{D_{50}}[(25+1.2D_*^2)^{0.5}-5]^{1.5} \qquad \text{(B.34)}$$

$$D_*=\left[\frac{(ss-1)g}{v^2}\right]^{1/3}D_{50} \qquad \text{(B.35)}$$

式中：

$w_{s,2}$——粉沙沉降速度，单位为米每秒（m/s）；

v ——海水运动粘度，单位为二次方米每秒（m^2/s）；

D_{50}——底床中粉沙的有效中值粒径，单位为米（m）；

D_* ——表征泥沙颗粒的特征，无量纲参数；

ss ——粉沙对海水的相对密度，无量纲参数；

g ——现场重力加速度，单位为米每二次方秒（m/s^2）。

注：泥沙沉速除采用经验公式外，也可结合现场泥样由实验进行确定。

B.1.3.6　临界侵蚀切应力、临界沉积切应力、冲刷系数与底质有关，宜由试验确定，当缺乏试验资料时也可根据经验选取，最后经验值计算确定。

B.1.3.7　污染物输运模型中过程反应项 $f_R(c,t)$ 的确定，宜由观测结果或者试验确定，亦可认为污染物为一阶衰减物质。

B.1.4 计算域的确定及网格剖分

B.1.4.1 计算域的确定

计算域的确定应遵循以下原则：

a) 计算域应足够大，能反映研究海域整体流场特性，并使计算域开边界附近的水文要素不受域内岸线、水深变化等的影响；

b) 开边界宜选在流场比较均匀的断面；

c) 在疏密网格镶嵌界线上的加密度不超过3倍。

B.1.4.2 计算域的网格剖分

根据计算模式的要求进行计算域网格剖分，应遵循以下原则：

a) 网格剖分后，网格结点水深能反映水下地形特征和围填海方案前后水深的变化；

b) 能概化岸线边界和各方案的固边界；

c) 网格的疏密应根据计算域内不同部位的围填海工程要求和计算要求确定。

根据计算域地形特征、围填海方案等进行垂向分层和平面网格剖分，平面可采用矩形网格、三角形网格、正交曲线网格或混合多边形网格等，垂向分层则根据水深和围填海性质分层。

B.1.5 验证计算及精度控制

验证计算应通过参数和边界条件的调整，使模拟计算结果与实测结果基本相符。

验证计算包括下列内容：

——潮位过程线；

——分层流速、流向、含沙量、污染物浓度过程线；

——垂线平均流速、流向、含沙量、污染物浓度过程线；

——流向、流速、含沙量、污染物浓度的垂向分布；

——底床冲淤变化；

——湾口纳潮量。

模型验证应满足以下内容：

——潮位最大误差不超过最大潮差的10%；

——潮流流速平均绝对误差不超过潮流振幅的30%，流向平均绝对误差不超过20°(不计转流时刻流向偏差)；

——含沙量变化及分布趋势应与实测一致，潮段平均含沙量与实测平均含沙量允许偏差±30%；

——污染物浓度变化及分布趋势应与实测一致；

——底床冲淤：底床计算平均冲淤厚度与实测平均冲淤厚度的偏差应小于实测值的30%，并应满足冲淤区域与冲淤趋势相似的要求。

B.1.6 围填海方案计算

各围填海方案计算中有关参数的选取以及边界控制条件均应与验证计算的相同。

通过围填海方案的计算，应得出各方案的潮位、流速、流向、含沙量、底床冲淤变化及污染物浓度等的结果和三维变量的空间分布，以比较各个围填海方案的优劣。

B.2 非点源污染源估算推荐方法

B.2.1 经验系数法

B.2.1.1 农村生活污染源

根据村庄水质监测数据和农村生活污水人均排放量的经验排放系数估算。经验排放系数的取值可根据国家环境保护统计资料，或使用当地的调查资料。

B.2.1.2 农田化肥流失

根据各汇水区氮肥和磷肥施用量，折纯后计算流失量。氮肥平均折纯率以30%计，磷肥折纯率以20%计；流失率分别取20%和5%。

B.2.2 排污系数法

B.2.2.1 生活污染源

人均排污系数乘以人口数量得到生活污水产生量、污染物产生量。生活排污系数的取值可根据国家环境保护统计资料，或使用当地的调查资料。

B.2.2.2 畜禽养殖污染源

畜禽(牛、羊、猪、家禽、兔等)平均排污系数(COD、BOD、总氮、总磷等)乘以畜禽养殖数量得到畜禽养殖污染物产生量。畜禽养殖排污系数的取值可根据国家环境保护统计资料，或使用当地的调查资料。

B.2.3 非点源模型

水土流失的污染物可分为固态(吸附态)和溶解态两类。常用的是径流曲线数法(Curve Number method)进行年径流量的估算，运用美国通用土壤流失方程(USLE)进行土壤侵蚀量的估算，在此基础上，结合污染物流失经验模型估算降水引起的水土流失的氮磷流失负荷。

B.2.3.1 年径流量计算——SCS曲线方程

SCS曲线方程见式(B.36)：

$$\begin{cases} Q=(P-0.2S)^2/(P+0.8S) & P>0.2S \\ Q=0 & P\leqslant 0.2S \end{cases} \quad \cdots\cdots\cdots\cdots(\text{B.36})$$

式中：

Q ——径流深，单位为毫米(mm)；

P ——降水量，单位为毫米(mm)；

S ——水土保持参数。

式中未知参数 S 按式(B.37)计算：

$$S=(25\,400/CN)-254 \quad \cdots\cdots\cdots\cdots(\text{B.37})$$

CN——径流曲线数。当土壤处于干旱或饱和含水量状态时，则需对 CN 值进行校正。有关 CN 值的具体取值和确定参考《SCS National Engineering Handbook》。

B.2.3.2 土壤侵蚀量估算——通用土壤流失方程(USLE)

该方程包含了影响水土流失的6个因子，表达式见式(B.38)：

$$A=R\times K\times L\times S\times C\times P \quad \cdots\cdots\cdots\cdots(\text{B.38})$$

式中：

A ——年土壤流失量，单位为千克每公顷(kg/hm^2)；

R ——降水和径流因子；

K ——土壤可蚀性因子；

L ——坡度因子；

S ——坡长因子；

C ——植被与经营管理因子；

P ——水土保持因子。

模型中参数的具体取值和确定参考《基于GIS和USLE的九龙江流域土壤侵蚀量预测研究》，注意当地的修正值。

B.2.3.3 污染物输出模型

污染物输出模型包括颗粒态氮、磷污染物负荷模型和溶解态氮磷污染物负荷模型两种。

a) 颗粒态氮、磷污染物负荷模型见式(B.39)：

$$LS_{kt} = a \cdot CS_{kt} \cdot X_{kt} \cdot TS_{kt} \cdot Sd \qquad \text{(B.39)}$$

式中：

LS_{kt}——颗粒态氮磷污染物负荷，单位为千克每公顷(kg/hm^2)；

a ——单位换算常数，在以上系数单位情况下 a 取100；

CS_{kt}——土壤氮磷污染物浓度(‰)；

X_{kt} ——土壤流失量，单位为吨每平方千米(t/km^2)；

TS_k——污染物富集比；

Sd ——流域泥沙输移比，可采用0.3。

b) 溶解态氮磷污染物负荷模型见式(B.40)：

$$LD_{kt} = b \cdot CD_{kt} \cdot Q_{kt} \qquad \text{(B.40)}$$

式中：

LD_{kt}——溶解态污染物负荷，单位为千克每公顷(kg/hm^2)；

b ——单位换算系数，在以上系数单位情况下 b 取100；

CD_{kt}——径流溶解态污染物浓度，单位为毫克每升(mg/L)；

Q_{kt} ——径流深，单位为毫米(mm)。

B.2.3.4 化学需氧量流失量模型

化学需氧量流失量模型见式(B.41)～式(B.43)：

$$L_{COD} = b \cdot M_{COD} \cdot Q_{kt} \qquad \text{(B.41)}$$

$$Q_{kt} = (Ps - 0.2SE)^2/(Ps + 0.8SE) \qquad \text{(B.42)}$$

$$SE = 1\,000/CN - 10 \qquad \text{(B.43)}$$

式中：

L_{COD} ——化学需氧量负荷，单位为千克每公顷(kg/hm^2)；

b ——单位换算系数，在以上系数单位情况下 b 取100；

M_{COD}——地表径流中化学需氧量浓度，单位为毫克每升(mg/L)；

Q_{kt} ——径流深，单位为毫米(mm)；

Ps ——降雨量，单位为毫米(mm)；

SE ——滞留系数，单位为毫米(mm)；

CN ——径流曲线数，参考《SCS National Engineering Handbook》。

B.2.4 海上养殖污染源估算方法

B.2.4.1 实测法

对排出养殖鱼塘的污水进行水质监测与分析，然后根据鱼塘排出的总水量，估算养殖鱼塘排入水环境主要污染物的污染负荷，见式(B.44)：

$$W = Q \cdot (C_{out} - C_{int}) \quad \cdots\cdots(B.44)$$

式中：

W ——污染物排放负荷量，单位为千克(kg)；

Q ——鱼塘排水量，单位为千吨(kt)；

C_{out} ——出水的污染物浓度，单位为毫克每升(mg/L)；

C_{int} ——进水的污染物浓度，单位为毫克每升(mg/L)。

B.2.4.2 物料平衡法

物料平衡法是从饲养饵料中的营养成分中，扣除转化累积在养殖生物体内的量，剩余的即认为是排入环境中的负荷量，见式(B.45)：

$$T_I = (C \times I_f - I_b) \times 10 \quad \cdots\cdots(B.45)$$

式中：

T_I——某种物质的排入水体中的负荷量，单位为千克每吨(kg/t)；

C ——饵料系数(增肉系数)；

I_f——饲料中某种物质的含量，%；

I_b ——养殖生物体内该种物质的含量，%。

B.2.4.3 经验系数法

经验系数法按式(B.46)计算：

$$W = T_f \times K \times \alpha \quad \cdots\cdots(B.46)$$

式中：

W ——进入水体污染物总量，单位为千克(kg)；

T_f——总的投饵量，单位为千克(kg)；

K ——污染物物质在饵料中的百分率(通过饵料成分获得)；

α ——饵料进入水体的百分率(文献资料，或我国水产部门调查研究资料)。

B.2.4.4 排污系数法

根据不同养殖类型(鱼、虾、蟹、贝类、藻类等)的平均投饵率、不同排放系数乘以养殖面积(或产量)得到养殖污染物产生量。海水养殖排污系数的取值可根据文献获得，或使用当地的调查资料。

B.3 海洋资源与环境(生态系统服务)评价参考方法

B.3.1 海洋资源实物量核算

B.3.1.1 核算内容

对各类海洋资源现存的实物量、过去一个时段围填海活动造成的海洋资源实物量的损耗以及围填海规划方案实施后在未来一个时段可能造成的海洋资源实物量的变化进行估算。具体内容如下：

——海洋生物及渔业资源：主要包括游泳动物、底栖生物、鱼卵仔鱼等种类及种群数量、分布、捕捞产量；水产养殖区的分布、面积、主要养殖种类、产量等；
——港口及航道资源：主要包括岸线类型（自然、人工）及长度，深水岸线开发情况，港口数量、类型和规模，航道和锚地的分布和数量等；
——浅海和滩涂资源：主要包括滩涂和浅海海域面积，以及围填海对浅海和滩涂资源的直接占用量、改变量等；
——滨海矿产资源：主要包括海湾及其海岸带陆域区的金属矿、非金属矿、油气资源等的分布、储量和开发状况等；
——滨海旅游资源：主要包括沿海的岛屿、入海河口、沿海岸线、山地森林等自然景观，滨海公园、滨海大道等人工景观，沿海历史古迹、文化遗产等可供人们休闲娱乐和旅游的资源的分布和数量及其开发利用状况；
——海洋能源：主要包括潮汐能、波浪能、海水温差能、盐梯度能、风能和太阳能等可再生能源的强度、容量、分布和开发利用状况等。

B.3.1.2　核算方法

基于相关数据资料的收集（参见A.9），辅以现场勘查，通过分析、归纳与加总等，用实物（或物理）单位来描述、衡量海湾各类海洋资源的分布数量、利用状况以及历史发展变化（累计变化量）等。

B.3.2　海洋资源与环境（生态系统服务）价值量评估

价值量评估是指用统一的货币单位来衡量海湾各类海洋资源与环境（生态系统服务）的存量及其变化情况。

依据生态经济学（生态系统服务）理论，海湾生态系统服务一般可分为供给服务、调节服务、文化服务和支持服务四大类。其中，供给服务指海湾生态系统生产或提供产品的服务，包括食品生产、原料生产、氧气生产、提供基因资源和空间资源等；调节服务指调节人类生态环境所提供的服务，包括气候调节、废弃物处理（如环境容量）、生物控制、干扰调节等；文化服务指人们通过精神感受、知识获取、主观印象、消遣娱乐和美学体验从生态系统中获得的非物质利益，包括休闲娱乐、文化价值、科研价值等；支持服务指海湾生态系统所提供的保证上述三类服务所必需的基础支撑，包括初级生产、营养物质循环、物种多样性维持等。

B.3.2.1　评估内容

在实物量核算的基础上进行价值量评估，主要内容包括：
——港口及航道资源、浅海和滩涂资源、滨海旅游资源、海洋生物及渔业资源、滨海矿产资源、海洋能源等价值量的现状评估；
——对过去一个时段围填海活动造成的各类海洋资源价值量的损失进行评估、对海洋资源无法涵盖的海湾生态系统服务的价值损失和变化尽可能进行评估（至少应对海湾特征环境（污染）因子的环境容量价值的损失和变化进行评估）、对各类海洋资源与环境（生态系统服务）价值的累计损失额和全海湾的总损失额进行综合评估；
——对围填海规划方案实施后在未来一个时段可能造成的各类海洋资源与环境（生态系统服务）价值的变化进行评估，并对海湾各类海洋资源与环境（生态系统服务）价值的累计变化量和全海湾的总变化量进行测算和综合评估。

B.3.2.2　海洋资源价值量评估方法

B.3.2.2.1　评估方法

对于不可再生资源（如矿产资源）估算总价值，对于可再生资源（包括可产生永续收益流的资源，如港航资源等)估算年价值。

B.3.2.2.2 矿产资源

海洋矿产资源价值评价以矿产资源开采后的预期经济效益为基础进行计算。海洋矿产资源单位采出量的价值可用式(B.47)计算:

$$P_e = v - (E + T) - M \times \rho \qquad \text{(B.47)}$$

式中:

P_e ——矿产资源的单位采出量评估值,单位为元每吨(元/t);

v ——矿产品的价格(主要消耗地的市场价格或影子价格),单位为元每吨(元/t);

E ——矿产资源的必要合理开采加工成本(不含固定资产折旧费),单位为元每吨(元/t);

T ——矿产品的合理费用,单位为元每吨(元/t);

M ——矿产资源开发的单位采出物投资(最佳开采方案),单位为元每吨(元/t);

ρ ——投资回报率,达产期正常年度的利润或平均利润占总投资(入)的百分比,%。

对于矿产资源总储量价值的估算可用式(B.48)计算:

$$P_{mi} = P_e \times Q \times r \qquad \text{(B.48)}$$

式中:

P_{mi}——矿产资源总储量价值,单位为元;

P_e ——矿产资源的单位采出量评估值,单位为元每吨(元/t);

Q ——矿产资源储量,单位为吨(t);

r ——矿产资源的规定回收率,%。

B.3.2.2.3 海洋能资源

海洋能源价值评价可采用市场价值法,评价模型见式(B.49):

$$P_{en} = M_{en} - C_{en} \qquad \text{(B.49)}$$

式中:

P_{en}——围填海域具有的海洋能资源(如潮汐能)的经济价值,单位为元每年(元/a);

M_{en}——开发海洋能资源(如潮汐能)带来的收益,单位为元每年(元/a);

C_{en}——开发海洋能资源(如潮汐能)的投资和运营成本,单位为元每年(元/a)。

B.3.2.2.4 海洋生物资源

海洋生物资源中目前主要利用的是渔业资源,围填海对渔业资源造成的损失可基于市场价值法,通过收集海湾内海洋水产品(主要产品)的产量、产值、成本等数据进行估算。计算公式见式(B.50):

$$V = \sum S_i \cdot Y_i \cdot P_i - \sum W_i \qquad \text{(B.50)}$$

式中:

V ——海洋生物资源价值,单位为元每年(元/a);

S_i ——第 i 类产品的生产面积,单位为公顷(hm^2);

Y_i ——第 i 类产品的单产,单位为公斤每公顷年[kg/(ha·a)];

P_i ——第 i 类产品的市场价格,单位为元每千克(元/kg);

W_i ——生产第 i 类产品的成本投入,单位为元每年(元/a)。

对于海洋生物资源的直接市场价值也可采用较为近似的评估方法,即:使用可持续生产量(包括捕捞和养殖)年价值的折现值来表示。具体公式见式(B.51):

$$V = \frac{R}{i} \qquad \text{(B.51)}$$

式中：

V ——单位面积海域海洋生物资源价值，单位为元每公顷（元/hm^2）；

R ——单位面积海域可持续生产量的年价值，单位为元每公顷（元/hm^2）；

i ——还原利率，指将未来无限期收益折算成现值的比率，可参考银行定期利率或国家债券利率加以确定，%。

B.3.2.2.5 港航资源

港航资源价值的损失评估可采用剩余法，具体公式见式(B.52)：

$$P_{hs}=\frac{R-(1+\rho)(I+O)}{S_{hs}(1+\rho)}S \quad\cdots\cdots\cdots\cdots(\text{B.52})$$

式中：

P_{hs}——围填海造成的港航资源的损失，单位为元每年（元/a）；

R ——港航部门利用海域获得的总收入，单位为元每年（元/a）；

I ——港航部门的固定资产投资，单位为元每年（元/a）；

O ——港航部门的运营成本，单位为元每年（元/a）；

ρ ——社会平均投资回报率，%；

S_{hs}——港航部门使用的海域面积，单位为平方米（m^2）；

S ——围填海占用港航资源的面积，单位为平方米（m^2）。

围填海还可能造成航道和锚地淤积。这部分损失可参照现行的清淤疏浚费用，采用恢复费用法进行估算。具体计算公式见式(B.53)：

$$D_{dr}=M_{dr}\times C_{dr} \quad\cdots\cdots\cdots\cdots(\text{B.53})$$

式中：

D_{dr}——围填海造成的航道和锚地淤积带来的损失，单位为元每年（元/a）；

M_{dr}——围填海造成的淤积增量，单位为立方米每年（m^3/a）；

C_{dr}——清淤疏浚费用，单位为元每立方米（元/m^3）。

B.3.2.2.6 适宜养殖滩涂和浅海资源

适宜养殖滩涂和浅海资源价值的损失评估可采用市场价值法，具体计算公式见式(B.54)：

$$P_{br}=\frac{\sum R_i-\sum C_i}{S_{br}}S \quad\cdots\cdots\cdots\cdots(\text{B.54})$$

式中：

P_{br}——围填海造成的适宜养殖滩涂和浅海的损失，单位为元每年（元/a）；

R_i ——第 i 类养殖产品的年总收入，单位为元每年（元/a）；

C_i ——第 i 类养殖产品的年生产成本，单位为元每年（元/a）；

S_{br}——养殖面积，单位为平方米（m^2）；

S ——围填海占用和破坏的适宜养殖滩涂和浅海的面积，单位为平方米（m^2）。

B.3.2.2.7 适宜产盐滩涂资源

适宜产盐滩涂资源价值的损失评估可采用市场价值法，具体计算公式见式(B.55)：

$$P_{si}=\frac{R-C}{S_{si}}S \quad\cdots\cdots\cdots\cdots(\text{B.55})$$

式中：

P_{si}——围填海造成的适宜产盐滩涂的损失，单位为元每年(元/a)；

R ——盐业的年总收入，单位为元每年(元/a)；

C ——盐业的年生产成本，单位为元每年(元/a)；

S_{si}——盐业生产使用的滩涂面积，单位为平方米(m^2)；

S ——围填海占用和破坏的适宜产盐滩涂的面积，单位为平方米(m^2)。

B.3.2.2.8 旅游资源

滨海旅游资源价值可根据研究海域的具体情况，采用旅行费用法(TCM)结合费用支出法和机会成本法，或然价值法(CVM)，成果参照法(或收益转移法)进行评估。

旅行费用法(TCM)包括几个主要步骤：

a) 调查景区游客的旅行费用、旅行时间、出发区及其相关的社会经济信息；

b) 进行统计回归分析，拟合游览率与旅行成本以及其他社会经济因素(如收入、文化程度、交通条件等)的关系曲线即“全经验”的需求曲线；

c) 将“全经验”曲线转换成旅游人次随入场费的增加而变化的经典旅游需求曲线(纵坐标为入场费，横坐标为旅游人次)，并计算总消费者剩余(该曲线下的面积)。

TCM 即基于消费者剩余对旅游资源的价值进行估算。TCM 可结合费用支出法和机会成本法获得旅游者的旅行花费、旅游时间价值，见式(B.56)和式(B.57)：

旅行总费用＝交通费用＋食宿费用＋门票费用＋景区内服务费＋其他费用 ……………………………(B.56)

旅游时间价值＝每小时工资标准×旅游总小时数×1/3 …………(B.57)

或然价值法(CVM)是通过调查利益相关者对滨海旅游资源的支付意愿(WTP)或滨海旅游资源被破坏利益相关者可接受的补偿意愿(WTA)，基于对这些信息的分析归纳进行滨海旅游资源价值的估算。

成果参照法(或收益转移法)是利用已获得的评估结果作为参照，通过类比、校正等处理，对同一类或相似物品(服务)的价值进行评估。

B.3.2.3 海洋生态系统服务价值评估方法

B.3.2.3.1 气体调节

围填海对气体调节服务造成的损失可运用替代市场法，参照固定二氧化碳的成本和生产氧气的成本进行估算。计算公式见式(B.58)：

$$D_{ga}=(C_{CO_2}+0.73C_{O_2})\times X\times S \qquad \text{(B.58)}$$

式中：

D_{ga} ——围填海对气体调节服务的损耗，单位为元每年(元/a)；

C_{CO_2}——固定二氧化碳的成本，单位为元每吨(元/t)；

C_{O_2} ——生产氧气的成本，单位为元每吨(元/t)；

X ——单位面积海域固定二氧化碳的量，单位为吨每平方米年[t/(m^2·a)]；

S ——围填海面积，单位为平方米(m^2)。

B.3.2.3.2 干扰调节

围填海破坏了天然岸线，使近海生态系统提供的防洪护岸等干扰调节服务受损。该损失可用影子工程法，以建设同等长度的人工岸线的工程造价按式(B.59)作粗略估算：

$$D_{er}=\frac{C_e\times L}{n} \quad\cdots\cdots(B.59)$$

式中：

D_{er}——围填海造成的干扰调节服务的年损失，单位为万元每年（万元/a）；

C_e ——人工岸线的工程造价，单位为万元每千米（万元/km）；

L ——围填海破坏的天然岸线长度，单位为千米（km）；

n ——工程使用年限，单位为年（a）。

B.3.2.3.3　环境容量（或废物处理服务）

围填海造成的海湾环境容量（或废物处理服务）价值的损失可依据数值模拟的模拟结果，在获得海湾典型污染因子环境容量变化值的基础上，参照污水处理成本进行估算。

B.3.2.3.4　生物控制

围填海对生物控制服务的损耗可采用防护费用法，用病虫害防治费用代替，也可采用成果参照法，利用相似地区已有的研究成果来估算。

B.3.2.3.5　文化和科研价值

通过调查人们对保护海域的文化科研价值的支付意愿，估算围填海对其造成的损耗，也可采用成果参照法根据已有的研究成果进行估算。

B.3.2.3.6　初级生产

围填海造成的初级生产服务的损失可采用市场价值法进行估算。计算公式见式（B.60）：

$$D_{hr}=\frac{P_0E}{\delta}\sigma P_s\rho_s S \quad\cdots\cdots(B.60)$$

式中：

D_{hr}——围填海导致的初级生产服务的损失，单位为元每年（元/a）；

P_0 ——单位面积被填海域的初级生产力，单位为千克碳每平方米年[kgC/(m² · a)]；

E ——初级生产力转化为软体动物的转化效率，%；

δ ——贝类产品中鲜肉的混合含碳率，%；

σ ——贝类产品的鲜肉重与含壳重之比；

P_s ——贝类产品平均市场价格，单位为元每千克（元/kg）；

ρ_s ——贝类产品销售利润率，%；

S ——围填海的面积，单位为平方米（m²）。

B.3.2.3.7　生物多样性维持

围填海对生物多样性维持服务造成的损失可采用或然价值法（CVM），通过调查利益相关者的支付意愿或接受补偿意愿进行估算。计算公式见式（B.61）和式（B.62）：

$$D_{en}=S\cdot\sum\alpha_i\cdot V_i \quad\cdots\cdots(B.61)$$

$$V_i=\frac{WTP_i\times U_i}{S_i}\text{ 或 }V_i=\frac{WTA_i\times U_i}{S_i} \quad\cdots\cdots(B.62)$$

式中：

D_{en} ——围填海对海洋珍稀物种造成的损耗，单位为元每年（元/a）；

S ——围填海的面积，单位为平方米(m^2)；

α_i ——权重系数，表征围填海对海洋珍稀物种的影响程度；

V_i ——单位面积海域第 i 种珍稀物种的价值，单位为元每平方米年[元/(m^2·a)]；

WTP_i ——人们对保护第 i 种珍稀物种的支付意愿，单位为元每人年[元/(人·a)]；

U_i ——第 i 种珍稀物种所有的利益相关者，单位为人；

S_i ——第 i 种珍稀物种的重要生境的面积，单位为平方米(m^2)；

WTA_i ——人们对失去第 i 种珍稀物种的接受补偿意愿，单位为元每人年[元/(人·a)]。

附 录 C
（资料性附录）
海湾围填海规划环境影响报告书格式与内容

C.1 文本格式

C.1.1 文本规格

海湾围填海规划环境影响报告书文本采用A4型纸，其成品幅面尺寸为：210 mm×297 mm。

C.1.2 封面格式

海湾围填海规划环境影响报告书封面格式如下：

——第一行书写项目名称：××省××海湾围填海规划（一号宋体、加黑，居中，项目立项批复的名称，不超过30个汉字）；

——第二行书写：环境影响报告书（一号宋体、加黑，居中）；

——第三行落款书写：编制单位：全称（三号宋体、加黑，居中）；

——第四行书写：××××年××月（四号宋体、加黑，居中）；

——第五行书写：中国（四号宋体、加黑，居中），空一格，××（地名，四号宋体、加黑）。

以上各行间距应适宜，保持封面美观。

C.1.3 封里1内容

封里1中应分行写明（四号宋体字）：

——编制单位名称：××××；

——编制单位法人代表：×××；

——评价机构负责人：×××；

——项目负责人：×××；

——技术负责人：×××；

——审核人：×××；

——编制人员：×××；

——专题报告名称、评价协作单位、评价协作单位完成的专题或篇章、评价协作单位负责人等；

——报告书各章节的编制人、审核人、评价工作主要参加人员。

C.2 报告书章节内容

海湾围填海规划环境影响报告书是海湾围填海项目环境影响评价审核批准的主要技术文件，应全面、准确地反映海湾围填海环境影响评价的全部工作。文字应简洁、精练，资料数据应准确，来源清楚，论点明确，利于阅读和审查。报告书应包括以下全部或部分章节内容。如有需要，其中的有关章节内容可另行编制成册，必要的原始数据和计算过程可编入附录。依据各海湾的特点和环境影响评价具体内容，可对下列章节及内容适当增设或删减。

1 绪论

1.1 规划背景

1.2 目的意义
1.3 评价内容、评价范围
1.4 总体技术路线
1.5 编制依据:法律法规、技术规程规范
1.6 主要研究成果
2 海湾概况
2.1 海湾自然环境概况
2.1.1 地理位置及区位条件
2.1.2 自然环境条件
2.1.3 主要海洋资源及其开发利用现状和前景
2.2 社会经济基本情况
2.2.1 沿海人口与城镇
2.2.2 海湾周边地区经济概况
2.3 海湾海洋功能区划
3 海湾围填海规划分析
3.1 海湾地区经济发展与围填海需求
3.2 相关涉海规划
3.3 相关涉海规划协调性分析
3.4 围填海规划及围填海需求分析
3.5 围填海规划协调性与合理性分析
3.6 围填海规划(需求)影响因素分析
4 围填海工况设计
4.1 工况设计原则
4.2 工况设计依据
4.3 工况设计方法
4.4 工况设计内容
5 模型建立与验证
5.1 模型的选择
5.2 模型的配置
5.3 模型参数的选取
5.4 模型结果分析与验证
6 海湾围填海活动的现状和回顾评价
6.1 历史围填海工程回顾
6.1.1 历史围填海工程概况
6.1.2 围填海区开发利用现状
6.1.3 围填海活动综合评述
6.1.4 典型围填海工程概述
6.2 水动力环境的现状和回顾评价
6.2.1 资料分析
6.2.2 水动力环境现状评价
6.2.3 历史围填海活动的水动力环境变化
6.2.4 累积性效应评价
6.3 环境质量的现状和回顾评价

参 考 文 献

[1] GB/T 17108—2006 海洋功能区划技术导则

[2] GB/T 19485—2004 海洋工程环境影响评价技术导则

[3] 联合国海洋环境保护科学问题联合专家组(GESAMP),Environmental Capacity: An Approach to Marine Pollution Prevention. GESAMP Report and Studies No. 30,1986.

[4] U. S. Department of Agriculture, Soil Conservation Service. Hydrology. In 'SCS National Engineering Handbook', Section 4. U. S. Gov. Print[C]. Office: Washington D C,1972.

[5] 黄金良,洪华生,张珞平. 基于 GIS 和 USLE 的九龙江流域土壤侵蚀量预测研究[J]. 水土保持学报,2004,18(5):75-79.

ICS 77-010
H 04

中华人民共和国国家标准

GB/T 29727—2013

彩色涂层钢带生产线焚烧炉和固化炉能耗分级

Energy consumption grades of incinerator and curing furnace for CCL

2013-09-18 发布　　2014-01-01 实施

中华人民共和国国家质量监督检验检疫总局
中国国家标准化管理委员会　发布

前　言

本标准按照 GB/T 1.1—2009 给出的规则起草。

本标准由中国钢铁工业协会提出。

本标准由全国钢标准化技术委员会(SAC/TC 183)归口。

本标准起草单位:浙江华东轻钢建材有限公司、北京星和众工设备技术股份有限公司、冶金工业信息标准研究院、苏州翱宇机械制造有限公司。

本标准主要起草人:许秀飞、沈伟根、仇金辉、何长化、汪为健、王晓杰、王姜维、宋超群、赵宝玉、王利群。

彩色涂层钢带生产线焚烧炉和固化炉能耗分级

1 范围

本标准规定了彩色涂层钢带生产线焚烧炉和固化炉能耗的术语和定义、能耗分级、测定与计算方法和数值修约等。

本标准适用于彩色涂层钢带生产线焚烧炉和固化炉能耗分级。

2 规范性引用文件

下列文件对于本文件的应用是必不可少的。凡是注日期的引用文件，仅注日期的版本适用于本文件。凡是不注日期的引用文件，其最新版本(包括所有的修改单)适用于本文件。

GB/T 8170 数值修约规则与极限数值的表示和判定

YB/T 4210 彩色涂层钢带生产线焚烧炉和固化炉热平衡测定与计算

3 术语和定义

下列术语和定义适用于本文件。

3.1

彩色涂层钢带生产线焚烧炉和固化炉典型能耗 typical energy consumption of incinerator and curing furnace for CCL

在彩色涂层钢带生产线上，在YB/T 4210规定的标准测试条件下，生产该生产线设计代表规格的产品时，钢带经过涂装处理后，由环境温度状态下加热到标准固化温度的固化过程中，焚烧炉和固化炉所消耗的加热能量的总和，包括电力、天然气、液化石油气、煤气等能源中的一种或几种，不包括动力等其他能耗。

3.2

彩色涂层钢带生产线焚烧炉和固化炉吨钢能耗 typical energy consumption per ton strip of incinerator and curing furnace for CCL

彩色涂层钢带生产线上，平均每加热1 t钢带，焚烧炉和固化炉所消耗的典型能耗，用Q^*表示，单位为兆焦每吨(MJ/t)。

3.3

彩色涂层钢带生产线焚烧炉和固化炉能耗分级 energy consumption grades of incinerator and curing furnace for CCL

表示彩色涂层钢带生产线焚烧炉和固化炉能耗高低差别的一种分级方法，按彩色涂层钢带生产线焚烧炉和固化炉吨钢能耗的大小确定。

4 焚烧炉和固化炉能耗分级

彩色涂层钢带生产线焚烧炉和固化炉典型能耗分级按照表1的规定。

表 1

等 级	吨钢能耗/(MJ/t)	
	直接加热	间接加热
1	$Q^* \leqslant 285$	$Q^* \leqslant 395$
2	$285 < Q^* \leqslant 395$	$395 < Q^* \leqslant 505$
3	$395 < Q^* \leqslant 505$	$505 < Q^* \leqslant 610$
4	$505 < Q^* \leqslant 610$	$610 < Q^* \leqslant 720$
5	$610 < Q^* \leqslant 720$	$720 < Q^* \leqslant 825$

5 测定与计算方法

彩色涂层钢带生产线焚烧炉和固化炉能耗的测定与计算方法按照 YB/T 4210 的规定执行，数值修约应符合 GB/T 8170 的规定。

附 录 A
（资料性附录）
不同能耗等级对应的常用能源消耗数值

彩色涂层钢带生产线焚烧炉和固化炉不同能耗等级对应的常用能源消耗数值见表 A.1。

表 A.1

等级	吨钢能源消耗							
	天然气/(m^3/t)		电力/(kW·h/t)		液化石油气/(kg/t)		煤气/(m^3/t)	
	直接加热	间接加热	直接加热	间接加热	直接加热	间接加热	直接加热	间接加热
1	≤8	≤11	≤79	≤110	≤6	≤8	≤57	≤79
2	>8～11	>11～14	>79～110	>110～140	>6～8	>8～10	>57～79	>79～101
3	>11～14	>14～17	>110～140	>140～169	>8～10	>10～12	>79～101	>101～122
4	>14～17	>17～20	>140～169	>169～200	>10～12	>12～14	>101～122	>122～144
5	>17～20	>20～23	>169～200	>200～229	>12～14	>14～16	>122～144	>144～165
注：几种能源的平均低位发热量分别取：电力 3 600 kJ/(kW·h)、天然气 36 000 kJ/m^3、液化石油气 50 000 kJ/kg、煤气 5 000 kJ/m^3。								

ICS 77-010
H 04

中华人民共和国国家标准

GB/T 29728—2013

热浸镀锌钢带生产线加热炉能耗分级

Energy consumption grades of furnace for CGL

2013-09-18 发布

2014-01-01 实施

中华人民共和国国家质量监督检验检疫总局
中国国家标准化管理委员会 发布

前　言

本标准按照 GB/T 1.1—2009 给出的规则起草。

本标准由中国钢铁工业协会提出。

本标准由全国钢标准化技术委员会(SAC/TC 183)归口。

本标准起草单位:浙江华东轻钢建材有限公司、北京星和众工设备技术股份有限公司、冶金工业信息标准研究院、张家港市新港星科技有限公司。

本标准主要起草人:何长化、沈伟根、许秀飞、仇金辉、汪为健、王晓杰、王姜维、王卫东、尚东艳、王利群。

热浸镀锌钢带生产线加热炉能耗分级

1 范围

本标准规定了热浸镀锌钢带生产线加热炉能耗的术语和定义、能耗分级、测定与计算方法和数值修约等。

本标准适用于热浸镀锌钢带生产线加热炉能耗分级。

2 规范性引用文件

下列文件对于本文件的应用是必不可少的。凡是注日期的引用文件，仅注日期的版本适用于本文件。凡是不注日期的引用文件，其最新版本（包括所有的修改单）适用于本文件。

GB/T 8170 数值修约规则与极限数值的表示和判定

YB/T 4211 热浸镀锌生产线加热炉热平衡测定与计算

3 术语和定义

下列术语和定义适用于本文件。

3.1

热浸镀锌钢带生产线加热炉典型能耗 typical energy consumption of furnace for CGL

在热浸镀锌钢带生产线上，在YB/T 4211规定的标准测试条件下，生产该生产线设计代表规格的产品时，钢带由环境温度状态下加热到规定的退火温度所消耗的加热能量总和，包括电力、天然气、液化石油气、煤气等能源中的一种或几种，不包括动力等其他能耗。

3.2

热浸镀锌钢带加热炉吨钢能耗 typical energy consumption per ton strip of furnace for CGL

热浸镀锌钢带加热炉平均每加热1 t钢带所消耗的典型能耗，用Q^*表示，单位为兆焦每吨（MJ/t）。

3.3

热浸镀锌钢带加热炉能耗分级 energy consumption grades of furnace for CGL

表示热浸镀锌钢带加热炉能耗高低差别的一种分级方法，按热浸镀锌钢带加热炉吨钢能耗的大小确定。

4 热浸镀锌钢带加热炉能耗分级

热浸镀锌钢带加热炉典型能耗分级按照表1的规定。

表 1

等　级	吨钢能耗/(MJ/t)	
	燃气加热炉	电加热炉
1	$Q^* \leqslant 600$	$Q^* \leqslant 455$
2	$600 < Q^* \leqslant 800$	$455 < Q^* \leqslant 485$
3	$800 < Q^* \leqslant 1\ 000$	$485 < Q^* \leqslant 525$
4	$1\ 000 < Q^* \leqslant 1\ 300$	$525 < Q^* \leqslant 570$
5	$1\ 600 < Q^* \leqslant 1\ 300$	$570 < Q^* \leqslant 620$

5　测定与计算方法

热浸镀锌钢带加热炉能耗的测定与计算方法按照 YB/T 4211 的规定执行，数值修约应符合 GB/T 8170 的规定。

附 录 A
（资料性附录）
不同能耗等级对应常用能源的消耗数值

不同能耗等级对应常用能源的消耗数值见表 A.1，供参考。

表 A.1

等 级	吨钢能源消耗			
	电力/(kW·h/t)	天然气/(m^3/t)	液化石油气/(kg/t)	焦炉煤气/(m^3/t)
1	≤126	≤17	≤12	≤120
2	＞126～135	＞17～22	＞12～16	＞120～160
3	＞135～146	＞22～28	＞16～20	＞160～200
4	＞146～158	＞28～36	＞20～26	＞200～260
5	＞158～172	＞36～44	＞26～32	＞260～320

注：几种能源的平均低位发热量分别取：电力 3 600 kJ/(kW·h)、天然气 36 000 kJ/m^3、液化石油气 50 000 kJ/kg、煤气 5 000 kJ/m^3。

ICS 71.020;71.100.20
G 86

中华人民共和国国家标准

GB/T 29729—2013

氢系统安全的基本要求

Essential requirements for the safety of hydrogen systems

(ISO/TR 15916:2004,Basic considerations for the safety of hydrogen systems,NEQ)

2013-09-18 发布 2014-01-01 实施

中华人民共和国国家质量监督检验检疫总局
中国国家标准化管理委员会 发布

前　言

本标准按照 GB/T 1.1—2009 给出的规则起草。

本标准使用重新起草法参考 ISO/TR 15916:2004《氢系统安全的基本考虑》编制，与 ISO/TR 15916:2004 的一致性程度为非等效。

本标准由全国氢能标准化技术委员会(SAC/TC 309)提出并归口。

本标准起草单位：浙江大学、中国标准化研究院、世源科技工程公司、四川天一科技股份有限公司、清华大学、同济大学。

本标准主要起草人：郑津洋、王赓、徐平、刘建虎、孟培勤、王诚、潘相敏、陈立新、欧可升。

氢系统安全的基本要求

1 范围

本标准规定了氢系统的类别、氢的基本特性、氢系统的危险因素及其风险控制的基本要求。

本标准适用于氢的制取、储存和输送系统的设计和使用。

2 规范性引用文件

下列文件对于本文件的应用是必不可少的。凡是注日期的引用文件,仅注日期的版本适用于本文件。凡是不注日期的引用文件,其最新版本(包括所有的修改单)适用于本文件。

GB 2894 安全标志及其使用导则

GB 4962—2008 氢气使用安全技术规程

GB 5099 钢质无缝气瓶

GB 12014 防静电服

GB 12358 作业场所环境气体检测报警仪 通用技术要求

GB 16808 可燃气体报警控制器

GB/T 18442.1 固定式真空绝热深冷压力容器 第1部分:总则

GB/T 18442.2 固定式真空绝热深冷压力容器 第2部分:材料

GB/T 18442.3 固定式真空绝热深冷压力容器 第3部分:设计

GB/T 18442.4 固定式真空绝热深冷压力容器 第4部分:制造

GB/T 18442.5 固定式真空绝热深冷压力容器 第5部分:检验与试验

GB/T 18442.6 固定式真空绝热深冷压力容器 第6部分:安全防护

GB/T 19773 变压吸附提纯氢系统技术要求

GB/T 19774 水电解制氢系统技术要求

GB 21146 个体防护装备 职业鞋

GB/T 24499 氢气、氢能与氢能系统术语

GB 50058 爆炸和火灾危险环境电力装置设计规范

GB 50177—2005 氢气站设计规范

GB 50217 电力工程电缆设计规范

GB 50275 风机、压缩机、泵安装工程施工及验收规范

GB 50516—2010 加氢站技术规范

JB/T 4711 压力容器涂敷与运输包装

JB 4732—1995 钢制压力容器分析设计标准

TSG R0004 固定式压力容器安全技术监察规程

TSG R0005 移动式压力容器安全技术监察规程

TSG R0009 车用气瓶安全技术监察规程

《气瓶安全监察规程》

3 术语和定义

GB/T 24499 界定的以及下列术语和定义适用于本文件。

3.1

氢系统 hydrogen system

氢的制取、储存或输送系统。

3.2

爆轰极限 limit of detonation

易燃易爆气体、蒸汽或粉尘在空气/氧气中形成可引发爆轰的爆炸气体混合物的浓度范围。

3.3

热分层 thermal stratification

重力方向上由于温度不同引起流体密度差异，导致冷流体处于下方，热流体处于上方的流体分层现象。

3.4

固态储氢 hydrogen storage in solid state

以固态物质形式与氢进行化学反应或物理吸附的储氢方式。

3.5

限制区域 confined space

进出口受限、通风不良、具有危险的空间。

4 氢系统的类别

4.1 制氢系统

制氢系统主要包括水电解制氢系统、化石能源制氢系统和可再生能源制氢系统，其中化石能源制氢系统主要有天然气蒸汽转化制氢系统、甲醇转化制氢系统和副产氢提纯回收制氢系统，可再生能源制氢系统主要有风能和太阳能电解水制氢系统、太阳能热化学制氢系统和太阳能光解水制氢系统。典型制氢系统参见附录 A。

4.2 储存系统

氢储存系统主要包括氢气储存系统、液氢和氢浆储存系统及固态氢储存系统，其中固态氢储存系统主要有金属氢化物储氢系统、络合氢化物储氢系统、化学氢化物储氢系统和物理吸附储氢系统。

4.3 输送系统

氢输送系统主要包括氢气输送系统、液氢和氢浆输送系统。氢气输送系统主要有氢气长管拖车和氢气管道系统，液氢和氢浆输送系统主要有槽罐车和低温绝热管道系统。

5 氢的基本特性

5.1 物理和热物理性质

5.1.1 氢的相对原子质量为 1.008，氢气在常温常压下的密度为 0.083 76 kg/m^3。常态氢和仲氢的物理和热物理性质参见附录 B 中的表 B.1，氢气与其他常见气体的热物理性质比较参见附录 B 中的表 B.2。

5.1.2 液氢在标准沸点下的密度为 70.78 kg/m³,标准沸点下常态氢转化为仲氢的转化热为 527.14 kJ/kg。液氢与其他液化气体的热物理性质比较参见附录 B 中的表 B.3。

5.2 燃烧特性

5.2.1 氢气在常温常压空气中的可燃极限为 4%～75%(体积分数)。氢的燃烧特性参见附录 C 中的表 C.1,氢气与其他常见燃料的燃烧特性比较参见附录 C 中的表 C.2。

5.2.2 氢气在常温常压空气中的爆轰极限为 18.3%～59%(体积分数),爆轰速度为 1 480 m/s～2 150 m/s。

6 氢系统的危险因素

6.1 泄漏和渗漏

6.1.1 氢气易通过多孔材料、装配面或密封面泄漏。氢气泄漏后将迅速扩散,导致可燃、可爆区域不断扩大,且扩散过程肉眼不可见。影响氢气泄漏扩散的主要因素包括泄漏位置、环境温度、环境风速、环境风向和障碍物。

6.1.2 液氢和氢浆系统发生泄漏后,液氢和氢浆将迅速蒸发扩散,形成可见的可爆雾团,并可能导致系统形成负压而使周围空气进入系统冷凝而结冰,可能堵塞系统的管道、阀门等部件。

6.1.3 氢易渗入某些非金属材料内而引起氢渗漏。若液氢或氢浆系统发生氢渗漏,可导致氢损耗或真空绝热层破坏。

6.2 与燃烧有关的危险因素

6.2.1 氢气、液氢或氢浆被点燃,将引起氢燃烧或爆炸。氢燃烧可造成氢系统材料性能劣化,并可能导致氢系统因内部温度和压力急剧升高而超压失效。

6.2.2 氢气爆燃可导致燃烧区域的迅速扩大和密闭空间压力的迅速升高。氢气爆轰产生的高速爆轰波可对燃烧区域外的环境产生巨大冲击,并伴随有高温气体的迅速传播。

6.3 与压力有关的危险因素

6.3.1 氢气系统失效可导致高压氢气储存能量迅速释放,形成冲击波,破坏周围设施。

6.3.2 液氢和氢浆系统漏热将引起热分层和氢蒸发,导致系统内的氢体积急剧增大,若泄压装置动作不及时,可导致系统超压失效。

6.3.3 氢浆中的固体氢颗粒易积聚沉淀而堵塞氢浆系统的管道、阀门等部件。

6.4 与温度有关的危险因素

6.4.1 氢液化过程温度急剧下降,可导致材料收缩。氢系统材料收缩程度不同,可能导致系统结构变形不协调,从而造成结构中应力增大或密封面泄漏。

6.4.2 液氢和氢浆系统的低温环境可导致材料韧性下降,增加材料的裂纹敏感性。液氢和氢浆系统的温度低于材料的韧脆转变温度时,材料将由韧性状态转变为脆性状态。

6.5 与固态储氢有关的危险因素

6.5.1 金属氢化物的解吸氢压随金属氢化物温度升高呈指数函数增大,可能导致金属氢化物容器超压失效。

6.5.2 固态储氢容器在使用过程中,由于振动或氢气流推动,易造成粉体局部堆积而导致容器膨胀、破损。若含氢活性粉体随氢气流通过阀门向外逸出,可污染环境并可能引起燃烧。

6.5.3 固态储氢容器在加热解吸放氢后的冷却过程中,容器内可能形成负压而吸入空气,导致活性粉体逐渐失活。

6.5.4 固态储氢物质均有很高的表面活性，其与原料氢中含有的 CO、SO_2、Cl_2、O_2、CO_2 等杂质接触会被污染或中毒失活。

6.6 氢腐蚀和氢脆

6.6.1 钢在高温高压氢环境中服役一定时间后，氢可与钢中的碳反应生成甲烷，造成钢脱碳和微裂纹的形成，导致钢性能不可逆地劣化。温度越高、氢分压越大，钢的氢腐蚀越严重。

6.6.2 金属吸收内部氢或外部氢后，局部氢浓度达到饱和时，将引起塑性下降、诱发裂纹或延迟断裂。温度越高、氢分压越大、应变速率越大，金属的氢脆越严重。

6.7 生理危害

6.7.1 人体皮肤直接接触低温氢气、液氢或氢浆易导致冻伤，直接接触高温且肉眼不可见的氢火焰易导致高温灼伤。

6.7.2 氢燃烧产生的大量紫外线辐射易损伤人体皮肤，氢火灾引起的次生火灾会产生浓烟或其他有害燃烧产物，危害人体健康。

7 风险控制

7.1 基本原则

氢系统应遵循以下基本原则：

a) 在满足需求的前提下，控制储存和操作中氢的使用量；
b) 制定相应操作程序；
c) 减少处于危险环境中的人员数量，并缩短所处时间；
d) 避免氢/空气(氧气)混合物在密闭空间积聚；
e) 确定氢系统的爆炸危险区域，爆炸危险区域的等级定义应符合 GB 50058 的规定；
f) 确保氢系统的爆炸危险区域内无其他杂物，通道畅通。

7.2 设计风险控制

7.2.1 基本要求

氢系统设计应满足以下基本要求：

a) 失效-安全设计：
   1) 设置安全泄放装置、阻火器等安全附件；
   2) 设置单容错或双容错。
b) 自动安全控制：
   1) 远程实时监测系统的安全状态；
   2) 自动控制压力、流速等运行参数；
   3) 检测到氢泄漏时，设备应能自动采取相应的安全措施，包括关闭截止阀、开启通风装置、关停设备等。
c) 氢系统出现异常、故障或失灵时，报警装置应能及时报警。

7.2.2 合理选材

7.2.2.1 氢系统选材应考虑以下因素：

——与氢的相容性；
——与相邻材料的相容性；
——与使用环境的相容性；
——毒性；
——失效模式；
——可加工性；
——经济性。

7.2.2.2 氢系统用金属材料应满足强度要求，并具有良好的塑性、韧性和可制造性。用于低温工况时还应有良好的低温韧性，且其韧脆转变温度应低于系统的工作温度。

7.2.2.3 氢系统用非金属材料应有良好的抗氢渗透性能。

7.2.2.4 温度或压力变化引起材料的形状或尺寸变化时，相邻材料间的变形应互相协调，以确保系统的密封性能和各部件的正常工作。

7.2.2.5 氢系统中与氢直接接触的金属材料，应与氢具有良好的相容性。必要时，应在与使用条件相当的温度和压力范围内，对材料进行氢相容性试验。

7.2.2.6 氢系统宜选用含碳量低或加入强碳化物形成元素的钢。

7.2.2.7 氢环境常用金属材料参见附录D。为降低金属材料的氢脆敏感性，应采取以下措施：

a) 将材料硬度和强度控制在适当的水平；
b) 降低残余应力；
c) 避免或减少材料冷塑性变形；
d) 避免承受交变载荷的部件发生疲劳破坏；
e) 使用奥氏体不锈钢、铝合金等氢脆敏感性低的材料。

7.2.3 设备

7.2.3.1 氢气储存容器

7.2.3.1.1 设计氢气储存容器时，应充分考虑在正常工作状态下大气环境温度条件对容器壳体金属温度的影响，其最低设计金属温度不应高于历年来月平均最低气温的最低值。

7.2.3.1.2 氢气储存容器的支承和基础应为非燃烧体并确保牢固，容器的接地要求应符合GB 50177—2005中9.0.7的规定。

7.2.3.1.3 固定式氢气储罐、氢气长管拖车及其零部件的涂敷与运输包装应符合JB/T 4711的规定和图样的技术要求。

7.2.3.1.4 固定式氢气储罐的设计应符合TSG R0004、JB 4732等相关规范标准的规定。

7.2.3.1.5 固定式氢气储罐应设有压力表、安全泄放装置、氢气泄漏报警装置、吹扫置换接口等安全附件。

7.2.3.1.6 固定式氢气储罐顶部最高点宜设有氢气放空管，底部最低点宜设有排污口。

7.2.3.1.7 氢气长管拖车的设计应符合TSG R0005、《气瓶安全监察规程》等相关规范标准的规定。

7.2.3.1.8 氢气长管拖车应按GB 2894的规定设置安全标志。

7.2.3.1.9 氢气长管拖车的汇流总管应设有压力表和温度表。每只钢瓶均应装配安全泄放装置。拖车上应配备灭火器材。

7.2.3.1.10 氢气瓶的设计应符合TSG R0009、GB 5099、《气瓶安全监察规程》等相关规范标准的规定。

7.2.3.1.11 氢气储气瓶组的气瓶、管路、阀门和其他附件应可靠固定，且管路、阀门和其他附件应设有防止碰撞损坏的防护设施。

7.2.3.2 液氢储存容器

7.2.3.2.1 液氢储存容器应设有绝热效果良好的绝热系统，其内容器和真空夹层均应设有安全泄放装置。

7.2.3.2.2 液氢储存容器的支承和基础应为非燃烧体并确保牢固。

7.2.3.2.3 液氢储存容器的放空管应设在容器顶部，并宜控制排放氢气的速度，以防静电引起爆炸。

7.2.3.2.4 固定式液氢储存容器、移动式液氢储存容器及其零部件的涂敷与运输包装应符合JB/T 4711的规定和图样的技术要求。

7.2.3.2.5 固定式液氢储存容器的选材、设计、制造、检验与试验、安全防护应符合TSG R0004、GB/T 18442.1～6等相关规范标准的规定。

7.2.3.2.6 移动式液氢储存容器的选材、设计、制造、检验与试验应符合TSG R0005、《气瓶安全监察规程》等相关规范标准的规定。

7.2.3.2.7 低温绝热气瓶的设计应符合《气瓶安全监察规程》等相关规范标准的规定。

7.2.3.3 氢浆储存容器

氢浆储存容器除应符合7.2.3.2的规定外，还应符合以下要求：

a) 防止污染物进入容器，并及时处理容器内的固体氢颗粒积聚物；

b) 及时补给或浓缩氢浆，确保容器中固态氢的质量分数满足要求。

7.2.3.4 固态储氢容器

固态储氢容器除应符合7.2.3.1.4、7.2.3.1.5和7.2.3.1.7的规定外，还应符合以下要求：

a) 防止固态填充物在使用过程中局部堆积；

b) 单管或列管的管端均应设置过滤精度与固态储氢物质粒度相匹配的过滤器；

c) 依储氢容量大小和固态物质储氢热效应高低，固态储氢容器宜设计为热交换器结构。

7.2.3.5 压缩机

7.2.3.5.1 氢气压缩机的选型、数量，应根据进气压力、排气压力、氢气纯度和用氢量或使用特性确定。

7.2.3.5.2 氢气灌装用压缩机的型号、排气量，应根据灌装台或充装容器的规格和数量、充装时间、进气压力和排气压力确定。

7.2.3.5.3 输送氢气用压缩机后应设有氢气罐，并应在氢气压缩机的进气管与排气管之间设置旁通道。

7.2.3.5.4 氢气压缩机前应设有氢气缓冲罐。数台氢气压缩机并联从同一氢气管道吸气时，应采取措施确保吸气侧氢气为正压。

7.2.3.5.5 氢气压缩机的安装和验收应符合GB 50275、设计制造标准和技术说明书的规定。

7.2.3.5.6 氢气压缩机安全保护装置的设置，应符合GB 50516—2010中6.2.5的规定。

7.2.4 管道

7.2.4.1 基本要求

氢气、液氢和氢浆管道应符合以下基本要求：

a) 选用符合国家标准或行业标准规定，且满足工作压力、工作温度要求的无缝管；

b) 管的材料应与氢有良好的相容性；

c) 采用焊接连接或其他能有效防止泄漏的连接方式；

d) 设置合适的安全泄放装置，与用氢设备连接的管道应设切断阀，连接至有明火的用氢设备的管道还应设阻火器；

e) 管道上应标明介质及其流动方向；

f) 管道宜采用架空敷设，其支架应为非燃烧体，且不应与电缆、导电线路、高温管线敷设在同一支架上；

g) 氢管道与其他管道共架敷设或分层布置时，氢管道宜布置在外侧并置于上层，且应保持一定的安全距离；

h) 管道与建筑物、构筑物或其他管线应保持一定的安全距离，室内管道不应敷设在地沟中或直接埋地，室外地沟敷设的管道，应采取防止氢泄漏、积聚的措施。

7.2.4.2 氢气管道

7.2.4.2.1 氢气站、供氢站和车间内氢气管道的敷设，应符合 GB 50177—2005 中 12.0.10 的规定；厂区内氢气管道架空敷设、直接埋地敷设和明沟敷设时，应分别符合 GB 50177—2005 中 12.0.11、12.0.12 和 12.0.13 的规定；氢气管道与其他管道共架敷设或分层布置时，应符合 GB 4962—2008 中 4.4.6 的规定。

7.2.4.2.2 氢气管道上应设放空管、分析取样口和吹扫置换口，其位置应能满足管道内气体排放、取样、吹扫和置换要求。

7.2.4.3 液氢和氢浆管道

7.2.4.3.1 管道绝热应采用高真空多层绝热、真空粉末绝热或其他绝热效果优良的绝热方式。

7.2.4.3.2 使用波纹膨胀节时，应将其放置于真空夹套内，且管道系统应有足够的弹性以避免热膨冷缩引起管道失效或泄漏。

7.2.4.3.3 不应采用螺纹连接。

7.2.4.3.4 液氢和氢浆管道可能有液体滞留的部位应设有安全泄放装置，液体排放管道应设有坡度。

7.2.4.3.5 液氢和氢浆管道应远离沥青等易燃材料，且应保护管道周围易产生低温脆化的材料。

7.2.4.3.6 液氢和氢浆管道不宜用于长距离输送，氢浆管道应避免固态氢颗粒沉淀和流动分层。

7.2.5 附件

7.2.5.1 安全泄放装置

7.2.5.1.1 安全泄放装置(包括安全阀、爆破片和辅助泄压装置)应满足以下基本要求：

a) 制造安全泄放装置的单位应当持有相应的特种设备制造许可证；

b) 安全泄放装置应能保证系统的压力始终不高于系统的最大允许工作压力，其尺寸应适应压力源的最大流量，且在极端条件下仍应有足够的泄放能力；

c) 若低压氢系统通过压力调节器与高压氢源相连，且低压氢系统的承压上限低于高压氢源的压力，则低压氢系统应设置安全泄放装置以防超压；

d) 安全泄放装置的材料应能适应氢系统的工作温度，且与氢有良好的相容性；

e) 液氢或氢浆管道上安装多个安全泄放装置时，应确保各个安全泄放装置不影响管道流速，且运行时不影响其他安全泄放装置的开启压力；

f) 真空夹层的安全泄放装置应符合 GB/T 18442.6 的规定；

g) 安全泄放装置和被保护的容器或管道之间不应安装截止阀。

7.2.5.1.2 安全阀还应满足以下要求：

a) 安全阀的最大泄放量及开启压力应符合 JB 4732—1995 附录 E 中 E6 的规定；

b) 安全阀的可动部分在不均匀加热或冷却时应灵活可动，且不应使用可能妨碍安全阀正常工作的填料；

c) 应选用全封闭式安全阀，并应有产品合格证或质量合格证明书，经校准合格铅封后，方可安装；

d) 安全阀应铅直安装在便于观察和检修的排放管路上且靠近被保护容器的位置；

e) 液氢和氢浆系统安全阀的安装应符合 GB/T 18442.6 的规定。

7.2.5.1.3 爆破片还应满足以下要求：

a) 爆破片的标定爆破压力应大于系统的工作压力，爆破片与安全阀的并联装置应符合 JB 4732—1995 附录 E 中 E8 的规定；

b) 液氢和氢浆储存容器的内容器所装配的爆破片装置应符合 GB/T 18442.6 的规定；

c) 爆破片爆破时不应产生火花和金属碎片；

d) 应根据爆破片的使用寿命，进行定期更换；

e) 爆破片应设有安全保护盖。

7.2.5.1.4 在设计、安装辅助泄压装置时，应考虑液击、空化等引起的瞬变压力。

7.2.5.2 阀门

7.2.5.2.1 氢气节流阀应采用自启动装置，当流速达到预先设定的最大值时，节流阀应自动关闭。

7.2.5.2.2 氢气管道的切断阀宜采用球阀或截止阀。

7.2.5.2.3 应根据工作压力、工作温度及与氢的相容性等选用阀门材料和密封填料。

7.2.5.2.4 液氢系统宜使用低温球阀，并应防止球阀关闭时阀芯内仍残留有液氢。

7.2.5.2.5 截止阀应安装于液氢回流管线并尽可能靠近容器的位置，在截止阀与容器之间的管道中不应有其他附件。

7.2.5.3 密封件

7.2.5.3.1 应根据氢系统的工作压力、工作温度、与氢的相容性等因素选择密封件。

7.2.5.3.2 使用非金属材料密封件时，应避免氢在非金属材料中的高渗透性导致密封件失效或氢渗漏。

7.2.5.4 过滤器

7.2.5.4.1 应定期或当过滤器的压力降超过规定值时，对过滤器进行清洗或更换。

7.2.5.4.2 过滤器应易于拆卸和清洗，不应通过系统反冲进行清洗。

7.2.5.4.3 应防止氢浆系统中的过滤器被固体氢颗粒堵塞。

7.2.5.4.4 应确定过滤器的数量和安装位置，以降低系统内的杂质含量。过滤器宜安装于加注管路或补给管路。

7.2.5.5 仪表和控制器

7.2.5.5.1 氢系统应装配有必要的仪表和控制器，以监控系统的运行状况；若使用的仪表或控制器为电气设备，还应符合 7.3.5 的规定。

7.2.5.5.2 仪表的精度等级和量程应满足使用要求，并应有产品合格证和检定日期，经校核合格铅封后方可安装，其安装位置应便于作业人员观察和检修。

7.2.5.5.3 应定期校核仪表和控制器，以确保其工作正常。

7.2.5.5.4 用于液氢和氢浆系统的液面计的液位指示应直观，当采用刻度转换式液面计时，应在明显位置标示充装量和刻度换算表。

7.3 氢设施要求

7.3.1 平面布置

7.3.1.1 氢气站、供氢站、氢气罐，与建筑物、构筑物的防火间距应符合 GB 50177—2005 中 3.0.2 的规定，与铁路、道路的防火间距应符合 GB 50177—2005 中 3.0.3 的规定；氢气罐或罐区之间的防火间距应符合 GB 50177—2005 中 3.0.4 的规定；氢气站工艺装置内的设备、建筑物平面布置的防火间距应符合 GB 50177—2005 中 6.0.2 的规定。

7.3.1.2 氢气加氢站、加氢加气合建站、加氢加油合建站站内设施之间的防火间距应符合 GB 50516—2010 中 5.0.1 的规定。

7.3.1.3 氢气灌瓶间、氢气汇流排间、空瓶和实瓶的布置应符合 GB 4962—2008 中 4.1.15 的规定。

7.3.1.4 制氢车间的主要通道、设备之间的距离，应符合 GB 50177—2005 中 6.0.11 的规定。

7.3.1.5 氢气压缩机车间的主要通道、压缩机之间的距离，应符合 GB 50177—2005 中 6.0.12 的规定。

7.3.1.6 当氢气站内同时设有氢气压缩机和氧气压缩机时，不应将其设置于同一房间内。

7.3.1.7 氢气加氢站站区内的道路设置符合 GB 50516—2010 中 5.0.4 的规定。

7.3.2 建筑物

7.3.2.1 总则

7.3.2.1.1 建筑物应满足以下基本要求：

——采用非燃烧材料建造；
——避免使用易导致氢积聚的结构；
——无点火源；
——设置氢气检测报警装置；
——通风良好；
——设置泄压装置。

7.3.2.1.2 有爆炸危险的房间应符合 GB 50177 的相关规定。

7.3.2.2 控制室

7.3.2.2.1 控制室应远离爆炸危险区域，否则应采用防火墙等对控制室进行保护。

7.3.2.2.2 应通过观察窗或监视系统监视控制室。

7.3.2.2.3 观察窗应使用防弹玻璃，并在满足使用要求的前提下尽可能小。

7.3.2.3 遮棚

7.3.2.3.1 设置于氢气瓶装卸平台的雨棚，其宽度应大于氢气瓶装卸平台的宽度，且其支承和基础应采用非燃烧体。

7.3.2.3.2 建筑物的墙体和顶棚之间应有通风空间，且顶棚内表面应平整，避免死角。

7.3.2.3.3 加氢岛、加氢机安装场所的罩棚应符合 GB 50516—2010 中 8.0.3 的规定。

7.3.2.3.4 制氢间、氢气压缩机间、氢气纯化间、氢气灌瓶间和氢气汇流排间的屋架下弦高度应满足 GB 50177—2005 中 7.0.12 的规定。

7.3.2.4 通风要求

7.3.2.4.1 有爆炸危险的房间，事故排风机的选型应符合 GB 50058 的规定，且不应低于氢气爆炸混合物的级别和组别。

7.3.2.4.2 应避免通风系统将氢带入建筑物内。

7.3.2.4.3 建筑物内有氢储存或操作设备时，应设有通风系统。

7.3.2.4.4 通风系统进口宜设于墙体底部，出口宜设于墙体顶部或建筑物顶部且应朝向安全区域。

7.3.3 禁区

7.3.3.1 应将氢系统及其周围区域划为禁区，并设置围栏。

7.3.3.2 禁区周围应有醒目的警示标记。

7.3.3.3 作业人员进入禁区前，应按规定进行着装并做好防护措施。

7.3.3.4 应掌握禁区内人员、设备的出入情况，并限制禁区内的人员数量。

7.3.4 放空和火炬

7.3.4.1 应根据现场条件、氢气排放速率，确定氢处理方式。

7.3.4.2 现场条件允许、氢排放速率较低(不超过 0.23 kg/s)或排放量较小时，宜选用放空进行氢处理。放空管应符合 GB 50516—2010 中 6.5.4 的规定。

7.3.4.3 氢排放速率较高或排放量超过放空管的安全处理范围时，宜选用点火方式进行氢处理。

7.3.4.4 应根据火炬的热辐射影响范围确定合适的安全距离。

7.3.5 电气设备

7.3.5.1 防爆要求应符合 GB 50058 的规定，且不应低于氢气爆炸混合物的级别和组别。

7.3.5.2 电气设备应有防静电接地装置，并应定期检测接地电阻。

7.3.5.3 电气设备工作时的表面温度应低于氢在空气中的着火温度。

7.3.5.4 在有爆炸危险环境区域内敷设的电缆和导线，应符合 GB 50217 的规定。敷设电缆或导线用的保护钢管，应在以下位置做隔离密封：

——电缆或导线引向电气设备接头部件前；

——相邻的不同环境之间。

7.3.6 消防设施

7.3.6.1 氢气站、供氢站、氢气加氢站、加氢加气合建站和加氢加油合建站应设有消防车通道和消防给水设施。

7.3.6.2 氢气加氢站、加氢加油合建站、加氢加气合建站灭火器材的配置，应符合 GB 50516—2010 中 7.1.2 的规定。

7.3.6.3 氢系统应设有火灾检测系统、灭火系统及紧急停车系统，并配备便携式灭火器，但电气设备房间不应采用水消防。

7.3.7 报警装置

7.3.7.1 当检测到氢系统超压、氢泄漏、氢火焰等异常情况或部件故障时，报警装置应提供声和(或)光报警。

7.3.7.2 用于氢气站、供氢站的报警装置应符合 GB 50177—2005 的规定，用于站内撬装式制氢系统时，还应符合 GB/T 19773 或 GB/T 19774 的规定。

7.3.7.3 用于氢气加氢站、加氢加油合建站、加氢加气合建站的报警装置应符合 GB 50516—2010 中 7.3 的规定。

7.4 检测要求

7.4.1 氢泄漏检测

7.4.1.1 氢气检测报警仪应根据精度、可靠性、可维护性、检测范围、响应时间等因素选用，并符合 GB 12358和 GB 16808 的规定。

7.4.1.2 以下位置宜安装有固定式可燃气体检测报警仪：

——可能出现氢气泄漏或液氢溢出的位置；

——氢气可能积聚的位置；

——可能释放氢气的建筑物的排空口；

——可能吸入氢气的建筑物吸气口。

7.4.1.3 氢系统应配备便携式氢气检测报警仪。

7.4.1.4 固定式可燃气体检测报警仪和便携式可燃气体检测报警仪均应定期校验。

7.4.1.5 当空气中氢含量达到氢气下可燃极限的 25%时，氢气检测报警仪应报警。

7.4.2 氢火焰检测

7.4.2.1 氢火焰检测报警仪应根据响应时间、检测距离、覆盖范围、灵敏度等因素选用，并符合 GB 50058的规定。

7.4.2.2 氢系统应配备便携式氢火焰检测报警仪。

7.5 火灾和爆炸风险控制

7.5.1 防止氢/氧的意外混合

避免形成氢/氧混合物是防止火灾和爆炸的重要方法，具体要求如下：

a) 定期对系统进行氢气泄漏检测；

b) 对易导致氢积聚的密闭空间采用强制通风；

c) 防止外部空气进入液氢和氢浆系统；

d) 定期对液氢和氢浆储存容器进行升温和清洗，以及时去除杂质；

e) 氢系统充氢前，进行泄漏检测和充分吹扫；

f) 氢系统向空气开放前，排空系统内的氢气。

7.5.2 杜绝点火源

7.5.2.1 氢系统的爆炸危险区域内，应采取以下措施，以防出现电点火源：

a) 评估所用材料的静电放电能力；

b) 防止管道系统中的固体颗粒引发电荷积聚而导致静电放电；

c) 采用适当的接地方法，以防雷击、闪电放电等产生电点火源；

d) 防止电器短路或其他电气设备故障产生电弧或火花；

e) 防止作业人员的着装产生静电；

f) 避免使用便携电话、寻呼机和收音机等易产生电弧的电器。

7.5.2.2 氢系统的爆炸危险区域内，应采取以下措施，以防出现热点火源：

a) 禁止放置烟花爆竹等易燃易爆物品；

b) 禁止焊接、吸烟等产生明火的活动；

c) 控制内燃机和排气烟囱等所排放废气的温度；

d) 避免管道系统内形成周期性的激波而引起谐振点火。

7.5.2.3 氢系统的爆炸危险区域内,应防止以下现象产生机械点火源:

——机械冲击或摩擦;

——金属断裂;

——机械振动。

7.5.3 防止产生富氧浓缩物

使用低温绝热管道进行液氢或氢浆输送时,应确保管道各部分充分绝热,以防因管道外的空气冷凝产生富氧浓缩物而使管道周围的材料变得易燃。

7.6 操作要求

7.6.1 操作程序

7.6.1.1 作业人员应按规定的操作程序操作。

7.6.1.2 清洗、吹扫、冷却、储存(特别是充装)、输送、泄漏检测、设备修理和改造等操作应制定操作程序。

7.6.1.3 应定期评估操作程序以确保其有效性。

7.6.2 作业人员

7.6.2.1 作业人员上岗时应穿符合 GB 12014 规定的阻燃、防静电工作服和符合 GB 21146 规定的防静电鞋,且应配戴必要的个人防护装置。

7.6.2.2 作业人员应经过岗位培训,考试合格后持证上岗。特种作业人员应经过专业培训,持有特种作业资格证,并在有效期内持证上岗。

7.6.2.3 作业人员应定期进行再培训,并定期审查培训项目以确保培训方案实时有效。

7.6.2.4 作业人员应能处理相关设备和系统的紧急情况,包括氢泄漏、火灾等突发事件发生时的人员疏散、意外伤害的预防和紧急救护等。

7.6.2.5 作业人员应无色盲或其他影响正常作业的生理缺陷或疾病,且作业前不应进行影响正常作业的活动。

7.6.3 修理和改造

7.6.3.1 在可能含氢的密闭空间内进行氢系统修理或改造前,应对密闭空间进行充分吹扫以确保作业人员的安全。

7.6.3.2 修理、改造氢系统前,应先用氮气将氢气置换到符合动火规定,并切断相应的电源、气源,且用盲板切实隔断与尚在运行中的设备、管道和容器的联系后,方可开始作业。

7.6.3.3 修理、改造后的氢系统应进行耐压、吹扫和泄漏检测,符合要求后方可投入使用。

7.6.4 污染控制

7.6.4.1 应评估清洗剂和被清洗部件材料的相容性。系统进行拆卸清洗时,易受损部件应单独清洗。

7.6.4.2 系统清洗后应通过抽真空或使用干燥氮气吹扫等方式进行干燥。

7.6.5 储存和输送操作

氢储存和输送操作应遵循以下指导原则:

a) 不应使氢系统的任何设备超压;

b) 氢系统在与其他系统连接前应先接地;

c) 发生泄漏或火灾时应及时停止储存和输送操作；

d) 应避免在闪电风暴天气进行储存和输送操作；

e) 采取控制充氢速率、预冷等措施，防止充装时氢气瓶的壁温超过规定的允许值；

f) 不应将液氢和氢浆储存容器盛装过满，也不应将其迅速冷却；

g) 氢系统周围应保持干净；

h) 应排除储存和操作区域的点火源，并使用路障、警告标志等对储存和操作区域进行管制。

7.6.6 运输

7.6.6.1 氢运输应满足国家和地方关于危险(易燃)品运输的法律法规的规定。

7.6.6.2 不应使用客用交通工具进行氢运输。使用货轮运输时，储氢容器应与住宿区隔离。

7.7 突发事件

7.7.1 突发事件处理

7.7.1.1 泄漏

7.7.1.1.1 应及时切断泄漏源，并对泄漏污染区进行通风，排除泄漏污染区可能存在的点火源。作业人员进入泄漏污染区时，应配戴个人防护装置。

7.7.1.1.2 若无法切断泄漏源，应立即疏散泄漏污染区人员，保持泄漏污染区的通风，并立即通知消防部门和报告上级部门。

7.7.1.2 火灾和爆炸

7.7.1.2.1 应及时切断氢源。若不能立即切断氢源，应使氢系统保持正压状态，以防氢系统发生回火，并用消防水雾强制冷却着火设备。

7.7.1.2.2 应采取有效措施，防止火灾扩大，并用消防水雾喷射其他引燃物质和相邻设备。

7.7.1.2.3 氢系统的容器、管道等发生超压失效或火灾导致氢系统发生爆炸时，应立即疏散危险区域人员，并立即通知消防部门和报告上级部门，迅速组织救援。

7.7.1.3 液氢溢出

7.7.1.3.1 应立即关闭上游阀门以切断溢出源，撤离液氢溢出区域，并对液氢溢出区域进行通风。

7.7.1.3.2 不应将可爆雾团的扩散范围作为氢/空气混合物的扩散范围，更不应以此作为建立安全措施的依据。

7.7.2 突发事件救援

7.7.2.1 消防

7.7.2.1.1 消防人员应采用相关部门推荐的处理方法，立即采取救援措施，并建立警戒区域，及时疏散警戒区域内的非救援人员。

7.7.2.1.2 不应在警戒区域内使用无防爆设施的电器设备、无防火装置的燃油机动车等可能导致二次事故的救援设施。

7.7.2.1.3 火灾发生时，消防人员应配戴个人防护装置进入现场，并预防外露皮肤烧伤。

7.7.2.1.4 紧急情况下，受过意外事故处理培训的现场人员，可协助消防人员进行救援工作。

7.7.2.2 紧急医疗救护

7.7.2.2.1 应及时对烧伤或在爆炸中受伤的人员进行紧急医疗处理，情况严重者应立即送医院治疗。

7.7.2.2.2 因接触低温氢气、液氢或氢浆而冻伤的部位不应暴露于温度过高的环境中，对冻伤部位简单包扎后，应由医护人员或在医护人员指导下进行医疗处理。

7.7.2.3 进入限制区域时的保护

7.7.2.3.1 救援人员进入限制区域前应配戴齐全个人防护装置，并用已校准的直读仪器检测限制区域内的氧含量、氢含量和有毒物质含量。

7.7.2.3.2 应提供救生索等撤离设施供救援人员使用，救援人员应按规定的操作程序操作。

附 录 A
（资料性附录）
典型制氢系统

A.1 水电解制氢系统

水电解制氢系统可分为常压型和压力型，其主体设备为水电解槽。水电解槽由若干个电解池组成，每个电解池由电极、隔膜和电解质溶液等构成，由此构成各种形状和规格的水电解制氢系统。水电解制氢系统结构由制氢装置的工作压力、氢（氧）气的用途、气体纯度及其允许杂质含量等因素确定。水电解制氢系统框图见图 A.1。

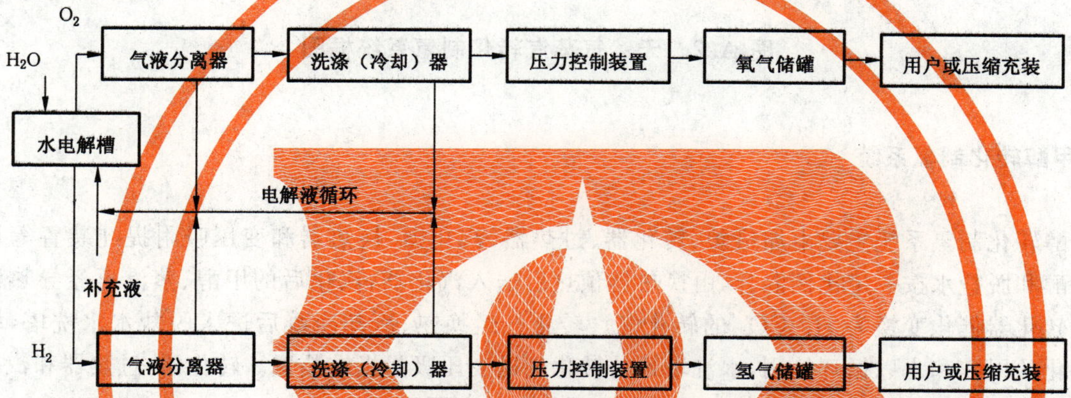

图 A.1 水电解制氢系统框图

A.2 天然气蒸汽转化制氢系统

天然气蒸汽转化制氢系统主要由转化炉、变换反应器、换热设备和变压吸附提纯装置等设备组成。天然气脱硫精制后，按一定的水碳比与水蒸气混合，预热后进入转化炉。在催化剂的作用下转化反应生产出 H_2、CO、CO_2 等气体，经余热锅炉回收热量后进入变换器，将 CO 变换为 CO_2 得到变换气。变换气经回收热量的余热锅炉、冷却器后降至常温，再经变压吸附提纯装置提纯得到纯度较高的氢气。变压吸附提纯装置的解吸气中含有 CO、CH_4 等可燃组分，可作为转化炉的燃料气。天然气蒸汽转化制氢系统框图见图 A.2。

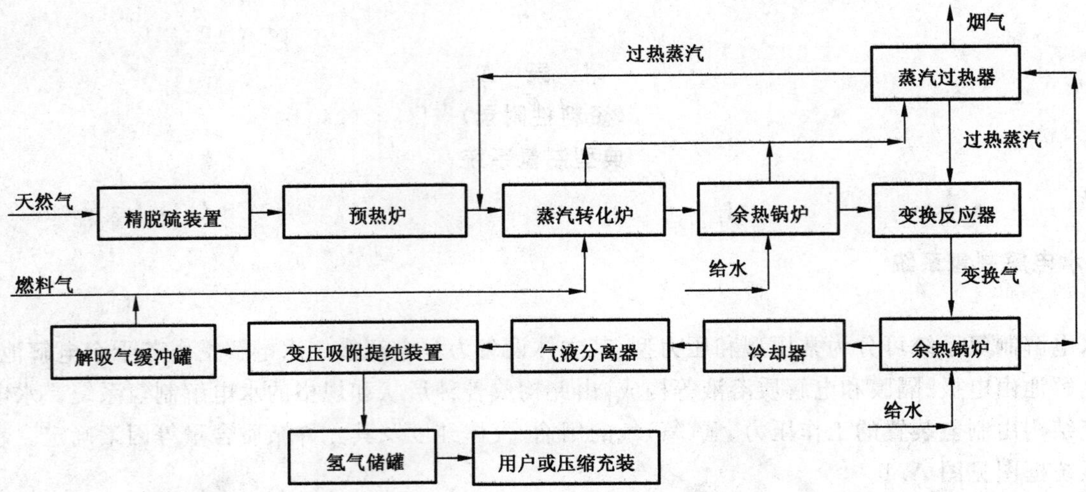

图 A.2 天然气蒸汽转化制氢系统框图

A.3 甲醇转化制氢系统

甲醇转化制氢系统主要由加热炉、转化器、过热器、汽化器、换热器和变压吸附提纯装置等设备组成。甲醇和脱盐水按一定比例混合，由换热器预热后送入汽化器，汽化后的甲醇、蒸汽再经导热油过热后进入转化器催化变换为 H_2、CO_2 的转化气。转化气经换热、冷却冷凝后进入脱盐水水洗塔，塔底收集未转化的甲醇和水以循环使用，水洗塔顶的转化气送变压吸附提纯装置。转化器、过热器和汽化器均由加热炉加热后的导热油提供热量。甲醇转化制氢系统框图见图 A.3。

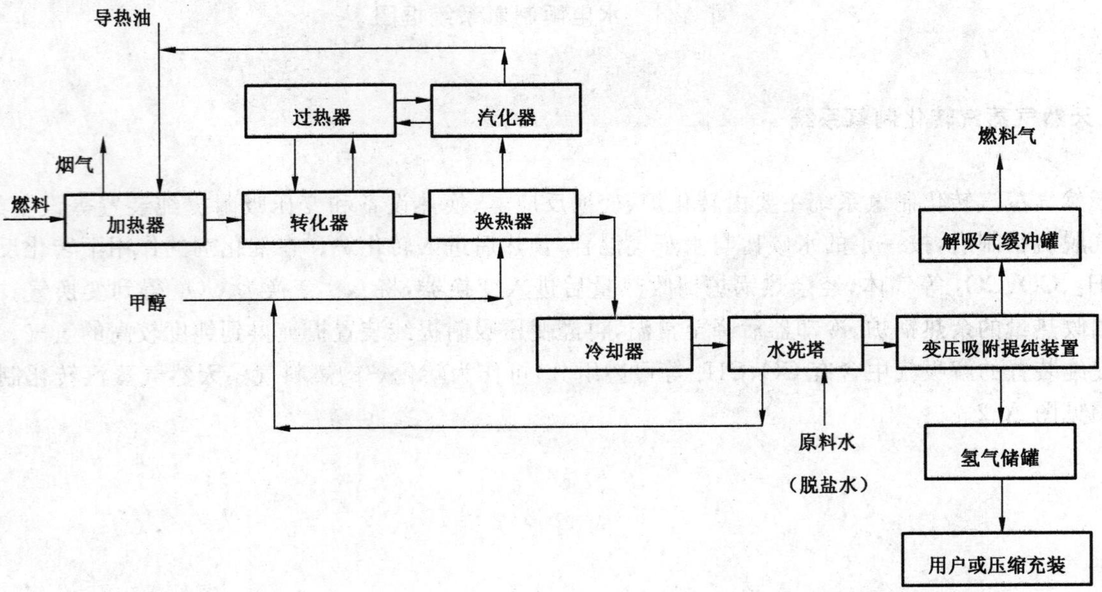

图 A.3 甲醇转化制氢系统框图

A.4 风能和太阳能电解水制氢系统

由风能和太阳能转化的电能虽可直接用于电力供应，但存在电能难以有效储存、利用率较低、电力供应不稳定等缺点。若将风能和太阳能转化的部分电能用于电解水制氢获得氢气,可起到电能储存及电力负荷的削峰填谷作用。风能电解水制氢系统、太阳能电解水制氢系统和风能太阳能联合式电解水制氢系统的系统框图分别见图 A.4、图 A.5 和图 A.6。

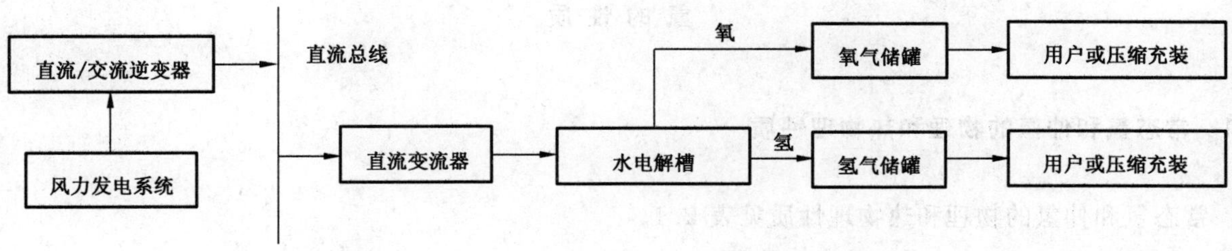

图 A.4 风能电解水制氢系统框图

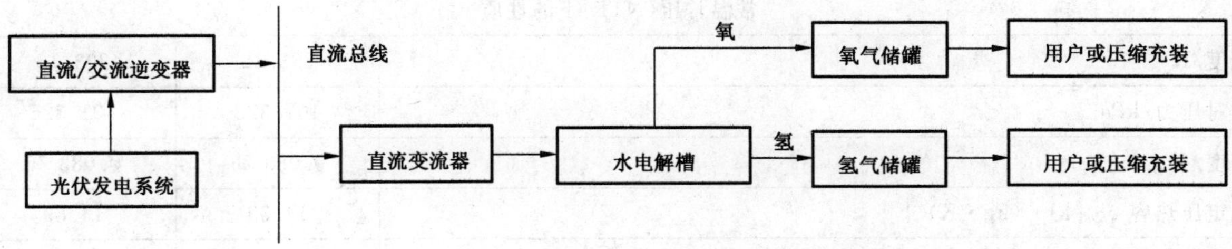

图 A.5 太阳能电解水制氢系统框图

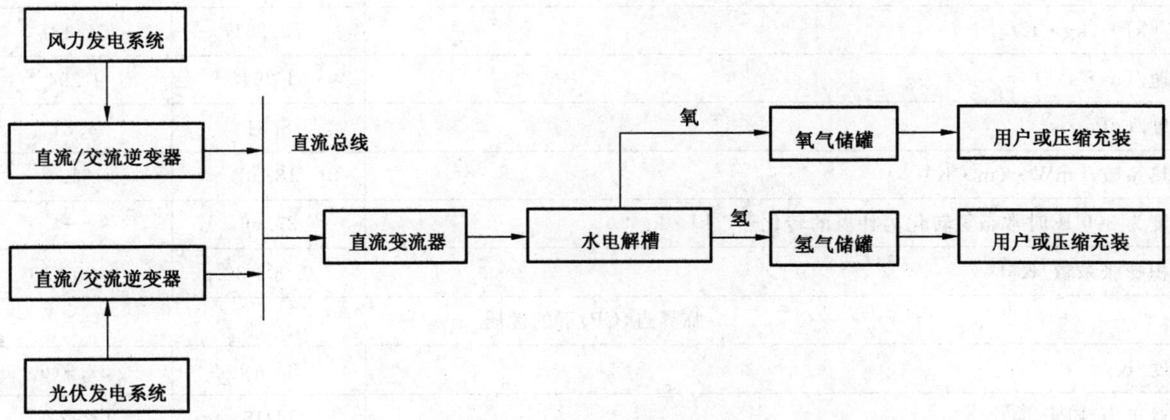

图 A.6 风能太阳能联合式电解水制氢系统框图

附 录 B
(资料性附录)
氢 的 性 质

B.1 常态氢和仲氢的物理和热物理性质

常态氢和仲氢的物理和热物理性质见表 B.1。

表 B.1 常态氢和仲氢的物理和热物理性质

性质	常态氢	仲氢
常温常压(NTP)下的性质		
温度/K	293.15	293.15
绝对压力/kPa	101.325	101.325
密度/(kg·m^{-3})	0.083 76	0.083 76
比定压热容 c_p/[kJ·(kg·K)$^{-1}$]	14.33	14.89
绝热指数 c_p/c_V	1.416	1.383
焓/(kJ·kg^{-1})	4 129.1	4 097.7
内能/(kJ·kg^{-1})	2 919.5	2 888.0
熵/[kJ·(kg·K)$^{-1}$]	70.251	64.437
音速/(m·s^{-1})	1 294	1 294
黏度/(μPa·s)	8.81	8.81
导热系数/[mW·(m·K)$^{-1}$]	183.8	191.4
温度为 300 K 时常态氢转化为仲氢的转化热/(kJ·kg^{-1})	27.56	—
体积膨胀系数/K^{-1}	0.003 33	0.003 33
临界点(CP)下的性质		
温度/K	33.19	32.976
绝对压力/kPa	1 315	1 292.8
密度/(kg·m^{-3})	30.12	31.43
汽化潜热/(kJ·kg^{-1})	0	0
焓/(kJ·kg^{-1})	577.4	38.5
内能/(kJ·kg^{-1})	—	2.8
熵/[kJ·(kg·K)$^{-1}$]	27.07	17.6
音速/(m·s^{-1})	—	350
黏度/(μPa·s)	(3.5)	3.5
标准沸点(NBP)下的特性		
温度/K	20.930	20.268

表 B.1（续）

性质	常态氢	仲氢
绝对压力/kPa	101.325	101.325
密度/(kg·m^{-3})	1.331 (V) 70.96 (L)	1.338 (V) 70.78 (L)
汽化潜热/(kJ·kg^{-1})	446.0	445.6
比定压热容 c_p/[kJ·(kg·K)$^{-1}$]	12.20 (V) 9.772 (L)	12.15 (V) 9.688 (L)
绝热指数 c_p/c_V	1.683 (V) 1.698 (L)	1.869 (V) 1.688 (L)
焓/(kJ·kg^{-1})	717.98 (V) 272.0 (L)	189.3 (V) −256.3 (L)
内能/(kJ·kg^{-1})	641.9 (V) 270.7 (L)	113.6 (V) −257.7 (L)
熵/[kJ·(kg·K)$^{-1}$]	39.16 (V) 17.32 (L)	29.97 (V) 7.976 (L)
音速/(m·s^{-1})	357 (V) 1 101 (L)	355 (V) 1 093 (L)
黏度/(μPa·s)	1.1 (V) 13.2 (L)	1.1 (V) 13.2 (L)
导热系数/[mW·(m·K)$^{-1}$]	16.9 (V) 99.0 (L)	16.9 (V) 99.0 (L)
体积膨胀系数/K^{-1}	0.064 2 (V) 0.016 4 (L)	0.064 2 (V) 0.016 4 (L)
常态氢转化为仲氢的转化热/(kJ·kg^{-1})	527.14	—
三相点(TP)下的性质		
温度/K	13.957	13.803
绝对压力/kPa	7.205	7.042
密度/(kg·m^{-3})	0.129 8 (V) 77.21 (L) 86.71 (S)	0.125 6 (V) 77.021 (L) 86.50 (S)
比定压热容 c_p/[kJ·(kg·K)$^{-1}$]	10.53 (V) 6.563 (L) — (S)	10.52 (V) 6.513 (L) — (S)
绝热指数 c_p/c_V	1.695 (V) 1.388 (L) — (S)	1.693 (V) 1.382 (L) — (S)

表 B.1（续）

性质	常态氢	仲氢
汽化潜热/(kJ·kg^{-1})	452.0	449.2
熔化潜热/(kJ·kg^{-1})	58.09	58.29
升华潜热/(kJ·kg^{-1})		507.39
焓/(kJ·kg^{-1})	669.67 (V) 217.6 (L) 159.5 (S)	140.3 (V) −308.9 (L) −367.2 (S)
内能/(kJ·kg^{-1})	612.52 (V) 215.8 (L) 157.7 (S)	84.23 (V) −309.0 (L) −367.3 (S)
熵/[kJ·(kg·K)$^{-1}$]	46.4 (V) 14.2 (L) 10.1 (S)	37.52 (V) 4.961 (L) 0.739 (S)
音速/(m·s^{-1})	307 (V) 1 282 (L) — (S)	305 (V) 1 273 (L) — (S)
黏度/(μPa·s)	0.74 (V) 26.0 (L) — (S)	0.74 (V) 26.0 (L) — (S)
导热系数/[mW·(m·K)$^{-1}$]	12.4 (V) 73.0 (L) 900 (S)	12.4 (V) 73.0 (L) 900 (S)
体积膨胀系数/K^{-1}	0.075 2 (V) 0.010 2 (L)	0.075 2 (V) 0.010 2 (L) 0.004 94 (S)
其他性质		
相对分子质量	2.015 94	2.015 94
常温常压下的气态氢与标准沸点下的液态氢密度相同时所需压力(固定容积，无泄漏)/MPa		172
焦耳-汤姆逊效应的最高转化温度/K		200
在常温常压空气中的扩散系数/(cm^2·s^{-1})		0.61
在常温常压空气中的扩散速度/(cm·s^{-1})		≤2.0
在常温常压空气中的上浮速度/(m·s^{-1})		1.2～9.0

注 1：(L)：液相。

注 2：(S)：固相。

注 3：(V)：气相。

注 4：c_V：比定容热容[kJ·(kg·K)$^{-1}$]。

注 5：圆括号内的为估计值。

B.2 氢气与其他常见气体的热物理性质比较

氢气与氦气、氮气、甲烷的热物理性质比较见表B.2。

表B.2 氢气与其他常见气体的热物理性质比较

气体	20 ℃,100 kPa下的密度 ($kg \cdot m^{-3}$)	20 ℃,100 kPa下的黏度 ($\mu Pa \cdot s$)	在空气中的扩散系数 ($cm^2 \cdot s^{-1}$)	低热值 ($mJ \cdot kg^{-1}$)
氢气(H_2)	0.082 7	8.814	0.61	119.93
氦气(He)	0.164 0	19.609	0.57	0.00
氮气(N_2)	1.149 6	17.637	0.20	0.00
甲烷(CH_4)	0.659 4	11.023	0.16	50.02

B.3 液氢与其他液化气体的热物理性质比较

液氢与液氦、液氮、液态甲烷的热物理性质比较见表B.3。

表B.3 液氢与其他液化气体的热物理性质比较

液化气体	沸点温度 K	液体密度 ($kg \cdot m^{-3}$)	气体密度 ($kg \cdot m^{-3}$)	汽化热 ($J \cdot g^{-1}$)
氢气(H_2)	20.3	70.8	1.34	454.6
氦气(He)	4.2	125.0	16.89	20.6
氮气(N_2)	77.3	808.6	4.53	198.6
甲烷(CH_4)	111.6	422.5	1.82	510.4

附　录　C
（资料性附录）
氢的燃烧特性

C.1　氢的燃烧特性

氢的燃烧特性见表 C.1。

表 C.1　氢的燃烧特性

特性	值
燃烧热/(kJ·g^{-1})	119.93～141.86
可燃极限(体积分数)/%	4.0～75(常温常压空气中)[a] 4.1～94(常温常压氧气中)[a]
爆轰极限(体积分数)/%	18.3～59(常温常压空气中)[a] 15～90(常温常压氧气中)[a]
空气中的化学计量比浓度(体积分数)/%	29.53
空气中的最小点火能量/mJ	0.017
空气中的着火温度/K	858
氧气中的着火温度/K	833
空气中的火焰温度/K	2 318
常温常压空气中的燃烧速度/(m·s^{-1})	2.65～3.25
化学计量比氢气/空气混合物的爆燃速度/(m·s^{-1})	975
常温常压空气中的爆轰速度/(m·s^{-1})	1 480～2 150
常温常压空气中的最大爆轰压力/kPa	720
常温常压空气中的最大试验安全间隙/cm	0.008
常温常压空气中的灭火距离/cm	0.064
极限氧指数(体积分数)/%	5.0
爆炸能量(理论爆炸当量)/g TNT·g^{-1} H_2 g TNT·kJ^{-1} H_2 kg TNT·m^{-3} NTP GH_2 g TNT·cm^{-3} NBP LH_2	～24 ～0.17[b] 2.02 1.71

注：TNT：三硝基甲苯，均值(爆炸能量＝4 602 J·g^{-1} TNT)。

[a] 该值仅作参考。

[b] 基于高燃烧热值。

C.2 氢气与其他常见燃料的燃烧特性比较

氢气与甲醇、甲烷、丙烷、辛烷在 25 ℃,101.3 kPa 下的燃烧特性比较见表 C.2。

表 C.2 氢气与其他常见燃料的燃烧特性比较

燃料	下可燃极限[a] %	爆轰下限[a] %	化学计量比混合物浓度[a] %	爆轰上限[a] %	上可燃极限[a] %	最小点火能量 mJ	自燃温度 ℃	层流燃烧速度 (cm·s^{-1})
氢气(H_2)	4.0	18.3	29.5	59.0	75.0	0.017	585	270
甲醇(CH_3OH)	6.0	—	12.3	—	36.5	0.174	385	48
甲烷(CH_4)	5.3	6.3	9.5	13.5	17.0	0.274	537	37
丙烷(C_3H_8)	1.7	3.1	4.0	9.2	10.9	0.240	450	47
辛烷(C_8H_{18})	1.0	1.1	1.9	3.3	6.0	0.240	215	30

[a] 体积分数。

附 录 D
（资料性附录）
氢环境常用金属材料

氢环境常用的金属材料有 S31603、S31608 和 6061。

S31603 和 S31608 的化学成分和经固溶处理后室温下的力学性能分别见表 D.1 和表 D.2。

6061 铝合金的化学成分和经时效热处理后室温下的力学性能分别见表 D.3 和表 D.4。

表 D.1 S31603 和 S31608 的化学成分

统一数字代号	化学成分(质量分数)/%								
	C	Mn	Si	Cr	Ni	P	S	Mo	N
S31603	0.03	2.00	0.75	16.0～18.0	10.0～14.0	0.035	0.020	2.00～3.00	0.10
S31608	0.08	2.00	0.75	16.0～18.0	10.0～14.0	0.035	0.020	2.00～3.00	0.10

表 D.2 经固溶处理的 S31603 和 S31608 室温下的力学性能

统一数字代号	力学性能						
	规定非比例延伸强度 $R_{p0.2}$/MPa	规定非比例延伸强度 $R_{p1.0}$/MPa	抗拉强度 R_m/MPa	断后伸长率 A/%	硬度值		
					HBW	HRB	HV
S31603	≥180	≥260	≥490	≥40	≤217	≤95	≤220
S31608	≥205	≥260	≥520	≥40	≤217	≤95	≤220

表 D.3 6061 铝合金的化学成分

牌号	化学成分(质量分数)/%										
	Si	Fe	Cu	Mn	Mg	Cr	Zn	Ti	其他		Al
									单个	合计	
6061	0.40～0.80	0.70	0.15～0.40	0.15	0.80～1.20	0.04～0.35	0.25	0.15	0.05	0.15	余量

表 D.4 经时效热处理的 6061 铝合金室温下的力学性能

牌号	力学性能		
	规定非比例延伸强度 $R_{p0.2}$/MPa	抗拉强度 R_m/MPa	断后伸长率 A/%
6061	≥240	≥290	≥10